国家骨干高职院校工学结合创新成果系列教材

水利水电工程施工技术

主　编　韦庆辉
主　审　陆克芬　韦英开

中国水利水电出版社
www.waterpub.com.cn

内 容 提 要

本书共分 7 个项目，包括导截流工程施工、地基处理工程施工、土石方工程施工、钢筋模板工程施工、混凝土工程施工、砌体工程施工、隧洞工程施工。

本书除了作为高等职业教育水利类专业教材外，也可作为水利水电工程施工技术人员的学习参考书。

图书在版编目（CIP）数据

水利水电工程施工技术 / 韦庆辉主编. -- 北京 : 中国水利水电出版社, 2014.5（2023.1重印）
国家骨干高职院校工学结合创新成果系列教材
ISBN 978-7-5170-1956-5

Ⅰ. ①水… Ⅱ. ①韦… Ⅲ. ①水利水电工程－工程施工－高等职业教育－教材 Ⅳ. ①TV5

中国版本图书馆CIP数据核字(2014)第090334号

书　　名	国家骨干高职院校工学结合创新成果系列教材 **水利水电工程施工技术**
作　　者	主编　韦庆辉　主审　陆克芬　韦英开
出版发行	中国水利水电出版社 （北京市海淀区玉渊潭南路 1 号 D 座　100038） 网址：www.waterpub.com.cn E-mail：sales@mwr.gov.cn 电话：（010）68545888（营销中心）
经　　售	北京科水图书销售有限公司 电话：（010）68545874、63202643 全国各地新华书店和相关出版物销售网点
排　　版	中国水利水电出版社微机排版中心
印　　刷	天津嘉恒印务有限公司
规　　格	184mm×260mm　16 开本　20 印张　474 千字
版　　次	2014 年 5 月第 1 版　2023 年 1 月第 5 次印刷
印　　数	8501—11500 册
定　　价	**57.00** 元

国家骨干高职院校工学结合创新成果系列教材

编 委 会

前言

水利工程建设需要大量的高素质、多层次的水利水电工程施工人才，我国的高等职业教育就是要培养和造就一批适应生产、建设、管理，服务第一线的高等技术应用性人才。水利水电工程施工技术是水利类专业的重要学科之一。本教材是国家骨干高职院校工学结合创新成果系列教材之一，为满足教学与生产的需求，缩短高等职业院校人才培养与社会实践的距离编写而成的。

本教材以水利水电工程及其有代表性的建筑物为对象，依其施工技术和组织管理特征，拟定编写大纲和编写要求。在编写过程中，吸收了水利水电工程施工技术的新理论、新方法、新设备和新工艺，参阅水利水电工程施工的相关技术规范、规程，根据国家骨干高职院校工学结合的创新要求，以项目化改造为手段，共编写了7个建设项目共30个学习任务。

参加本教材编写的人员有广西水利电力职业技术学院的韦庆辉老师、张永祥老师、韦庆华老师、张侠老师、刘俊红老师。具体分工如下：张永祥编写绪论、项目1，韦庆辉编写项目2任务2.1、任务2.2、项目3，刘俊江编写项目2任务2.3、任务2.4，韦庆华编写项目4、项目7，张侠编写项目5、项目6。

本教材由广西水利电力职业技术学院的韦庆辉主编，广西水利电力职业技术学院的陆克芬、广西北海水电勘测设计院有限公司的韦英开主审。全书由韦庆辉统稿、定稿。在拟定编写大纲、课程标准及编写要求的过程中，广西电力工业勘察设计研究院的黄汉球、广西北海水电勘测设计院有限公司的韦英开以及广西国瑞建设工程有限公司的区广强提出了宝贵的意见，在此一并表示感谢。

由于编者水平有限，书中难免有不妥之处，敬请读者批评指正。

编者

2014年1月

目　录

绪　论

水利水电工程施工技术是一门理论与实践紧密结合的专业课。它是在总结国内外水利水电工程建设先进经验的基础上，从施工技术、施工机械等方面，研究水利水电建设基本规律的一门学科。

水利水电工程施工，要通过工程施工实践检验规划设计方案，使工程完建并投入运用。水利水电工程建设，可以划分为规划、设计和施工等阶段。各个阶段既有分工又有联系，施工以规划、设计的成果为依据，起着将规划和设计方案转变为工程实体的作用。在施工过程中，按照工程招标投标文件的技术要求及相关技术文件要求，既要实现规划设计的意图，又要根据施工条件和规程规范，综合运用与水利水电工程建设有关的技术和组织管理科学，使工程得以优质、高效、低成本地建成和投产。

1. 水利水电工程施工的特点

(1) 水利水电工程承担挡水、蓄水和泄水的任务，因而对稳定、承压、防渗、抗冲、耐磨、抗冻、抗裂等性能都有特殊要求，需按照水利水电工程的技术规范，采取专门的施工方法和措施，确保工程质量。

(2) 水利水电工程对地基的要求比较严格，工程又常处于地质条件比较复杂的地区和部位，地基处理不好就会留下隐患，事后难以补救，需要采取专门的措施。

(3) 水利水电工程多在河道、湖泊、沿海及其他水域施工，需根据水流的自然条件及工程建设的要求进行水上及水下作业。

(4) 水利水电工程要充分利用枯水期施工，有很强的季节性和必要的施工强度，有的工程因受气候影响还需采取温度控制措施，以确保工程质量。水利水电工程施工与社会和自然环境关系密切，因而实施工程的影响也较大，需要把握时机，合理安排计划，精心组织施工，及时解决施工中的防洪、度汛等问题，以策安全。

根据国内外水利水电建设的实践，水利水电工程施工的特点突出反映在水流控制上。水利水电工程施工常在河流上进行，受水文、气象、地形、地质等因素影响很大，不可避免地要控制水流，进行施工导流，以保证工程施工的顺利进行。在冬季、夏季或冰冻、降雪、雨天施工时，必须采用相应的措施，避免气候影响，保证施工质量和施工进度。

河流上修建的挡水建筑物，关系着下游人民生命财产的安全。工程的施工质量，不但会影响建筑物的寿命和效益，而且会影响改建和维修的费用。工程一旦失事，对国民经济及生命财产会带来不可弥补的损失。国内外的水利史上不乏有因施工质量问题而导致的一些惨痛教训，因此，水利水电工程施工必须保证施工安全与工程质量。

在河流上修建水利水电工程，常涉及许多部门的利益，如防洪、发电、航运、灌溉、工业与城市用水、环境保护等，必须全面规划、统筹兼顾，因而增加了施工的复杂性。

水利水电工程往往位于交通不便的山区，施工准备工作量大，不仅要修建场内、外交通道路，布置施工服务的辅助企业，而且要修建办公和生活用房。因此，必须十分重视施工1的准备工作，使之既满足施工要求又减少工程投资。

水利水电枢纽工程常由许多单项工程组成，布置比较集中，工程量大，工种多，施工强度高，加上地形条件方面的限制，容易发生施工干扰。因此，需要统筹规划，重视现场施工的组织与管理，运用系统工程、运筹学等原理，选择施工干扰少、工期合理的优化施工方案。

在水利水电工程的施工中，土方工程、水上水下作业、地下作业以及高空作业等，常常交叉进行，对施工安全不利。因此，必须十分注意安全施工，采取有效措施，防止事故的发生。

2. 我国水利水电工程施工的成就与发展

在中国历史上，水利建设成就卓著，水利在中国有着重要地位和悠久历史。古代历代有为的统治者，都把兴修水利作为治国安邦的大计。传说早在奴隶社会初期，禹主持治水，平治水土，疏导江河，三过家门而不入，一直为后人所崇敬。及至春秋战国时期，中国已先后建成一些相当规模的水利水电工程，如淮河的芍陂和期思陂等蓄水灌溉工程，华北的引漳十二渠灌溉工程，沟通江淮和黄淮的邗沟和鸿沟运河工程，以及赵、魏、齐等国修建的黄河堤防工程，都是这一时期的代表性水利工程。

战国末期，秦国国力殷实，重视水利，及至统一中国，生产力更有较大发展。四川的都江堰、关中的郑国渠（郑白渠）和沟通长江与珠江水系的灵渠，被誉为秦王朝三大杰出水利工程。国家的昌盛使秦汉时期出现了兴修水利的高潮。汉武帝瓠子堵口，东汉王景治河等都是历史上的重大事件。在甘肃的河西走廊和宁夏、内蒙古的黄河河套地区，也都兴建了引水灌溉工程。

隋唐北宋五百余年间，是中国水利的鼎盛时期。社会稳定、经济繁荣，水利工程遍及全国各地，技术水平也有提高。隋朝投入巨大人力，建成了沟通长江和黄河流域的大运河，把全国广大地区通过水运联系起来，对政治、经济、文化的发展产生了深远影响。唐代除了大力维护运河的畅通，保证粮食的北运外，还在北方和南方大兴农田水利，包括关中的三白渠、浙江的它山堰等较大的工程共250多处。唐末以后，北方屡遭战乱，人口大量南移，使南方的农田水利迅速发展。太湖地区的圩田河网、滨海地区的海塘和御咸蓄淡工程，以及利用水力的碾、水碓等都有较大的发展。

从元明到清中期，中国水利又经历了六百年的发展。元代建都北京，开通了京杭大运河。黄河自南宋时期夺淮改道以来，河患频繁。明代大力治黄，采用“束水攻沙”，固定黄河流路，修建高家堰，形成洪泽湖水库，“蓄清御黄”保证漕运。这些措施对明清的社会安定和经济发展起了很大作用，但也为淮河水系留下严重的后患。在长江中游，强化荆江大堤，并发展洞庭湖的圩垸，促进了两湖地区的农业生产。珠江流域及东南沿海的水利建设也有很大发展。

清末民国时期，内忧外患频繁，国家无力兴修水利，以致河防失修、灌区萎缩、京杭大运河中断，水利处于衰落时期。但是海禁渐开，西方的一些科学技术传入中国，成立了河海工程专门学校等水利院校，培养水利技术人才。各地开始设立雨量站、水文站、水工试验所等，研究编制了《导淮工程计划》、《永定河治本计划》等河流规划。在这一期间也修建了一些工程，如1912年在云南建成了石龙坝水电站，20世纪20年代修建了珠江的芦苞闸，20世纪30年代修建了永定河屈家店闸、苏北运河船闸和陕西的关中八惠灌溉工程等。但在全国范围内，水旱灾害日益严重，整治江河、兴修水利已成为广大人民的迫切要求。1949年新中国立后，水利进入飞跃发展时期。经过60多年的努力，取得了远远超过前代的成就。对黄河、淮河、海河、辽河等江河开始了全面的整治。

截至2007年底，全国整修加固堤防约20万km，修建了大、中、小型水库共8万多座，总库容4500亿m^3。普遍提高了江河的防洪能力，初步解除了大部分江河的常遇水害，并为工农业和城市供水4700亿m^3。农田水利方面，建成了万亩以上的灌区5300多处，配套机井250多万眼，全国灌溉面积由1949年的2.4亿亩猛增到9.51亿亩，居世界各国的首位。在不足全国耕地一半的灌溉土地上，生产出占全国产量2/3的粮食和占全国产量60%的经济作物。中国以占世界7%的耕地，基本解决了占世界22%的人口的温饱问题。全国水电装机到1987年已超过3000万kW，年发电量达1000亿kW·h，占全国总发电量的20%。全国内河航运的里程已发展到11万km，年货运量达6.6亿t。与此同时，中国水利建设的科技水平也有很大提高，在修建高坝大库、大型灌区、整治多沙河流、农田旱涝盐碱综合治理和小水电开发等许多方面已接近或达到世界先进水平。

我国水利建设在取得巨大成就的同时，也积累了许多宝贵的施工经验。几千年来，勤劳勇敢的中国人民为兴水利、防水害进行着坚持不懈的努力，修建了许多施工技术难度大的水利工程。在抗洪斗争中，创造了平堵与立堵相结合的堵口方法，取得了草土围堰等施工经验。这些伟大的水利工程和独特的施工技术，至今仍发挥作用，有力地促进我国水利水电工程建设的发展。

在水资源调配方面，兴建了一批流域控制性工程，以及跨流域调水工程，初步解决了区域水资源分布和城乡工农业用水的矛盾，缓解国民经济和社会发展用水的需要。如正在修建中的新中国成立以来投资额最大、涉及面最广的战略性工程——南水北调工程，通过跨流域的水资源合理配置，解决了黄淮海流域的水资源短缺问题，促进南北方经济、社会与人口、资源、环境的协调发展。

在水电站的建设方面，1910年建设了中国第一座240kW发电机水电站——云南石龙坝水电站。由于当时社会的不稳定，造成了新中国成立前我国的水电站建设极为缓慢。新中国成立后，修建了狮子滩、新安江、刘家峡、新丰江、六郎洞、葛洲坝、白山、东江、龙羊峡、李家峡、鲁布革、天生桥、龙滩、二滩等各种类型的大型水电站，还修建了数以万计的中、小型水电站。目前大、中型水电站装机6400多万kW，年发电量约为2080亿kW·h。大型水电站供应了工业和城市用电，支持灌溉用量。中、小型水电站供应全国1/3的县、45%国土面积和70%贫困山区的用电。我国已建成世界上最大的水利枢纽工程三峡工程水利枢纽，我国装机容量位居世界前列，在水电技术上达到国际水平，能修建各种类型、条件复杂的大型水电站。

在水工建筑物坝高方面，我国已建成水库8万多座，其中高15m以上的大坝2.4万座，占世界大坝的一半。已建成大、中型水利工程1100多座，如丹江口、新安江、刘家峡、葛洲坝、五强溪等水利工程。在建设中学习国外施工技术，并加以消化吸收、改进提高，积累了较多的经验，也开发了一些先进的施工技术，施工水平不断提高。特别是改革开放以来，施工技术提高更快，与世界先进水平的差距逐步缩小，从90年代开始，中国建设了一系列的高坝，如2011年竣工的233m高的水布垭面板堆石坝，位列世界第一；2009年开工建设的云南万家口子水电站，电站大坝设计高度167.5m，为目前世界在建最高的碾压混凝土双曲拱坝。特别引以为豪的是中国已经成功建设了世界上最大的水利枢纽工程——三峡水利枢纽工程，它的建成标志着中国水利史上的一次重大突破和质的飞跃。

长江三峡水利枢纽工程，是中国长江上游段建设的大型水利工程项目。大坝位于三峡西陵峡内的宜昌市夷陵区三斗坪，在重庆市到湖北省宜昌市的长江干流上，并和其下游不远的葛洲坝水电站形成梯级调度电站。它是世界上规模最大的水电站，是中国也是世界上有史以来建设的最大的水坝。三峡水电站共安装32台70万kW水轮发电机组，其中左岸14台，右岸12台，右岸地下6台，另外还有2台5万kW的电源机组，总装机容量2250万kW，年发电量约1000亿kW·h。

三峡大坝为混凝土重力坝，坝长2335m，底部宽115m，顶部宽40m，坝顶高程为海拔185.00m，最大浇筑坝高181.00m，正常蓄水位海拔175.00m。大坝下游的水位约海拔66.00m，坝下通航最低水位海拔62.00m，通航船闸上、下游设计最大落差113.00m。工程主体建筑物的土石方挖填量约1.34亿m^3，混凝土浇筑量约2794万m^3，钢筋制作安装25.65万t，金属结构安装25.65万t，水库全长600余km，坝轴线全长2309.47m，水面平均宽度1.1km，总面积1084km^2，总库容393亿m^3，其中调洪库容约221.5亿m^3，调节能力为季调节型。

三峡工程主体和导流建筑物混凝土总量达2800万m^3，1999—2001年是混凝土施工的高峰年，年浇筑强度均在400万m^3以上。2000年，计划浇筑混凝土540万m^3，相应月高峰浇筑强度达50万～55万m^3，远远超出国内外已建工程的最高水平。为了保证三峡大坝的高强度施工，业主方、设计方多年来对各种可能的施工方案和主要施工机械进行了长期的比较和研究，最后选用的是塔带机、高架门机、缆机相结合的综合机械化施工方案。塔带机是一种新型的混凝土浇筑机械，可实施从拌合楼至浇筑仓面的工厂化、连续式混凝土生产、运输、提升，直至入仓浇筑。这一方案具备高强度浇筑混凝土的显著优点。

随着我国水电建设的长足发展，水电施工技术水平得到很大的提高。在施工导流、截流方面，长江和黄河多次截流成功，其截流流量、流速和水深，以及抛投强度都达到了世界先进水平。采用的围堰型式有土石围堰、木笼围堰、草土围堰、常态混凝土围堰、碾压混凝土围堰、钢板桩围堰等十余种。最大填筑水深达60m，挡水高度愈70m，突破了在各种复杂水流和地质条件下建造围堰的技术难点，成功地解决了施工期通航问题。

土石方开挖方面，采用了预裂爆破、光面爆破、保护层一次爆破、定向爆破、水下岩基爆破等先进技术及凿裂开挖方法，明挖工程最大开挖深度达176m的岩质高边坡技术，20世纪70年代才引起重视，20多年来控制爆破及喷锚支护技术发展很快。三峡船闸开挖边坡最高170m，采用的控制爆破和支护技术已达世界先进水平。地下开挖技术采用多臂钻机、盾构机、反井钻机等先进机具，喷锚、预应力锚、预注浆及管棚支护方法，成功地应用于各种复杂岩层中开挖泄水隧洞及地下厂房，如鲁布革、引大人秦、天生桥二级、小浪底等水利工程。小浪底地下厂房跨度26.2m，高度61.39m，采用光面控制爆破获得了满意的开挖轮廓。引黄入晋工程在建的最长隧洞为41km，开挖洞径4.7m，采用掘进机施工。

土石方填筑方面，充分利用开挖料做填筑料，尽量做到挖填平衡。天生桥一级混凝土面板堆石坝，高 178m，居世界第二位，填筑量达 1800 万 m^3，月最大填筑强度达 77.4 万 m^3。小浪底坝为壤土斜心墙堆石坝，最大坝高 154m，填方 5574 万 m^3，施工机械使用了 $12m^3$ 液压挖掘机及 $9m^3$ 装载机，90t 底开车，77t 和 45t 自卸车运输。

混凝土施工技术方面，全面推广使用规格化、定型化钢模板，钢模板周转次数可达 50 次以上。采用软盘真空滑动模板，提高了混凝土表面强度。在混凝土温控技术方面，葛洲坝工程已达到夏季拌和混凝土出机口温度 7℃以下；三峡工程采用的高效空气冷却器专利技术及两次风冷技术、大型片冰制冰设备、冰库及片冰运输称量等成套设施等，已经达到国际先进水平。五强溪通仓浇筑工程一次浇筑混凝土最大仓面面积达 $1600m^2$。在施工强度方面，三峡二期工程 1999 年浇混凝土 458.5 万 m^3，最大月强度 55.4 万 m^2，超过了世界已有记录（古比雪夫水电站最大年强度 313.4 万 m^3，最大月强度 38.9 万 m^3；伊泰普水电站最大年强度 302.3 万 m^3，最大月强度 33.9 万 m^3）。采用的大型浇筑设备有皮带机运送混凝土的塔带机［由美国罗泰克（Rotec）公司供应的 TC2400 型塔带机 4 台；法国波坦（Potain）公司供应的 MD2200 型塔带机 2 台］、胎带机、20t 高架门机和大跨度摆塔式缆机（跨度 1416m，起重量 20t）。碾压混凝土快速筑坝采用了高掺粉煤灰、薄层低稠度、短间歇连续浇筑、全断面浇筑的施工技术。

由于经济、社会发展的需要和综合国力的提高，21 世纪我国水利水电建设将加速发展。

大江大河及城市防洪标准要逐步提高，要建设许多防洪或综合利用水库，堤防建设也要现代化、高标准，以保安全并减小防汛抢险的负担。目前，我国水能资源仅开发 20%，今后要大力开发中、西部水电，实现西电东送，20 年内每年要投产 400 万～500 万 kW。到 21 世纪中叶，不仅中、东部条件较好的水电项目将大部分开发完，西部的长江、黄河上游及澜沧江等条件较好的水电项目也将大部分开发完，后期还要开发更艰巨的工程。

最近几年建设的水利水电工程既有一般大、中型工程，还有许多特大型工程，200 万～500 万 kW 级有几十个（如清江水布垭工程为 200 万 kW，乌江构皮滩、大渡河瀑布沟为 300 万 kW，黄河的拉西瓦为 400 万 kW 等）。溪洛渡、白鹤滩、虎跳峡等千万千瓦级电站。

西部许多大型及特大型工程地处高山深谷，地震烈度高，交通不便，施工条件复杂，又要建很高的坝。峡谷区高混凝土坝将更多地采用快速缆机和塔带机、胎带机，混凝土温控先进技术将进一步普及和提高，混凝土预冷将更多地采用先进的集料两次风冷及高效冷风机，砂子风冷也可能会实现。碾压混凝土坝比重将提高。特大的混凝土坝将采用 2～$9m^3$ 拌和机组成的拌和楼，先进的涡轮式拌和机也将采用。混凝土的运输将广泛使用汽车、缆机及皮带机。高土石坝中面板堆石坝比重也将进一步提高，将使用 15t 以上的振动碾。每层碾压厚度由 1m 提高到 1.5m 或更多。石料开采将更多地采用洞室与梯段相结合的爆破方案，以提高效率。集料加工将采用先进的反击式、“石击石”冲击式及高效圆锥破碎机和旋盘制砂机等。

施工技术不断提高。采用了定向爆破、光面爆破、预裂爆破、岩塞爆破、喷锚支护、预应力锚索、滑模和碾压混凝土及混凝土防渗面板等新技术、新工艺。

施工机械装备能力迅速增长，使用了斗轮式挖掘机、大吨位的自卸汽车、全自动化混凝土搅拌楼、塔带机、隧洞掘进机和盾构机等。水利工程施工学科的发展，为水利水电建设事业展示了一片广阔的前景。

在取得巨大成就的同时，应认识到我国施工水平与先进国家相比，尚有较大差距。如新技术新工艺研究、推广、使用不够普遍；施工机械还比较落后、配套不齐、利用率不充分，施工组织管理水平不高。这些和我国水利水电工程建设事业的发展是不相适应的，这就要求我们必须认真总结过去的经验和教训，努力学习和引进国外先进的技术和科学的管理方法，走出一条适合我国国情的水利水电工程建设新路。

3. 课程内容和学习方法

本课程将系统地阐述水利水电工程中各主要工种的施工工艺、主要水工建筑物的施工程序与方法等内容。要求了解水利水电工程常用施工机械的主要组成部分、工作原理、主要性能及其选择；掌握主要工种的施工过程、施工方法、操作技术、质量控制检查、施工安全技术，以及主要水工建筑物的施工特点、施工程序和施工技术要求、施工方法以及质量控制检查。

根据课程实践性强的特点，学习中应注重理解基本概念、基本原理、基本方法，结合已学过的课程，循序渐进地掌握本课程的内容；密切联系生产实际，配合生产实习、生产劳动、生产现场教学、电化教学、多媒体教学、课程作业、毕业设计等教学环节，运用所学的施工知识，有效地掌握本课程的学习内容。

项目1　导截流工程施工

任务1.1　导流方案的选择

【引例1.1】 柘溪水电站位于湖南柘溪峡谷河段，为深V形河床。枯水期水面宽约96m，水深15m；洪水期水面宽度增加不多，而水深可达28m。基岩由变质细砂岩及长石英岩组成，岩性坚硬。坝型为混凝土溢流式大头坝，全长310.5m，坝高104m。坝后式厂房，位于右岸，由隧洞引水入厂房，厂房长132m，宽22.9m。

根据坝址的自然特点、河床形状、水深、冲积层厚等考虑，首先放弃了分期导流方式，提出了四个导流方案：长隧洞导流；短隧洞导流；明渠导流；明渠和隧洞联合导流。导流方案图如图1.1所示。

【思考】

(1) 为什么要施工导流?

(2) 施工导流有哪几种方案?

(3) 施工导流各个方案的优缺点有哪些?

(4) 什么是围堰?

(5) 什么是全段围堰法和分段围堰法?

(6) 导流围堰的种类有哪些? 各有什么优缺点?

1.1.1　施工导流方法

施工导流是对施工过程中水流控制的全面部署，是水利水电工程施工中的关键性问题。导流方案的合理选择是导流规划的核心。天然河道径流量的大小及全年分配情况，枢纽建筑物的特征、坝址的地形、地质情况，施工队伍的技术水平，器材的供应情况等因素不但影响导流分期和导流时段的划分，而且影响导流方案的确定。

施工导流的基本方法大体可分为两类：一类是全段围堰法，即用围堰拦断河床，全部水流通过事先修好的导流泄水建筑物流走；另一类是分段围堰法，即水流通过河床外的束窄河床下泄，后期通过坝体预留缺口、底孔或其他泄水建筑物下泄。不管是分段围堰法还是全段围堰法导流，当挡水围堰可过水时，均可采用淹没基坑的特殊导流方法。这里介绍二种基本的导流方法。

1.1.1.1　全段围堰法

全段围堰法导流，就是在修建于河床上的主体工程上、下游各建一道拦河围堰，使水流经河床以外的临时或永久建筑物下泄，主体工程建成或即将建成时，再将临时泄水建筑物封堵。该法多用于河床狭窄，基坑工作量不大，水深，流急，难于实现分期导流的地方。全段围堰法按其泄水道类型有以下几种。

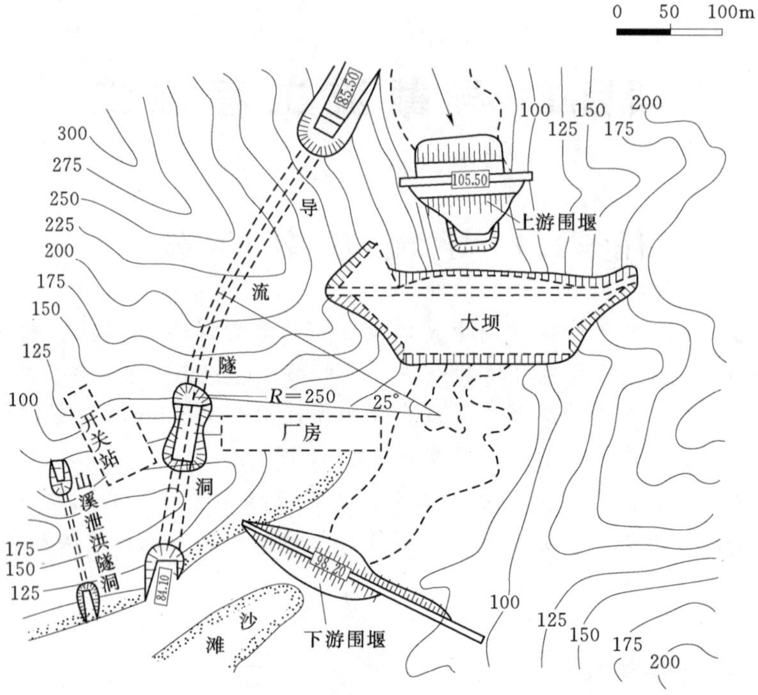

(a)长隧洞导流

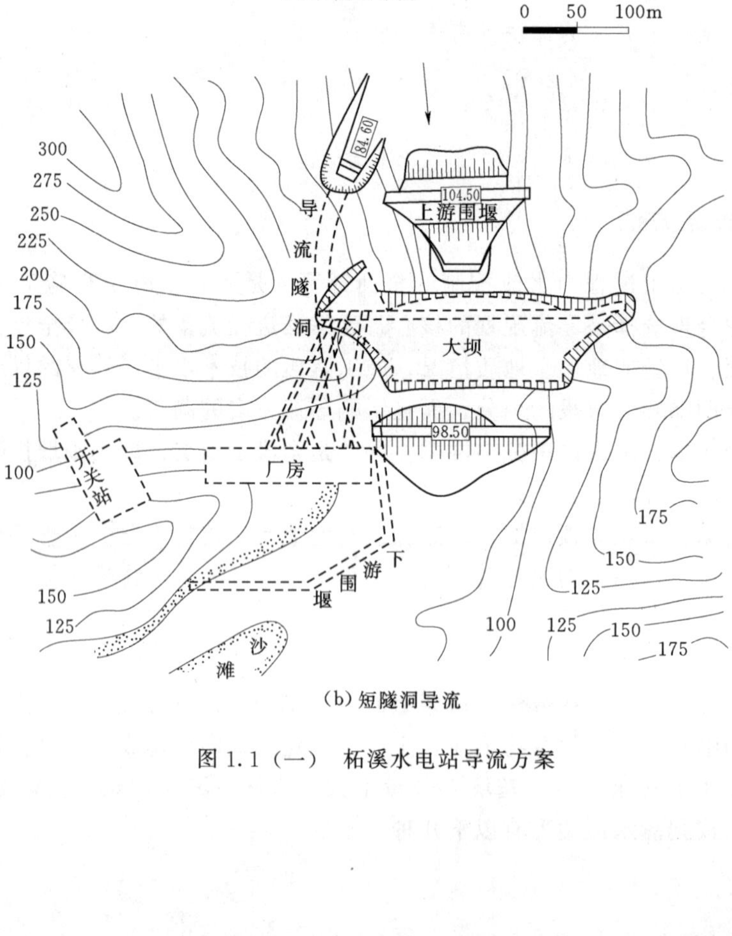

(b)短隧洞导流

图 1.1（一） 柘溪水电站导流方案

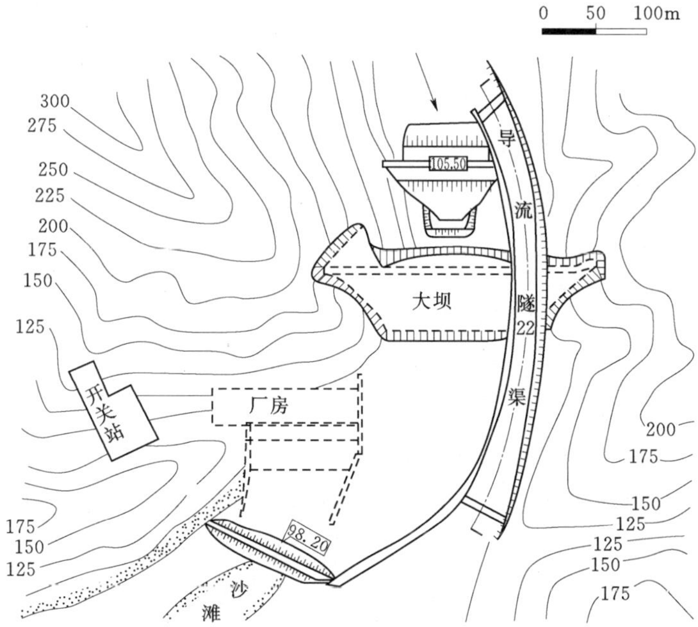

(c) 明渠导流

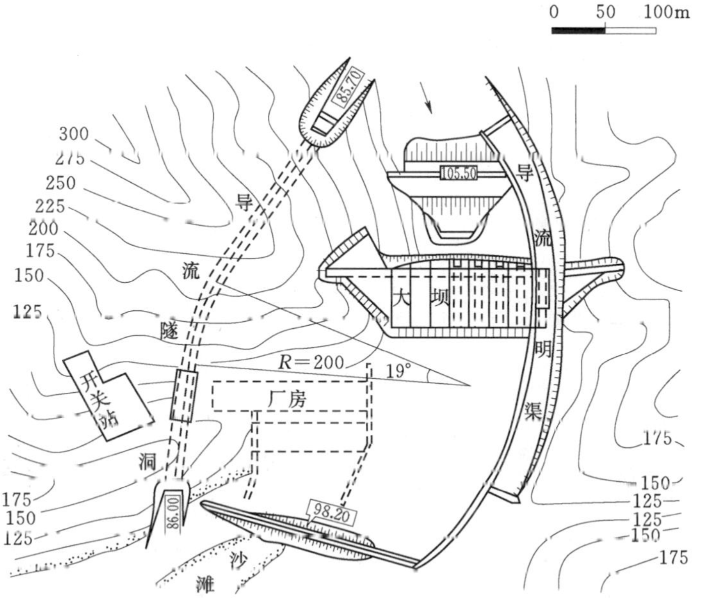

(d) 明渠和隧洞联合导流

图 1.1（二） 柘溪水电站导流方案

1. 隧洞导流

山区河流，一般河谷狭窄、两岸地形陡峻、山岩坚实，采用隧洞导较为普遍。但由于隧洞泄水能力有限，造价较高，一般在汛期泄水时均另找出路或采用淹没基坑方案。导流隧洞设计时，应尽量与永久隧洞相结合。隧洞导流的布置型式如图 1.2 所示。

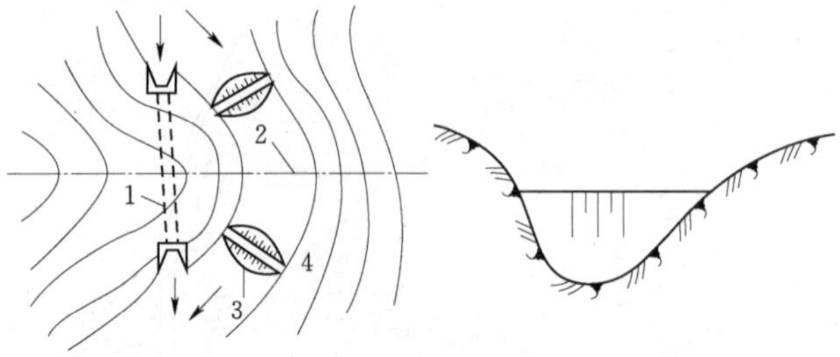

(a)平面图　　(b)剖面图

图 1.2　隧洞导流的布置型式

1—隧洞；2—坝轴线；3—围堰；4—基坑

2. 明渠导流

明渠导流是在河岸或滩地上开挖渠道，在基坑上、下游修筑围堰，河水经渠道下泄。它用于岸坡平缓或有宽广滩地的平原河道上。若当地有可利用的老河道或工程修建在弯道上时，采用明渠导流比较经济合理。明渠导流的布置型式如图 1.3 所示。

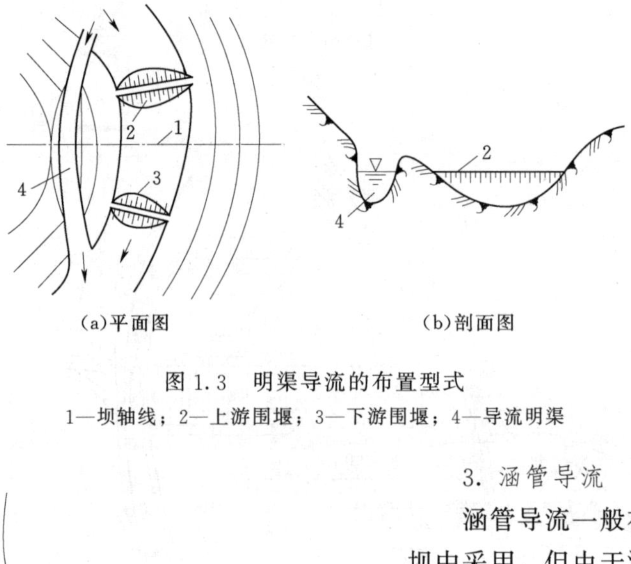

(a)平面图　　(b)剖面图

图 1.3　明渠导流的布置型式

1—坝轴线；2—上游围堰；3—下游围堰；4—导流明渠

3. 涵管导流

涵管导流一般在修筑土坝、堆石坝中采用，但由于涵管的泄水能力较小，因此一般用于流量较小的河流上或只用来担负枯水期的导流任务。涵管导流的布置型式如图 1.4 所示。

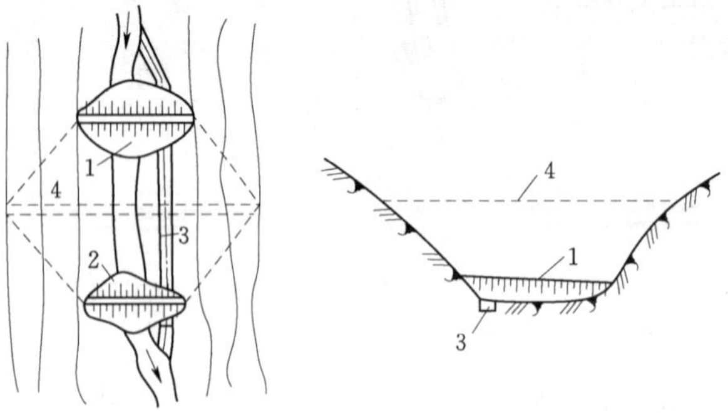

(a)平面图　　(b)剖面图

图 1.4　涵管导流的布置型式

1—上游围堰；2—下游围堰；3—涵管；4—坝体

4. 渡槽导流

渡槽导流方式结构简单，但泄流量较小，一般用于流量小，河床窄，导流期短的中、小型工程。渡槽导流的布置型式如图 1.5 所示。

1.1.1.2 分段围堰法

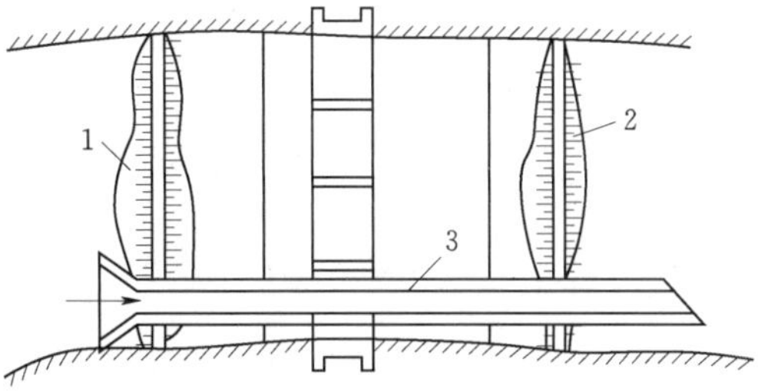

图 1.5 渡槽导流示意图
1—上游围堰；2—下游围堰；3—渡槽

分段围堰法（或分期围堰法），就是用围堰将水工建筑物分段分期围护起来进行施工（图 1.6）。所谓分段，就是从空间上用围堰将拟建的水工建筑物圈围成若干施工段；所谓分期，就是从时间上将导流分为若干时期。导流的分期数和围堰的分段数并不一定相同。导流分期与围堰分段如图 1.7 所示。

分段围堰法前期由束窄的河道导流，后期可利用事先修好的泄水建筑物导流。常用泄水建筑物的类型有底孔、缺口等。分段围堰法导流，一般适用于河流流量大、槽宽、施工工期较长的工程中。

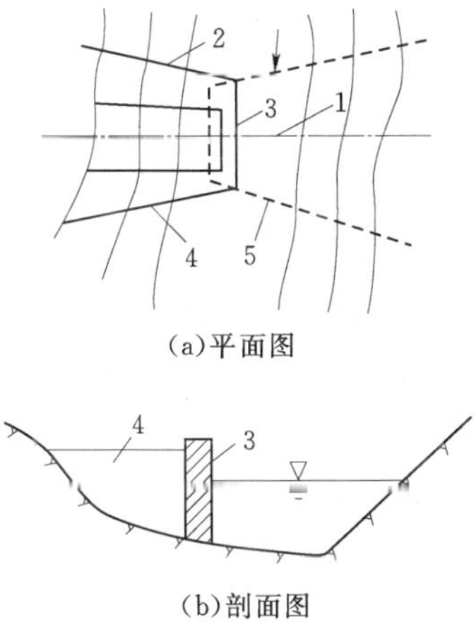

图 1.6 分期导流示意图
1—坝轴线；2—上横围堰；3—纵围堰；
4—下横围堰；5—第二期围堰轴线

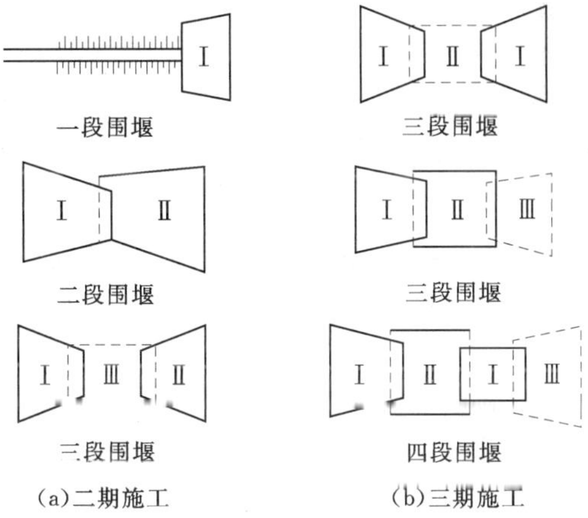

图 1.7 导流分期与围堰分段示意图
Ⅰ、Ⅱ、Ⅲ—表示施工分期

1. 底孔导流

采用底孔导流时，应事先在混凝土坝体内修好临时或永久底孔；然后让全部或部分水流通过底孔宣泄至下游。如为临时底孔，应在工程接近完工或需要蓄水时封堵。底孔导流的布置型式如图 1.8 所示。

底孔导流挡水建筑物上部的施工可不受干扰，有利于均衡、连续施工，这对修建高坝有利，但在导流期有被漂浮物堵塞的危险，封堵水头较高，安放闸门较困难。

2. 缺口导流

混凝土坝在施工过程中，为了保证在汛期河流暴涨暴落时能继续施工，可在兴建的坝体上预留缺口宣泄洪峰流量，待洪峰过后，上游水位回落再修筑缺口，称为缺口导流（图 1.9）。

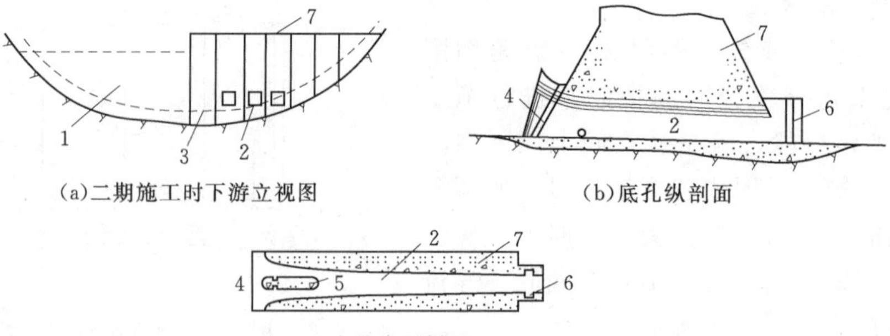

图 1.8　底孔导流

1—二期修建坝体；2—底孔；3—二期纵向围堰；4—封闭闸门门槽；5—中间墩；6—出口封闭门槽；7—已浇筑的混凝土坝体

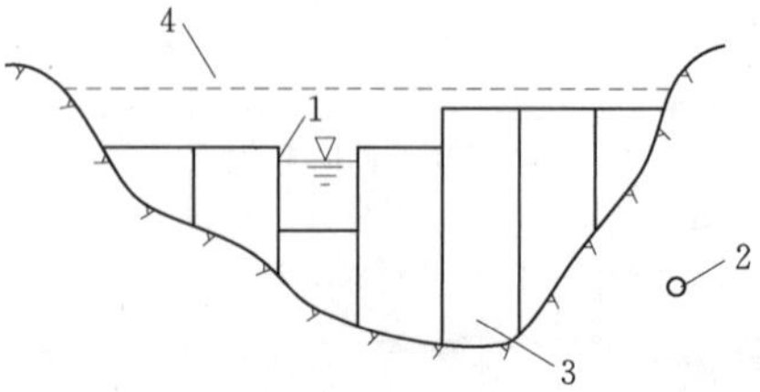

图 1.9　坝体缺口过水示意图

1—过水缺口；2—导流隧洞；3—坝体；4—坝顶

1.1.2　导流建筑物

1.1.2.1　围堰

围堰是一种临时性水工建筑物，用来围护河床中基坑，保证水工建筑物施工在干地上进行。在导流任务完成后，对不能作为永久建筑物的部分或妨碍永久建筑物运行的部分应予以拆除。

通常按使用材料将围堰分为土石围堰、草土围堰、混凝土围堰、钢板桩格型围堰、木笼围堰等；按所处的位置将围堰分为横向围堰、纵向围堰；按围堰是否过水分为不过水围堰、过水围堰。

围堰的基本要求：

(1) 安全可靠，能满足稳定、抗渗、抗冲要求。

(2) 结构简单，施工方便，宜于拆除，并能充分利用当地材料及开挖弃料。

(3) 堰基易于处理，堰体便于与岸坡或已有建筑物连接。

(4) 在预定施工期内修筑到需要的断面和高程。

(5) 具有良好的技术经济指标。

1. 围堰的结构

(1) 土石围堰（图 1.10）。土石围堰能充分利用当地材料，地基适应性强，造价低，施工简便，设计应优先选用。

1) 不过水土石围堰。对于土石围堰，由于不允许过水，且抗冲能力较差，一般不宜做纵向围堰，如河谷较宽且采取了防冲措施，也可将土石围堰用作为纵向围堰。土石围堰的水下部位一般采用混凝土防渗墙防渗，水上部位一般采用黏土心墙、黏土斜墙、土工合成材料等防渗。

2) 过水土石围堰。当采用淹没基坑方案时，为了降低造价、便于拆除，许多工程采用了过水土石围堰型式。为了克服过水时水流对堰体表面冲刷和由于渗透压力引起的下游边坡连同堰顶一起的深层滑动，目前采用较普遍是在下游护面上压盖混凝土面板。

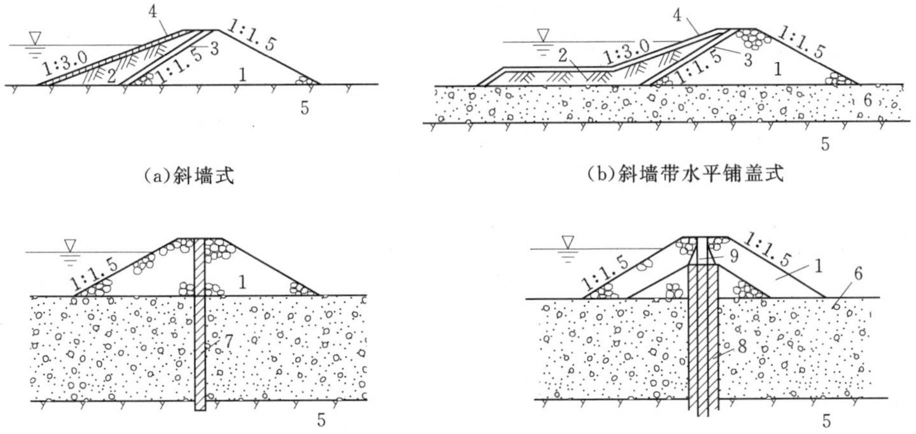

(a)斜墙式　　(b)斜墙带水平铺盖式

(c)垂直防渗墙式　　(d)灌浆帷幕式

图 1.10　土石围堰

1—堆石体；2—黏土斜墙、铺盖；3—反滤层；4—护面；5—隔水层；6—覆盖层；
7—垂直防渗墙；8—灌浆帷幕；9—黏土心墙

(2) 草土围堰（图 1.11）。草土围堰是黄河上传统的筑堤方法，它是一种草土混合结构。施工时，先用稻草或麦草做成长 1.2～1.8m、直径 0.5～0.7m 的草捆，再用长 6～8m、直径 4～5cm 的草绳将两个草捆扎成件，重约 20kg。堰体由河岸开始修筑，首先沿河岸迎水面在围堰整个宽度内分层铺设草捆，并将草绳拉直放在岸上，以便与后铺的草捆互相联结。铺草时，应使第一层草捆浸入水中 1/3，各层草捆按水深大小叠接 1/3～1/2，这样逐层压放的草捆就形成一个坡角约 35°～45°的斜坡，直至高出水面 1.5～2.0m 为止。随后在草捆层的斜坡上铺上一层厚 0.25～0.30m 的散草，再在散草上铺一层厚 0.25～0.30m 的土层。土质以遇水易于崩解、固结为好，可采用黄土、砂壤土、黏壤土、粉土等。铺好的土只需用人工踏实即可。接着在填土面上同样做堰体压草、铺散草和压土工作，如此继续进行，堰体即可向前进占，后部的堰体也渐渐深入河底，如图 1.12 所示。

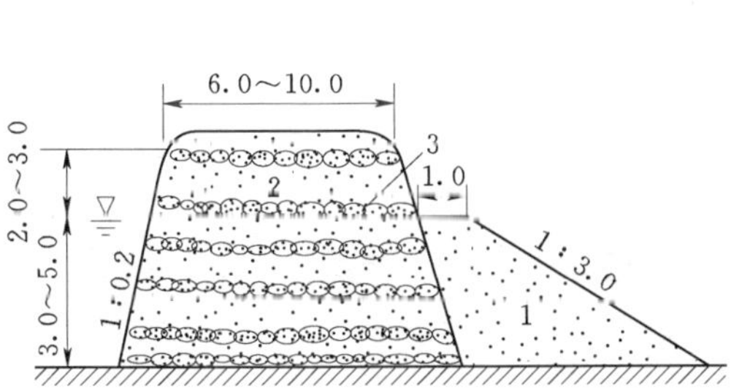

图 1.11　草土围堰（单位：m）

1—戗土；2—土料；3—草捆

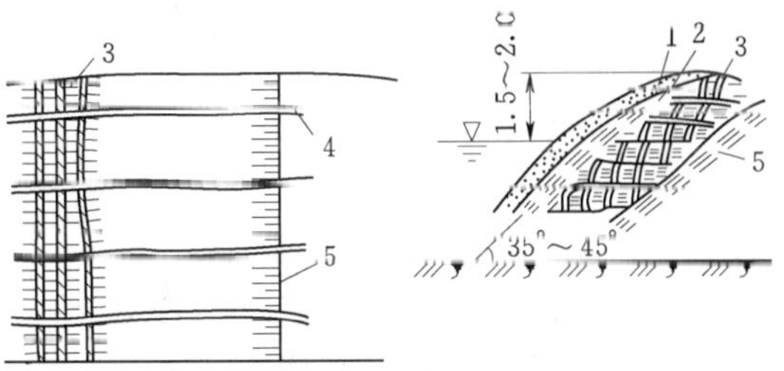

(a)围堰进占平面图　　(b)围堰进占纵断面图

图 1.12　草土围堰施工示意图（单位：m）

1—黏土；2—散草；3—草捆；
4—草绳；5—河岸线或堰体

(3) 混凝土围堰（图 1.13）。混凝土围堰的抗冲及抗渗能力强，适应高水头，底宽小，易于与永久建筑物相结合，必要时可以过水，因此应用较广泛。峡谷地区岩基河床，多用混凝土拱围堰，且多为过水围堰型式，可使围堰工程量小，施工速度快，且拆除也较为方便。采用分段围堰法导流时，重力式混凝土围堰往往作为纵向围堰如三门峡工程的纵向围堰如图 1.14 所示。现在混凝土围堰一般采用碾压混凝土，在低土石围堰保护下施工，施工速度快。

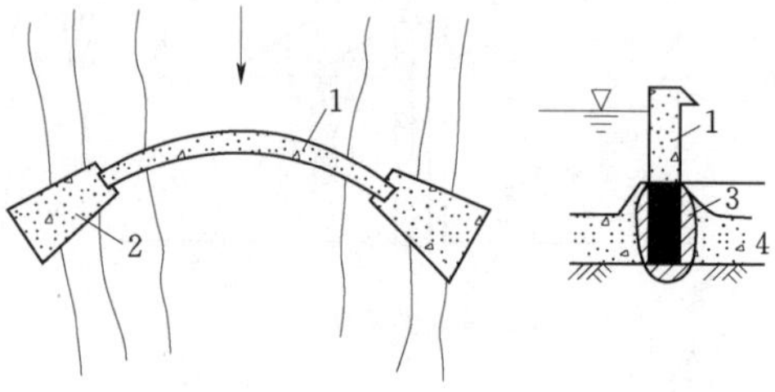

(a)平面图　(b)横断面图

图 1.13　拱形混凝土围堰

1—拱身；2—拱座；3—灌浆帷幕；4—覆盖层

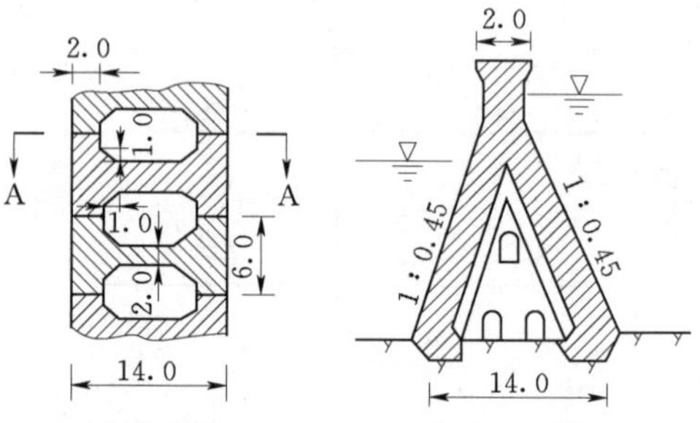

(a)平面图　(b)A—A 剖面

图 1.14　三门峡工程的纵向围堰（单位：m）

(4) 钢板桩格型围堰。钢板桩格型围堰是重力式挡水建筑物，由一系列彼此相接的格体构成。按照格体的形状，可分为圆筒形格体、扇形格体和花瓣形格体，如图 1.15 所示。这些型式适用于不同的挡水高度，应用较多的是圆筒形格体。钢板桩格型围堰是由许多钢板桩通过锁口互相连接而成为格型整体。钢板桩的锁口有握裹式、互握式和倒钩式三种（图 1.16）。格体内填充透水性强的填料，如砂、砂卵石或石渣等。在向格体内填料时，必须保持各格体内的填料表面大致均衡上升，高差太大会使格体变形。

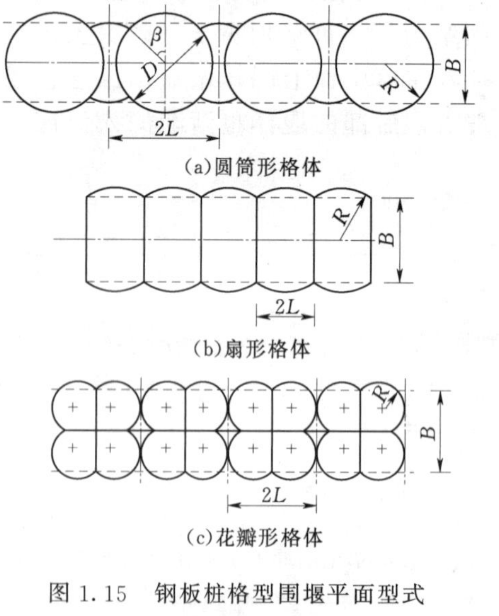

(a)圆筒形格体

(b)扇形格体

(c)花瓣形格体

图 1.15　钢板桩格型围堰平面型式

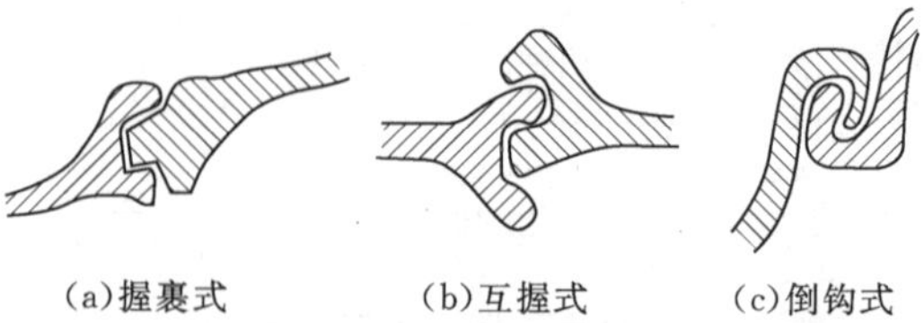
(a)握裹式　(b)互握式　(c)倒钩式

图 1.16　钢板桩锁口示意图

钢板桩格型围堰的优点有：坚固、抗冲、抗渗、围堰断面小，便于机械化施工；钢板桩的回收率高，可达70%以上；尤其适用于束窄度大的河床段作为纵向围堰的情况。但由于需要大量的钢材，且施工技术要求高，我国目前仅应用于大型工程中。

圆筒形格体钢板桩围堰适用的挡水高度一般小于18m，可以建在岩基上或非岩基上，也可作为过水围堰用。

圆筒形格体钢板桩围堰的修建由定位、打设模架支柱，模架就位，安插钢板桩，打设钢板桩，填充料渣，取出模架及其支柱和填充料渣到设计高程等工序组成（图1.17）。圆筒形格体钢板桩围堰一般需在流水中修筑，受水位变化和水面波动的影响较大，故施工难度较大。

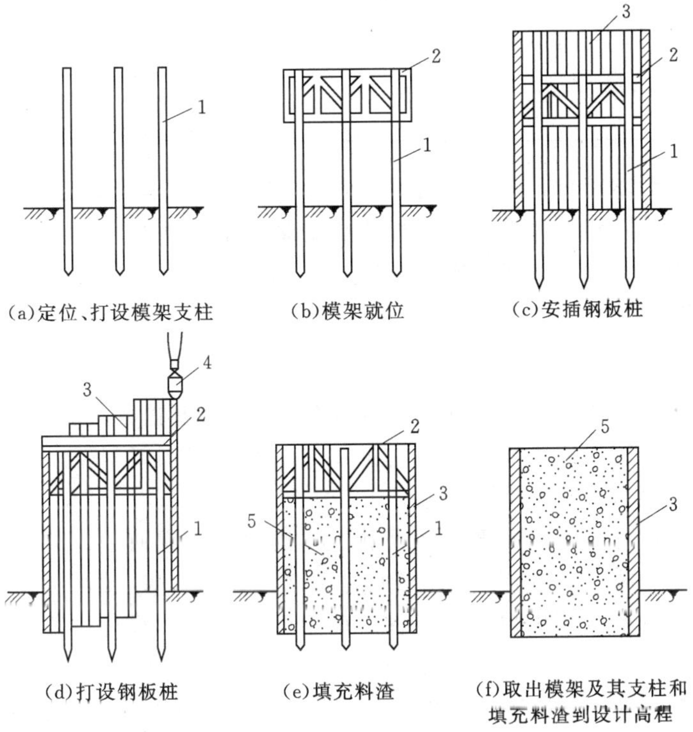

图1.17　圆筒形格体钢板桩围堰施工工序图

1—支柱；2—模架；3—钢板桩；4—打桩机；5—填料

2. 围堰堰顶高程的确定

围堰的堰顶高程，不仅取决于导流设计流量和导流建筑物的型式、尺寸、平面位置、高程和糙率等，还要考虑到河流的综合利用和主体工程工期。

（1）上游围堰的堰顶高程。

$$H_{上}=h_d+Z+\delta \tag{1.1}$$

式中　$H_{上}$——上游围堰堰顶高程，m；

h_d——下游水面高程，m，可直接由原河流水位流量关系曲线中查得；

Z——上、下游水位差，m；

δ——围堰的安全超高，m，按表1.1选用。

(2) 下游围堰堰顶高程。

$$H_{下}=h_d+\delta \tag{1.2}$$

式中 $H_{下}$——下游围堰堰顶高程，m；

h_d——下游水面高程，m；

δ——围堰的安全超高，m，按表1.1选用。

表1.1 不过水围堰顶安全超高下限值 单位：m

围堰型式	围堰级别	
	Ⅲ	Ⅳ～Ⅴ
土石围堰	0.7	0.5
混凝土围堰	0.4	0.3

围堰拦蓄一部分水流时，则堰顶高程应通过水库调洪计算来确定。纵向围堰的堰顶高程，要与束窄河床中宣泄导流设计流量时的水面曲线相适应，其上、下游端部分别与上、下游围堰同高，所以其顶面往往做成倾斜状。

1.1.2.2 导流泄水建筑物

1. 导流明渠

(1) 布置原则。弯道少，避开滑坡、崩塌体及高边坡开挖区；便于布置进入基坑的交通道路；进、出口与围堰接头满足堰基防冲要求；避免泄洪时对下游沿岸及施工设施冲刷，必要时进行导流水工模型验证。

(2) 明渠断面设计。明渠底宽，底坡和进、出口高程应使上、下游水流衔接条件良好，满足导、截流和施工期通航、过木、排冰要求。设在软基上的明渠，宜通过动床水工模型试验，改善水流衔接和出口水流条件，确定冲坑形态和深度，并采取有效消能抗冲设施。

导流明渠结构型式应方便后期封堵。应在分析地质条件、水力学条件并进行技术经济比较后确定衬砌方式。

2. 导流隧洞

导流隧洞应根据地形、地质条件合理选择洞线，保证隧洞施工和运行安全。相邻隧洞间净距、隧洞与永久建筑物之间间距、洞脸和洞顶岩层厚度均应满足围岩应力和变形要求。尽可能利用永久隧洞，其结合部分的洞轴线、断面型式与衬砌结构等均应满足永久运行与施工导流要求。

隧洞型式，进、出口高程尽可能兼顾导流、截流、通航、放木、排冰要求，保证进口水流顺畅，水面衔接良好，不产生气蚀破坏，洞身断面方便施工。洞底纵坡根据施工条件及泄流水力条件等选择。

导流隧洞在运用过程中，常遇明、满流交替流态，当有压流为高速水流时，应注意水流掺气，防止因此产生空蚀、冲击波，导致洞身破坏。

隧洞衬砌范围及型式通过技术经济比较后确定，应研究解决封堵措施及结构型式的

选择。

3. 导流底孔

导流底孔设置数量、高程及其尺寸宜兼顾导流、截流、过木、排冰要求。进口型式选择适当的椭圆曲线，通过水工模型试验确定。进口闸门槽宜设在坝外，并能防止槽顶部进水，以免气蚀破坏或孔内流态不稳定影响流量。

利用永久泄洪、排沙和水库放空底孔兼做导流底孔时，应同时满足永久和临时运用要求。坝内临时底孔使用后，需用与坝体混凝土相同的混凝土材料回填封堵，并采取措施保证新老混凝土结合良好。

【引例分析】 根据［引例1.1］，结合提出的四个导流方案进行导流方案设计。

第一方案：长隧洞导流。上游为土石木笼过水围堰。导流设计流量为9650m^3/s，围堰设计挡水流量为2000m^3/s，坝内设4个5.5m×15m导流底孔。当流量超过2000m^3/s时，围堰溢流，底孔过水。导流隧洞长475m，洞径为16m方圆形断面。冲沟低洼处用50m长明管连接。冲沟洪水由山溪泄洪隧洞排出。下游围堰布置在厂房下游。

第二方案：短隧洞导流。上游围堰布置与第一方案相同。导流隧洞通过坝肩下部，与厂房引水隧洞立面交叉，洞长270m，直径16m。由于隧洞出口低于常水位，故施工初期厂房与隧洞出口先用一期厂房围堰挡水，待隧洞放水后，再修二期厂房围堰保护厂房施工。下游围堰则靠近坝身布置。其他与第一方案相同。

第三方案：明渠导流。在左岸台地坝体范围内布置一导流明渠，坝轴线处渠底高程为90.00m。渠长480m，底坡0.0025。明渠右岸设纵向围堰与上、下游横向围堰连接，保护大坝和厂房同时施工。坝内设4个5.5m×15m底孔。当流量超过2000m^3/s，上游围堰溢流，底孔过水。

第四方案：明渠和隧洞联合导流。导流明渠布置在左岸，底宽16m，底坡为0.003。基坑由上、下游横向围堰与明渠右边墙纵向围堰连接围护。导流隧洞布置在右岸，洞径12m。坝内设4个5.5m×15m底孔。

上述四个方案比较结果，第一方案优点多，缺点少，且导流费用较低，可靠性也较好。因此初设阶段作为推荐的方案。后来由于条件的变化，认为第四方案较为灵活。明渠在1958年底挖通后，即进行围堰合龙闭气，随后隧洞过水，从而可提前进行坝基开挖，并浇筑部分混凝土，第一个枯水期可得到充分利用，为确保1960年底发电，创造了有利的条件。故第四方案作为施工采用方案。

四个方案的详细比较见表1.2。工程施工过程中经验教训总结如下：

(1) 当流量达到1270m^3/s时，上游纵向围堰发生84m长的决口，不仅打乱了工期计划，使施工处于被动局面，并且推迟了发电日期，仅堵口混凝土费用就达35万余元。

(2) 上游横向围堰轴线距隧洞和明渠进口太近，以致围堰施工场地受到限制，对基坑施工干扰也很大。特别是隧洞和明渠的进口贴近围堰铺盖的两侧，严重影响围堰的防渗质量。

(3) 明渠实际泄流能力只为设计值得41%。原因是设计时采用的糙率为0.030，由于明渠内杂物和出口围堰爆破清理不彻底，实际的糙率值为0.0384。

表 1.2　　导流方案比较

项目	导流方案	单位	第一方案	第二方案	第三方案	第四方案
			长隧洞导流	短隧洞导流	明渠导流	明渠和隧洞联合导流
导流工程特性	上游堰顶高程/高度	m	105.5/27.5	104.5/26.5	106.0/28.0	107.5/29.5
	隧洞直径或明渠底宽	m	16	16	22	12，6
	隧洞或明渠长度	m	425+50	270	480	432+50，490
	下游堰顶高程/高度	m	98.2/8.2	98.5/8.5	98.2/8.2	98.2/8.2
导流工程量及造价	土石方开挖	万 m³/万元	18.9/187	9.6/108	16.2/83	19.8/165
	围堰	万 m³/万元	18.1/372	26.6/604	20.8/416	24.4/516
	混凝土及钢筋混凝土	万 m³/万元	3.5/235	2.4/162	4.2/244	5.3/326
	基坑排水及围堰维护费	万元	65	61	177	117
	其他	万元	62	64	78	99
	共计	万元	921	999	998	1223
	提前发电受益或延期发电损失	万元	700	700	−45	700
导流优缺点评述			优点：①导流方式简便，导流建筑物简单安全，②施工场地宽阔，干扰少；③底孔封堵时，可排干基坑施工；④费用较便宜。 缺点：导流隧洞工程量大，挖洞条件差，受工作面限制不易赶工，施工时间相应延长	优点：①导流建筑物简单、安全；②基坑排水量较少。 缺点：①导流隧洞与引水隧洞交错，施工技术复杂，干扰大；②施工场地狭窄，③导流隧洞出口对厂房施工干扰大，④厂房围堰在深水中修建有困难	优点：渠道施工条件好，技术简单，易于全面施工。 缺点：①明渠纵堰易受洪水威胁，安全性较差；②底孔封堵困难；③左岸施工场地布置受限制，交通不便，干扰大；④明渠封堵须在枯水季进行，推迟发电时间	优点：①小明渠工作量少，易赶工，可提前合龙；②隧洞直径较小，施工较容易。 缺点：①导流方式复杂，导流建筑物多，明渠纵向围堰受洪水威胁大；②左岸施工布置受限制，交通不便，干扰大；③导流费用最贵

任务 1.2　导流方案的实施

【引例 1.2】　某水利工程正常高水位 130.00m，死水位 112.00m，设计洪水位 130.74m，校核洪水位 132.40m。

该工程拦河坝的坝型为混凝土重力坝，电站布置在河床右侧的非溢流坝段的后面，为坝后式布置，其中左非溢流坝坝段长度为100m，溢流坝段长度为48m，右非溢流坝段长度167m，溢流坝段布置在河床中部偏左岸，引水压力钢管设在非溢流坝段内。进水口底板高程为95.00m。施工导流设计流量为$Q=235m^3/s$。根据坝址水位-流量关系曲线，采用内插法得到$Q=235m^3/s$时的水位为86.09m。

根据枢纽特点，选择采用分段围堰法施工，分为两段两期：第一期先围左岸，包括左岸非溢流坝段和溢流坝段，进行一期基坑内施工；第二期围河床右岸部分，包括右非溢流坝段（含厂房坝段），进行二期基坑内施工。本工程所在地，河流流量小，河床滩地宽，两岸坡度缓，采用两段两期的施工导流方式完全可以满足要求。

【思考】

（1）导流建筑物设计流量是怎么确定的？

（2）导流时段是怎么划分的？

（3）不同形式围堰的导流注意事项是什么？

1.2.1 导流建筑物的设计流量

导流建筑物的设计流量是选择导流方案，确定导流建筑物的主要依据。而导流建筑物设计洪水标准是选择导流设计流量的标准，即是施工导流的设计标准。

导流建筑物是指枢纽工程施工期所使用的临时性挡水和泄水建筑物。根据其保护对象、失事后果、使用年限和工程规模划分为3～5级，具体按表1.3确定。

表1.3 导流建筑物级别划分

级别	保护对象	失事后果	使用年限/年	围堰工程规模	
				堰高/m	库容/(亿m³)
3	1 有特殊要求的1级永久建筑物	淹没重要城镇、工矿企业、交通干线或推迟工程总工期及第一批机组发电，造成重大灾害和损失	>3	>50	>1.0
4	1、2级永久建筑物	淹没一般城镇、工矿企业或推迟工程总工期及第一批机组发电而造成较大灾害和损失	1.5～3	15～50	0.1～1.0
5	3、4级永久建筑物	淹没基坑，但对总工期及第一批机组发电影响不大，经济损失较小	<1.5	<15	<0.1

注 1. 导流建筑物包括挡水建筑物和泄水建筑物，两者级别相同。
2. 表列四项指标均按施工阶段划分。
3. 有、无特殊要求的永久建筑物均是针对施工期而言，有特殊要求的1级永久建筑物是指施工期不允许过水的土坝及其他有特殊要求的永久建筑物。
4. 使用年限指导流建筑物每一施工阶段的工作年限，两个或两个以上施工阶段共用的导流建筑物，如分期导流一期、二期共用的纵向围堰，其使用年限不能叠加计算。
5. 围堰工程规模一栏，堰高指挡水围堰最大高度，库容指堰前设计水位所拦蓄的水量，两者必须同时满足。

导流建筑物设计洪水标准应根据建筑物的类型和级别在表1.4规定幅度内选择，并结合风险度综合分析，使所选标准经济合理，对失事后果严重的工程，要考虑对超标准洪水的应急措施。

表 1.4　　导流建筑物洪水标准　　单位：重现期（年）

临时性建筑物类型	临时性水工建筑物级别		
	3	4	5
土石结构	50～20	20～10	10～5
混凝土、浆砌石结构	20～10	10～5	5～3

注　在下述情况下，导流建筑物洪水标准可用表中的上限值。

（1）河流水文实测资料系列较短（小于 20 年），或工程处于暴雨中心区。

（2）采用新型围堰结构型式。

（3）处于关键施工阶段，失事后可能导致严重后果。

（4）工程规模、投资和技术难度用上限值与下限值相差不大。

（5）过水围堰的挡水标准应结合水文特点、施工工期、挡水时段，经技术经济比较后在重现期 3～20 年范围内选定。当水文系列较长（不小于 30 年）时，也可根据实测流量资料分析选用。

当坝体筑高到不需围堰保护时，其临时度汛洪水标准应根据坝型及坝前拦洪库容按表 1.5 规定的洪水重现期（年）。

表 1.5　　坝体施工期临时度汛洪水标准　　单位：重现期（年）

坝　　型	拦洪库容/（$\times 10^8 m^3$）		
	>1.0	1.0～0.1	<0.1
土石坝	>100	100～50	50～20
混凝土坝、浆砌石坝	>50	50～20	20～10

导流泄水建筑物封堵后，如永久泄洪建筑物尚未具备设计泄洪能力，坝体度汛洪水标准应分析坝体施工和运行要求后按表 1.6 规定执行。汛前坝体上升高度应满足拦洪要求，帷幕灌浆及接缝灌浆高程应能满足蓄水要求。

表 1.6　　导流泄水建筑物封堵后坝体度汛洪水标准　　单位：重现期（年）

坝　　型		大　坝　级　别		
		1	2	3
混凝土坝、浆砌石坝	设计	200～100	100～50	50～20
	校核	500～200	200～100	100～50
土石坝	设计	500～200	200～500	100～50
	校核	1000～500	500～200	200～100

1.2.2　导流时段

导流时段是按照导流程序来划分的各施工阶段的延续时间。划分导流时段，需正确处理施工安全可靠和争取导流的经济效益的矛盾。因此要全面分析河道的水文特点、被围的永久建筑物的结构型式及其工程量大小、导流方案、工程最快的施工速度等，这些是确定导流时段的关键。采用低水头围堰进行枯水期导流，是降低导流费用、加快工程进度的重要措施。

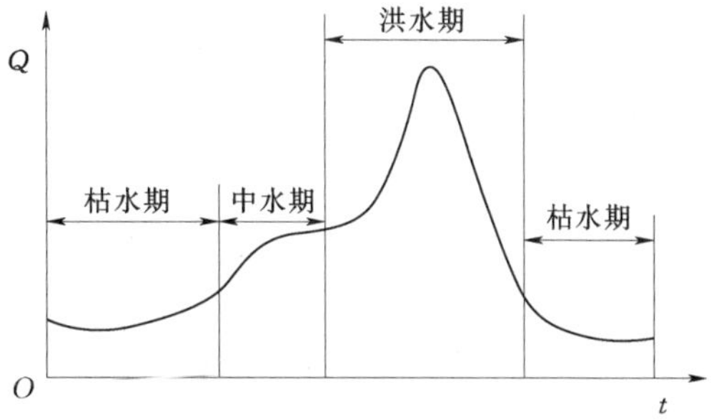

图 1.18 河流流量变化过程线

在我国，一般河流全年的流量变化过程如图 1.18 所示。按其水文特征可分为枯水期、中水期和洪水期。在不影响主体工程施工的条件下，若导流建筑物只担负枯水期的挡水泄水任务，显然可以大大减少导流建筑物的工程量，改善导流建筑物的工作条件，具有明显的技术经济效益。

合理划分导流时段，明确不同导流时段建筑物的工作条件，是既安全又经济地完成导流任务的基本要求。导流时段的划分与河流的水文特征、水工建筑物的型式、导流方案、施工进度有关。土坝、堆石坝和支墩坝一般不允许过水，因此当施工期较长，而洪水来临前又不能完建时，导流时段就要考虑以全年为标准，其导流设计流量就应为导流设计标准确定的相应洪水期的年最大流量。但如安排的施工进度能够保证在洪水来临之前使坝体起拦洪作用，则导流时段即可按洪水来临前的施工时段为标准，导流设计流量即为该时段内按导流标准确定的相应洪水重现期的最大流量值。当采用分段围堰法导流时，后期用临时底孔导流来修建混凝土坝时，一般宜划分为三个导流时段：第一时段，河水由束窄的河流通过，进行第一期基坑内的工程施工；第二时段，河水由导流底孔下泄，进行第二期基坑内的工程施工；第三时段，进行底孔封堵，坝体全面升高，河水由永久建筑物下泄，也可部分或完全拦蓄在水库中，直到工程完建。在各时段中，围堰和坝体的挡水高度和泄水建筑物的泄水能力，均应按相应时段内相应洪水重现期的最大流量作为导流设计流量进行设计。

山区型河流，其特点是洪水期流量特别大、历时短，而枯水期流量特别小，因此水位变幅很大。如上犹江水电站坝型为混凝土重力坝，坝体允许过水，其所在河道正常水位时水面宽仅 40m，水深 6～8m；当洪水来临时河宽增加不大，但水深却增加到 18m。若按一般导流标准要求设计导流建筑物，需要加高挡水围堰，或是增大泄水建筑物的尺寸，而使用期又不长，这显然是不经济的。在这种情况下可以考虑采用允许基坑淹没的导流方案，就是大水来临时围堰过水，基坑被淹没，河床部分停工，待洪水退落、围堰挡水时再继续施工。这种方案，由于基坑淹没引起的停工天数不长，施工进度能够保证，而导流总费用（导流建筑物费用与淹没基坑费用之和）却较省，所以是经济合理的。

采用允许基坑淹没的导流方案时，导流费用最低的导流设计流量，必须经过技术经济比较才能确定。

总之，在划分导流时段时，要确保枯水期，争取中水期，还要尽力在汛期中争工期。既要安全可靠，又要力争工期。

1.2.3 导流建筑物的水力计算

导流水力计算的主要任务是计算各种导流泄水建筑物的泄水能力，以便确定泄水建筑物的尺寸和围堰高程。河床水位壅高计算方法如下。

分期导流围堰束窄河床后，使天然水流发生改变，在围堰上游产生水位壅高，如图 1.19 所示，水位壅高值可采用近似公式式（1.3）试算。即先假设上游水位 H_0 算出 Z 值，以 $Z+t_{cp}$ 与所设 H_0 比较，逐步修改 H_0 值，直至接近 $Z+t_{cp}$ 值，一般 2～3 次即可。

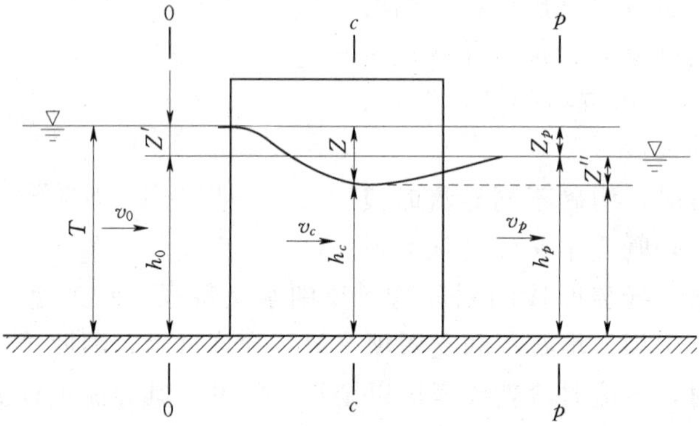

图 1.19　束窄河床水力计算简图

$$Z=\frac{1}{\varphi^2}\frac{v_c^2}{2g}-\frac{v_0^2}{2g} \tag{1.3}$$

$$v_c=\frac{Q}{W_c} \tag{1.4}$$

$$W_c=\varepsilon b_c t_{cp} \tag{1.5}$$

式中　Z——水位壅高，m；

v_0——行近流速，m/s；

g——重力加速度，取 9.80m/s^2；

φ——流速系数，与围堰布置形式有关，取值见表 1.7；

v_c——束窄河床平均流速，m/s；

Q——计算流量，m^3/s；

W_c——收缩断面有效过水断面面积，m^2；

b_c——束窄河段过水宽度，m；

t_{cp}——河道下游平均水深，m；

ε——过水断面侧收缩系数，单侧收缩时采用 0.95，两侧收缩时采用 0.90。

表 1.7　　不同围堰布置的 φ 值

布置形式	矩形	梯形	梯形且有导水墙	梯形且有上导水坝	梯形且有顺流丁坝
布置简图	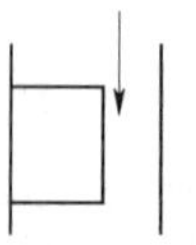	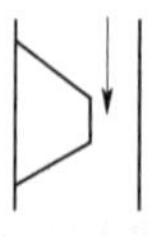	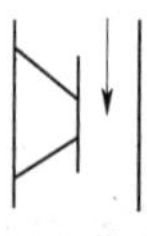	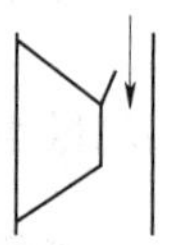	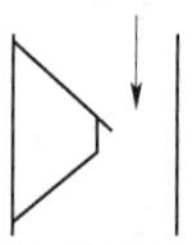
φ 值	0.70～0.80	0.80～0.85	0.85～0.90	0.70～0.80	0.80～0.85

【引例分析】 根据［引例1.2］，该工程的导流设计过程如下。

（1）施工导流设计标准选择。

1）施工导流建筑物级别的选定。根据《水利水电工程施工组织设计规范》（SL 303—2004），以及该工程的级别和围堰工程规模，选定施工导流建筑物为4级。

2）施工导流设计洪水标准的选择。根据《水利水电工程施工组织设计规范》（SL 303—2004），以及导流建筑物的级别，选定导流建筑物的洪水标准为20年一遇（$P=5\%$）。

（2）施工导流时段选择。根据本工程的特征条件采用分段围堰法导流，中后期用临时底孔泄流来修建混凝土坝。划分为三个时段：第一时段，河水由束窄河床通过，进行第一期基坑内施工；第二时段，河水由导流底孔下泄，进行第二期基坑内施工；第三时段，坝体全面升高，可先由导流底孔下泄河水，底孔封堵以后，则河水由永久泄水建筑物下泄，也可部分或完全拦蓄在水库中，直到工程完建。

（3）施工导流设计流量及坝址处河床水位的选择。根据导流设计洪水标准和围堰施工分期，选定施工导流设计流量为$Q=235m^3/s$。根据坝址水位-流量关系曲线，采用内插法得到$Q=235m^3/s$时的水位为86.09m，由于观测点距坝址有300m远，考虑到坡降，选择坝址处水位为86.39m。

（4）施工导流方案的选择。根据枢纽的自然条件、坝体的结构特点及工程的导流施工标准，选择采用分段围堰法施工，分为两段两期。第一期先围左岸，包括左岸非溢流坝段和溢流坝段，进行一期基坑内施工；第二期围河床右岸部分，包括右非溢流坝段（含厂房坝段），进行二期基坑内施工。该工程所在地河流流量小，河床滩地宽，两岸坡度缓，采用两段两期的施工导流方式完全可以满足要求。

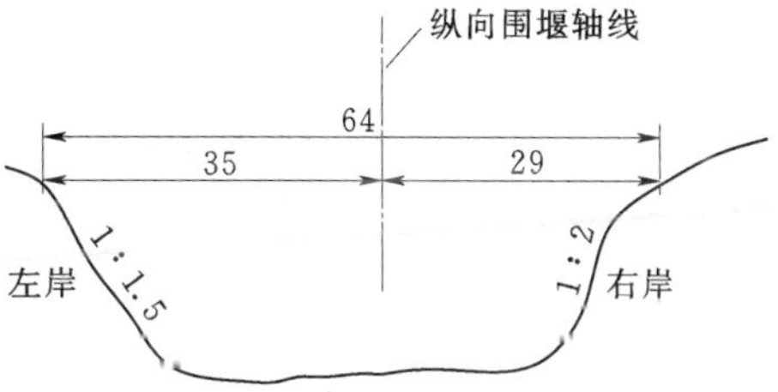

图1.20　河床水面宽度及束窄度计算（单位：m）

（5）第一期导流设计。

1）河床水面宽度及束窄度。河床水面宽度由如图1.20所示确定为64m，束窄度取$K=60\%$。

2）水利计算。束窄度取$K=60\%$，抗冲流速$v=4m/s$。

a. 一期束窄段河床过流能力设计。

过水断面面积　　$W=\dfrac{Q}{v}=\dfrac{235}{4}=58.7(m^2)$

b. 过水断面为梯形，假设边坡为1∶1，$i=4‰$，$n=0.03$，出口处渠底高程83.50m。假定水深为2.5m，则

$$W=(b+mh)h=(24.6+1\times2.5)\times2.5=67.75(m^2)$$

$$\chi=b+2h\sqrt{1+m^2}=24.6+2\times2.5\times\sqrt{1+1^2}=31.67(m^2)$$

$$R=\frac{W}{\chi}=\frac{67.75}{31.67}=2.14(m)$$

$$C=\frac{1}{n}R^{1/6}=\frac{1}{0.03}\times2.14^{1/6}=37.84(m^{1/2}/s)$$

$$Q=WC\sqrt{Ri}=67.75\times37.84\times\sqrt{2.14\times4‰}=237.2(\mathrm{m^3/s})$$

假定水深为 2.48m 时，$Q=235\mathrm{m^3/s}$。

束窄段河床平均流速为

$$v_c=\frac{Q}{\varepsilon(A_1+A_2)}=\frac{235}{0.95\times67.75}=3.65(\mathrm{m/s})<4\mathrm{m/s}$$

c. 束窄河床段上游水位壅高。

$$Z=\frac{v_c^2}{\varphi^2 2g}-\frac{v_0^2}{2g}=\frac{3.65^2}{0.85^2\times2\times9.81}-\frac{\left(\frac{235}{147.96}\right)^2}{2\times9.81}=0.81(\mathrm{m})$$

d. 上、下游一期横向围堰堰顶高程。

$$H_{下}=H_z+d+\delta=83.5+2.48+0.70=86.68(\mathrm{m})$$

$$H_{上}=H_z+z+\delta=85.98+0.81+0.75=87.54(\mathrm{m})$$

（6）第二期导流水力计算。本工程二期采用底孔导流，为了确保泄流能力，拟定采用 2 个底孔。

1）底孔的布置及断面尺寸的选择。根据水利水电工程设计规范选定：底孔布置在主河床的溢流坝段中，底孔底板距基岩面的距离为 2m。底孔进口高程选定 84.00m，出口高程 83.90m，底孔全长 $L=57\mathrm{m}$。

由水力学原理，判定底孔出流为有压自由出流。其泄流能力计算公式为：$Q=\mu w\times\sqrt{2g\ (T-h_p)}$（式中 $h_p=0.85D$，D 为引化直径，μ 为流量系数，T 为上游水位高程 H 与底孔出口高程之差）。底孔进水口水头损失系数为 $\xi_{进}=0.1$，闸门槽水头损失 $\xi_{槽}=0.1$，沿程水头损失 $\xi_{沿}=\frac{8g}{C^2}\frac{L}{D}$（$C$ 为谢才系数）。$Q=235\mathrm{m^3/s}$ 时，出口处下游水位高程为 86.39m，糙率取 $n=0.014$。

导流计算表见表 1.8。

表 1.8　　导流计算表

H /m	T /m	断面尺寸 /(m×m)	W /m²	χ /m	R /m	D /m	C	ξ	μ	h_p /m	$T-h_p$ /m	Q /(m³·s⁻¹)	$2Q$ /(m³·s⁻¹)
90	6.1	4×4.5	16.28	15.28	1.065	4.554	72.18	0.182	0.848	3.871	2.229	91.297	185.59
		4×4	14.28	14.28	1.0	4.265	71.43	0.207	0.840	3.625	2.475	83.586	167.18
		3×4.5	12.53	13.71	0.914	3.995	70.37	0.218	0.835	3.396	2.704	76.206	152.41
		3×3.5	9.53	11.71	0.814	3.484	69.02	0.260	0.870	2.961	3.139	61.327	122.65
93	9.1	4×4.5	16.28	15.28	1.065	4.554	72.18	0.182	0.848	3.871	5.229	139.833	279.67
		4×4	14.28	14.28	1.0	4.265	71.43	0.207	0.840	3.625	5.475	124.322	248.64
		3×4.5	12.53	13.71	0.914	3.995	70.37	0.218	0.835	3.396	5.704	110.682	221.36
		3×3.5	9.53	11.71	0.814	3.484	69.02	0.260	0.870	2.961	6.139	85.764	171.53

续表

H /m	T /m	断面尺寸 /(m×m)	W /m²	χ /m	R /m	D /m	C	ξ	μ	h_p /m	$T-h_p$ /m	Q /(m³·s⁻¹)	2Q /(m³·s⁻¹)
96	12.1	4×4.5	16.28	15.28	1.065	4.554	72.18	0.182	0.848	3.871	8.229	175.418	350.836
		4×4	14.28	14.28	1.0	4.265	71.43	0.207	0.840	3.625	8.475	154.677	309.35
		3×4.5	12.53	13.71	0.914	3.995	70.37	0.218	0.835	3.396	8.704	136.725	273.45
		3×3.5	9.53	11.71	0.814	3.484	69.02	0.260	0.870	2.961	9.139	104.642	209.28
99	15.1	4×4.5	16.28	15.28	1.065	4.554	72.18	0.182	0.848	3.871	11.229	204.913	409.83
		4×4	14.28	14.28	1.0	4.265	71.43	0.207	0.840	3.625	11.475	179.984	359.97
		3×4.5	12.53	13.71	0.914	3.995	70.37	0.218	0.835	3.396	11.704	158.546	317.09
		3×3.5	9.53	11.71	0.814	3.484	69.02	0.260	0.870	2.961	12.139	120.600	241.20

底孔泄流量曲线如图1.21所示（两个底孔）。

考虑到施工强度及防洪要求，选定采用两个3m×4.5m的导流底孔。这样既可以满足施工期间导流的要求，又适当减小混凝土的浇筑强度。

2）二期导流水力计算。

上游水位壅高值根据隧洞压力流计算公式 $Z=h_p+\frac{v^2}{2g}(1+\sum\xi)+\left(\frac{v^2}{C^2R}-i\right)L$ 计算得 $Z=5.99$m。

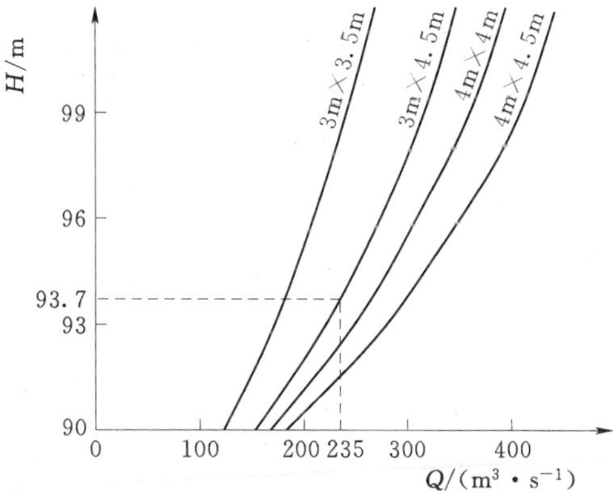

图1.21 底孔泄流能力曲线图

上、下游堰顶高程为

$$H_{下}=H_z+d+\delta=83.5+2.48+0.70=86.68(\text{m})$$

$$H_{上}=H_z+z+\delta=85.98+5.99+0.75=92.70(\text{m})$$

任务1.3 截 流 方 法

【引例1.3】 某水电站工程位于新疆维吾尔自治区呼图壁县西南，电站装机容量95MW，该工程导截流及上游围堰施工有以下特点。

（1）戗堤“合龙”时壅水过高。因围堰轴线外河床高程为1148.22m，导流洞进口底板高程为1160.00m。故在截流时，戗堤前水位壅高约12m才具备分流条件。经计算分析，戗堤合龙时龙口水流流速大（3.08m/s），上、下游落差大（6.37m）。

（2）上游围堰堰基渗水、排水量大。在戗堤“合龙”时，龙口需抛投大量块石，因块石间空隙大，势必在龙口处渗漏水较多。为确保上游围堰填筑施工质量（上游围堰为坝体一部分），需加大上游围堰基础渗水、排水工作，为上游围堰填筑提供旱地作业条件。

（3）上游围堰施工场地过小。依据设计图纸，上游围堰上游坡脚与戗堤下游坡脚相接，造成上游围堰施工场地过小，且不利于戗堤后排水坑槽布置。

(4) 上游围堰沥青心墙混凝土需在冬季施工。根据合同节点工期要求，2010 年 9 月份实现截流施工后，需要完成戗堤压实、闭气、基坑抽排水、上游围堰基础开挖、上游围堰高程 1166.50m 以下的砂砾料填筑及高喷板墙等施工作业，最快也需两个多月，即到 2010 年 11 月底完成上述工作。随后进行上游围堰高程 1166.50m 以上堰体填筑及沥青心墙混凝土防渗体施工，此时已进入冬季（合同技术条款文件要求，沥青心墙施工外界最低温度不低于 5℃），给堰体沥青心墙混凝土施工带来诸多不便。

【思考】

(1) 为什么要截流？

(2) 截流的方式有哪几种？各有什么优缺点？

(3) 截流的注意事项有哪些？

1.3.1 截流概述

当泄水建筑物完成时，抓住有利时机，迅速实现围堰合龙，迫使水流经泄水建筑物下泄，称为截流。

截流工程是指在泄水建筑物接近完工时，即以进占方式自两岸或一岸建筑戗堤（作为围堰的一部分）形成龙口，并将龙口防护起来，待其他泄水建筑物完工以后，在有利时机，全力以最短时间将龙口堵住，截断河流。接着在围堰迎水面投抛防渗材料闭气，水即全部经泄水道下泄。在闭气同时，为使围堰能挡住当时可能出现的洪水，必须立即加高培厚围堰，使之迅速达到相应设计水位的高程以上。

截流工程是整个水利枢纽施工的关键，它的成败直接影响工程进度。如失败了，就可能使进度推迟一年。截流工程的难易程度取决于河道流量、泄水条件；龙口的落差、流速、地形地质条件；材料供应情况及施工方法、施工设备等因素。因此事先必须经过充分的分析研究，采取适当措施，才能保证截流施工中争取主动，顺利完成截流任务。

河道截流工程在我国已有千年以上的历史。在黄河防汛、海塘工程和灌溉工程上积累了丰富的经验，如利用捆厢帚、柴石枕、柴土枕、杩杈、排桩填帚截流，不仅施工方便速度快，而且就地取材，因地制宜，经济适用。新中国成立后，我国水利建设发展很快，江淮平原和黄河流域的不少截流堵口、导流堰工程多是采用这些传统方法完成的。此外，还广泛采用了高度机械化投块料截流的方法。

选择截流方式应充分分析水力学参数、施工条件和难度、抛投物数量和性质，并进行技术经济比较。截流方法包括以下几种。

(1) 单戗立堵截流。简单易行，辅助设备少，较经济，适用于截流落差不超过 3.5m，但龙口水流能量相对较大，流速较高，需制备较多的重大抛投物料。

(2) 双戗和多戗立堵截流。可分担总落差，改善截流难度，适用于截流落差大于 3.5m。

(3) 建造浮桥或栈桥平堵截流。水力学条件相对较好，但造价高，技术复杂，一般不常选用。

(4) 定向爆破截流、建闸截流等。只有在条件特殊、充分论证后方宜选用。

1.3.2　投抛块料截流施工方法

投抛块料截流是目前国内外最常用的截流方法，适用于各种情况，特别适用于大流量、大落差的河道上的截流。该法是在龙口投抛石块或人工块体（混凝土方块、混凝土四面体、铅丝笼、竹笼、柳石枕、串石等）堵截水流，迫使河水经导流建筑物下泄。采用投抛块料截流，按不同的投抛合龙方法，截流可分为立堵、平堵、混合堵三种方法。

1. 立堵法

先在河床的一侧或两侧向河床中填筑截流戗堤，逐步缩窄河床，即进占；当河床束窄到一定的过水断面时即行停止（这个断面称为龙口），对河床及龙口戗堤端部进行防冲加固（护底及裹头）；然后掌握时机封堵龙口，使戗堤合龙；最后为了解决戗堤的漏水，必须即时在戗堤迎水面设置防渗设施（闭气），如图1.22所示。整个截流过程包括进占、护底及裹头、合龙和闭气等项工作。截流之后，对戗堤加高培厚即修成围堰。

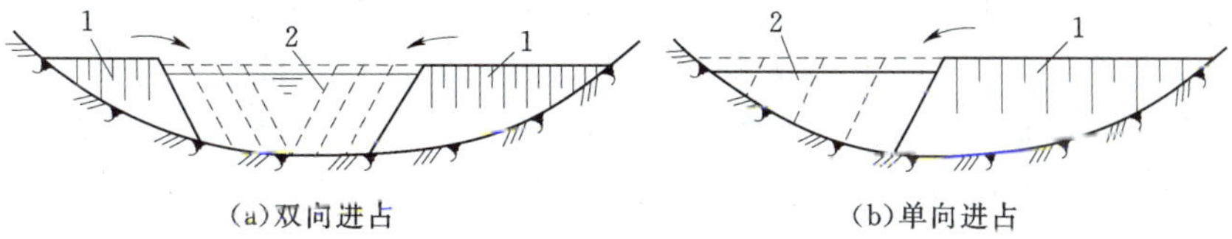

图1.22　立堵法截流

1—截流戗堤；2—龙口

2. 平堵法

如图1.23所示，平堵法截流是沿整个龙口宽度全线抛投，抛投料堆筑体全面上升，直至露出水面。为此，合龙前必须在龙口架设浮桥。由于它是沿龙口全宽均匀平层抛投，所以其单宽流量较小，出现的流速也较小，需要的单个抛投材料重量也较轻，抛投强度较大，施工速度较快，但有碍通航。

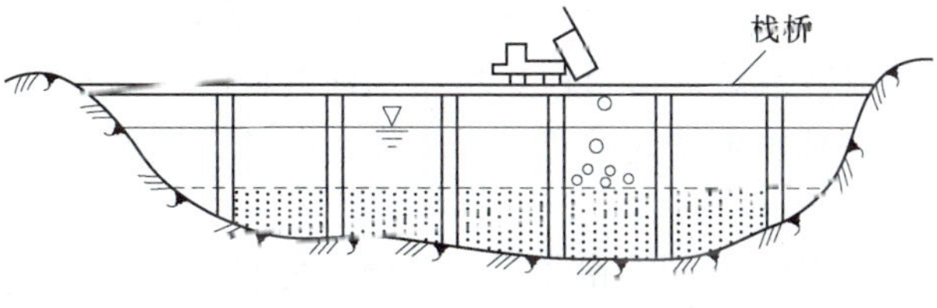

图1.23　平堵法截流

3. 混合堵

混合堵是指立堵结合平堵的方法。在截流设计时，可根据具体情况采用立堵与平堵相结合的截流方法，如先用立堵法进占，然后在龙口小范围内用平堵法截流；或先用船抛土石材料平堵法进占，然后再用立堵法截流。用得比较多的是首先从龙口两端下料保护戗堤头部，同时进行护底工程并抬高龙口底槛高程到一定高度，最后用立堵截断河流。平堵可以采用船抛，然后用汽车立堵截流。

1.3.3 爆破截流施工方法

1. 定向爆破截流

如果坝址处于峡谷地区，而且岩石坚硬，交通不便，岸坡陡峻，缺乏运输设备时，可利用定向爆破截流。我国碧口水电站的截流就利用左岸陡峻岸坡设计设置了三个药包，一次定向爆破成功，堆筑方量 6800m^3，堆积高度平均 10m，封堵了预留的 20m 宽龙口，有效抛掷率为 68%。

2. 预制混凝土爆破体截流

为了在合龙关键时刻瞬间抛入龙口大量材料封闭龙口，除了用定向爆破岩石外，还可在河床上预先浇筑巨大的混凝土块体，合龙时将其支撑体用爆破法炸断，使块体落入水中，将龙口封闭。我国三门峡神门岛泄水道的合龙就曾利用此法抛投 45.6m^3 大型混凝土块。苏联的哥洛夫电站瞬时抛投 750m^3 的混凝土墙。刚果的构达枢纽，爆破重达 2.8 万 t 混凝土块，尺寸为 45m×21.5m×18m，形状与岩石河床断面相适应。

应当指出，采用爆破截流，虽然可以利用瞬时的巨大抛投强度截断水流，但因瞬间抛投强度很大，材料入水时会产生很大的挤压波，巨大的波浪可能使已修好的戗堤遭到破坏，并会造成下游河道瞬时断流。此外，定向爆破岩石时，还需校核个别飞石距离，空气冲击波和地震的安全影响距离。

1.3.4 下闸截流施工方法

人工泄水道的截流，常在泄水道中预先修建闸墩，最后采用下闸截流。天然河道中，有条件时也可设截流闸，最后下闸截流，三门峡鬼门河泄流道就曾采用这种方式，下闸时最大落差达 7.08m，历时 30 余小时；神门岛泄水道也曾考虑下闸截流，但闸墩在汛期被冲倒，后来改为管柱拦石栅截流。

除以上方法外，还有一些特殊的截流合龙方法，如木笼、钢板桩、草土、杩搓堰截流、埽工截流、水力冲填法截流等。

综上所述，截流方式虽多，但通常多采用立堵、平堵或混合堵截流方式。截流设计中，应充分考虑影响截流方式选择的条件，拟定几种可行的截流方式，通过对水文气象条件、地形地质条件、综合利用条件、设备供应条件、经济指标等进行全面分析，经技术比较选定最优方案。

【引例分析】 根据 [引例 1.3]，由于工程导流洞底板高程较高（1160.00m），而对应戗堤位置河床水位为 1154.00m，故在截流时，戗堤前水位壅高 6m 才具备分流条件，因此截流落差大，增加了截流的难度，但 9 月截流流量小，可适当降低截流难度，因此截流方式选用单戗单向立堵方式截流。

上游截流戗堤选在距上游围堰轴线 210m 上游处，此处河床在枯水期宽约 53.0m，河床水位在 1154.00m 以下，戗堤顶宽 20.0m，上游坡比为 1∶1.5，下游坡比为 1∶1.5，沿戗堤进占方向坡度为 1∶1.5。上游围堰截流戗堤轴线长 210m，初拟龙口宽为 30m。

截流前采取左、右岸戗堤预进占。截流采用单戗堤立堵法，戗堤预进占自左、右两岸双向同时进占，截流龙口设于主河床偏右岸。

任务 1.4 截流参数及截流材料的确定

【引例 1.4】 三峡工程施工采用三期导流、明渠通航、碾压混凝土围堰挡水发电方案。第一期围河床右侧，在一期土石围堰保护下开挖导流明渠，修筑明渠左侧的混凝土纵向围堰；同时在左岸修建临时船闸及其左岸非溢流坝段，并开始施工永久的双线五级船闸及升船机挡水部位（上闸首）的土建工程；长江水流仍从主河床宣泄，照常通航。第二期截断主河床围其左侧，修建二期上、下游土石围堰与混凝土纵向围堰形成二期基坑，施工大坝泄洪坝段、左岸厂房坝段及电站厂房；继续施工升船机挡水部位（上闸首）及双线五级船闸；江水从导流明渠宣泄，船舶从明渠及左岸临时船闸通行。第三期截断导流明渠，修建上、下游土石围堰及三期碾压混凝土围堰，在三期基坑内施工右岸厂房坝段及电站厂房；三期碾压混凝土围堰和纵向围堰及其以左大坝挡水，水库蓄水至 135.00m 水位；江水从大坝泄洪坝段导流底孔及泄洪深孔宣泄，船舶从双线五级船闸通行，左岸电站发电。

明渠截流是修建三期上、下游围堰的第一道工序，其目的是截断明渠，迫使长江水流改道从左侧主河床已建大坝泄洪坝段导流底孔宣泄。明渠截流设计流量 9010～10300m^3/s，截流落差 3.26～4.06m，截流水深 20～23m，其截流总能量为当今世界截流工程之冠。

【思考】

(1) 截流的时间和设计流量怎么确定？

(2) 截流的材料有哪些？

(3) 截流的材料需求量怎么考虑？

(4) 截流龙口要注意哪些事项？

1.4.1 截流时间和设计流量的确定

1. 截流时间的选择

截流时间应根据枢纽工程施工控制性进度计划或总进度计划决定，至于时段选择，一般应考虑以下原则，经过全面分析比较而定。

(1) 尽可能在较小流量时截流，但必须全面考虑河道水文特性和截流应完成的各项控制工程量，合理使用枯水期。

(2) 对于具有通航、灌溉、供水、过木等特殊要求的河道，应全面兼顾这些要求，尽量使截流对河道的综合利用的影响最小。

(3) 有冰冻河流，一般不在流冰期截流，避免截流和闭气工作复杂化，如特殊情况必须在流冰期截流时应有充分论证，并有周密的安全措施。

2. 截流设计流量的确定

一般设计流量按频率法确定，根据已选定截流时段，采用该时段内一定频率的流量作为设计流量。当水文资料系列较长，河道水文特性稳定时，可应用这种方法。至于预报法，因当前的可靠预报期较短，一般不能在初步设计中应用，但在截流前夕有可能根据预报流量适当修改设计。在大型工程截流设计中，通常多以选取一个流量为主，再考虑较大、较小流量出现的可能性，用几个流量进行截流计算和模型试验研究。对于有深槽和浅滩的河道，如分流建筑物布置在浅滩上，对截流的不利条件，要特别进行研究。

1.4.2 截流戗堤轴线和龙口位置的选择方法

1. 戗堤轴线位置选择

通常截流戗堤是土石横向围堰的一部分，应结合围堰结构和围堰布置统一考虑。单戗截流的戗堤可布置在上游围堰或下游围堰中非防渗体的位置。如果戗堤靠近防渗体，在二者之间应留足闭气料或过渡带的厚度，同时应防止合龙时的流失料进入防渗体部位，以免在防渗体底部形成集中漏水通道。为了在合龙后能迅速闭气并进行基坑抽水，一般情况下将单戗堤布置在上游围堰内。

当采用双戗多戗截流时，戗堤间距满足一定要求，才能发挥每条戗堤分担落差的作用。如果围堰底宽不太大，上、下游围堰间距也不太大时，可将两条戗堤分别布置在上、下游围堰内，大多数双戗截流工程都是这样做的。如果围堰底宽很大，上、下游间距也很大，可考虑将双戗布置在一个围堰内。当采用多戗时，一个围堰内通常也需布置两条戗堤，此时，两戗堤间均应有适当间距。

在采用土石围堰的一般情况下，均将截戗堤布置在围堰范围内。但是也有戗堤不与围堰相结合的，戗堤轴线位置选择应与龙口位置相一致。如果围堰所在处的地质、地形条件不利于布置戗堤和龙口，而戗堤工程量又很小，则可能将截流戗堤布置在围堰以外。龚嘴工程的截流戗就布置在上、下游围堰之间，而不与围堰相结合。由于这种戗堤多数均需拆除，因此，采用这种布置时应有专门论证。选择平堵截流戗堤轴线的位置时，应考虑便于抛石桥的架设。

2. 龙口位置选择

选择龙口位置时，应着重考虑地质、地形条件及水力条件。从地质条件来看，龙口应尽量选在河床抗冲刷能力强的地方，如岩基裸露或覆盖层较薄处，这样可避免合龙过程中的过大冲刷，防止戗堤突然塌方失事。从地形条件来看，龙口河底不宜有顺流流向陡坡和深坑。如果龙口能选在底部基岩面粗糙、参差不齐的地方，则有利于抛投料的稳定。另外，龙口周围应有比较宽阔的场地，离料场和特殊截流材料堆场的距离近，便于布置交通道路和组织高强度施工，这一点也是十分重要的。从水力条件来看，对于有通航要求的河流，预留龙口一般均布置在深槽主航道处，有利于合龙前的通航，至于对龙口的上、下游水流条件的要求，以往的工程设计中有两种不同的见解：一种认为龙口应布置在浅滩，并尽量造成水流进出龙口折冲和碰撞，以增大附加壅水作用；另一种认为进出龙口的水流应平直顺畅，因此可将龙口设在深槽中。实际上，这两种布置各有利弊，前者进口处的强烈侧向水流对戗堤端部抛投料的稳定不利，由龙口下泄的折冲水流易对下游河床和河岸造成冲刷。后者的主要问题是合龙段戗堤高度大，进占速度慢，而且深槽中水流集中，不易创造较好的分流条件。

3. 龙口宽度

龙口宽度主要根据水力计算而定，对于通航河流，决定龙口宽度时应着重考虑通航要求，对于无通航要求的河流，主要考虑戗堤预进占所使用的材料及合龙工程量的大小。形成预留龙口前，通常均使用一般石渣进占，根据其抗冲流速可计算出相应的龙口宽度。另一方面，合龙是高强度施工，一般合龙时间不宜过长，工程量不宜过大。当此要求与预进占材料允许的束窄度有矛盾时，也可考虑提前使用部分大石块，或者尽量提前分流。

4. 龙口护底

对于非岩基河床，当覆盖层较深，抗冲能力小，截流过程中为防止覆盖层被冲刷，一般在整个龙口部位或困难区段进行平抛护底，防止截流料物流失量过大。对于岩基河床，有时为了减轻截流难度，增大河床糙率，也抛投一些料物护底并形成拦石坎。计算最大块体时应按护底条件选择稳定系数。

以葛洲坝工程为例，预先对龙口进行护底，保护河床覆盖层免受冲刷，减少合龙工程量。护底的作用还可增大糙率，改善抛投的稳定条件，减少龙口水深。根据水工模型试验，经护底后，25t 混凝土四面体有 97%稳定在戗堤轴线上游，如不护底，则仅有 62%稳定。此外，通过护底还可以增加戗堤端部下游坡脚的稳定，防止塌坡等事故的发生。对护底的结构型式，曾比较了块石护底、块石与混凝土块组合护底及混凝土块拦石坎护底三个方案。块石护底土要用粒径 0.4～1.0m 的块石，模型试验表明，此方案护底下面的覆盖层有掏刷，护底结构本身也不稳定；块石与混凝土块组合护底是由 0.4～0.7m 的块石和 15t 混凝土四面体组成，这种组合结构是稳定的，但水下抛投工程量大；混凝土块拦石坎护底是在龙口困难区段一定范围内预抛大型块体形成潜坝，从而起到拦阻截流抛投料物流失的作用。混凝土块拦石坎护底，工程量较小而效果显著，影响航运较少，且施工简单，经比较选用钢架石笼与混凝土预制块石的拦石坎护底。在龙口 120m 困难段范围内，以 17t 混凝土五面体在龙口上侧形成拦石坎，然后用石笼抛投下游侧形成压脚坎，用以保护拦石坎。龙口护底长度视截流方式而定对平堵截流，一般经验认为紊流段均需防护，护底长度可取相应于最大流速时最大水深的 3 倍。

对于立堵截流护底长度主要视水跃特性而定。根据苏联经验，在水深 20m 以内戗堤线以下护底长度一般可取最大水深的 3～4 倍，轴线以上可取 2 倍，即总护底长度可取最大水深的 5～6 倍。葛洲坝工程上、下游护底长度各为 25m ，约相当于 2.5 倍的最大水深，即总长度约相当于 5 倍最大水深。

龙口护底是一种保护覆盖层免受冲刷，降低截流难度，提高抛投料稳定性及防止戗堤头部坍塌的行之有效的措施。

1.4.3 截流泄水道的设计

截流泄水道是指在戗堤合龙时水流通过的地方，例如束窄河槽、明渠、涵洞、隧洞、底孔和堰顶缺口等均为泄水道。截流泄水道的过水条件与截流难度关系很大，应该尽量创造良好的泄水条件，减少截流难度，平面布置应平顺，控制断面尽量避免过大的侧收缩、回流。弯道半径也需适当，减少不必要的损失。泄水道的泄水能力、尺寸、高度应与截流难度进行综合比较选定。在有充分把握截流的条件下尽量减少泄水道工程量，降低造价。在截流条件不利、难度大的情况下，可加大泄水道尺寸或降低高程，以减少截流难度。泄水道计算中应考虑沿程损失、弯道损失、局部损失。弯道损失可单独计算，也可纳入综合糙率内。如泄水道为隧洞，截流时其流态以明渠为宜，应避免出现半压力流态。在截流难度大或条件较复杂的泄水道，则应通过模型试验核定截流水头。

泄水道内围堰应拆除干净，少留阻水埂子。如估计来不及或无法拆除干净时，应考虑其对截流水头的影响。如截流过程中，由于冲刷因素有可能使下游水位降低，增加截流水头时，则在计算和试验时应予考虑。

1.4.4 截流抛投材料

截流材料的选择，主要取决于截流时可能发生的流速及工地开挖、起重、运输设备的能力，一般应尽可能就地取材。在黄河，长期以来用梢料、麻袋、草包、石料、土料等作为堤防溃口的截流堵口材料。在南方，如四川都江堰，则常用卵石竹笼、砾石和杩搓等作为截流堵河分流的主要材料。国内外大江大河截流的实践证明，块石是截流的最基本材料。此外，当截流水力条件差时还须使用人工块体，如混凝土六面体、四面体、四脚体及钢筋混凝土构架等（图 1.24）。

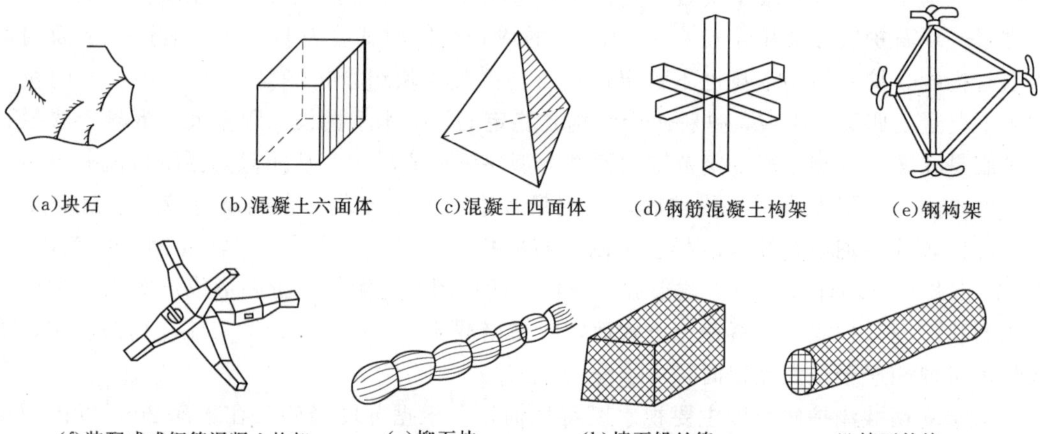

图 1.24　抛投材料

截流抛投材料选择原则如下。

(1) 预进占段填筑料尽可能利用开挖渣料和当地天然料。

(2) 龙口段抛投的大块石、石串或混凝土四面体等人工制备材料数量应慎重研究确定。

(3) 截流备料总量应根据截流料物堆存、运输条件、可能流失量及戗堤沉陷等因素综合分析，并留适当备用。

(4) 戗堤抛投物应具有较强的透水能力，且易于起吊运输。

现将一些常用的截流材料适宜流速的经验数据列表 1.9，供参考。

表 1.9 截流材料适用流速

截流材料	适用流速/(m·s^{-1})	截流材料	适用流速/(m·s^{-1})
土料	0.5～0.7	ϕ 0.8m×6m 装石竹笼	3.5～4.0
20～30kg 块石	0.8～1.0	3000kg 重大石块或铅丝笼	3.5
50～70kg 块石	1.2～1.3	5000kg 重大石块或铅丝笼	4.5～5.5
袋土	1.5	12000～15000kg 混凝土四面体	7.2
ϕ0.5m×2m 装石竹笼	2.0	ϕ 1.0m×15m 柴石枕	7～8
ϕ0.6m×4m 装石竹笼	2.5～3.0		

1.4.5 截流水力计算方法

截流水力计算的目的是确定龙口各水力参数的变化规律。它主要解决两个问题：一是确定截流过程中龙口各水力参数，如单宽流量 q 、落差 z 及流速 u 的变化规律；二是由此确定截流材料的尺寸或重量及相应的数量等。这样，在截流前可以有计划有目的地准备各种尺寸或重量的截流材料及其数量，规划截流现场的场地布置，选择起重、运输设备；在截流时，能预先估计不同龙口宽度的截流参数，何时何处抛投何种尺寸或重量的截流材料及其方量等。

在截流过程中，上游来水量也就是截流设计流量，将分别经由龙口、分水建筑物及戗堤的渗漏下泄，并有一部分拦蓄在水库中。截流过程中，若库容不大，拦蓄在水库中的水量可以忽略不计。对于立堵截流，作为安全因素，也可忽略经由戗堤渗漏的水量。这样截流时的水量平衡方程为

$$Q_0 = Q_1 + Q_2 \tag{1.6}$$

式中 Q_0——截流设计流量，m^3/s；

Q_1——分水建筑物的泄流量，m^3/s；

Q_2——龙口的泄流量可按宽顶堰计算，m^3/s。

随着截流戗堤的进占，龙口逐渐被束窄，因此经分水建筑物和龙口的泄流量是变化的，但二者之和恒等于截流设计流量。其变化规律是：截流开始时，大部分截流设计流量经由龙口泄流，随着截流戗堤的进占，龙口断面不断缩小，上游水位不断上升，经由龙口的泄流量越来越小，而经由分水建筑物的泄流量则越来越大。龙口合龙闭气以后，截流设计流量全部经由分水建筑物泄流。

为了方便计算，可采用图解法。图解时，先绘制上游水位 H_u。与分水建筑物泄流量 Q_1 的关系曲线、上游水位与不同龙口宽度 B_0、B_1、B_2、B_3 的泄流量关系曲线如图 1.25 所示。在绘制曲线时，下游水位视为常量，可根据截流设计流量由下游水位流量关系曲线上查得。这样在同一水位情况下，当分水建筑物泄流量与某宽度龙口泄流量之和为 Q_0 时，即可分别得到 Q_1 和 Q_2。

根据该法可同时求得不同龙口宽度时上游水位 H_u 和 Q_1、Q_2值，由此再通过水力学计算即可求得截流过程中龙口各水力参数的变化规律（图 1.26）。

立堵截流材料抵抗水流冲动速度，可按下式估算：

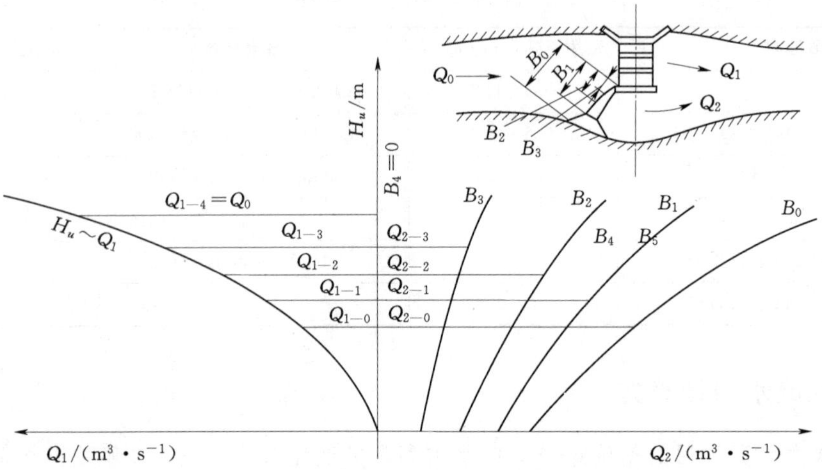

图 1.25 Q_1 与 Q_2 图解法

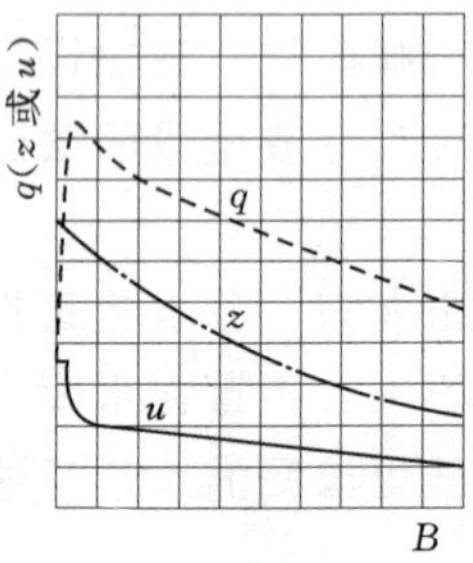

图 1.26 龙口各水力参数变化规律图

q—龙口单宽流量 [$m^3/(s\cdot m)$]；B—龙口宽度（m）；z—龙口下游水位差（m）；u—龙口流速（m/s）

$$v=K\sqrt{2g\frac{\gamma_1-\gamma}{\gamma}D} \tag{1.7}$$

式中 v——水流流速，m/s；

K——稳定系数；

g——重力加速度，m/s^2；

γ_1——石块的重度，kN/m^3；

γ——水的重度，kN/m^3；

D——石块折算成球体的化引直径，m。

由某一龙口宽度的 v 值，再选定 K 值，就可得出抛投体的化引直径 D。

平堵截流水力计算的方法，与立堵相类似。根据苏联依兹巴士对抛石平堵截流的研究，认为抛石平堵截流所形成的戗堤断面在开始阶段为等边三角形，此时使石块发生移动所需要的最小流速为

$$v_{\min}=K_1\sqrt{2g\frac{\gamma_1-\gamma}{\gamma}D} \tag{1.8}$$

式中 K_1——石块在石堆上的抗滑稳定系数，采用 0.9。

国内有些试验研究认为：采用块石截流量，在平底上 $K=0.9$，边坡上 $K=1.02$；采用混凝土立方体，平底上 $K=0.57\sim0.59$（当河床 $n\leqslant0.03$ 时），边坡上 $K=1.08$；采用混凝土四面体，平底上 $K=0.53$（当河床 $n\leqslant0.03$ 时），$K=0.68\sim0.70$，（当河床 $n>0.035$ 时），块坡上 $K=1.05$。

当龙口流速增加，石块发生移动之后，戗堤断面逐渐变成梯形，此时石块不致发生滚动的最大流速为

$$v_{\max}=K_2\sqrt{2g\frac{\gamma_1-\gamma}{\gamma}D} \tag{1.9}$$

式中 K_2—石块在石堆上的抗滚动稳定系数，采用 1.2。

应该指出，平堵、立堵截流的水力条件非常复杂，尤其是立堵截流，上述计算只能作为初步依据。在大、中型水利水电工程中，截流工程必须进行模型试验。但模型试验时对抛投体的稳定也只能作出定性分析，还不能满足定量要求。故在试验的基础上，还必须考虑类似工程的截流经验，作为修改截流设计的依据。

1.4.6 截流日期与设计流量的选定

1. 截流日期的选定

截流日期的选择，不仅影响到截流本身能否顺利进行，而且直接影响到工程施工布局。

截流应选在枯水期进行，因为此时流量小，不仅断流容易，耗材少而且有利于围堰的加高培厚。至于截流选在枯水期的什么时段，首先要保证截流以后全年挡水围堰能在汛前修建到拦洪水位以上，如果围堰设计为过水围堰，应保证基坑内的主体工程在汛期到来以前，修建到拦洪水位以上（土坝）或常水位以上（混凝土坝等可以过水的建筑物）。因此，应尽量安排在枯水期的前期，使截流以后有足够时间来完成基坑内的工作。对于北方河道，截流还应避开冰凌时期，因冰凌会阻塞龙口，影响截流进行；而且截流后，上游大量冰块堆积也将严重影响闭气工作。一般来说南方河流最好不迟于 12 月底，北方河流最好不迟于 1 月底。截流前必须充分及时地做好准备工作。

2. 设计流量的选定

截流流量是截流设计的依据，截流规模（龙口尺寸、投抛料尺寸或数量等等）过大会造成浪费；规模过小，造成被动，甚至功亏一篑，最后拖延工期，影响整个施工布局。所以在选择截流流量时，应该慎重。

截流设计流量的选择应根据截流计算任务而定。对于确定龙口尺寸，及截流闭气后围堰应该立即修建到挡水高程，一般采用该月 5%频率最大瞬时流量为设计流量。对于决定截流材料尺寸、确定截流各项水力参数（水位 H 、流速 v、落差 z，龙口单宽流量 q）的设计流量，由于合龙的时间较短，截流时间又可在规定的时限内，根据流量变化情况，进行适当调整，所以不必采用过高的标准，一般采用 5%～10%频率的月或旬平均流量。这种方法对于大江河（如长江、黄河）是正确的，因为这些河道流域面积大，因降雨引起的流量变化不大，对于中、小河道，枯水期的降雨有时也会引起涨水，流量加大，但洪峰历时短，采用月或旬平均流量（包含了涨水的情况）作为设计流量就偏大了，可以避开这个时段。在此情况下可以采用下述方法确定设计流量。先选定几个流量值，然后在历年实测水文资料中（10～20 年），统计出在截流期中小于此流量的持续天数不小于截流工期的出现次数。当选用大流量，统计出的出现次数就多，截流可靠性大；反之，出现次数少，截流可靠性差。所以可以根据资料的可靠程度、截流的安全要求及经济上的合理，从中选出一个流量作为截流设计流量。

截流时间选得不同，截流设计流量也不同，如果截流时间选在落水期（汛后），流量可以选得小些，如果是涨水期（汛前），流量要选得大一些。

总之，截流流量应根据截流的具体情况，充分分析该河道的水文特性来进行选择。

1.4.7 截流最大块体选择

截流块体质量小流失多，质量大流失小，要综合考虑截流可靠性与经济性两方面的因素来选定。如利用开挖石渣废料及少量大石，流失量大，但有把握截流，而且比较经济，又不需特大型汽车，施工较为灵活；如截流难度大，利用石渣及少量一般大石没有把握，可加大块石尺寸和数量，或用混凝土块，其质量大小既要考虑流失量又要考虑利用已有汽车载重能力。截流最大块体计算方法如下：

$$D=\left[\frac{v_{\max}}{K\sqrt{2g\dfrac{\gamma_1-\gamma}{\gamma}}}\right]^2 \tag{1.10}$$

$$G=\frac{\pi}{6}D^3\gamma_1 \tag{1.11}$$

式中 $v_{\max}$——龙口最大流速，m/s；

K——稳定系数（主要与抛投料形状及所处边界条件有关）；

g——重力加速度，m/s²；

γ_1——混凝土、块石重度，kN/m³；

γ——水的重度，取 10.0 度，kN/m³；

D——混凝土块体折合圆球直径，m；

G——块体质量，t。

块体质量大小计算，当稳定系数 K 值无专门试验资料时，可参考工程实例选用。根据试验研究，对平堵截流块石的抗滑稳定系数取 0.84，抗滚动稳定系数取 1.2；对立堵截流，不同的抛投方式及抛投材料，其稳定系数是不同的，混凝土块体 $K=0.68\sim0.70$，块石 $K=0.86$，边坡上 $K=1.02\sim1.08$。一般选用平均 K 值计算，计算得出的块体质量再乘以安全系数 1.5 即为设计采用的块体质量。

【引例分析】 根据［引例 1.4］对三峡明渠截流设计如下。

（1）截流时段及截流设计流量选择。截流时段的选择不仅关系到截流流量的确定，而且关系到整个工程的施工部署。三峡工程明渠截流时段选择主要考虑三期围堰施工工期和二期上、下游围堰水下拆除及导流底孔具备分流的时间等因素。据坝址下游宜昌站 120 多年实测水文资料，长江最枯时段在 1 月下旬至 2 月下旬，流量仅为 6100～2950m³/s。若在此时段截流，则截流流量最小。但从三期围堰施工工期的紧迫性和水库蓄水、围堰挡水安全性考虑，明渠截流提前在 11 月进行，对围堰抢工期有利。初步设计拟定明渠截流时段在 12 月上旬，三峡二期工程施工进展顺利，中国三峡总公司结合三峡工程建设的实际情况，为尽量减小三期碾压混凝土围堰施工风险，要求设计研究明渠截流时段提前的方案。设计分析了宜昌水文站 1877 年以来的实测水文资料（表 1.10），将明渠截流时段提前至 11 月下半月，截流设计流量采用 9010～10300m³/s 是可行的。具体截流龙口合龙时间，可根据 2002 年汛后各施工项目的实际进展情况，以及届时的水文气象条件和长江上游来水流量的实际情况相机确定，尽量争取提前截流合龙。

表 1.10 宜昌水文站 1877 年以来的实测 11 月份日平均流量统计

项目		上旬	11月中旬	下旬
日均流量≤10300m³/s	连续 5 天以上年数	24	79	113
	所占百分比/%	20	65.83	94.17
	连续 4 天以上年数	29	89	113
	所占百分比/%	24.17	74.17	94.17
	连续 3 天以上年数	40	91	115
	所占百分比/%	33.33	75.83	95.83
日均流量≤9010m³/s	连续 5 天以上年数	9	36	92
	所占百分比/%	7.5	30	76.7
	连续 4 天以上年数	12	46	97
	所占百分比/%	10	38.33	80.83
	连续 3 天以上年数	14	55	102
	所占百分比/%	11.67	45.83	85

(2) 明渠截流期分流条件。明渠截流分流建筑物为大坝泄洪坝段导流底孔。导流底孔跨缝布置在表孔的正下方，采用有压长管，底孔出口尺寸 6.0m×8.5m，中间 16 个孔进口底高程 56.00m，两侧各 3 个孔进口底高程 57.00m。

大坝泄洪坝段相对应的二期上游围堰拆除宽度 550m，拆除高程 57.00m；二期下游围堰拆除宽度由纵向围堰至左厂坝导墙（约 550m），拆除高程 53.00m。

明渠截流期大坝泄洪坝段导流底孔泄流能力见表 1.11。

表 1.11 明渠截流期大坝泄洪坝段导流底孔泄流能力

截流流量/($m^3 \cdot s^{-1}$)	9010	10300	12200	14000
明渠进口水位/m	69.60	70.51	72.45	74.93
明渠出口水位/m	66.34	66.45	66.58	66.72
截流落差/m	3.26	4.06	5.87	8.21

(3) 明渠截流方案选择。

1) 明渠截流的特点。

a. 明渠截流能量指标为世界截流工程之最。明渠截流时段提前至 2002 年 11 月下半月，截流设计流量 10300m³/s，截流落差 4.06m，龙口合龙总能量指标达 41.02 万 kW，为葛洲坝工程大江截流总能量（15.19 万 kW）的 2.7 倍，是三峡工程大江截流总能量（7.51 万 kW）的 5.46 倍，是巴西的伊泰普工程截流总能量（28.86 万 kW）的 1.4 倍，明渠截流总能量指标为世界截流工程之最，是当今世界截流难度最大的截流工程。

b. 明渠截流施工强度高、难度大。明渠截流上游围堰戗堤龙口宽 150m，抛投量 16.90 万 m³；下游围堰戗堤龙口宽 150m，抛投量 18.64 万 m³。明渠左侧为混凝土纵向围堰，设计研究在明渠进、出口架设交通浮桥，从右岸至纵向围堰上、下游端部，作为明渠左侧上、下游戗堤进占的运料通道，经中国三峡总公司审定不架设交通浮桥，上游围堰截

流戗堤在混凝土纵向围堰左侧设置截流备料堆场用于部分抛投进占，下游围堰截流戗堤从右岸备料堆场供料单向端进抛投，合龙时间延长。明渠底部岩面平整光滑，对抛投块体的稳定不利，明渠截流龙口合龙难度大。

c. 明渠截流要兼顾通航。明渠为三峡工程施工期客货运船舶的通道，截流需兼顾通航，尽量减小对长江航运的影响。按国务院三峡工程建设委员会审定的《长江三峡水利枢纽初步设计报告（枢纽工程）》，明渠截流从 2002 年 11 月 1 日开始戗堤进占，明渠封航。

2）明渠截流方案选择。设计针对明渠截流特点，研究了单戗堤立堵截流、双戗堤立堵截流、平堵截流、平堵与立堵结合截流等方案。

a. 立堵截流。立堵截流是利用自卸汽车配合推土机将截流材料从一岸或自两岸向河床中部抛投进占而截断河床水流。立堵截流是我国水利水电工程截流应用最多的传统方法，我国修建的一些大型水利枢纽如三门峡、丹江口、葛洲坝等工程都采用单戗堤立堵截流。由于重型自卸汽车和大容量挖掘机械的发展，目前世界上水利水电工程截流的趋势也大多采用立堵截流。但三峡工程明渠截流流量大、落差大，如采用单戗堤立堵截流，龙口抛投最大混凝土面体重量超过 50t，施工困难。设计重点研究了上、下游围堰戗堤同时进占立堵截流方案，比较了上游戗堤承担 3/4 落差、2/3 落差、1/2 落差，龙口最大平均流速 6.9～5.4m/s；相应下游戗堤分担 1/4 落差、1/3 落差、1/2 落差，龙口最大平均流速 4.7～5.6m/s 的截流方案。并通过 1：80 截流水工模型试验验证，试验成果表明：由于三峡坝址位于葛洲坝水库内，截流龙口水深而比降小，上、下游围堰戗堤虽相距 1100m，双戗堤龙口仍可分担落差。

b. 平堵截流。平堵截流主要是在龙口上游侧预先修建栈桥或浮桥，自卸汽车在桥面沿龙口全线均匀向下游抛投材料而露出水面截流水流。鉴于明渠截流落差超过 4m，如采用栈桥平堵，需提前一个枯水期在明渠修建桥墩，影响明渠通航，实施困难；如采用浮桥平堵，苏联在 20 世纪 50 年代使用的浮桥架桥流速小于 4m/s，在桥面抛投块体重量 10t，但三峡工程明渠浮桥架桥流速超过 4m/s，在桥面抛投混凝土四面体重量达 25t，浮桥架设和运行技术安全性尚无把握。

c. 平堵与立堵结合截流。设计研究上游戗堤立堵，承担 2/3～1/2 落差，立堵截流龙口最大平均流速 5.4m/s；下游戗堤龙口预先架设浮桥平堵，分担 1/3～1/2 落差，浮桥平堵截流龙口最大平均流速 3.5m/s。该方案上、下游戗堤截流龙口水力学指标优越，截流施工难度降低，但需在上、下游围堰龙口段预先架设浮桥，增加费用，且占直线工期 5～6d。

设计经综合分析比较后，推荐采用上、下游戗堤同时进占立堵截流方案。

3）明渠截流戗堤进占程序及抛投材料研究。

a. 截流戗堤布置。截流戗堤为上游围堰堰体组成部分，设置在围堰背水侧，可兼做排水棱体，以利于堰体渗透稳定。上游戗堤轴线呈直线布置，与围堰轴线平等，间距 12.5m。戗堤轴线长 378.4m，设计断面为梯形，上游边坡为 1：1.1，下游边坡为 1：1.3，堤顶高程从两岸非龙口段高程 72.00m 至龙口段 71.50m，堤顶宽度 25m，满足 4～5 辆 40～77t 自卸汽车同时抛投。下游戗堤轴线呈折线布置，戗堤轴线长 412.4m，设计断面为梯形，上游边坡为 1：1.1，下游边坡为 1：1.3，堤顶高程从右岸非龙口段高程

69.50m 至龙口段 69.00m，堤顶宽度 25m。

b. 截流戗堤龙口位置及宽度拟定。

(a) 截流戗堤龙口位置的拟定。鉴于明渠截流抛投料备料堆场主要集中在右岸，明渠左为混凝土纵向围堰，因此，上游围堰戗堤龙口布置在明渠左侧，距混凝土纵向围堰右边线 10m。下游围堰戗堤龙口紧靠混凝土纵向围堰布置（图 1.27）。

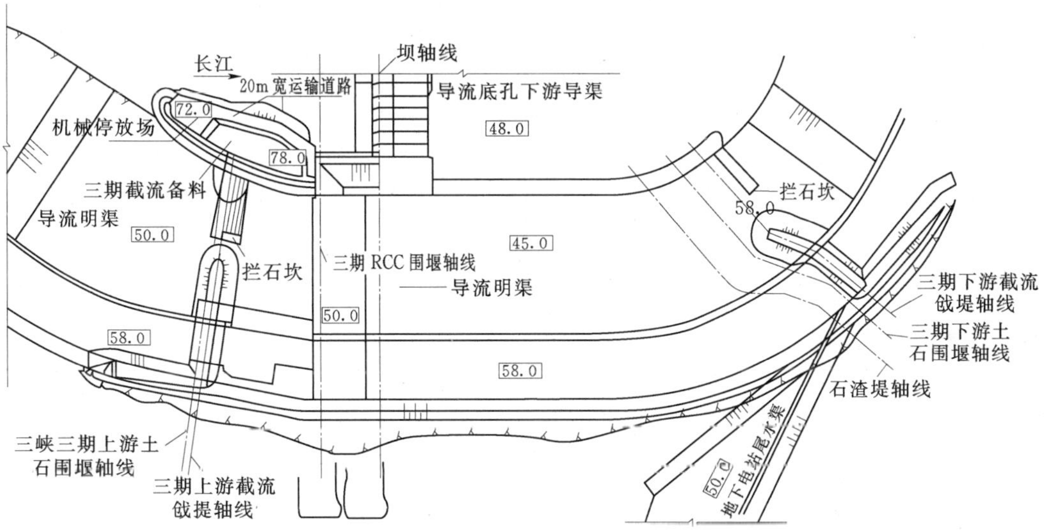

图 1.27 明渠截流上、下游戗堤龙口布置图

(b) 截流戗堤龙口宽度的拟定。截流戗堤龙口宽度是指分流建筑物尚未分流前，截流戗堤预留的最小宽度，也即合龙的起始口门宽度。鉴于大坝泄洪坝段导流底孔已提前于 2002 年 10 月分流，按常规截流可认为没有明显的“龙口”，上、下游截流戗堤 11 月 1 日开始进占可连续抛投进占至合龙。但因明渠截流合龙流速较大，抛投进占困难，需采用上、下游戗堤共同进占分担落差的双戗堤立堵截流方案。为此，按上游戗堤承担 3/4 落差，下游戗堤分担 1/4 落差，拟定上、下游龙口宽度均为 150m。

c. 明渠截流戗堤进占程序。

(a) 上、下游戗堤非龙口段进占。明渠截流戗堤非龙口段进占设计流量采用当旬的旬平均流量，堤头防冲设计流量采用当旬 5%频率最大日平均流量。11 月上旬，中旬，上、下游戗堤非龙口水力学指标见表 1.12。

(b) 上、下游戗堤龙口段进占。明渠截流上、下游戗堤龙口段合龙时段选在 11 月下半月，根据气象及水文预报，相机确定龙口合龙日期。上、下游戗堤龙口合龙同时立堵进占，分担落差。截流设计流量 10300m^3/s，设计研究比较了两个方案：①上游戗堤龙口段承担 3/4 落差，相应下游戗堤龙口段分担 1/4 落差，其上、下游戗堤龙口合龙水力学指标见表 1.13；②上游戗堤龙口段承担 2/3 落差，相应下游戗堤龙口段分担 1/3 落差。试验表明，下游戗堤龙口段分担 1/3 落差，须加快抛投进占速度，束窄口门超过上游戗堤，而下游戗堤龙口段合龙只能右岸单向进占，制约了抛投进占速度，设计合龙时间为 5d。经综合分析比较，设计倾向于方案①，即下游戗堤龙口段分担 1/4 落差，但截流备料可按方

表 1.12　　明渠截流上、下游戗堤非龙口段进占程序及水力学指标

施工时段		进占长度/m		束窄口门宽度/m	进占水力学指标					抗冲水力学指标				
		左岸	右岸		流量/($m^3 \cdot s^{-1}$)	口门分流量/($m^3 \cdot s^{-1}$	口门平均流速/($m \cdot s^{-1}$)	堤头流速/($m \cdot s^{-1}$)	落差/m	流量/($m^3 \cdot s^{-1}$)	口门分流量/($m^3 \cdot s^{-1}$)	口门平均流速/($m \cdot s^{-1}$)	堤头流速/($m \cdot s^{-1}$)	落差/m
11月上旬	上游戗堤	5	153.4	220	14800	8800	3.33	左 4.60 右 3.97	0.74	21900	12900	4.61	左 6.65 右 5.32	1.52
	下游戗堤		192.4	220	14800	8800	3.15	3.08	0.27	21900	12900	4.18	4.21	0.60
11月中旬（11～15日）	上游戗堤	5	65	150	12200	5900	3.70	左 4.42 右 4.44	1.09	19400	9600	5.16	左 7.72 7.08	2.41
	下游戗堤		70	150	12200	5900	3.21	2.92	0.24	19400	9600	4.86	4.53	0.56

案②实施。上游戗堤非龙口段抛投量 23.66 万 m^3，龙口段抛投量 16.90 万 m^3；下游戗堤非龙口段抛投量 24.20 万 m^3，龙口段抛投量 18.64 万 m^3。

表 1.13　　上、下游戗堤龙口段进占程序的合龙水力学指标（方案①）

上游戗堤龙口	口门宽度/m		150	130	100	70	50	30	0
	进占长度/m	左岸	4	6	6	4	4	6	
		右岸	16	24	24	16	16	24	
下游戗堤龙口	口门宽度/m		150	120	100	66	45	25	25
	进占长度/m（右岸单向）		30	20	34	21	20	0	
截流落差/m	总落差		0.85	1.12	1.48	2.29	3.01	3.60	3.80
	上游戗堤龙口		0.76	0.95	1.23	1.88	2.28	2.38	
	下游戗堤龙口		0.19	0.23	0.33	0.47	0.73	1.18	
龙口中线平均最大流速/($m \cdot s^{-1}$)	上游戗堤龙口		4.09	4.64	5.25	6.30	6.74	6.91	
	下游戗堤龙口		2.84	3.18	3.31	3.65	3.66	4.66	
堤头流速/($m \cdot s^{-1}$)	上游戗堤龙口	左堤头	3.92	4.75	5.42	6.43	6.74	6.91	
		右堤头	3.78	4.03	5.02	6.17	6.74	6.91	
	下游戗堤龙口	右堤头	2.64	3.10	3.51	3.86	3.89	4.66	

（4）明渠截流抛投材料。明渠截流抛投材料分为 5 种规格。

1）石渣料。右岸建筑物基础开挖的花岗岩块石石渣料，一般粒径为 0.5～80cm，其中粒径为 20～60cm 块石含量大于 50%，粒径 2cm 以下含量小于 20%。

2）中石。粒径为 0.4～0.7m（质量 90～470kg）的块石，备料可按粒径大于 0.5m，质量大于 170kg 的块石含量大于 60%控制。

3）大块石。粒径为 0.8～1.1m，质量为 0.71～1.7t 的块石。

4）特大块石。粒径为1.3～1.6m，质量为3～5t的大块石，要求钻孔，用钢丝绳将3～5块连成特大块石串。

5）混凝土四面体。重20t，用钢丝绳将2～3块连成四面体串。

明渠截流上、下游戗堤非龙口段抛投材料主要是石渣料和大块石及中石，在堤头防冲裹头需抛投特大块石及特大块石串保护。龙口段抛投材料以中石及大块石为主，特大块石及特大块石串、四面体串形成上挑角后，石渣料尾随抛投，加宽堤顶道路。

任务1.5 基 坑 排 水

【引例1.5】 南水北调中线一期穿漳工程位于河南省安阳市施家河村东北，是南水北调向河北、北京输水的控制性工程，该渠段设计流量为235m^3/s，加大后流量为265m^3/s。

工程建筑物包括南、北两岸渠道连接段和过河建筑物，总长1 081.81m。主体工程为穿越漳河河底的管身段。

工程区地下水类型为潜水。含水层主要为砂层、砂卵石层，总厚度为70.0m左右。各含水层透水性不均一，其中砂层具中等透水性；砾岩、砂卵石及卵石具强透水性，渗流系数为0.1～0.8cm/s。各含水层之间水力联系密切，水量丰富。需对其施工基坑进行降水排水措施。

【思考】

(1) 基坑为什么要排水?

(2) 基坑水的来源有几个方面?

(3) 基坑排水有那几种方式? 各有什么优缺点?

(4) 基坑排水几种方式的实用地基是什么?

(5) 基坑排水排水量怎么计算?

围堰闭气以后，要排除基坑内的积水和渗水，随后在开挖基坑和进行基坑内建筑物的施工中，还要经常不断地排除渗入基坑的渗水，以保证干地施工。修建河岸上的水工建筑物时，如基坑低于地下水位，也要进行基坑排水工作。排水的方法可分为明式排水和暗式排水两种。

1.5.1 基坑积水的排除

基坑积水主要是指围堰闭气后存于基坑内的水体，还要考虑排除积水过程中从围堰及地基渗入基坑的水量和降雨。初期排水的流量是选择水泵数量的主要依据，应根据地质情况、工期长短、施工条件等因素确定。初期排水流量可按下式估算：

$$Q=K\frac{V}{T} \tag{1.12}$$

式中 Q——初期排水流量，m^3/s；

V——基坑积水的体积，m^3；

K——积水系数，考虑了围堰、基坑渗水和可能降雨的因素，对于中、小型工程取 $K=2\sim3$；

T——初期排水时间，s。

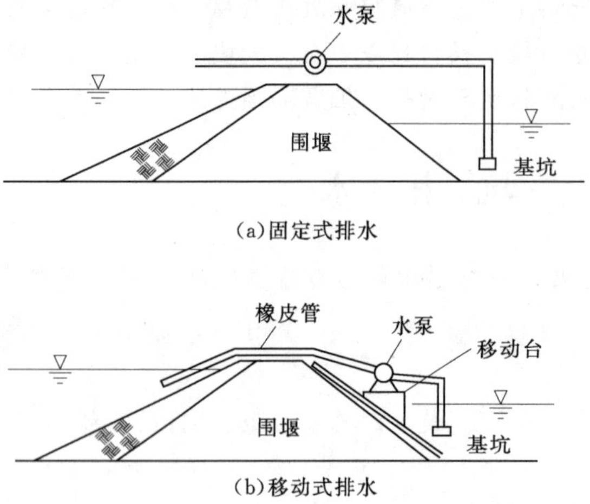

图 1.28　水泵站布置

初期排水时间与积水深度和容许的水位下降速度有关。如果水位下降太快，围堰边坡土体的动水压力过大，容易引起坍坡；如水位下降太慢，则影响基坑开挖工期。基坑水位下降的速度一般控制在 0.5～1.5m/d 为宜。在实际工程中，应综合考虑围堰型式、地基特性及基坑内水深等因素而定。对于土围堰，水位下降速度应小于 0.5m/d。

根据初期排水流量即可确定水泵工作台数，并考虑一定的备用量。水利工程常用离心泵或潜水泵。为了运用方便，可选择容量不同的水泵，组合使用。水泵站一般布置成固定式或移动式两种，如图 1.28 所示。当基坑水深较大时，采用移动式。

1.5.2　经常性排水

当基坑积水排除后，立即进行经常性排水。对于经常性排水，主要是计算基坑渗流量，确定水泵工作台数，布置排水系统。

1. 排水系统布置

经常性排水通常采用明式排水，排水系统包括排水干沟、支沟和集水井等。一般情况下，排水系统分为两种情况：一种是基坑开挖中的排水；另一种是建筑物施工过程中的排水。前者是根据土方分层开挖的要求，分次下降水位，通过不断降低排水沟高程，使每一个开挖土层呈干燥状态。排水系统排水沟通常布置在基坑中部，以利两侧出土；当基坑较窄时，将排水干沟布置在基坑上游侧，以利于截断渗水。沿干沟垂直方向设置若干排水支沟。基础范围外布置集水井，井内安设水泵，渗水进入支沟后汇入干沟，再流入集水井，由水泵抽出坑外。后者排水目的是控制水位低于坑底高程，保证施工在干地条件下进行。排水沟通常布置在基坑四周，离开基础轮廓线不小于 0.3～1.0m。集水井离基坑外缘之距离必须大于集水井深度。排水沟的底坡一般不小于 2‰，底宽不小于 0.3m，干沟沟深为 1.0～1.5m，支沟沟深为 0.3～0.5m。集水井的容积应保证水泵停止运转 10～15min 井内的水量不致漫溢。井底应低于排水干沟底 1～2m。经常性排水系统布置如图 1.29 所示。

2. 经常性排水流量

经常性排水主要排除基坑和围堰的渗水，还应考虑排水期间的降雨、地基冲洗和混凝土养护弃水等。这里仅介绍渗流量估算方法。

(1) 围堰渗流量。透水地基上均质土围堰，每米堰长渗流量 q 可按下式计算：

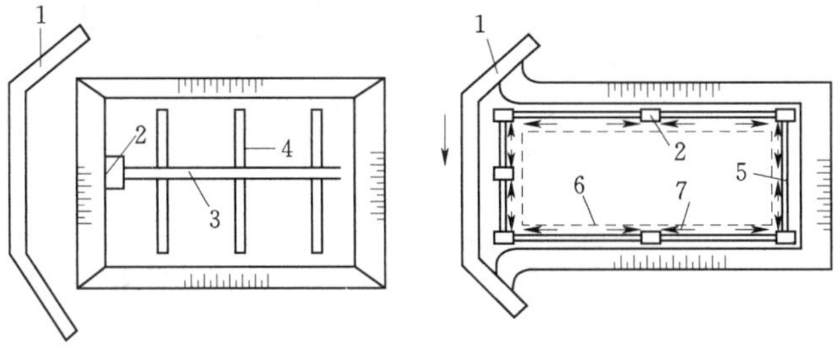

(a)开挖过程中排水　　(b)基础施工过程中排水

图 1.29 修建建筑物时基坑排水系统布置

1—围堰；2—集水井；3—排水干沟；4—支沟；5—排水沟；6—基础轮廓；7—水流方向

$$q=k\frac{(H+T)^2-(T-y)^2}{2L} \tag{1.13}$$

$$L=l_0+l-0.5\text{mH} \tag{1.14}$$

式中　q——渗入基坑的围堰单宽渗透流量，$m^3/(d \cdot m)$；

k——渗透系数，m/d；

其余符号意义如图 1.30 所示。

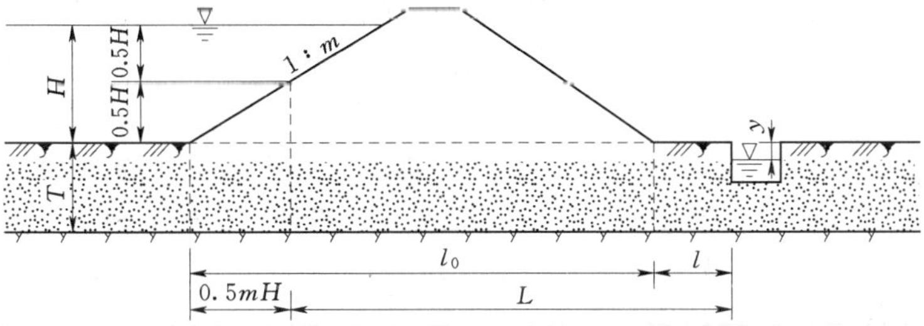

图 1.30 透水地基上的渗透计算简图

(2) 基坑渗流量。由于基坑情况复杂，计算结果不一定符合实际情况，应用试抽法确定。近似计算时可采用表 1.14 所列参数。

表 1.14　　地 基 渗 流 量　　单位：m^3/h

地基类别	含有淤泥黏土	细砂	中砂	粗砂	砂砾石	有裂缝的岩石
渗流量 q	0.10	0.16	0.24	0.30	0.35	0.05～0.10

降雨量按在抽水时段最大日降水量在当天抽干计算；施工弃水包括基岩冲洗与混凝土养护用水，两者不同时发生，按实际情况计算。

排水水泵根据流量及扬程选择，并考虑一定的备用量。

1.5.3 人工降低地下水位

在经常性排水中，采用明排法，由于多次降低排水沟和集水井高程，变换水泵站位置，影响开挖工作正常进行，此外在细砂、粉砂及砂壤土地基开挖中，因渗透压力过大而引起流沙、滑坡和地基隆起等事故，对开挖工作产生不利影响。采用人工降低地下水位措施可以克服上述缺点。人工降低地下水位就是在基坑周围钻井，地下水渗入井中，随即被抽走，使地下水位降至基坑底部以下，整个开挖部分土壤呈干燥状态，开挖条件大为改善。

1. 管井法

管井法就是在基坑周围或上、下游两侧按一定间距布置若干单独工作的井管，地下水在重力作用下流入井内，各井管布置一台抽水设备，使水面降至坑底以下，如图1.31所示。

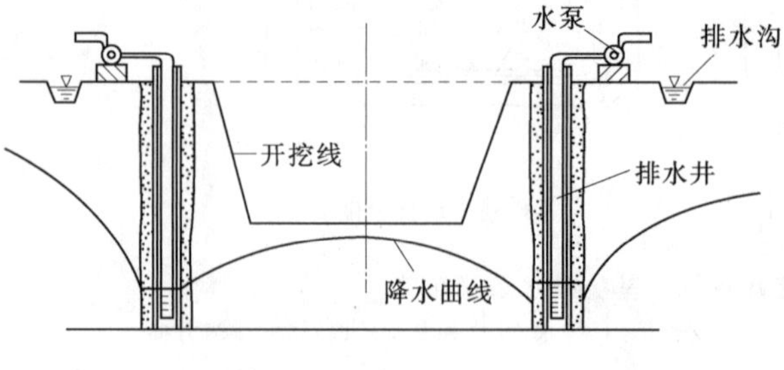

图1.31　管井法降低地下水位布置图

管井法适用于基坑面积较小，土的渗透系数较大（$k=10\sim250$m/d）的土层。当要求水位下降不超过7m时，采用普通离心泵；如果要求水位下降较大，需采用深井泵，每级泵降低水位20～30m。

管井由滤水管、井管、沉淀管及周围反滤层组成。地下水从滤水管进入井管，水中泥沙沉淀在沉淀管中。滤水管可采用带孔的钢管，外包滤网；井管可采用钢管或无砂混凝土管，后者采用分节预制，套接而成，每节长1m，壁厚为4～6cm，直径一般为30～40cm。管井间距应满足在群井共同抽水时，地下水位最高点低于坑底，一般取15～25m。

2. 井点法

当土壤的渗透系数$k<1$m/d时，用管井法排水，井内水会很快被抽干，水泵经常中断运行，既不经济，抽水效果又差，这种情况下，采用井点法较为合适。井点法适宜于渗透系数为0.1～50m/d的土壤。井点的类型有轻型井点、喷射井点和电渗井点三种，比较常用的是轻型井点。

轻型井点是由井管、集水管、普通离心泵、真空泵和集水箱等设备组成的排水系统，如图1.32所示。

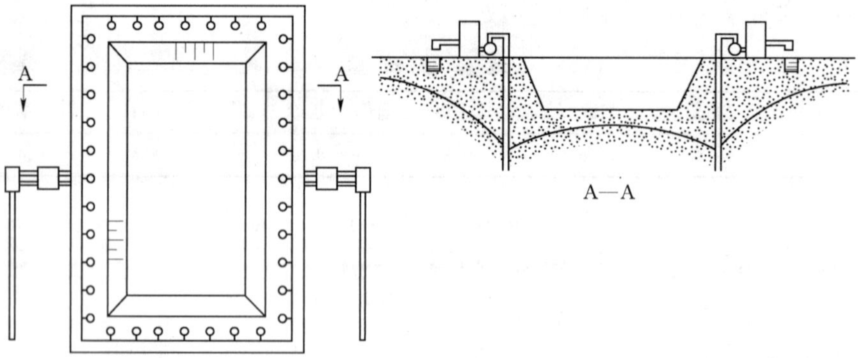

图1.32　井点法降低地下水位布置图

轻型井点的井管直径为38～50mm，采用无缝钢管，管的间距为0.8～1.6m，最大可达3.0m。地下水从井管底部的滤水管内借真空泵和水泵的抽吸作用流入管内，沿井管上升汇入集水管，再流入集水箱，由水泵抽出。

轻型井点系统开始工作时，先开动真空泵排出系统内的空气，待集水箱内水面上升到一定高度时，再启动水泵抽水。如果系统内真空不够，仍需真空泵配合工作。

井点排水时，地下水位下降的深度取决于集水箱内的真空值和水头损失。一般集水箱的真空值为400～500mm汞柱。

当地下水位要求降低值大于4～5m时，则需分层降落，每层井点控制3～4m。但分层数应少于3层为宜。因层数太多，坑内管路纵横交错，妨碍交通，影响施工；且当上层井点发生故障时，由于下层水泵能力有限，造成地下水位回升，严重时导致基坑淹没。

【引例分析】 由［引例1.5］经试验得知：帷幕灌浆结束后经孔压水实验得到基坑渗透系数为6×10^{-4}cm/s。为保证管身段混凝土在干地状态下施工，采取井点降水与集水井明排结合的方式降低基坑水位。

(1) 水量计算。基坑降水的涌水量与场地水文地质条件、基坑的形状大小及补给水边界条件有关。该工程基坑长度与宽度之比较大，属于窄长式基坑。根据工程水文地质条件，本工程降水按无压非完整井计算。群井出口流量为49443m^3/d，单井理论出水强度为60.4m^3/h。井点降水如图1.33所示。

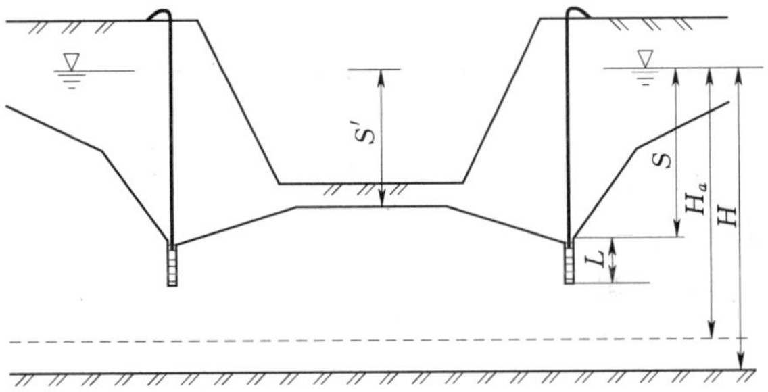

图1.33　井点降水示意

(2) 基坑明沟。集水井排水基坑施工时，在基坑周边设置浆砌石排水明沟，排水沟断面尺寸为0.5m×0.5m，排水沟与集水井连通，直接将边坡渗水、施工废水、雨水排入集水井中。集水井布置在纵向围堰一侧，共2个，集水井尺寸为10m×5m×4m；集水井四周采用钢筋石笼衬砌。每个集水井边布置3台流量为480m^3/s，扬程为40m的大水泵，将水排出基坑。集水井布置如图1.34所示。

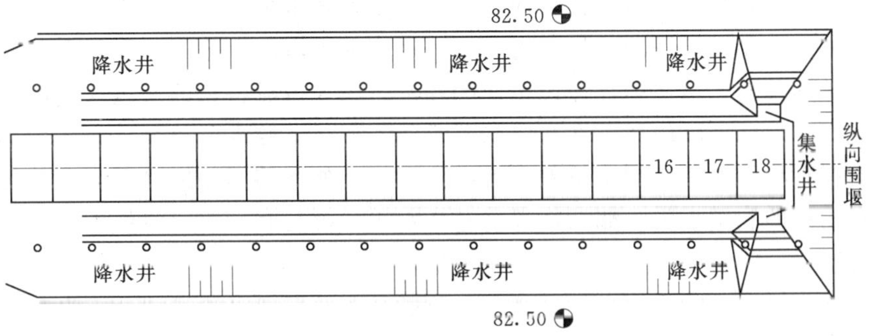

图1.34　降水井及集水井布置

(3) 基坑井点降水及布置。

1) 降水井点数量及布置。由于基坑窄长，一期基坑周长都约为700m，考虑到井点的降水效果，井点均匀布置于69m高程马道处，井口直径0.6cm，井点之间的间距为20m，

井点数 $n=700/20=35$ 个。降水井及集水井布置如图 1.34 所示。

2）井水抽排。采用潜水泵抽排至基坑外部浆砌石截水沟中，再顺截水沟排入河流，截水沟尺寸为 1.0m×0.8m。

3）降水井成井后，如发现井点降水满足不了要求，再在基坑底部坡脚线处相应部位增设井点，井点采用潜孔钻造孔，造孔直径为 150mm，再配置相应的潜水泵进行抽排。

任务 1.6 围 堰 拆 除

【引例 1.6】 三峡工程三期碾压混凝土（简称 RCC）围堰平行于大坝布置，围堰轴线位于大坝轴线上游 114m 处，其右侧与右岸白岩尖山体相接，左侧与混凝土纵向围堰上纵堰内段相连。横向围堰轴线总长 580m，从右至左分为右岸坡段（2 号～5 号堰块）、河床段（6 号～15 号堰块）和左接头段（长 60m）；纵向围堰上纵堰内段轴线总长 122m。围堰施工分两阶段进行：横向围堰右岸坡段、左接头段、纵向围堰堰内段及横向围堰河床段基础部位在一期施工期浇筑完成，横向围堰河床段于 2003 年建成。

在右岸厂房坝段和右岸非溢流坝段浇筑至高程 185.00m 并具备挡水条件后，为满足右岸电站厂房进水条件和右岸排漂过流条件，需要对三期 RCC 碾压混凝土围堰进行拆除。相对于国内外其他水利水电工程围堰拆除，该围堰爆破拆除具有爆破规模大、边界条件复杂、爆破控制要求严格、爆破水深大等特点。

【思考】

（1）围堰为什么要拆除？

（2）围堰拆除有几种方式？

（3）土石围堰怎么拆除？

（4）爆破法拆除围堰的原理是什么？

（5）什么是爆破？

（6）水利工程常用的爆破类型有哪几种？

围堰是临时建筑物，导流任务完成后，应按设计要求拆除，以免影响永久建筑物的施工及运转。如在采用分段围堰法导流时，第一期横向围堰的拆除，如果不合要求，势必会增加上、下游水位差，从而增加截流工作的难度，增大截流料物的质量及数量。这类教训在国内外有不少，如苏联的伏尔谢水电站截流时，上、下游水位差是 1.88m，其中由于引渠和围堰没有拆除干净造成的水位差就有 1.73m。又如下游围堰拆除不干净，会抬高尾水位，影响水轮机的利用水头，如浙江省富春江水电站曾受此影响，降低了水轮机出力，造成不应有的损失。

土石围堰相对来说断面较大，拆除工作一般是在运行期限的最后一个汛期过后，随上游水位的下降，逐层拆除围堰的背水坡和水上部分。葛洲坝一期土石围堰的拆除程序如图 1.35 所示。但必须保证依次拆除后所残留的断面能继续挡水和维持稳定，以免发生安全事故，使基坑过早淹没，影响施工。土石围堰的拆除一般可用挖土机或爆破开挖等方法。

钢板桩格型围堰的拆除，首先要用抓斗或吸石器将填料清除，然后用拔桩机起拔钢板桩。混凝土围堰的拆除，一般只能用爆破法炸除，但应注意，必须使主体建筑物或其他设

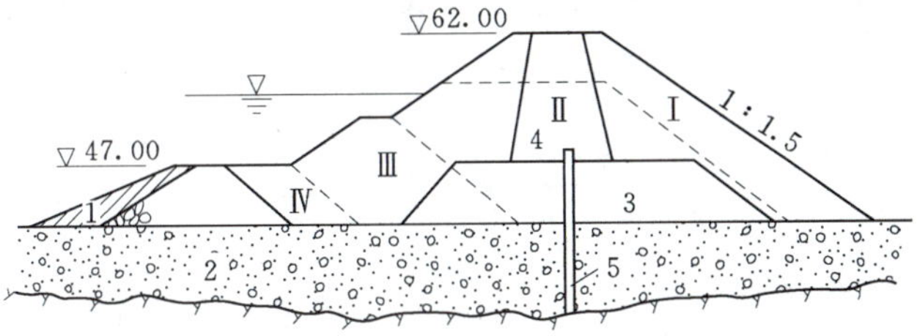

图 1.35 葛洲坝一期土石围堰的拆除程序图

1—黏土斜墙；2—覆盖层；3—堆渣；4—心墙；5—防渗墙

施不受爆破危害。

1.6.1 爆破的概念

爆破是炸药爆炸作用于周围介质的结果。埋在介质内的炸药引爆后，在极短的时间内，由固态转变为气态，体积增加数百倍至几千倍，伴随产生极大的压力和冲击力，同时还产生很高的温度，使周围介质受到各种不同程度的破坏，称为爆破。

1.6.2 爆破的常用术语

1. 爆破作用圈

当具有一定质量的球形药包在无限均质介质内部爆炸时，在爆炸作用下，距离药包中心不同区域的介质由于受到的作用力有所不同，因而产生不同程度的破坏或振动现象。整个被影响的范围称为爆破作用圈。这种现象随着与药包中心间的距离增大而逐渐消失，按对介质作用不同可分为四个作用圈。

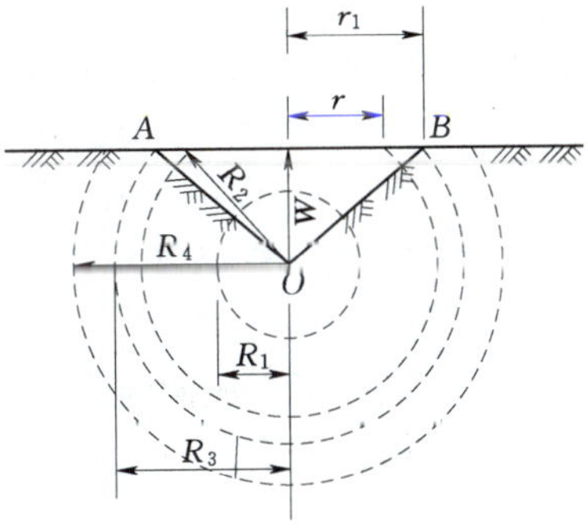

图 1.36 爆破影响范围示意图

(1) 压缩圈。图 1.36 中 R_1 表示压缩圈半径，在这个作用圈范围内，介质直接承受了药包爆炸而产生的极其巨大的作用力，因而如果介质是可塑性的土壤，便会遭到压缩形成孔腔；如果是坚硬的脆性岩石便会被粉碎。所以把 R_1 这个球形地带叫做压缩圈或破碎圈。

(2) 抛掷圈。围绕在压缩圈范围以外至 R_2 的地带，其受到的爆破作用力虽较压缩圈范围内小，但介质原有的结构受到破坏，分裂成为各种尺寸和形状的碎块，而且爆破作用力尚有余力足以使这些碎块获得能量。如果这个地带的某一部分处在临空的自由面条件下，破坏了的介质碎块便会产生抛掷现象，因而称为抛掷圈。

(3) 松动圈。松动圈又称破坏圈。在抛掷圈以外至 R_3 的地带，爆破的作用力更弱，除了能使介质结构受到不同程度的破坏外，没有余力可以使破坏了的碎块产生抛掷运动，因而叫做破坏圈。工程上为了实用起见，一般还把这个地带被破碎成为独立碎块的一部分叫做松动圈，而把只是形成裂缝、互相间仍然连成整块的一部分叫做裂缝圈或破裂圈。

(4) 震动圈。在破坏圈范围从外，微弱的爆破作用力甚至不能使介质产生破坏。这时介质只能在应力波的作用下，产生振动现象，这就是图 1.36 中 R_4 所包括的地带，通常叫做震动圈。震动圈以外爆破作用的能量就完全消失了。

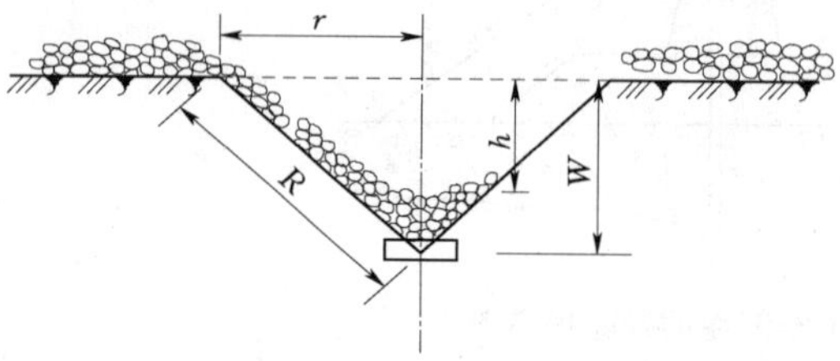

图 1.37 爆破漏斗
r—爆破漏斗半径；R—爆破作用半径；W—最小抵抗线；h—可见漏斗深度

2. 爆破漏斗

在有限介质中爆破，当药包埋设较浅，爆破后将形成以药包中心为顶点的倒圆锥形爆破坑，称为爆破漏斗。爆破漏斗的形状多种多样，随着岩土性质、炸药的品种性能和药包大小及药包埋置深度等不同而变化。

3. 最小抵抗线

由药包中心至自由面的最短距离称为最小抵抗线，如图 1.37 中的 W。

4. 爆破漏斗半径

即在介质自由面上的爆破漏斗半径，如图 1.37 中的 r。若 $r=W$，则 r 为标准抛掷漏斗半径。

5. 爆破作用指数

指爆破漏斗半径 r 与最小抵抗线 W 的比值。即

$$n=\frac{r}{W} \tag{1.15}$$

爆破作用指数的大小可判断爆破作用性质及岩石抛掷的远近程度，也是计算药包量、决定漏斗大小和药包距离的重要参数。一般用 n 来区分不同爆破漏斗，划分不同爆破类型：当 $n=1$ 时，称为标准抛掷爆破漏斗；当 $n>1$ 时，称为加强抛掷爆破漏斗；当 $0.75<n<1$ 时，称为减弱抛掷爆破漏斗；当 $0.33<n\leqslant 0.75$ 时，称为松动爆破漏斗；当 $n\leqslant 0.33$ 时，称为裸露爆破漏斗。

6. 可见漏斗深度 h

经过爆破后所形成的沟槽深度称为可见漏斗深度（图 1.37 中的 h），它与爆破作用指数大小、炸药的性质、药包的排数、爆破介质的物理性质和地面坡度有关。

7. 自由面

自由面又称为临空面，指被爆破介质与空气或水的接触面。同等条件下，临空面越多炸药用量越小，爆破效果越好。

8. 二次爆破

二次爆破指大块岩石的二次破碎爆破。

9. 破碎度

破碎度指爆破岩石的块度或块度分布。

10. 单位耗药量

单位耗药量指爆破单位体积岩石的炸药消耗量。

11. 炸药换算系数

炸药换算系数 e 指某炸药的爆炸力 F 与标准炸药爆炸力之比（目前以 2 号岩石铵梯炸

药为标准炸药）。

1.6.3 药包及其装药量计算

1. 药包

为了爆破某一物体而在其中放置一定数量的炸药，称为药包。药包的分类及使用见表 1.15。

表 1.15 药包的分类及使用

分类名称	药包形状	作用效果
集中药包	长边小于短边 4 倍	爆破效率高，省炸药和减少钻孔工作量，但破碎岩石块度不够均匀； 多用于抛掷爆破
延长药包	长边超过短边 4 倍； 延长药包又有连续药包和间隔药包两种形式	可均匀分布炸药，破碎岩石块度较均匀； 一般用于松动爆破

2. 装药量计算

爆破工程中的炸药用量计算，是一个十分复杂的问题，影响因素较多。实践证明，炸药的用量是与被破碎的介质体积成正比的。而被破碎的单位体积介质的炸药用量，其最基本的影响因素又是与介质的硬度有关。目前，由于还不能较精确的计算出各种复杂情况下的相应用药量，所以一般都是根据现场试验方法，大致得出爆破单位体积介质所需的用药量，然后再按照爆破漏斗体积计算出每个药包的装药量。

药包药量 Q 的基本计算公式为

$$Q=KV \tag{1.16}$$

式中 K——爆破单位体积岩石的耗药量，简称单位耗药量，kg/m^3；

V——标准抛掷漏斗内的岩石体积，m^3，$V=\frac{\pi}{3}W^3\approx W^3$。

需要注意的是，单位耗药量 K 值，应考虑多方面的因素经综合分析后定出，常见岩土的标准单位耗药量见表 1.16。

故标准抛掷爆破药包药量计算式（1.16）可以写为

$$Q=KW^3 \tag{1.17}$$

对于加强抛掷爆破

$$Q=(0.4+0.6n^3)KW^3 \tag{1.18}$$

对于减弱抛掷爆破

$$Q=\left(\frac{4+3n}{7}\right)^3 KW^3 \tag{1.19}$$

对于松动爆破

$$Q=0.33KW^3 \tag{1.20}$$

式中 Q——药包重量，kg；

W——最小抵抗线，m；

n——爆破作用指数。

表 1.16　　单位耗药量 K 值

岩石种类	$K/(kg \cdot m^{-3})$	岩石种类	$K/(kg \cdot m^{-3})$
黏土	1.0～1.1	砾岩	1.4～1.8
坚实黏土、黄土	1.1～1.25	片麻岩	1.4～1.8
泥灰岩	1.2～1.4	花岗岩	1.4～2.0
页岩、板岩、凝灰岩	1.2～1.5	石英砂岩	1.5～1.8
石灰岩	1.2～1.7	闪长岩	1.5～2.1
石英斑岩	1.3～1.4	辉长岩	1.6～1.9
砂岩	1.3～1.6	安山岩、玄武岩	1.6～2.1
流纹岩	1.4～1.6	辉绿岩	1.7～1.9
白云岩	1.4～1.7	石英岩	1.7～2.0

注　1. 表中数据是以 2 号岩石铵梯炸药作为标准计算，若采用其他炸药时，应乘以炸药换算系数 e（表 1.17）。
2. 表中数据，是在炮眼堵塞良好的情况下确定出来的，如果堵塞不良，则应乘以 1～2 的堵塞系数。对于黄色炸药等烈性炸药，其堵塞系数不宜大于 1.7。
3. 表中 K 值是指一个自由面的情况。如果自由面超过 1 个，应按表 1.18 适当减少用药量。

表 1.17　　炸药换算系数 e 值表

炸药名称	型号	换算系数 e	炸药名称	型号	换算系数 e
岩石铵梯	1 号	0.91	煤矿铵梯	1 号	1.10
岩石铵梯	2 号	1.00	煤矿铵梯	2 号	1.28
岩石铵梯	2 号抗水	1.00	煤矿铵梯	3 号	1.33
露天铵梯	1 号	1.04	煤矿铵梯	1 号抗水	1.10
露天铵梯	2 号	1.28	梯恩梯	三硝基甲苯	0.86
露天铵梯	3 号	1.39	62%硝化甘油	—	0.75
露天铵梯	1 号抗水	1.04	黑火药	—	1.70

表 1.18　　自由面与用药量的关系

自由面数	减少药量百分数/%	自由面数	减少药量百分数/%
2	20	4	40
3	30	5	50

注　表中自由面的数目是按方向（上、下、东、南、西、北）确定的，不是按被爆破体的几何形体确定的。

1.6.4　爆破的分类

爆破可按爆破规模、凿岩情况、要求等不同进行分类。

（1）按爆破规模分，爆破可分为小爆破、中爆破、大爆破。

（2）按凿岩情况分，爆破可分为浅孔爆破、深孔爆破、药壶爆破、洞室爆破、二次爆破。

（3）按爆破要求分，爆破可分为松动爆破、减弱抛掷爆破、标准抛掷爆破、加强抛掷爆破及定向爆破、光面爆破、预裂爆破、特殊物爆破（冻土、冰块等）。

1.6.5 控制爆破

控制爆破是为达到一定预期目的的爆破。如定向爆破、预裂爆破、光面爆破、岩塞爆破、微差控制爆破、拆除爆破、静态爆破、燃烧剂爆破等。下面仅介绍水利工程常用的几种。

1. 定向爆破

定向爆破是一种加强抛掷爆破技术，它利用炸药爆炸能量的作用，在一定的条件下，可将一定数量的土岩经破碎后按预定的方向抛掷到预定地点，形成具有一定质量和形状的建筑物或开挖成一定断面的渠道。

在水利水电工程建设中，可以用定向爆破技术修筑土石坝、围堰、截流戗堤以及开挖渠道、溢洪道等。在一定条件下，采用定向爆破方法修建上述建筑物，较之用常规方法可缩短施工工期、节约劳力和资金。

定向爆破主要是使抛掷爆破最小抵抗线方向符合预定的抛掷方向，并且在最小抵抗线方向事先造成定向坑，利用空穴聚能效应集中抛掷，这是保证定向的主要手段。造成定向坑的方法，在大多数情况下，都是利用辅助药包，让它在主药包起爆前先爆，形成一个起走向坑作用的爆破漏斗。如果地形有天然的凹面可以利用，也可不用辅助药包。

图 1.38（a）为用定向爆破堆筑堆石坝。药包设在坝顶高程以上的岸坡上。根据地形情况，可从一岸爆破或两岸爆破。图 1.38（b）为定向爆破开挖渠道。在渠底埋设边行药包和主药包。边行药包先起爆，主药包的最小抵抗线就指向两边，在两边岩石尚未下落时起爆主药包，中间岩体就连同原两边爆起的岩石一起抛向两岸。

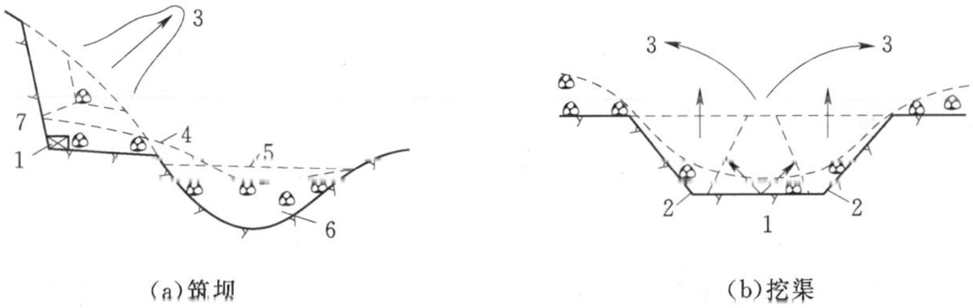

图 1.38 定向爆破筑坝挖渠示意图

1—主药包；2—边行药包；3—抛掷方向；4—堆积体；5—筑坝；6—河床；7—辅助药包

2. 预裂爆破

进行石方开挖时，在主爆区爆破之前沿设计轮廓线先爆出一条具有一定宽度的贯穿裂缝，以缓冲、反射开挖爆破的振动波，控制其对保留岩体的破坏影响，使之获得较平整的开挖轮廓，此种爆破技术为预裂爆破。预裂爆破布置图如图 1.39 所示。

在水利水电工程施工中，预裂爆破不仅在垂直、倾斜开挖壁面上得到广泛应用；在规则的曲面、扭曲面以及水平建基面等也采用预裂爆破。

（1）预裂爆破要求。

1）预裂缝要贯通且在地表有一定开裂宽度。对于中等坚硬岩石，缝宽不宜小于 1.0cm；坚硬岩石缝宽应达到 0.5cm 左右；但在松软岩石上缝宽达到 1.0cm 以上时，减

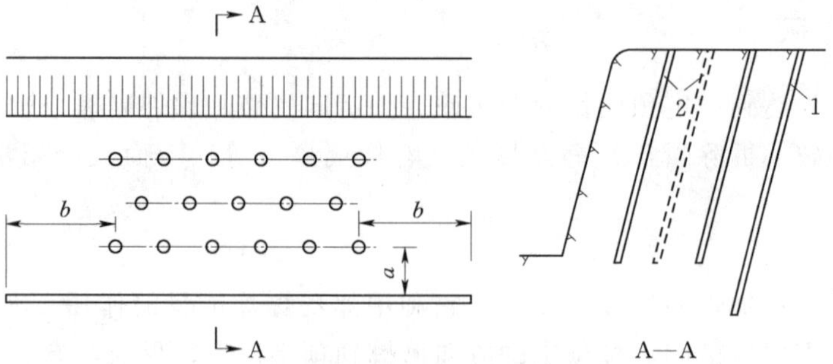

图 1.39　预裂爆破布置图

1—预裂缝；2—爆破孔

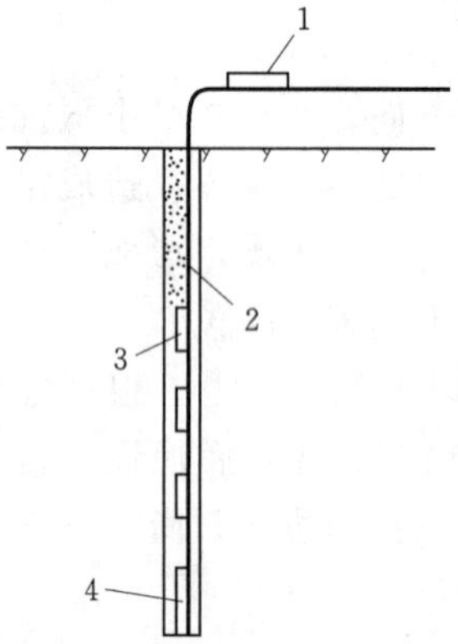

图 1.40　预裂爆破装药结构图

1—雷管；2—导爆索；3—药包；4—底部加强药包

振作用并未显著提高，应多做些现场试验，以利总结经验。

2）预裂面开挖后的不平整度不宜大于 15cm。预裂面不平整度通常是指预裂孔所形成之预裂面的凹凸程度，它是衡量钻孔和爆破参数合理性的重要指标，可依此验证、调整设计数据。

3）预裂面上的炮孔痕迹保留率应不低于 80%，且炮孔附近岩石不出现严重的爆破裂隙。

(2) 预裂爆破主要技术措施。

1）炮孔直径一般为 50～200mm，对深孔宜采围较大的孔径。

2）炮孔间距宜为孔径的 8～12 倍，坚硬岩石取小值。

3）不耦合系数（炮孔直径 d 与药卷直径 d_0 的比值）建议取 2～4，坚硬岩石取小值。

4）线装药密度一般取 250～400g/m。

5）药包结构形式，目前较多的是将药卷分散绑扎在传爆线上（图 1.40）。分散药卷的相邻间距不宜大于 50cm，且不大于药卷的殉爆距离。考虑到孔底的夹制作用较大，底部药包应加强，约为线装药密度的 2～5 倍。

6）装药时距孔口 1m 左右的深度内不要装药，可用粗砂填塞，不必捣实。填塞段过短，容易形成漏斗，过长则不能出现裂缝。

3. 光面爆破

光面爆破也是控制开挖轮廓的爆破方法之一，如图 1.41 所示。它与预裂爆破的不同之处在于光面爆孔的爆破是在开挖主爆孔的药包爆破之后进行。它可以使爆裂面光滑平顺，超欠挖均很少，能近似形成设计轮廓要求的爆破。光面爆破一般多用于地下工程的开挖，露天开挖工程中用得比较少，只是在一些有特殊要求或者条件有利的地方

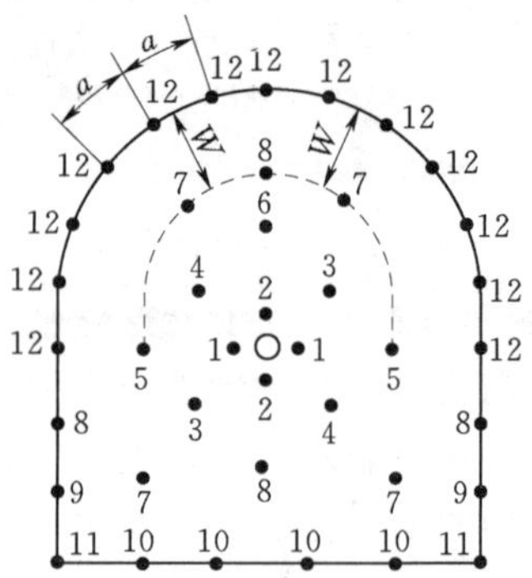

图 1.41　光面爆破布孔图

1～12—炮孔孔段编号

使用。

光面爆破的要领是孔径小、孔距密、装药少、同时爆。

光面爆破主要参数的确定：

(1) 炮孔直径宜在 50mm 以下。

(2) 最小抵抗线 W 通常采用 1～3m，或用下式计算：

$$W=(7\sim20)D \tag{1.21}$$

(3) 炮孔间距 a。

$$a=(0.6\sim0.8)W \tag{1.22}$$

(4) 单孔装药量。用线装药密度 Q_x 表示，即

$$Q_x=KaW \tag{1.23}$$

式中 D——炮孔直径；

K——单位耗药量。

4. 岩塞爆破

岩塞爆破系一种水下控制爆破。当在已成水库或天然湖泊内取水发电、灌溉、供水或泄洪时，为修建隧洞的取水工程，避免在深水中建造围堰，采用岩塞爆破是一种经济而有效的方法。它的施工特点是先从引水隧洞出口开挖，直到掌子面到达库底或湖底邻近，然后预留一定厚度的岩塞，待隧洞和进口控制闸门井全部建完后，一次将岩塞炸除，使隧洞和水库连通。岩塞布置如图 1.42 所示。

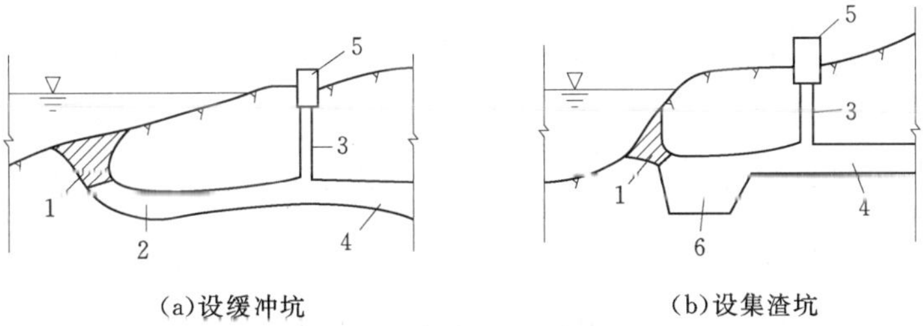

图 1.42 岩塞爆破布置图

1—岩塞；2—缓冲坑；3—闸门井；4—引水隧洞；5—操纵室；6—集渣坑

岩塞的布置应根据隧洞的使用要求、地形、地质因素来确定。岩塞宜选择在覆盖层薄、岩石坚硬完整，且层面与进口中线交角大的部位，特别应避开节理、裂隙、构造发育的部位。岩塞的开口尺寸应满足进水流量的要求。岩塞厚度应为开口直径的 1～1.5 倍。太厚难于一次爆通，太薄则不安全。

水下岩塞爆破装药量计算，应考虑岩塞上静水压力的阻抗，用药量应比常规抛掷爆破药量增大 20%～30%。为了控制进口形状，岩塞周边采用预裂爆破以减震防裂。

5. 微差控制爆破

微差控制爆破是一种应用特制的毫秒延期雷管，以毫秒级时差顺序起爆各个（组）药包的爆破技术。其原理是把普通齐发爆破的总炸药能量分割为多数较小的能量，采取合理

的装药结构，最佳的微差间隔时间和起爆顺序，为每个药包创造多面临空条件，将齐发大量药包产生的地震波变成一长串小幅值的地震波，同时各药包产生的地震波相互干涉，从而降低地震效应，把爆破震动控制在给定水平之下。爆破布孔和起爆顺序有成排顺序式、排内间隔式（又称 V 形式）、对角式、波浪式、径向式等（图 1.43），或由它组合变换成的其他形式，其中以对角式效果最好，成排顺序式最差。采用对角式时，应使实际孔距与抵抗线比大于 2.5 以上，对软石可为 6～8；相同段爆破孔数根据现场情况和一次起爆的允许炸药量而确定装药结构，一般采用空气间隔装药或孔底留空气柱的方式，所留空气间隔的长度通常为药柱长度的 20%～35%左右。间隔装药可用导爆索或电雷管齐发或孔内微差引爆，后者能更有效降震，爆破采用毫秒延迟雷管。最佳微差间隔时间一般取（3～6）W，刚性大的岩石取下限。

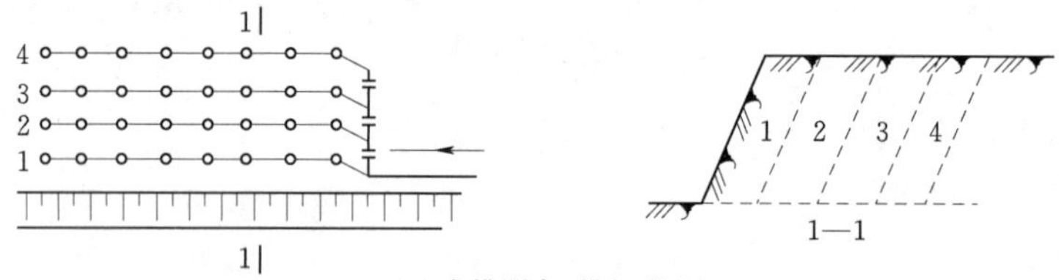

(a)成排顺序(排间微差)

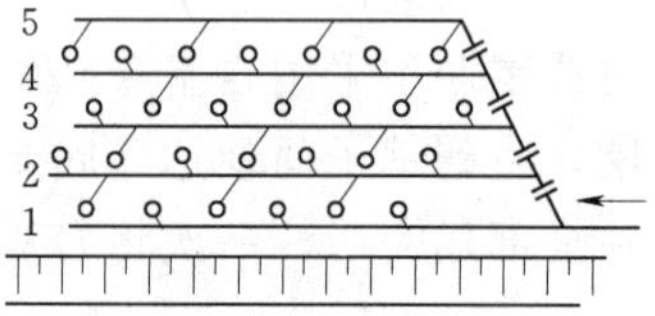

(b)排内间隔式(V 形式)

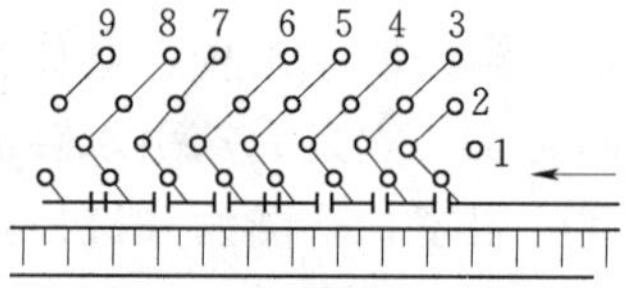

(c)波浪式

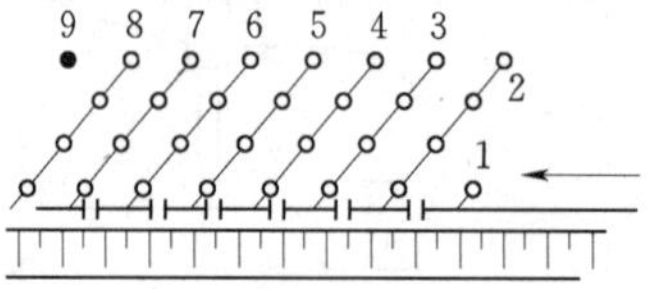

(d)对角式

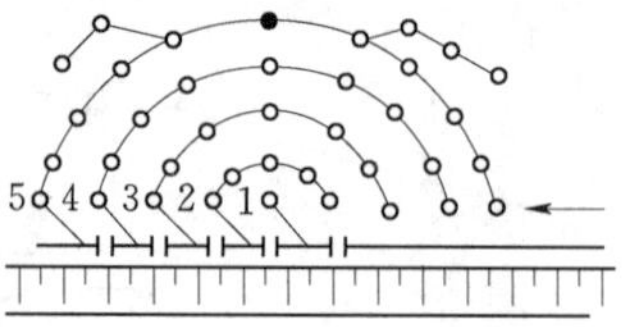

(e)径向式

图 1.43 微差控制爆破起爆形式及顺序

一般相邻两炮孔爆破时间间隔宜控制在 20～30ms，不宜过大或过小；爆破网路宜采取可靠的导爆索与继爆管相结合的爆破网路，每孔至少一根导爆索，确保安全起爆；非电爆管网路要设复线，孔内线脚要设有保护措施，避免装填时把线脚拉断；导爆索网路联结要注意搭接长度、拐弯角度、接头方向，并捆扎牢固，不得松动。

微差控制爆破能有效地控制爆破冲击波、震动、噪音和飞石；操作简单、安全、迅速；可近火爆破而不造成伤害；破碎程度好，可提高爆破效率和技术经济效益。但该网路设计较为复杂；需特殊的毫秒延期雷管及导爆材料。微差控制爆破适用于开挖岩石地基、挖掘沟渠、拆除建筑物和基础，以及用于工程量与爆破面积较大，对截面形状、规格、减震、飞石、边坡后面有严格要求的控制爆破工程。

【引例分析】 根据［引例 1.6］三峡三期碾压混凝土围堰的拆除要求，在三峡三期 RCC 围堰拆除爆破方案论证阶段，重点研究比较了三种方案：滑移方案、炸碎方案和倾倒方案。滑移方案是通过爆破形成滑移面，使堰体靠自重滑落；炸碎方案是从堰顶或背水面钻孔，将围堰堰体炸碎塌落；倾倒方案是通过爆破形成缺口，使堰体失稳翻转下落。

根据三种方案适用性与三峡三期 RCC 围堰自身特点，经过详细研究论证后确认：三峡三期上游围堰已建部分采用炸碎方案拆除，待建部分采用倾倒方案拆除。

针对倾倒方案，比较了“廊道预扩挖”倾倒爆破方案、“预埋炮孔”倾倒爆破方案、“预埋炮孔＋廊道预扩挖”倾倒爆破方案、“预埋炮孔＋集中药包”倾倒爆破方案、“预埋集中药室”倾倒爆破方案。“预埋集中药室”倾倒爆破方案由于具有后期无需钻孔、施工期工作量小、联网方便、倾倒缺口有保证、倾倒块体较小等优点而被最终采纳，并于 2003 年进行待建部分围堰浇筑时预留了相应结构措施：在高程 108.70m、离上游面 2.2m 处预埋 1 号药室，在高程 101.50m、离上游面 6.0m 处预埋 2 号药室，在高程 106.40m、离排水廊道下游面 3.50m 处预埋 3 号药室，在排水廊道下游侧堰体内高程 109.70m 预埋一排断裂孔。

（1）围堰定向爆破倾倒的可靠性。根据药室布置位置，假设各药室均顺利形成爆破漏斗、水平断裂孔能形成断裂面，经过力学计算后发现，堰体可以顺利实现倾倒。在爆破设计中，针对影响堰体倾倒可靠性的不利因素进行了分析，提出了相应解决措施。

1）爆破漏斗的形成。根据三峡三期 RCC 围堰结构和深水爆破拆除的特点，存在诸多影响爆破漏斗形成的不利因素：碾压混凝土中的水平软弱面、强度分区及内部空腔导致堰体力学特性的不均匀性，深水爆破理论和设计方法的不完善，深水条件下火工材料的可靠性等。针对这些不利因素，采取了如下措施。

a. 加装药量，提高爆破能量。在安全允许范围内，通过增加各药室的装药量，提供尽量多的爆破能量，以达到增大爆破作用范围，从而破碎和抛掷更多混凝土的目的，是确保堰体顺利倾倒的重要手段。在设计中，通过理论分析、试验研究、类似工程经验类比，对水下爆破装药量进行了研究。与此同时，利用装药廊道上、下游排水孔进行辅助装药爆破，确保爆破漏斗的形成。上游排水孔装药爆破辅助形成 2 号药室爆破漏斗，下游排水孔装药爆破辅助形成 3 号药室爆破漏斗。

b. 选择耐水性好的火工材料。经理论计算和大量室内外对比试验，确定了用于三峡三期 RCC 围堰拆除爆破的高爆速、高威力、高抗水性能混装车制乳化炸药配方。该炸药在 50m 水深条件下浸泡 7d 以上其爆速不低于 4500m/s，爆力不低于 320mL，猛度达到 16～18mm。

2）水平断裂孔的爆破效果。设 RCC 抗拉强度为 2MPa，计算出下游断裂面成缝面积至少要达到 84.9%以上，才能保证倾倒力矩大于约束力矩。故下游水平断裂面的形成是堰体倾倒的关键，必须尽可能提高下游水平断裂面形成的可靠性。为此，需加强断裂孔装药量，确保倾倒部分与保留堰体彻底分离。

3）堰块两端夹制作用。RCC 围堰每隔约 40m 设有永久横缝，将 RCC 围堰分为诸多堰块，在堰块中部迎水面侧又设有长 4m 的诱导缝。根据结构设计及施工实际情况，诱导缝及堰块之间的永久横缝实际上并非理想的连续贯通缝，故如果以堰块为倾倒单元，则完全靠堰块间的永久横缝来自然切断堰块间的联系与制约是不可靠的。这种联系与制约对堰体倾倒效果有直接影响：一是由于横缝未切断部分的胶结作用和切缝线不直的咬合作用使堰体不能倾倒，导致方案失败；二是可能改变堰体倾倒形态，使堰块自由端先倾倒、下滑，先爆堰体倾斜入水，阻碍后爆堰块的倾倒。

为提高堰体倾倒的可靠性，必须采取技术措施可靠地切断倾倒单元与相邻单元之间的联系约束。按以堰块为倾倒单元的方案，可采取的处理措施主要为在堰块永久横缝附近布置辅助钻孔装药爆破。

在 6～14 号堰块间每个横缝面布置 1 列切割孔。采用切割孔爆破的方法切断堰块间的联系，不仅可以解除堰块两端的夹制作用，还可以将堰体分割成单个堰块依次倾倒，减小整体倾倒带来的触地震动。

（2）深水爆破药量的确定。要确保三峡三期 RCC 围堰中段按要求实现定向倾倒，需解决如何合理地进行装药量设计问题，确保围堰上游侧拆除范围底部区域能够通过爆破形成满足倾倒失稳条件的缺口。目前国内外水下爆破装药量计算方法均是以陆上爆破装药量计算的理论、经验公式为基础，根据工程实际条件，经由一定的修正后形成的。由于三峡三期 RCC 围堰爆破区位于水下 30 余米处，其爆破条件与陆上岩土（混凝土）爆破有着本质的区别。

在三峡三期 RCC 围堰爆破拆除设计中，以陆地标准抛掷爆破药量计算公式为基础，吸收借鉴国内外陆地洞室爆破及浅水洞室爆破药量计算方法的合理之处，针对本工程的实际情况与固有特点，提出了适用于本工程的爆破药量计算公式。

1）药量计算公式。根据大量爆破专著及手册，地面标准抛掷装药量的经验公式为

$$K=\left[0.4+\left(\frac{\gamma}{2450}\right)^2\right] \tag{1.24}$$

$$Q=eKW^3f(n) \tag{1.25}$$

其中

$$f(n)=0.4+0.6n^3$$

式中 γ——爆破介质重度，kN/m^3；

W——最小抵抗线，m；

n——爆破作用指数，标准抛掷爆破时取 1；

e——炸药换算系数。

针对三峡三期 RCC 围堰倾倒爆破的具体特点，引入双向药包作用系数 K_d 和水深单耗增量 HC_a，用以式（1.25）为基础得到下式来计算装药量。

$$Q=eK_d(K+HC_a)W^3f(n) \tag{1.26}$$

式中 K_d——双向作用系数；

H——水深，m；

C_a——水深影响系数；

e——炸药换算系数；

其他符号意义同前。

2）三峡三期 RCC 围堰倾倒爆破药量计算。三峡三期 RCC 围堰倾倒段共布设 1 号药室、2 号药室和 3 号药室共三类药室。各药室的设计间距分别为 2.2m、5.0m、4.0m，双向作用系数分别 1.2、1.2、1.0，水深分别为 26.3m、33.5m、28.6m，水深影响系数均取 0.01，最小抵抗线分别为 2.2m、6.0m、3.5m，爆破作用指数分别为 1.5、

1.25、1.46。

本工程碾压混凝土重度取24kN/m^3，根据式（1.24）计算出地面标准抛掷单耗 K 为1.36 kg/m^3。

利用地面标准抛掷爆破装药量计算公式式（1.25）计算出1号、2号、3号药室的装药量分别为19kg、324kg、65kg，而由式（1.26）计算的相应装药量分别为50kg、690kg、160kg。

项目2　地基处理工程施工

任务2.1　防渗墙工程施工

【引例2.1】 某土石坝基底高程为0.00m，地基高程 −30.00～−40.00m处经地质勘探查明发现有较为严重的渗流通道，需用素混凝土进行防渗墙的施工。防渗墙厚度为0.6m，槽孔长度为12m，使用灰拌土导墙，分两期槽段进行施工，导向槽底部应高出地下水位0.5cm以上，采用冲击式钻机开挖槽孔时，采用钻劈法，使用泥浆固壁，采用导管提升法进行泥浆下浇筑混凝土作业。

【思考】

(1) 防渗墙的作用是什么？

(2) 导向槽底部应高出地下水位0.5cm的原因以及导墙的作用是什么？

(3) 如何确定防渗墙的宽度、厚度、深度？

(4) 钻劈法概念。

(5) 防渗墙的施工程序。

(6) 防渗墙的成墙材料除了素混凝土之外，还可以考虑哪些材料？

(7) 泥浆在防渗墙施工中的作用是什么？

(8) 导管提升法施工工序。

(9) 防渗墙的有哪些造孔施工机具，特点是什么？

2.1.1　防渗墙施工技术措施

防渗墙是修建在挡水建筑物透水地层中的地下连续墙。用来控制渗流，减少渗透流量，保证建筑物和地基的渗流稳定，它是解决深厚覆盖层中渗流问题的有效措施。防渗墙起源于20世纪50年代初期的意大利，相关挖槽机械和施工工艺已有20多种，在国内外获得了广泛的应用。

在我国水利水电建设中，1958年开始采用防渗墙技术，其后在50多个水利工程中，建造了三十多万平方米的地下防渗墙，最大墙深达65.5m。其中，墙深超过40m的有15道，占世界各国同等深度防渗墙总数的43%左右。近年来，采用了混凝土及钢筋混凝土地下连续墙，并获得了较大的发展。据不完全统计，这种防渗墙共有22道，面积约4.7万m^2，地下连续墙，已经发展成为处理深层基础的一种较成熟的施工技术。

防渗墙之所以得到如此广泛的应用和迅速的发展，其主要原因是由于它与其他同类工程措施，如打设板桩、灌浆等相比，具有结构可靠、防渗效果好，能适应各种不同的地层条件，同时，施工时几乎不受地下水位的影响，它的修建深度较大，而且可以在距已有建筑物十分邻近的地方施工，并具有施工速度快，工程造价不太高等优点。加拿大麦尼克三级工程中的防渗墙是目前世界上最深的混凝土防渗墙，最大墙深度达131m。2009年9月，中国水电基础局援建的西藏旁多水利枢纽大坝基础处理工程正式开工，其防渗墙最终成槽深度将达到155m，如建成则是目前世界上最深防渗墙。据统计，地下防渗墙施工时，与邻近建筑物的最小距离：苏联为80cm；日本为6cm；而法国只有3.5cm。此外，地下防渗墙还具有工程造价不太高等优点。

在水利水电建设中，防渗墙的应用有以下几个方面：

（1）控制闸坝基础的渗流。

（2）坝体防渗和加固处理。

（3）控制围堰堰体和基础的渗流。

（4）防止泄水建筑物下游基础的冲刷。

（5）作为一般水工建筑物基础的承重结构等。

总之，它可用来解决防渗、防冲、加固、承重等多方面的工程问题。

地下连续墙的施工方法主要有两种：一是排桩成墙；二是开槽筑墙。目前国内外应用最多的是开槽筑墙。

开槽筑墙的施工工艺，是在地面上用一种特殊的挖槽设备，沿着铺设好的导墙工程，在泥浆护壁的情况下，开挖一条窄长的深槽，在槽中浇筑混凝土（有的在浇筑前放置钢筋笼、预制构件）或其他材料，筑成地下连续墙体。地下连续墙按其材料可分为土质墙、混凝土墙、钢筋混凝土墙和组合墙。

槽型防渗墙的施工，是分段分期进行的。先建造单号槽段的墙壁，称为一期槽段；再建造双号槽段的墙壁，称为二期槽段。一期、二期槽段接而成一道连续墙，如图2.1所示。

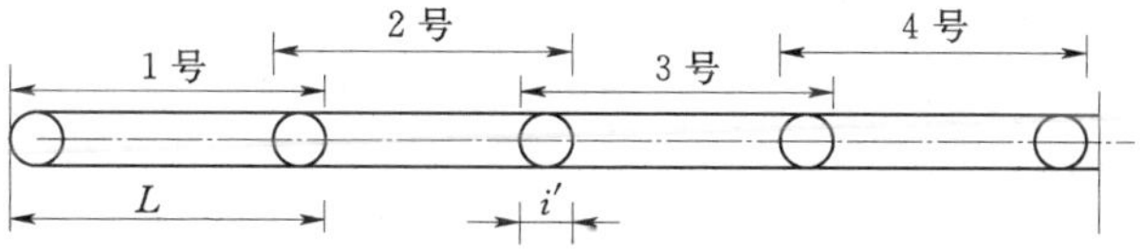

图2.1 槽型防渗墙

1号、3号——期槽孔；2号、4号—二期槽孔

槽段的宽度，即防渗墙的有效厚度，视筑墙材料和造孔方法而定。钢板桩水泥砂浆和水泥黏土砂浆灌注的防渗墙厚度仅10～20cm，泥浆槽的级配混合料填筑的防渗墙厚度达300cm；而一般的混凝土及钢筋混凝土防渗墙厚度在60～80cm左右。

在一般情况下，防渗墙的施工程序：①成槽前的准备工作；②用泥浆固壁进行成槽；③终槽验收和清槽换浆；④防渗墙浇筑前的准备工作；⑤防渗墙的浇筑；⑥成墙质量验收等。

2.1.2 防渗墙钻孔施工作业

防渗墙是土石坝基础防渗处理的一种最有效的设施。从1958年开始应用于我国水利水电工程。因其具有结构可靠，防渗效果好，能适应各种不同的地层条件，施工方便，工程造价低等优点，所以得到广泛应用。

混凝土防渗墙的施工程序一般可分为：造孔前的准备工作，泥浆固壁进行造孔，终孔验收与清孔换浆，浇筑混凝土，全墙质量验收等。

混凝土防渗墙在坝剖面中的典型位置如图 2.2 所示。混凝土防渗墙的基本型式是槽孔型，它是由一段段槽孔套接而成的地下连续墙，先施工一期槽孔后施工二期槽孔，如图 2.1 所示。

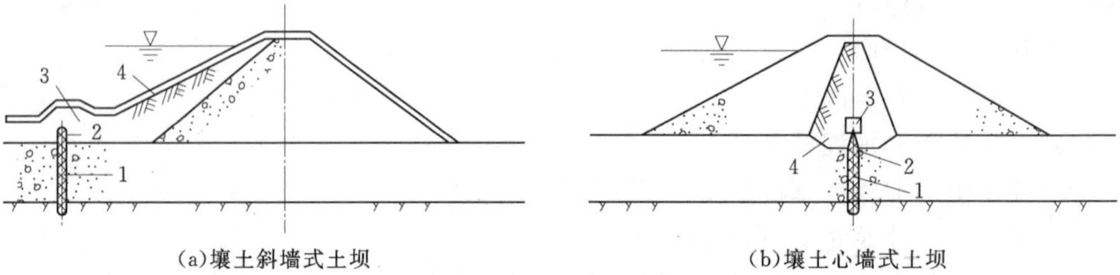

图 2.2　防渗墙在坝中的典型位置图

1—坝基混凝土防渗墙；2—顶部人工立模浇筑的楔形体；3—塑性土料区；4—黏土心墙

2.1.2.1　造孔前的准备工作

根据防渗墙的设计要求和槽孔长度的划分做好槽孔的测量定位工作，并在此基础上设置导向槽。

1. 槽段的宽度及长度

槽段的宽度即防渗墙的有效厚度，视筑墙材料和造孔方法而定。一般钢板桩水泥砂浆和水泥黏土砂浆灌注的防渗墙，厚度为 10～20cm；混凝土及钢筋混凝土防渗墙，厚度在 40～80cm 左右。

槽段长度的划分，原则上为减少槽段间的接头，尽可能采用比较长的槽段。但由于墙基地形地质条件的限制，以及施工能力、施工机具等因素的影响，槽孔又不能太长，故槽孔长度必须满足下述条件：

$$L \leqslant \frac{Q}{kBV} \tag{2.1}$$

式中　L——槽段长度，m；

Q——混凝土生产能力，m^3/h；

B——防渗墙厚度，m；

V——槽段混凝土面的上升速度，一般要求小于 2m/h；

k——墙厚扩大系数，可取 1.2～1.3。

一般槽段长度为 10～20m。

2. 导墙施工

导墙是建造防渗墙不可缺少的构筑物，必须认真进行设计，最后通过质量验收合格后才能进行施工。

(1) 导墙的作用。

1) 导墙是控制防渗墙各项指标的基准。导墙和防渗墙的中心线必须一致，导墙宽度一般比防渗墙的宽度多 3～5cm，它指示挖槽位置，为挖槽起导向作用。导墙竖向面的垂直度是决定防渗墙垂直度的首要条件。导墙顶部应平整，保证导向钢轨的架设和定位。

2）导墙可防止槽壁顶部坍塌，保证地面土体稳定。在导墙之间每隔 1～3m 加设临时木支撑。

3）导墙经常承受灌注混凝土的导管、钻机等静、动荷载，可以起到重物支承台的作用。

4）维持稳定液面的作用。特别是地下水位很高的地段，为维持稳定液面，至少要高出地下水位 1m。导墙顶部有时高出地面。

5）导墙内的空间有时可作为稳定液的储藏槽。

（2）导墙的施工。钢筋混凝土导墙常用现场浇筑法。其施工顺序是：平整场地、测量位置、挖槽与处理弃土、绑扎钢筋、支模板、灌注混凝土、拆模板并设横撑、回填导墙外侧空隙并碾压密实。

导墙的施工接头位置应与防渗墙的施工接头位置错开。另外还可设置插铁以保持导墙的连续性。

导向槽沿防渗墙轴线设在槽孔上方，支撑上部孔壁；其净宽一般等于或略大于防渗墙的设计厚度，深度以 1.5～2.0m 为宜。导向槽可用木料、条石、灰拌土或混凝土做成；灰拌土导墙如图 2.3 所示。

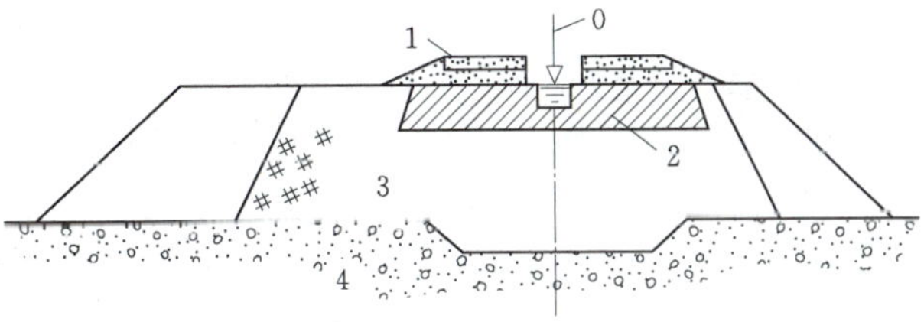

图 2.3 灰拌土导墙

0—防渗墙轴线；1—钻机轨枕；2—灰拌土；3—黏土心墙；4—透水砂卵石

为了维持槽孔的稳定，要求导向槽底部应高出地下水位 0.5cm 以上。为防止地表积水倒流和便于自流排浆，其顶部高程要高于两侧地面高程。

导向槽安设好后，在槽侧铺设钻机轨道，安装钻机，修筑运输道路，架设动力和照明线路及供水浆管路，做好排水排浆系统，并向槽内灌泥浆，保持液面在槽顶以下 30～50cm，即可开始造孔。

2.1.2.2 造孔

1. 防渗墙施工机具

自 1959 年我国水利水电工程防渗墙问世以来，主要的施工机具是 YKC 钻机（即冲击式钻机），为适应各工程对防渗墙的不同要求，先后开始研制或引进各种施工机具，如抓斗挖槽机，多头钻式挖槽机，回转式正、反循环钻机，冲击式正、反循环钻机，双轮铣钻机以及射水法造墙机，锯槽成墙机等。

（1）CZ 型冲击式钻机。我国最早建成的槽孔式混凝土防渗墙——密云水库白河主坝混凝土防渗墙就是用冲击式钻机成槽的。钻头重 1.5～3.0t。如图 2.4 所示，开挖是借偏心工作轮 2 的回转通过连杆 3 带动活动滑轮 4 使“I”字形钻头 6 做上下运动，周而复始不断地冲击地层。在冲击过程中用泥浆固壁，使之在槽壁上形成致密的泥皮，而孔内浆柱的压力又通过泥皮作用在槽壁上，以维持槽壁的稳定。与此同时，泥浆又将被击碎的卵砾石悬浮起来，由带底活门的抽筒抽携出孔外。这样循环往复从而获得进尺。用该钻机冲击孤石、漂石和坚硬基岩，一般需配合表面聚能爆破或钻孔爆破等辅助措施，以加快钻孔

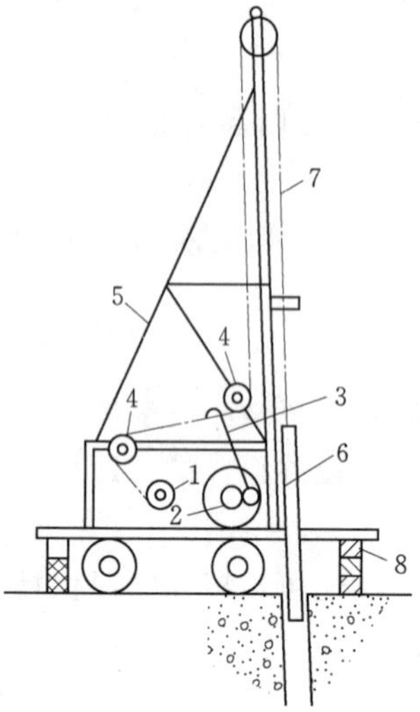

图 2.4 冲击式钻机
1—卷扬机；2—偏心工作轮；3—连杆；4—滑轮；5—钻架；6—钻头；7—钢丝绳；8—垫木

速度。

(2) 抓斗挖槽机。1980 年，为了加快葛洲坝大江围堰防渗墙的施工速度，引进了一台液压导板抓斗，该机型号为 MHL2080 型。它由一台 50t 全液压履带吊车操作，可在一般地层中以液压开闭抓斗，连续进行挖槽作业。该抓斗斗容 0.7m^3，自重 7.9t，斗齿闭合力达 45.2t，高压油管的压力达 14MPa，可抓取的最大深度为 55m。

在葛洲坝施工期间我国自行研制了性能相类似的液压导板抓斗和钢丝绳抓斗。用这些抓斗配合冲击钻机，采用"两钻一抓"施工法（即用冲击钻钻主孔，用抓斗抓取副孔中的土体），在水口水电站主围堰防渗墙和小浪底上围堰防渗墙施工中，发挥了重要作用。1995 年，用抓斗完成了王甫洲水利枢纽围堰固化灰浆防渗墙，工效达到了 56～82m^2/台日，总面积达 15179m^2。这是在我国完全用抓斗完成的规模最大的防渗墙。

(3) 多头钻式挖槽机。20 世纪 70 年代末至 80 年代初，我国有些单位开始研制多头钻式挖槽机。该钻机由于下部设有 5 个旋转钻头又称"多头钻"。1983 年该机曾参与完成了深圳水库的厚 0.6m，深 32m，总面积为 18700m^2 的大坝混凝土防渗墙施工。但由于该机在遇到大颗粒砂砾石层和孤石、漂石及基岩时无能为力，故在水利水电工程中未能推广应用。

(4) 回转式正、反循环钻机。由于冲击式钻机进度较慢，而且在用抽筒出渣时大量浪费泥浆，生产厂家和施工单位开始研制一种能回收泥浆，能连续作业的正、反循环式钻机。所谓正循环是由一根伸到孔底的泥浆管向孔底注入泥浆，然后泥浆携着钻渣自孔口溢出。所谓反循环是由孔口注入泥浆，而从设在孔底的吸浆管吸出携带钻渣的泥浆。周而复始，不停地工作。钻头钻进方式若为回转钻进的即为回转式钻机，若为冲击钻进的即为冲击式钻机。

回转式钻机一般不适宜于大颗粒地层，仅适用于细颗粒的软土地层的钻进。回转式反循环钻机都附有一个大功率大流量的砂石泵，以抽吸孔底的泥浆和石渣。这种钻机一般的造孔直径为 0.6～1.5m，造孔深度为 50m。用这种钻机单独施工防渗墙的并不多见，一般都是用此钻机造主孔，用其他设备挖掘副孔以成墙。由于该种钻机的局限性，在我国的防渗墙施工中多不选用。

(5) 冲击式正、反循环钻机。与回转式钻机相比，冲击式正、反循环钻机对地层的适应性较强，各种地层均可钻进。这种钻机没有连续冲击机构，冲击次数取决于人工搬动离合器的速度，由橡胶管向孔底供浆，携带钻渣的泥浆由孔口溢出，经沉淀除渣后再用，泥浆流速慢，大块石渣不易排出。针对这些弱点，又研制了冲击反循环钻机。GCF1500 型与 CZF 系列冲击反循环钻机是这类钻机的代表。它们的工作原理都是用同步动作的双钢丝绳吊着直径 0.8～1.5m、重约 3～5t 的中空钻头，以 40 次/min 的频率和 1.0m 的冲程连续冲击地层。而被击碎的砂和砾碎石块与泥浆一起通过钻头的直径为150mm的排渣管，由砂石泵抽吸到振动筛处，经筛分机和旋流器后，将大于0.075mm以上的颗粒筛除，洁净的泥浆经处理后，又返回至槽孔中。这样周而复始不断获得钻进进尺。

由于这种钻机对任何地层均能钻进，故在水电工程防渗墙施工中有着广阔的应用前景。目前这种钻机已在小浪底上游围堰和三峡围堰防渗墙施工中应用。该钻机工效比一般冲击式钻机提高1～2倍。如果用这种钻机与抓斗配合作用效果更佳。

（6）双轮铣钻机。长江三峡大江截流后，二期围堰的防渗墙是关键性工程，工程量大，时间紧，要在一个枯水期内完成近8万m^3的混凝土防渗墙难度是很大的，为了确保工程的按期完成，三峡工程引进了一台BC30型液压双轮铣槽机及其配套的BE500型泥浆处理设备。

液压铣槽机主要由承重吊车、铣钻机、配制储存及处理泥浆的设施三部分组成。吊车上的液压站向铣槽机提供高压动力。而铣槽机是一个高15m，重16～20t的箱架，底部有3个功率为100kW的小型液压电动机。其中两个水平轴平行排列，分别带动一个装有挖镐的滚筒，滚筒以10～20r/min的速度切削地层，两筒转动方向相反，施加的力偶超过40kN·m，足以使挖镐破碎地层，而第三个电动机则带动一个泥浆泵，通过软管将钻掘出的碎屑连同泥浆一起送到地面的泥浆处理系统，采用反循环排渣，去除了粗颗粒的泥浆又返回到槽孔中。这样随抽随钻进。该钻机的钻掘长度为2.4m，厚度为0.65～1.5m不等，一般可钻深35～50m，最大可达100m。由于在该钻机上附有倾斜仪，因而可随时将偏斜情况告知操作台，而操作台可通过调整电动机的力偶和调节千斤顶以纠正偏差。但该钻机仍无法对付大孤石和大漂石，尤其是夹在疏松层内的大石。

（7）射水法造墙机。对于有些覆盖层较浅的低坝和大堤上的防渗工程，有时仅需修筑0.2～0.4m厚的防渗墙即可，这时采用冲击式钻机造墙显然是不经济的，需要一种能快速修筑薄墙的施工机械。为此研制成功了一种射水法造墙机。该机可以在砂土和壤土地基中建造深度不超过30m，厚度不超过0.5m，垂直偏差小于1/300的混凝土防渗墙。该机的基本原理是利用水泵及成型器中射水装置形成高速射流的冲击力破坏土层结构，水土混合回流泥沙溢出地面，同时利用卷扬机操作成型器不断上、下冲动，进一步破坏土层并切割修整孔壁，造成有一定规格尺寸的槽孔，施工中用一定密度的泥浆固壁，随后采用常规的水下混凝土直升导管法浇筑混凝土，从而形成单片的混凝土防渗墙板，再利用成型器的特殊侧向装置将单槽板连接成地下混凝土防渗墙。

（8）锯槽成墙机。我国于1990年研制成功于DY-40型锯槽成墙机。该机的工作原理是利用电动机带动减速机，再通过往复机构带动摆梁系统做上下摆动，迫使钻孔内的锯管做上下锯动，以连续不断地切削剥离松散岩层。被切削下来的岩渣沿垂直切削面塌落到槽底后，再用泵吸或气举反循环将岩渣与槽内的护壁泥浆液一起送到旋流除砂器内进行分离，分离后的浆液再送到槽内，岩渣则进入螺旋输送机输出，从而把地层锯成一条长槽。

该机的成槽宽度为0.115～0.40m，最佳成槽深度为20m，最大成槽深度为50m，一般的成槽速度为40m^2/台班，最高时可达100m^2/台班。使用该机在黑龙江省的蛤蟆通水库完成了一道厚0.2m，深47m，总面积为2000m^2的固化灰浆防渗墙。但该机仅适用于在土层、砂层和最大粒径不超过80mm的砂卵石是中连续成槽。

从我国近50年的防渗墙施工实践来看，在水利水电防渗墙施工中用冲击式钻机或冲击式反循环钻机钻打主孔、基岩和孤石，用抓斗抓取副孔中的土体，是最经济、最快捷的施工方法。

2. 造孔方法

(1) 钻劈法。用冲击式钻机开挖槽孔时，一般采用钻劈法（图2.5）；即“主孔钻进、副孔劈打”，先将一个槽段划分为主孔和副孔，利用钻击钻头自重冲击钻凿主孔，然后用同样的钻头劈打副孔两侧，用抽砂筒或接渣斗出渣。使用冲击钻劈打副孔产生的碎渣，有两种出渣方式：利用泵吸设备将泥浆连同碎渣一起吸出槽外，通过再生处理后，泥浆可以循环使用；也可用抽砂筒及接砂斗出渣，钻进与出渣间歇性作业。这种方法一般要求主孔先导8～12m，适用于砂卵石等地层。

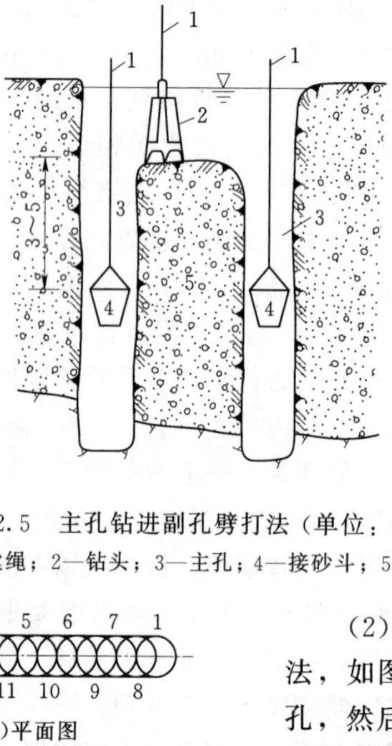

图2.5 主孔钻进副孔劈打法（单位：m）

1—钢丝绳；2—钻头；3—主孔；4—接砂斗；5—副孔

图2.6 钻抓法成槽施工

1—主孔；2—副孔；3—抓斗

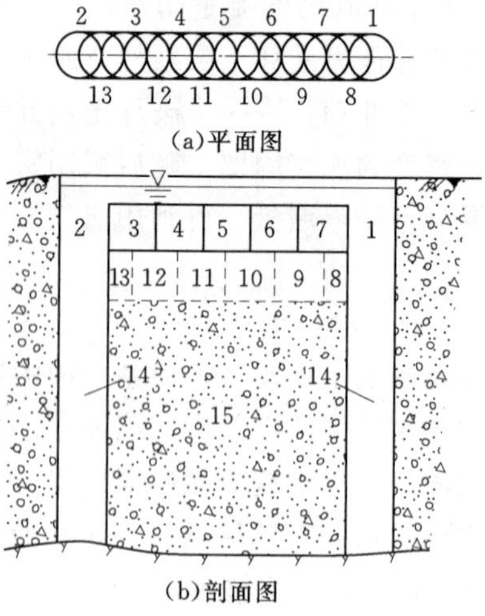

图2.7 层钻进成槽法

1～13 分层钻进顺序；14—端孔；15—分层平挖部分

(2) 钻抓法。又称为“主孔钻进，副孔抓取”法，如图2.6所示。它是先用冲击钻或回转钻钻凿主孔，然后用抓斗抓挖副孔，副孔的宽度要求小于抓斗的有效作用宽度。这种方法可以充分发挥两种机具的优势，抓斗的效率高，而钻机可钻进不同深度地层。具体施工时，可以两钻一抓，也可以三钻两抓、四钻三抓形成不同长度的槽孔。钻抓法主要适合于粒径较小的松散软弱地层。

(3) 分层钻进法。采用回转式钻机造孔，如图2.7所示。分层成槽时，槽孔两端应领先钻进，它是利用钻具的重量和钻头的回转切削作用，按一定程序分层下挖，用砂石泵经空心钻杆将土渣连同泥浆排出槽外，同时，不断地补充新鲜泥浆，维持泥浆液面的稳定。分层钻进法适用于均质颗粒的地层，使碎渣能从排渣管内顺利通过。

(4) 铣削法。采用液压双轮铣槽机，先从槽段一端开始铣削，然后逐层下挖成槽。目前液压双轮铣槽机是一种比较先进的防渗墙施工机械，它由两组相向旋转的铣切刀轮对地层进行切削，这样可抵消地层的反作用力，保持设备的稳定。切削下来的碎屑集中在中心，由离心泥浆泵通过管道排出到地面，如图 2.8 所示。

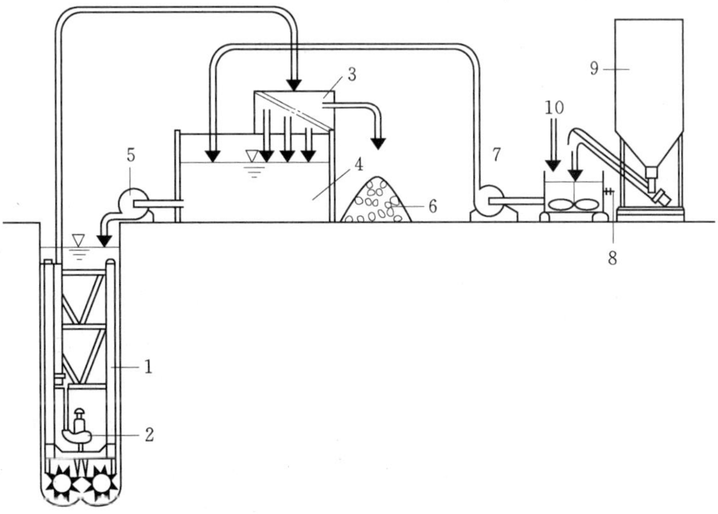

图 2.8　液压铣槽机的工艺流程

1—铣槽机；2—泥浆泵；3—除渣装置；4—泥浆罐；5—供浆泵；6—筛除的钻渣；7—补浆泵；8—泥浆搅拌机；9—膨润土储料罐；10—水源

以上各种造孔挖槽方法，都是采用泥浆固壁，在泥浆液面下钻挖成槽的。在造孔过程中，要严格按操作规程施工，防止掉钻、卡钻、埋钻等事故发生；必须经常注意泥浆液面的稳定，发现严重漏浆，要及时补充泥浆，采取有效的止漏措施；要定时测定泥浆的性能指标，以免影响工作，甚至造成孔壁坍塌；要保持槽壁平直，保证孔位、孔斜、孔深、孔宽以及槽孔搭接厚度。嵌入基岩的深度等满足规定的要求，防止漏钻漏挖和欠钻欠挖。

3. 泥浆固壁

泥浆在造孔中主要起固壁作用，其具有较大的相对密度（一般为 1.1～1.2），以静压力作用于槽壁借以抵抗槽壁土压力及地下水压力。在成槽过程中，泥浆所起的作用，除固壁作用外，还有携砂作用、冷却钻头作用和润滑作用。成墙以后，渗入孔壁的泥浆和胶结在孔壁的泥皮，还有防渗作用。它直接影响墙底与基岩，墙间结合质量。一般槽内泥浆面应高出地下水位 0.6～2.0m。

由于泥浆具有较大的相对密度，对槽壁施加的静压力相当于一种液体支撑。当泥浆渗入槽壁，胶结成一层致密的泥皮，产生一种特殊的护壁作用，也有助于维持槽壁的稳定。欧洲一些国家的经验指出：槽内泥浆液面如高于地下水位 0.6m，就能防止槽壁坍塌，而日本的有关著述则认为最好在 2m 以上。

由于泥浆的特殊重要性，对于泥浆的制浆土料、配比以及施工过程中的质量控制等方面，都提出了严格的规定。要求固壁泥浆相对密度小（新浆相对密度小于 1.05，槽内相对密度不大于1.15，槽底相对密度不大于1.20），黏度适当（25～30s），掺CMC（羧甲基纤维素）可改善黏度，且稳定性好，失水量小，国外一般都要求用膨润土制浆。

我国早期也采用过膨润土制浆，但通过工程实践后，使制浆土料的范围不断扩大，为就地取材制浆提供了可靠的科学依据。

根据经验，对制浆土料可以用下列指标作为初步鉴定和选择的参考：

（1）黏粒含量＞50％。

（2）塑性指数＞20％。

（3）含砂量＜1％。

（4）土料矿物成分中二氧化硅（SiO_2）与三氧化二铝（Al_2O_3）含量的比值，以3～4为好。

对于泥浆的技术指标，则必须根据地层的地质和水文地质条件、成槽方法和使用部位等因素综合选定。如在松散地层中，浆液漏失严重，应选用黏度较大、静切力较高的泥浆；土坝加固补强时，为了防止坝体在泥浆压力作用下，使原有裂缝扩展或产生新的裂缝，宜选用比重较小的泥浆；在成槽过程中，泥浆因受压失水量大，容易形成厚而不牢的固壁泥皮，故应选用失水量较小的泥浆，黏土在碱性溶液中容易进行离子交换，为提高泥浆的稳定性，故应选用泥浆的pH值大于7为好，但是pH值也不宜过大，否则泥浆的胶凝化倾向增大，反而会降低泥浆的固壁性能。一般地，pH值以7～9为宜。

在施工过程中，必须加强泥浆生产过程中各个环节的管理和控制：一方面在施工现场要定时测定泥浆的相对密度、黏度和含砂量，在试验室内还要进行胶体率、失水量（泥皮厚）、静切力等项试验，以全面评价泥浆的质量和控制泥浆的技术指标；另一方面要防止一切违章操作，如严禁砂卵石和其他杂质与制浆土料相混，不允许随便往槽段中倾注清水，未经试验的两种泥浆不许混合使用。槽壁严重漏浆时，要抛投与制浆土料性质一样的泥球等。

为了保质保量供应泥浆，工地必须设置泥浆系统。泥浆系统中主要包括：土料仓库、供水管路、量水设备、泥浆搅拌机、储浆池、泥浆泵以废浆池、振动筛、旋流器、沉淀池、排渣槽等泥浆再生净化设施。

泥浆的再生净化和回收利用，不仅能够降低成本，而且可以改善环境，防止泥浆污染。

根据统计，如果泥浆不回收利用，则其费用约占防渗墙总造价的15％左右。而根据国外经验，在黏土、淤泥中成槽，泥浆可回收利用2～3次；在砂砾石中成槽，可回收利用6～8次。由此可见泥浆回收利用的经济价值。

回收利用泥浆，就必须对准备废弃的泥浆进行再生净化处理。泥浆的再生净化处理有物理处理和化学处理。

所谓物理再生净化处理，主要是将成槽过程中含有土渣的泥浆通过振动筛、旋流器和沉淀池，利用筛分作用、离心分离作用和重力沉淀作用，分别将粗细颗粒的土渣从泥浆中分离出去，以恢复泥浆的物理性能，如图2.9所示。

所谓化学再生净化处理，主要是对发生化学变化的泥浆进行再生净化处理。如浇筑混凝土时所置换出来的泥浆，由于混凝土中水泥乳状液所含大量钙离子，产生凝化，其结果是使泥浆形成泥皮的能力减弱，固壁性能降低，黏性增高，土渣分离困难。处理的办法，可掺加适量的分散剂，如碳酸钠、碳酸氢钠等，混合后再做物理再生净化处理，使泥浆恢复应有的性能。

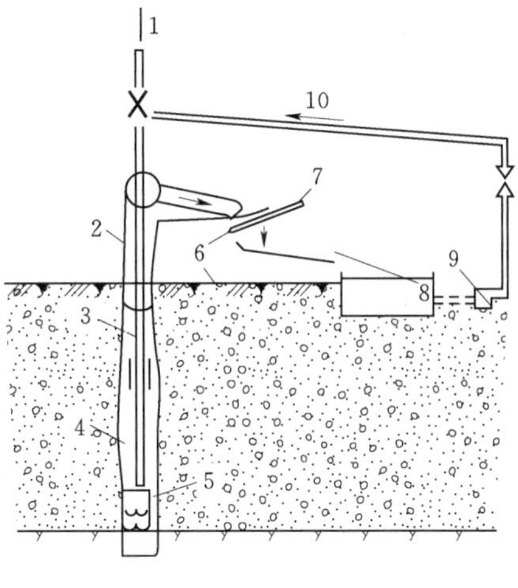

图 2.9 泥浆物理再生净化处理工艺流程图

1—新鲜泥浆；2—孔口管；3—钻杆；4—钻孔；5—钻头；6—弃渣皮带；7—振动筛；8—泥浆池；9—泥浆泵；10—净化泥浆

2.1.2.3 终孔工作

1. 岩心鉴定

为了使防渗墙准确地达到设计深度，主孔钻进到预定部位前，应放下抽筒，抽取岩样进行鉴定，编号装袋。

2. 终孔验收

终孔后按规范对孔深、槽宽、孔壁倾斜率、槽孔孔底淤积厚度与平整度进行检查验收。

造孔结束后，应进行终孔验收，其验收项目及质量要求可参考表 2.1。

表 2.1 终孔验收项目要求参考表

终孔验收项目	终孔验收要求	终孔验收项目	终孔验收要求
孔位容许偏差	±3cm	一期、二期槽孔搭接孔位中心偏差	≤1/3 设计墙厚
孔宽	≥设计墙厚	槽孔水平断面上	没有梅花孔、小墙
孔斜	<4‰	槽孔嵌入基岩深度	满足设计深度

3. 清孔换浆

采用钻头扰动、砂石泵抽吸或其他方法清孔，抽吸出的泥浆经净化后，再回到槽孔，将孔内含有大量砂粒和岩屑的泥浆换成新鲜泥浆。将孔段两段已浇筑混凝土弧面上附着的黏稠泥浆、岩屑冲洗干部。

造孔完毕后的孔内泥浆，常含有过量的土石渣，影响混凝土与基岩的连接，因此，必须清孔换浆，以保证混凝土浇筑的质量。清孔换浆的要求为孔底淤积厚度 ≤10cm，泥浆比重 ≤1.3，黏度≤30s（指体积为 500cm^3 的浆液从一标准漏斗中流出来的时间），含砂量≤15%；且清孔换浆后 4h 内应开始浇筑混凝土。

2.1.3 混凝土浇筑

1. 泥浆下浇筑混凝土的主要特点

(1) 不允许泥浆和混凝土掺混成泥浆夹层。

(2) 确保混凝土与基础以及一期、二期混凝土间的结合。

(3) 连续浇筑，一气呵成。

2. 泥浆下浇筑混凝土的方法

泥浆下浇筑混凝土常采用导管提升法，导管由若干根 ϕ20～25cm 的钢管用法兰盘连接而成，导管顶部为受料斗；每根钢管长 2m 左右；整个导管悬挂在导向槽上，并通过提升设备升降。导管布置如图 2.10 所示。由于防渗墙混凝土坍落度一般为 18～22cm，其扩散半径为 1.5～2.0m，导管间距小于 3～4m 为宜。

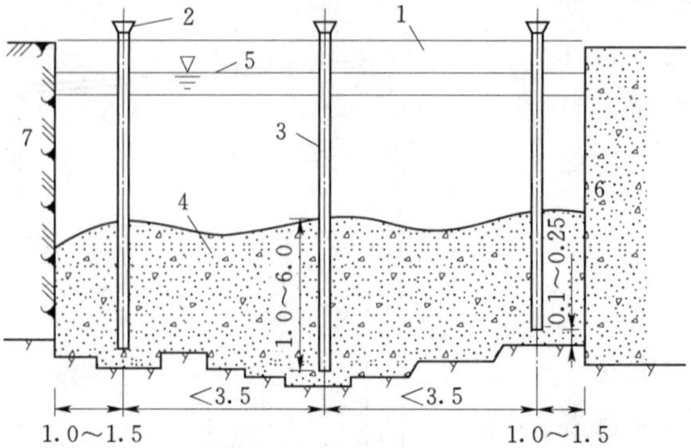

图 2.10 导管布置图（单位：m）
1—导向槽；2—受料斗；3—导管；4—混凝土；5—泥浆液面；6—已浇槽孔；7—未挖槽孔

3. 浇筑前准备工作

泥浆下混凝土浇筑前准备工作的内容包括：制定浇筑方案，准备好导管及孔口用具并下设导管，检查混凝土搅拌与运输机械及提升导管机械的完好情况，检查运输道路情况，搭设孔口料台，准备好孔内混凝土顶面深度测量用具及混凝土顶面上升指示图，制定好孔内泥浆排放与回收方案等。图 2.11 为导管布置图。

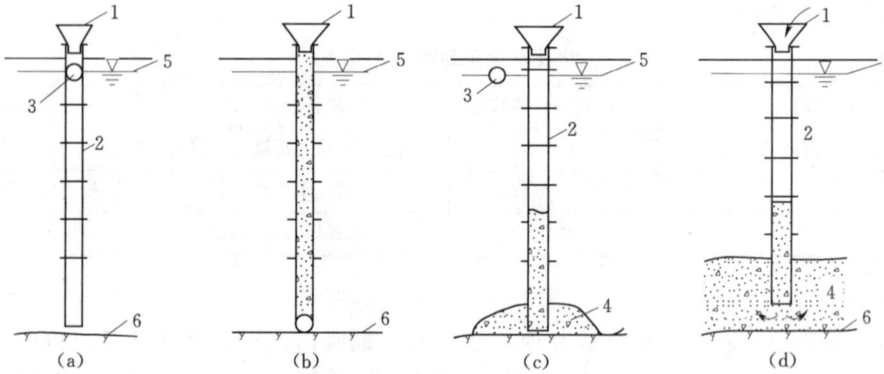

图 2.11 泥浆下混凝土浇筑施工要点示意图
1—浇筑漏斗；2—导管；3—木制或塑料制球体；4—已浇入孔内的混凝土；5—泥浆液面；6—基岩面

浇筑前，应仔细检查导管的形状、接头和焊缝的质量，过度变形和破损的不能使用，并按预定长度在地面进行分段组装和编号，然后安装布置到槽段中。

导管的开浇顺序应严格遵循先深后浅的原则；即从最深的导管开始，由深到浅一个个依次开浇，直到全槽混凝土面浇平以后，再全槽均衡上升。相邻混凝土面高差控制在 0.5m 范围以内。

孔口料台的结构应当既稳固又简单，能够方便地均匀分料给每一根导管，并应在清孔验收合格后 2h 内搭设完毕；一般使用钢管装配式孔口料台。孔内混凝土顶面常用钢丝芯测绳或细钢丝绳起吊测锤测量，测锤绳索上的刻度标记应准确并应经常校核。

4. 泥浆下混凝土的浇筑

每个导管开浇时，将导管下至距槽底 10～25cm，管内放一直径略小于导管内径的、能漂浮在浆面上的木球，以便在开浇时把混凝土与泥浆隔开；开浇时，先用坍落度为18～20cm的水泥砂浆，再用稍大于整根导管容积，同样坍落度的混凝土，一次把木球压至管底；混凝土满管后，提管20～30cm，使球体跑出管外，混凝土流入槽内，再立即把导管放回原处，使导管底孔插入已浇入的混凝土中；然后迅速检查导管连接处是否漏浆，若不漏浆，立即开始连续浇筑凝土，维持全槽混凝土面均衡上升，其上升速度不小于2m/h，随着混凝土顶面的不断上升，继续拆管，始终使导管底口埋入混凝土内1～6m的深度，直至将混凝土顶面浇筑至规定高程，如图2.11所示。其施工要点可归纳为：压球、满管、提管排球、理管、查管、连续浇筑、终浇等。

当混凝土面上升到距槽口4～5m时，由于混凝土柱压力减小，槽内泥浆浓度增加，混凝土扩散能力相对减弱，易发生堵管和夹泥等，可采取加强排浆，稀释泥浆，抬高漏斗，增加起拨次数，经常提动导管以及控制混凝土坍落度等措施来解决。

5. 全墙质量检查验收

全墙质量检查的内容包括：

(1) 每个墙段墙身混凝土质量的检查。

(2) 墙段与墙段间套接质量与接缝质量的检查，墙底与基岩接合质量的检查。

(3) 墙身预留孔及埋设件质量的检查。

6. 成墙防渗效果的检查

检查方法一般采用钻检查孔来评定浇筑混凝土的质量，也可与开挖法进行结合来检查评定。

任务2.2 灌浆工程施工

【引例2.2】 某混凝土坝工程，为了满足防渗要求，降低坝底的渗透压力，需要在上游迎水面坝基内进行双排帷幕灌浆，拟定的灌浆时间是坝体基础灌浆廊道完成后。采用水泥浆作为灌浆浆液。帷幕灌浆的钻孔采用回转式钻机和金刚石钻头，钻孔的孔径75mm，钻孔深度为40m，钻孔孔底容许的偏差为0.8m。钻孔采用高压脉冲冲洗，在局部岩层破碎，节理裂隙比较发育且在钻孔之间互相串通的地方采用群孔冲洗。在冲洗完成后灌浆施工前对钻孔进行压水试验。帷幕孔在同一排内以及排与排之间均按逐渐加密的次序进行钻灌作业，先灌下游排，后灌上游排；拟定第Ⅰ序孔孔距12m，第Ⅱ序孔孔距6m，第Ⅲ序孔孔距3m，第Ⅳ序孔孔距1.5m。采用循环式灌浆，自上而下分段钻灌法，分级升压法。根据灌浆压力或吸浆率的变化情况，适时地调整浆液的稠度，采用5∶1、3∶1、2∶1、1∶1、0.8∶1、0.6∶1、0.5∶1七个等级的水灰比。适用浓浆灌浆法填实，使用水泥砂浆封孔，并进行灌浆的质量检查。

【思考】

(1) 什么是帷幕灌浆？水工建筑物的岩石基础，一般需要进行哪些灌浆？灌浆的目的是什么？

(2) 基岩灌浆浆液材料有哪些？有何特点？

(3) 如果钻孔方向发生偏斜，钻孔深度达不到要求，则会产生什么后果？

(4) 钻孔冲洗的方法，如何操作？

(5) 本例能否采用全孔一次灌浆？各种钻灌方法的适用情况如何？

(6) 什么是循环式灌浆？

(7) 压水试验什么时候进行？目的是什么？

(8) 什么是分级升压法？如何根据灌浆压力或吸浆率的变化情况，来地调整浆液的稠度？

2.2.1 基岩灌浆

2.2.1.1 基岩灌浆的分类

水工建筑物的岩石基础，一般需要分别进行帷幕灌浆、固结灌浆和接触灌浆处理，如图 2.12 所示。

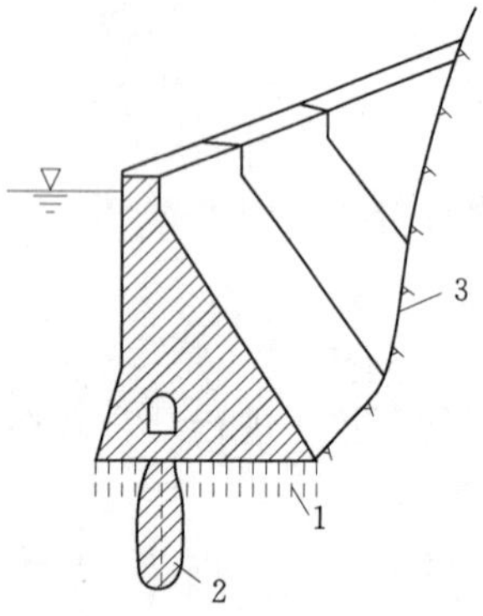

图 2.12 基岩灌浆示意图
1—固结灌浆；2—帷幕灌浆；3—接触灌浆

1. 帷幕灌浆

布置在靠近上游迎水面的坝基内，形成一道连续的防渗幕墙。其目的是减少坝基的渗流量，降低坝底渗透压力，保证基础的渗透稳定。帷幕灌浆的深度主要由作用水头及地质条件等确定，较之固结灌浆要深得多，有些工程的帷幕深度超过百米。在施工中，通常采用单孔灌浆，所使用的灌浆压力比较大。

帷幕灌浆一般安排在水库蓄水前完成，这样有利于保证灌浆的质量。由于帷幕灌浆的工程量较大，与坝体施工在时间安排上有矛盾，所以通常安排在坝体基础灌浆廊道内进行。这样既可实现坝体上升与基岩灌浆同步进行，也为灌浆施工具备了一定厚度的混凝土压重，有利于提高灌浆压力、保证灌浆质量。对于高坝的灌浆帷幕，常常要深入两岸坝肩较大范围岩体中，一般需要在两岸分层开挖灌浆平洞。许多工程在坝基与两岸山体中所形成的地下灌浆帷幕，其面积较之可见的坝体挡水面要大得多。

2. 固结灌浆

其目的是提高基岩的整体性与强度，并降低基础的透水性。当基岩地质条件较好时，一般可在坝基上、下游应力较大的部位布置固结灌浆孔；在地质条件较差而坝体较高的情况下，则需要对坝基进行全面的固结灌浆，甚至在坝基以外上、下游一定范围内也要进行固结灌浆。灌浆孔的深度一般为 5～8m，也有深达 15～40m 的，各孔在平面上呈网格交错布置。通常采用群孔冲洗和群孔灌浆。

固结灌浆宜在一定厚度的坝体基层混凝土上进行，这样可以防止基岩表面冒浆，并采用较大的灌浆压力，提高灌浆效果，同时也兼顾坝体与基岩的接触灌浆。如果基岩比较坚硬、完整，为了加快施工进度，也可直接在基岩表面进行无混凝土压重的固结灌浆。在基层混凝土上进行钻孔灌浆，必须在相应部位混凝土的强度达到 50%设计强度后，方可开始。或者先在岩基上钻孔，预埋灌浆管，待混凝土浇筑到一定厚度后再灌浆。

同一地段的基岩灌浆必须按先固结灌浆后帷幕灌浆的顺序进行。

3. 接触灌浆

其目的是加强坝体混凝土与坝基或岸肩之间的结合能力，提高坝体的抗滑稳定性。一般是通过混凝土钻孔压浆或预先在接触面上埋设灌浆盒及相应的管道系统。也可结合固结灌浆进行。接触灌浆应安排在坝体混凝土达到稳定温度以后进行，以利于防止混凝土收缩产生拉裂。

灌浆技术不仅大量运用于大坝的基岩处理，而且也是进行水工隧洞围岩固结、衬砌回填、超前支护，混凝土坝体接缝以及建（构）筑物补强、堵漏等方面的主要措施。

2.2.1.2 灌浆设备机具和灌浆材料

1. 灌浆设备和机具

（1）钻探机。宜采用回转式钻机，如 XY－2 型液压立轴式钻机或其他各式适宜的钻机。

（2）搅拌机。常用搅拌机有 ZJ－400L 型、GZJ－200 型高速搅拌机、NJ－100L 型低速搅拌机和 200L×2 型双层贮浆筒。

（3）灌浆泵。常用灌浆泵有 TBW－100/100 型灌浆泵或 BW250/50 型泥浆泵等。灌注纯水泥浆液应采用多缸柱塞式灌浆泵。容许工作压力应大于最大灌浆压力的 1.5 倍。

（4）压力表。使用压力宜在压力表最大标准值的 1/4～3/4 之间。压力表应经常进行检定，不合格的压力表严禁使用，压力表与管路之间应设隔浆装置。

（5）灌浆管路。应保证能承受 1.5 倍的最大灌浆压力。

（6）水泥湿磨机。常用水泥湿磨机有长江科学院研制的 JTM135S－1 型湿磨机和 JTM 胶体磨（转速为 3000r/min）。

（7）自动记录仪。可采用 GJY－Ⅲ型、GY－Ⅳ型或 J－31 型等微机自动记录仪，以提高灌浆记录的准确性和工作效率。

（8）灌浆压力大于 3MPa 时，应采用高压灌浆泵、高压灌浆塞、耐蚀灌浆阀门、钢丝编织胶管、大量程压力表、孔口封闭器或专用高压灌浆塞。

（9）集中制浆站的制浆能力应满足灌浆高峰期所有机组用浆需要。制浆站应配置除尘设备。

（10）所有灌浆设备应做好维护保养，保证正常工作状态，并应有必要的备用量。

2. 灌浆材料

灌浆材料基本上可分为两类：一类是固体颗粒的灌浆材料，如水泥、黏土、砂等。用固体颗粒浆材制成的浆液，其颗粒处于分散的悬浮状态，是悬浮液；另一类是化学灌浆材料，例如环氧树脂、聚氨酯、甲凝等。由化学浆材制成的浆液是真溶液。

岩石地基固结灌浆和帷幕灌浆均以水泥浆液为主，遇到一些特殊地质条件，如断层、破碎带、微细裂隙等，当使用水泥浆液难以达到预期效果时，方采用化学灌浆材料作为补充，而且化学灌浆多在水泥灌浆基础上进行。砂砾石地基帷幕灌浆则多以水泥黏土浆为主。

（1）浆液的选择。在地基处理灌浆工程中，浆液的选择非常重要，在很大程度上直接关系到帷幕的防渗效果、地基岩石在固结灌浆后的力学性能以及工程费用。因此研究灌浆材料及其配浆工作一直是灌浆工程中的一个重要课题。通过多年来的试验研究和工程实践，在这方面取得了很大成绩。

由于灌浆的目的和地基地质条件的不同，组成浆液的基本材料和浆液中各种材料的配合比例也有很大的变化。在选择灌注浆液时，一般满足如下要求：

1）浆液在受灌的岩层中应具有良好的可灌性，即在一定的压力下，能灌入到受灌岩层的裂隙、孔隙或空洞中，充填密实。这对微细裂隙岩石尤为重要。

2）浆液硬化成结石后，应具有良好的防渗性能、必要的强度和黏结力。帷幕灌浆在长期高水头作用下，应能保持稳定，不受冲蚀，耐久性强；固结灌浆则应能满足地基安全承载和稳定的要求。

3）为便于施工和增大浆液的扩散范围，浆液须具有良好的流动性。

4）浆液应具有较好的稳定性，析水率低。

基岩灌浆以水泥灌浆最普遍。灌入基岩的水泥浆液，由水泥与水按一定配比制成，水泥浆液呈悬浮状态。水泥灌浆具有灌浆效果可靠，灌浆设备与工艺比较简单，材料成本低廉等优点。

水泥浆液所采用的水泥品种，应根据灌浆目的和环境水的侵蚀作用等因素确定。一般情况下，可采用不低于42.5的普通硅酸盐水泥或硅酸盐大坝水泥，如有耐酸等要求时，选用抗硫酸盐水泥。矿渣水泥与火山灰质硅酸盐水泥由于其析水快、稳定性差、早期强度低等缺点，一般不宜使用。

水泥颗粒的细度对于灌浆的效果有较大影响。水泥颗粒越细，越能够灌入细微的裂隙中，水泥的水化作用也越完全。对于帷幕灌浆，对水泥细度的要求为通过80μm方孔筛的筛余量不大于5%。灌浆用的水泥要符合质量标准，不得使用过期、结块或细度不合要求的水泥。

对于岩体裂隙宽度小于200μm的地层，普通水泥制成的浆液一般难于灌入。为了提高水泥浆液的可灌性，自20世纪80年代以来，许多国家陆续研制出各类超细水泥，并在工程中得到广泛采用。超细水泥颗粒平均粒径约为4μm，比表面积为8000cm^2/g，它不仅具有良好的可灌性，同时在结石体强度、环保及价格等方面都具有优势，特别适合细微裂隙基岩的灌浆。

在水泥浆液中掺入一些外加剂（如速凝剂、减水剂、早强剂及稳定剂等），可以调节或改善水泥浆液的一些性能，满足工程对浆液的特定要求，提高灌浆效果。外加剂的种类及掺入量应通过试验确定。有时为了灌注大坝基础中的细砂层，也常采用化学灌浆材料。

（2）浆液类型。

1）水泥浆。水泥浆的优点是胶结情况好，结石强度高，制浆方便。缺点是水泥价格高；颗粒较粗，细小孔隙不易灌入；浆液稳定性差，易沉淀，常会过早地将某些渗透断面堵塞，因而影响灌浆效果；灌浆时间较长时，易将灌浆器胶结住，难以起拔。灌注水泥浆时，其配比也常分为10∶1，5∶1，3∶1，2∶1，1.5∶1，1∶1，0.8∶1，0.6∶1，0.5∶1等九个比级，也可采用稍少一些的比级。灌浆开始时，采用最稀一级的浆液，以后根据砂砾石层单位吸浆量的情况，逐级变浓。

2）水泥黏土浆。水泥黏土浆是一种最常使用的浆液，国内外大坝砂砾石层灌浆绝大多数都是采用这种浆液，其主要优点是稳定性好；能灌注细小孔隙；而且天然黏土材料较多，可就地取材，费用比较低廉；防渗效果也好。国内有的学者曾对砂砾石层灌浆帷幕的渗透破坏机理作过研究，认为为了提高砂砾石层灌浆帷幕的稳定性，防止细颗粒流失和产生管涌，关键是要设法降低帷幕本身的透水性，而不是提高浆液结石的强度，因而没有必要在浆液中过多地提高水泥含量。一般认为，浆液结石 28d 的强度如果达到（4～5）×10N/cm^2，即可满足要求。

水泥黏土浆中水泥和黏土的比例多为：水泥：黏土=1：1～1：4（质量比），浆液浓度范围多为干料：水=1：1～1：3（质量比）。

有的大坝通过灌浆试验，对灌注的水泥黏土浆液提出下列控制指标：①浆液结石 28d 龄朝的强度不小于（3～5）×10N/cm^2；②浆液黏度不超过 60s；③浆液稳定性应小于 0.02；④浆液自由析水率应小于 2%，可供参考。

对于多排孔构成的帷幕，在边排孔中，宜采用水泥含量较高的浆液；中间排孔中，则可采用水泥含量较低的浆液。

当灌注水泥黏土浆时，为简便起见，从灌浆开始直至结束，多采用一种固定比例的水泥黏土浆，灌浆过程中不再变换。但也有少数工程，灌浆开始时，使用稀浆，以后逐级变浓，例如岳城水库大坝基础帷幕灌浆就是采用了这样的方法。

水泥黏土浆浆液浓度若是分级时，比较常使用的方法是：浆液中水泥与黏土的掺量比例固定不变，而用加水量的多少来调制成不同浓度的浆液。

3）黏土浆。黏土浆胶结慢、强度低，多用于砂砾石层较浅，承受水头也不大的临时性小型防渗工程，如白莲河坝围堰砂砾石层基础的防渗帷幕就是采用黏土浆进行灌注的。但也有很少数大坝，其基础防渗帷幕基本上是采用黏土浆进行灌注的。如日本船明坝（坝高 24.5m，砂砾石层厚 60m，防渗帷幕灌的是黏土浆，但其中也掺用了少量水泥），印度可达坝（坝高 37.2m，需要处理段的长度 65m，该部位砂砾石层厚约 8m，要求黏土浆的比重为 1.27，每 60L 的黏土浆中加入水泥 2kg 硅酸钠 150mg）的防渗帷幕就是灌的黏土浆。

4）水泥黏土砂浆。为了有效地堵塞砂砾石层中的大孔隙，当吸浆量很大，采用上述浆液难于奏效时，有时在水泥黏土浆中掺入细砂，掺量的多少，视具体情况而定。这种浆液仅是用于处理特殊地层，一般情况下不常采用。

5）硅酸盐浆液、丙凝、聚氨酯及其他灌浆材料。为了进一步降低帷幕的渗透性，有一些大坝的防渗帷幕在使用水泥黏土浆灌注后，再用硅酸盐浆液或丙凝进行附加灌浆。如阿斯旺大坝、马特马克大坝和谢尔庞桑大坝在灌注了水泥黏土浆后，又用硅酸盐浆液进行了附加灌浆。美国哥伦比亚河上的洛克利奇坝在灌注水泥黏土浆后，又加灌了 AM-9（即丙凝）浆液。

2.2.1.3 水泥灌浆的施工

任一工程的坝基灌浆处理，在施工前一般需进行现场灌浆试验。通过试验，可以了解坝基的可灌性，确定合理的施工程序与工艺及灌浆参数等，为进行灌浆设计与编制施工技术文件提供主要依据。

下面主要介绍基岩灌浆施工中的主要环节与技术，包括钻孔、钻孔（裂隙）冲洗、压水试验、灌浆的方法与工艺、灌浆的质量检查等。

1. 钻孔

帷幕灌浆的钻孔宜采用回转式钻机和金刚石钻头或硬质合金钻头，其钻进效率较高，不受孔深、孔向、孔径和岩石硬度的限制，还可钻取岩芯。钻孔的孔径一般在75～91mm。固结灌浆则可采用各种合适的钻机与钻头。

钻孔的质量对灌浆效果影响很大。钻孔质量包括：①确保孔深、孔向、孔位符合设计要求；②力求孔径上下均一，孔壁平顺；③钻进过程中产生的岩粉细屑较少。孔径均一，孔壁平顺，则灌浆栓塞能够卡紧卡牢，灌浆时不致产生返浆。钻进过程中产生过多的岩粉细屑，容易堵塞孔壁的缝隙，影响灌浆质量。

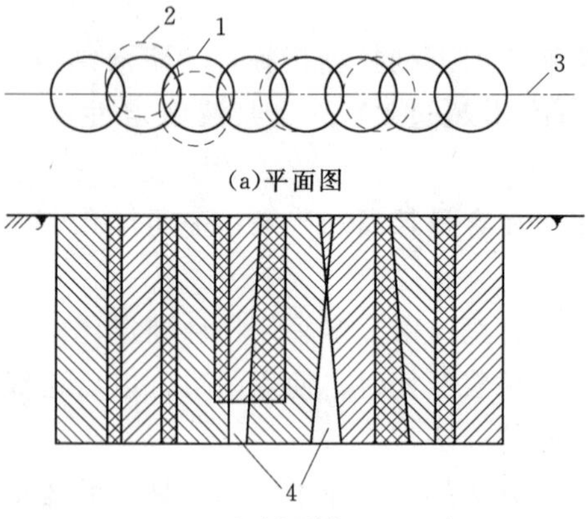

图2.13　孔向孔深不合要求时所形成的帷幕
1—孔顶灌浆范围；2—孔底灌浆范围；
3—帷幕轴线；4—漏水通道

钻孔方向和钻孔深度是保证帷幕灌浆质量的关键。如果钻孔方向发生偏斜，钻孔深度达不到要求，则通过各钻孔所灌注的浆液，不能联成一体，将形成漏水通路，如图2.13所示。

孔深的控制可根据钻杆钻进的长度推测。孔斜的控制相对比较困难，特别是钻设斜孔，掌握钻孔方向更加困难。在工程实践中，按钻孔深度不同规定了对钻孔偏斜的容许偏差值，见表2.2。当深度大于60m时，则容许的偏差不应超过钻孔间距。钻孔结束后，应对孔深、孔斜和孔底残留物进行检查，不符合要求的应采取补救处理措施。

表2.2　　钻孔孔底最大容许偏差值

钻孔深度/m	20	30	40	50	60
容许偏差/m	0.25	0.50	0.80	1.15	1.50

2. 钻孔（裂隙）冲洗

钻孔后，进入冲洗阶段。冲洗工作通常分为：①钻孔冲洗，要将残存在孔底和黏滞在孔壁的岩粉铁屑等冲洗出来；②岩层裂隙冲洗，将岩层裂隙中的充填物冲洗出孔外，以便浆液进入到腾空的空间，使浆液结石与基岩胶结成整体。在断层、破碎带、宽大裂隙和细微裂隙等复杂地层中灌浆，冲洗的质量对灌浆效果影响极大。

一般采用灌浆泵将水压入孔内循环管路进行冲洗，如图2.14所示。将冲洗管插入孔内，用阻塞器将孔口堵紧，用压力水冲洗。也可采用压力水和压缩空气混合冲洗的方法。

钻孔冲洗时，将钻杆下到孔底，从钻杆通入压力水进行冲洗。冲孔时流量要大，使孔内回水的流速足以将残留在孔内岩粉铁末冲出孔外。冲孔一直要进行到回水澄清5～10min才结束。

岩层裂隙冲洗有单孔冲洗和群孔冲洗两种。

在岩层比较完整，裂隙比较少的地方，可采用单孔冲洗。冲洗方法有高压压水冲洗、高压脉动冲洗、扬水冲洗和群孔冲洗。

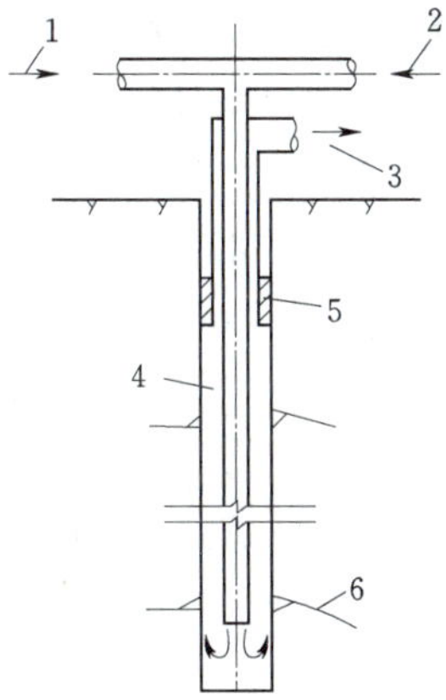

图 2.14　钻孔冲洗孔口装置示意图
1—压力水进口；2—压缩空气进口；3—出口；4——灌浆器；5—阻塞器；6—岩层缝隙

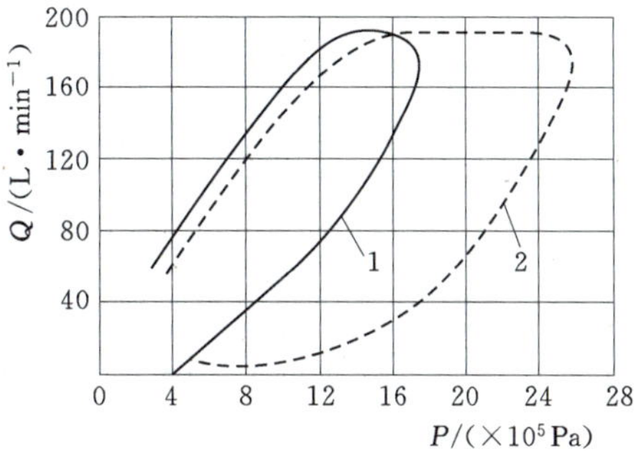

图 2.15　高压压水冲洗压力-流量变化过程
1—孔深小于 50m；2—孔深 50～100m

(1) 高压压水冲洗。整个冲洗过程均在高压下进行，以便将裂隙中的充填物沿着加压的方向推移和压实。冲洗压力可以采用同段灌浆压力的 70%～80%，但当大于 1MPa 时，采用 1MPa。当回水洁净，流量稳定 20min 就可停止冲洗；有的工程则根据冲洗试验中得出的升压降压过程和流量的关系（图 2.15），来判断岩层裂隙冲洗后透水性增值情况。在同一级压力下，降压时的流量和升压时的流量相差越大，则透水性增值越大，说明冲洗效果越好。

(2) 高压脉动冲洗 。高压脉动冲洗就是用高压、低压水反复冲洗。先用高压水冲洗，冲洗压力采用灌浆压力的 80%，经 5～10min 以后，将孔口压力在几秒钟内突然降低到零，形成反向脉冲水流，将裂隙中的碎屑带出。通过不断升降压循环，对裂隙进行反复冲洗，直到回水洁净，最后延续 10～20min 后就可结束冲洗。在新安江田溪（福建）等工程中，都曾用此法取得了较好的效果。采用高压脉动冲洗，压力差越大，冲洗效果越好。

(3) 扬水冲洗。对于地下水位较高，地下水补给条件良好的钻孔，可采用扬水冲洗。冲洗时先将管子下到孔底部，上端接风管，通入压缩空气。孔中水气混合以后，由于相对密度减轻，在地下水压力作用下，再加上压缩空气的释压膨胀与返流作用，挟带着孔内的碎屑杂物喷出孔外，如果孔内水位恢复较慢，则可向孔内补水，间歇地扬水，直到将孔洗净为止。宁夏青铜峡工程曾用此法冲洗断层破碎带，其效果比高压水冲洗要好。

(4) 群孔冲洗。群孔冲洗一般适用于岩层破碎，节理裂隙比较发育且在钻孔之间互相串通的地层中。它是将两个或两个以上的钻孔组成一个孔组，轮换地向一个孔或几个孔压进压力水或压力水混合压缩空气，从另外的孔排出污水，这样反复交替冲洗，直到各个孔出水洁净为止，如图 2.16 所示。

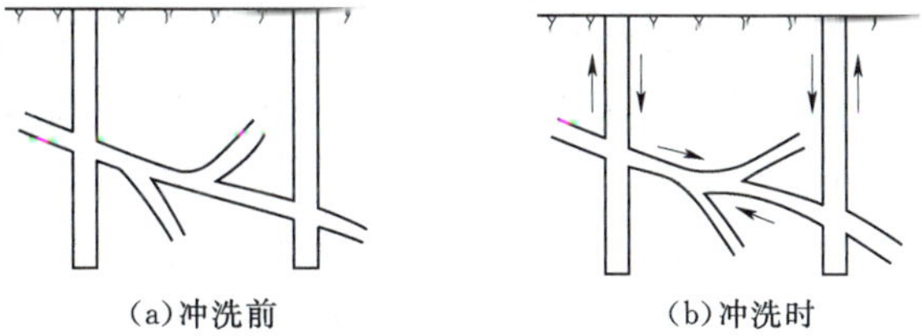

图 2.16　群孔冲洗示意图

群孔冲洗时，沿孔深方向冲洗段的划分不宜过长。否则，冲洗段内钻孔通过裂隙条数增多，这样不仅分散冲洗压力和冲洗水量，并且一旦有部分裂隙冲通以后，水量将相对集中在这几条裂隙中流动，使其他裂隙得不到有效的冲洗。

为了提高冲洗效果，有时可在冲洗液中加入适量的化学剂，如碳酸钠、碳酸氢钠等，以利于促进泥质充填物的溶解。加入化学剂的品种和掺量，宜通过试验确定。

采用高压水或高压水气冲洗时，要注意观测，防止冲洗范围内岩层的抬动和变形。

3. 压水试验

在冲洗完成并开始灌浆施工前，一般要对灌浆地层进行压水试验。压水试验的主要目的是：测定地层的渗透特性，为岩基的灌浆施工提供基本技术资料。压水试验也是检查地层灌浆实际效果的主要方法。

压水试验的原理：在一定的水头压力下，通过钻孔将水压入到孔壁四周的缝隙中，根据压入的水量和压水的时间，计算出代表岩层渗透特性的技术参数。

一般可采用单位吸水量 W 来表示岩层的渗透特性。所谓单位吸水量，就是在单位时间内，单位水头压力作用下压入单位长度试验孔段内的水量。试验孔段长度和灌浆长度一致，一般为 5～6m。采用纯压式压水方法可按下式计算：

$$W=\frac{Q}{LH} \tag{2.2}$$

式中 W——单位吸水量，L/(min·m·m)；

Q——试验孔段压入流量，L/min；

H——试验孔段长度，m；

L——压水试验段的长度，m。

灌浆施工时的压水试验，使用的压力通常为同段灌浆压力的 80%。但一般不大于 1MPa。试验时，可在预定压力之下，每隔 5min 记录一次流量读数，直到流量稳定 30～60min，取最后的流量作为计算值，再按式（2.2）计算该地层的透水率 q。

对于构造破碎带、裂隙密集带、岩层接触带以及岩溶洞穴等透水性较强的岩层，应根据具体情况确定试验的长度。同一试段不宜跨越透水性相差悬殊的两种岩层，这样所获得的试验资料才具有代表性。如果地层比较单一完整，透水性又较小时，试段长度可适当延长，但不宜超过 10m。

另外，对于有岩溶泥质充填物和遇水性能恶化的地层，在灌浆前可以不进行裂隙冲洗，也不宜做压水试验。

4. 灌浆的方法与工艺

为了确保岩基灌浆的质量，必须注意以下问题。

（1）钻孔灌浆的次序。基岩的钻孔与灌浆应遵循分序加密的原则进行。一方面可以提高浆液结石的密实性，另一方面，通过后灌序孔透水率和单位吸浆量的分析，可推断先灌序孔的灌浆效果，同时还有利于减少相邻孔串浆现象。

无混凝土盖重固结灌浆，钻孔的布置分为规则布孔和随机布孔两组。规则布孔形式分为正方形布孔和梅花形布孔两种。正方形布孔分为三序施工。随机布孔形式为梅花形布孔。断层构造岩可采用三角形加密或梅花形加密布置。

有盖重固结灌浆，钻孔布置按正方形和三角形布置。正方形中心布置加密灌浆孔，在试区四周布置物探孔，在正方形孔区设静弹模测试孔。断层地区采用梅花形布孔，并布设弹性波测试孔和静弹模测试孔。

对于岩层比较完整、孔深5m左右的浅孔固结灌浆，可以采用两序孔进行钻灌作业；孔深5m以上的中深孔固结灌浆，则以采用三序孔施工为宜。固结灌浆最后序孔的孔距和排距与基岩地质情况及应力条件等有关，一般在3～6m之间。

对于帷幕灌浆，单排帷幕孔的钻灌次序是先钻灌第Ⅰ序孔，然后依次钻灌第Ⅱ、第Ⅲ序孔，如有必要再钻灌第Ⅳ序孔（图2.17）。

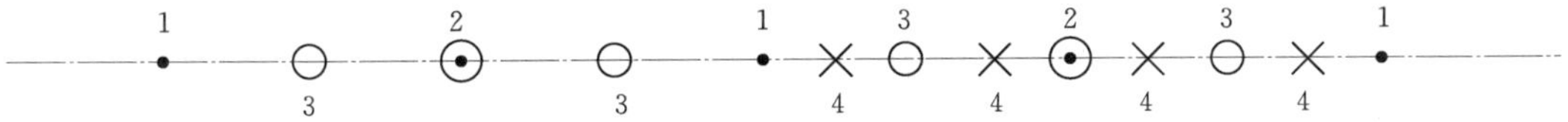

图2.17 单排帷幕孔的钻罐次序

1—第Ⅰ序孔；2—第Ⅱ序孔；3—第Ⅲ序孔；4—第Ⅳ序孔

双排和多排帷幕孔，在同一排内或排与排之间均应按逐渐加密的次序进行钻灌作业，双排孔帷幕通常是先灌下游排，后灌上游排；多排孔帷幕是先灌下游排，再灌上游排，最后灌中间排。在坝前已经蓄水或有地下水活动的情况下，更有必要按照这样的次序进行钻灌作业，以免浆液过多地流失到灌浆区范围外。

帷幕灌浆各个序孔的孔距视岩层完好程度而定，一般多采用第Ⅰ序孔孔距8～12m，然后内插加密，第Ⅱ序孔孔距4～6m，第Ⅲ序孔孔距2～3m，第Ⅳ序孔孔距1～1.5m。

灌浆帷幕厚度和灌浆孔排数的确定，至今尚未有一个统一的准则，实际上这个问题与地质条件、灌浆压力和防渗标准密切相关。

如果地质条件不良而防渗标准又较高，如要求透水率q小于1Lu，灌浆孔的排数可为三排。采用高压灌浆时，扩散半径增大，也可为双排；如果地质条件又较好，可采用单排。

我国一些高坝在河床地段，防渗标准常定为透水率q小于1Lu，故多布设三排或双排孔，其中一排为主孔，深达相对不透水岩层，其他排孔的深度根据地质条件，有的与主孔相同，成为均厚式帷幕，有的较浅，为主孔深度的1/2～2/3，成为阶梯式帷幕。

对高坝帷幕灌浆或遇到复杂情况难于确定排数和孔距时，宜进行现场灌浆试验或施工初期的试验性灌浆确定。

（2）注浆方式。按照灌浆时浆液灌注和流动的特点，灌浆方式有纯压式和循环式两种。对于帷幕灌浆，应优先采用循环式。

纯压式灌浆，就是一次将浆液压入钻孔，并扩散到岩层缝隙里中。灌注过程中，浆液从灌浆机向钻孔流动，不再返回，如图2.18（a）所示。这种方法设备简单，操作方便，但浆液流动速度较慢，容易沉淀，造成管路与岩层缝隙的堵塞，影响浆液扩散。纯压式灌浆多用于吸浆量大，有大裂隙存在，孔深不超过12～15m的情况。

循环式灌浆，灌浆机把浆液压入钻孔后，浆液一部分被压入岩层缝隙中，另一部分由回浆管路返回拌浆筒中，如图2.18（b）所示。这种方法一方面可使浆液保持流动状态，减少浆液沉淀；另一方面可以根据进浆和回浆浆液比重的差别来了解岩层吸收情况，并作为判定灌浆结束的一个条件。

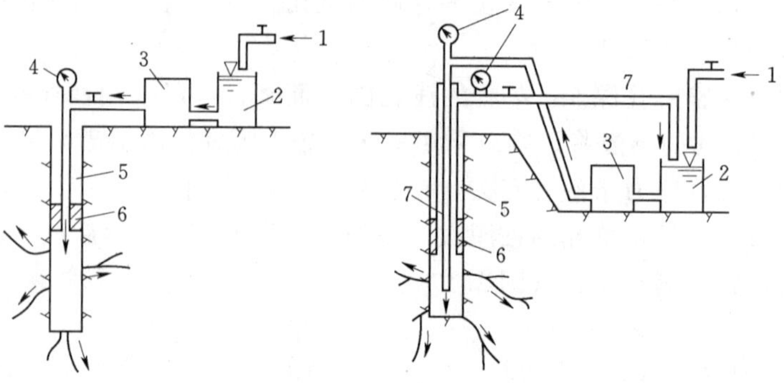

(a)纯压式灌浆　　(b)循环式灌浆

图 2.18　纯压式灌浆和循环灌浆示意图

1—水；2—拌浆筒；3—灌浆泵；4—压力表；5—灌浆管；6—灌浆塞；7—回浆管

(3) 钻灌方法。按照同一钻孔内的钻灌的顺序，有全孔一次钻灌和全孔分段钻灌两种方法。

全孔一次钻灌是将灌浆孔一次钻到全深，并沿全部孔深进行灌浆。这种方法施工简便，多用于孔深不超过 6m，地质条件比较良好，基岩比较完整的情况。全孔分段钻灌又分为自上而下法，自下而上法、综合灌浆法及孔口封闭灌浆法等。

1) 自上而下分段钻灌法。其施工顺序是：钻一段灌一段，待凝一定时间以后，再钻灌下一段，钻孔和灌浆交替进行，直到设计深度，如图 2.19 所示。这种方法的优点是：随着段深的增加，可以逐段增加灌浆压力，借以提高灌浆质量；由于上部岩层经过灌浆，形成结石，当下部岩层灌浆时，不易产生岩层抬动和地面冒浆等现象；分段钻灌、分段进行压水试验，压水试验的成果比较准确，有利于分析灌浆效果，估算灌浆材料的需用量。这种方法的缺点是钻灌一段以后，要待凝一定时间，能才钻灌下一段，钻孔与灌浆与交替进行，设备搬移频繁，影响施工进度。

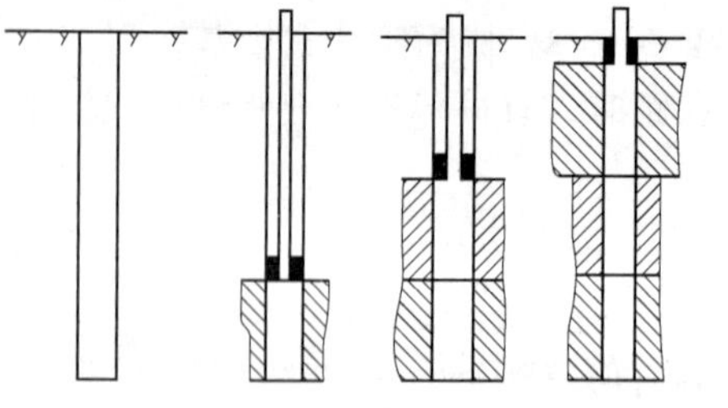

(a)钻孔　(b)第三段灌浆　(c)第二段灌浆　(d)第一段灌浆

图 2.19　自下而上分段灌浆

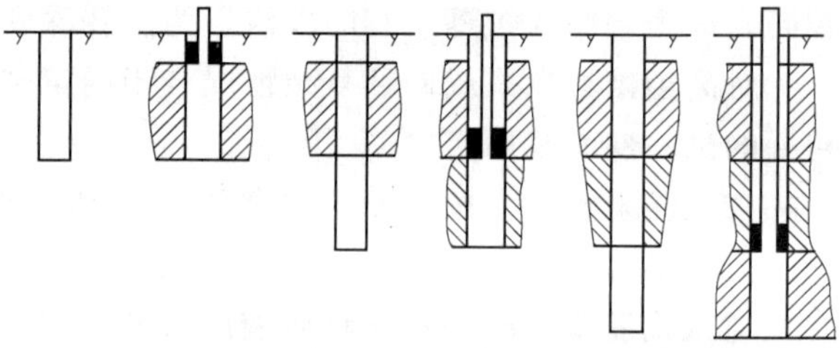

(a)第一段钻孔　(b)第一段灌浆　(c)第二段钻孔　(d)第二段灌浆　(e)第三段钻孔　(f)第三段灌浆

图 2.20　自上而下分段灌浆

2) 自下而上分段钻灌法。一次将孔钻到全深，然后自下而上逐段灌浆，如图 2.20 所示。这种方法的优缺点和自上而下分段钻灌刚好相反。一般多用在岩层比较完整或基岩上部已有足够压重不致引起地面抬动的情况。

3）综合钻灌法。在实际工程中，通常是接近地表的岩层比较破碎，越往下岩层越完整。因此，在进行深孔灌浆时，可以兼取以上两法的优点，上部孔段采用自上而下法钻灌，下部孔段则用自下而上法钻灌。

4）孔口封闭灌浆法。先在孔口镶铸不小于2m的孔口管，以便安设孔口封闭器；采用小孔径（直径55～60mm）的钻孔，自上而下逐段钻孔与灌浆；上段灌后不必待凝，进行下段钻灌，如此循环，直至终孔；可以多次重复灌浆，可以使用较高的灌浆压力。其优点是：工艺简便、成本低、效率高，灌浆效果好。其缺点是：当灌注时间较长时，容易造成灌浆管被水泥浆凝住的现象。该法对孔口封闭器的质量要求较高，以保证灌浆管灵活转动和上下活动。

孔口封闭灌浆法是近十年来逐渐发展成熟的灌浆新技术，在许多工程中相继得到应用。在喀斯特地质现象发育的工程，如乌江渡、隔河岩、观音阁等水利水电工程，其帷幕灌浆采用孔口封闭灌浆法，均取得了较好的防渗效果。

需要说明的是，灌浆孔段的划分对灌浆质量有一定的影响。原则上说，灌浆孔段的长度应该根据岩层裂隙分布的情况来确定，每一孔段的裂隙分布应大体均匀，以便施工操作和提高灌浆质量。一般情况下，灌浆孔段的长度多控制在5～6m。如果地质条件较好，岩层比较完整，段长可适当放长，但也不宜超过10m；在岩层破碎、裂隙发育的部位，段长应适当缩短，可取3～4m；而在破碎带、大裂隙等漏水严重的地段以及坝体与基岩的接触面，应单独分段进行处理。

（4）灌浆压力。灌浆压力通常是指作用在灌浆段中部的压力，可由下式来确定：

$$P=P_1+P_2\pm P_f \tag{2.3}$$

式中 P——灌浆压力，MPa；

P_1——灌浆管路中压力表的指示压力，MPa；

P_2——计入地下水水位影响以后的浆液自重压力，浆液密度按最大值进行计算，MPa；

P_f——浆液在管路中流动时的压力损失，MPa。

计算 P_f 时，如压力表安设在孔口进浆管上（纯压式灌浆），则按浆液在孔内进浆管中流动时的压力损失进行计算，在式（2.3）中取负号；当压力表安设在孔口回浆管上（循环式灌浆），则按浆液在孔内环形截面回浆管中流动时的压力进行计算，在式（2.3）中取正号。

灌浆压力是控制灌浆质量、提高灌浆经济效益的重要因素。确定灌浆压力的原则是：在不致破坏基础和坝体的前提下，尽可能采用比较高的压力。高压灌浆可以使浆液更好地压入细小缝隙内，增大浆液扩散半径，析出多余的水分，提高灌注材料密实度。

灌浆压力的大小，与孔深、岩层性质、有无压重以及灌浆质量要求等有关，可参考类似工程的灌浆资料，特别是现场灌浆试验成果确定，并且在具体的灌浆施工中结合现场条件进行调整。

帷幕灌浆是在混凝土压重条件上进行的，其表层孔段的灌浆压力不宜小于1～1.5倍帷幕的工作水头，底部孔段不宜小于2～3倍工作水头。固结灌浆若为浅孔，且无盖重时，其压力可采用0.2～0.5MPa；有盖重时，可采用0.3～0.7MPa。在地质条件较差或软弱岩层中，应适当降低灌浆压力。

通常，将灌浆压力大于 3～4MPa 的灌浆称为高压灌浆，如隔河岩工程的帷幕灌浆，其灌浆压力达到 5MPa，龙羊峡的固结灌浆试验，压力达到 6MPa，乌江渡工程的帷幕灌浆，则达到 6～8MPa。但灌浆压力不能过高，压力过高会导致岩体裂隙扩大，引起基础或坝体的抬动变形。

(5) 灌浆压力和浆液稠度的控制。在灌浆过程中，合理地控制灌浆压力和浆液稠度，是提高灌浆质量的重要保证。灌浆过程中灌浆压力的控制基本上有两种类型，即一次升压和分级升压法。

1) 一次升压法。灌浆开始后，一次将压力升高到预定的压力，并在这个压力作用下，灌注由稀到浓的浆液。当每一级浓度的浆液注入量和灌注时间达到一定限度以后，就变换浆液配比，逐级加浓。随着浆液浓度的增加，裂隙将被逐渐充填，浆液注入率将逐渐减少，当达到结束标准时，结束灌浆，这种方法适用于透水性不大，裂隙不甚发育，岩层比较坚硬完整的地方。

2) 分级升压法。将整个灌浆压力分为几个阶段，逐级升压直到预定的压力。从最低一级压力起灌，当浆液注入率减少到规定的下限时，将压力升高一级，如此逐级升压，直到预定压力。

分级升压法的压力分级不宜过多，一般以三级为限，如分为 $0.4P$、$0.7P$ 及 P 三级，P 为该灌浆段预定的灌浆压力。浆液注入率的上、下限，视岩层的透水性和灌浆部位、灌浆次序而定，通常上限可定为 80～100L/min，下限为 30～40L/min。在遇到岩层破碎透水性很大或有渗透途径与外界连通的孔段时，可采用分级升压法。如果遇到大的孔洞或裂隙，则应按特殊情况处理。处理的原则一般是低压浓浆，间歇停灌，直到规定的标准结束灌浆。待浆液凝固以后再重新钻开，进行复灌，以确保灌浆质量。

灌浆过程中，还必须根据灌浆压力或吸浆率的变化情况，适时地调整浆液的稠度，使岩层的大小缝隙既能灌饱，又不浪费。浆液稠度按先稀后浓的原则控制，这是由于稀浆的流动性较好，宽细裂隙都能进浆，使细小裂隙先灌饱，而后随着浆液稠度逐渐变浓，其他较宽的裂隙也能逐步得到良好的充填。对于帷幕灌浆的浆液配比即水灰比，一般可采用 5∶1、3∶1、2∶1、1∶1、0.8∶1、0.6∶1、0.5∶1 七个比级。

(6) 灌浆的结束条件和封孔。灌浆的结束条件，一般用两个指标来控制：一个是残余吸浆量，又称最终吸浆量，即灌到最后的限定吸浆量；另一个是闭浆时间，即在残余吸浆量的情况下保持设计规定压力的延续时间。

帷幕灌浆时，在设计规定的压力之下，灌浆孔段的浆液注入率小于 0.4L/min 时，再延续灌注 60min（自上而下法）或 30min（自下而上法）；或浆液注入率不大于 1.0L/min 时，继续灌注 90 min 或 60 min，就可结束灌浆。

对于固结灌浆，其结束标准是浆液注入率小于 0.4L/min，延续时间 30min，灌浆可以结束。

灌浆结束以后，应随即将灌浆孔清理干净。对于帷幕灌浆孔，宜采用浓浆灌浆法填实，再用水泥砂浆封孔；对于固结灌浆，孔深 10m 时，可采用机械压浆法进行回填封孔，即通过深入孔底的灌浆管压入浓水泥浆或砂浆，顶出孔内积水，随浆面的上升，缓慢提升灌浆管。当孔深大于10m时，其封孔与帷幕孔封孔相同。

(7) 特殊情况的处理方法。

1) 灌浆中断的处理方法。①因机械、管路、仪表等出现故障而造成灌浆中断时，应尽快排除故障，立即恢复灌浆。否则应冲洗钻孔，重新灌浆。②恢复灌浆时，如注入量较中断前减少较多，应使用开灌比级的浆液进行灌注。按依次换比的规定重新灌主。③恢复灌浆后，若停止吸浆，可用高于灌浆压力0.14MPa的高压水进行冲洗而后恢复灌浆。

2) 串浆处理方法。①相邻两孔段均具备灌浆条件时，可同时灌浆。②相邻两孔段有一孔段不具备灌浆条件，首先给被串孔段充满清水，以防水泥浆凝固，影响未灌浆孔段的灌浆质量。并用大于孔口管的实心胶塞放在孔口管上，用钻机立轴钻杆压紧。

3) 冒浆处理方法。①混凝土地板面裂缝处冒浆，可暂停灌浆，用清水冲洗干净冒浆处，再用棉纱堵塞。②冲洗后用快干地勘水泥加氯化钙捣压封堵，再进行低压、限流、限量灌注。

4) 漏浆处理方法。①浆液在延伸较远的大裂隙通道渗漏至山体周围，可采取长时间间歇（一般在24h以上）待凝灌浆方法灌注。如一次不行，再进行二次间歇灌注。②浆液在大裂隙通道渗漏，但不渗漏到山体周围，可采用限压、限流与短时间间歇（数十分钟）灌浆。如达不到要求，可采取长时间间歇待凝，然后限流逐渐升压灌注。一般反复1～2次即可达到结束标准。

5) 固管处理方法。灌注水灰比1∶1以下的浓浆时，容易发生固管现象。如采用小口径孔口封闭自上而下分段循环灌浆法施工，可解决固管问题。

6) 溶洞和暗河的处理方法。①溶洞内如有黏土填充且稳定性较好，可不必清除，按常规浆液灌注即可，如填充物不密实、不稳定，应冲洗清除，然后投砂、砾石骨料回填再灌注水泥浆液。②溶洞、暗河通道、漏浆量很大，可采用布袋法灌注。将浓浆灌入布袋内封好袋口放入孔内。边投砂、砾石骨料，边投布袋浓浆，边灌双液浆（加速凝剂的浆液）。待通道基本堵塞，待凝48h后再扫孔，按常规方法灌注水泥浆液。

5. 灌浆的质量检查

(1) 质量评定。灌浆质量的评定，以检查孔压水试验成果为主，结合对竣工资料测试成果的分析进行综合评定。每段压水试验压力值满足规定要求即为合格。

(2) 检查孔位置的布设。

1) 一般在岩石破碎、断层、裂隙、溶洞等地质条件复杂的部位，注入量较大的孔段附近、灌浆情况不正常以及经分析资料认为对灌浆质量有影响的部位。

2) 检查孔在该部位灌浆结束3～7d后就可进行。采用自上而下分段进行压水试验，压水压力为相应段灌浆压力的80%。检查孔数量为灌浆孔总数的10%，每一个单元至少应布设一个检查孔。

(3) 压水试验结束。检查孔压水试验结束后，按技术要求进行灌浆和封孔，检查孔常采用岩心采取率进行描述。

(4) 压水试验检查。压水试验检查，坝体混凝土和基岩接触段及其下一段的合格率应为100%，以下各段的合格率应在90%以上，不合格段透水率值不得超过设计规定值的100%，且不集中，灌浆质量可认为合格。

(5) 抽样检查。对封孔质量宜进行抽样检查。

2.2.1.4 化学灌浆

化学灌浆是在水泥灌浆基础上发展起来的新型灌浆方法。它是将有机高分子材料配制成的浆液灌入地基或建筑物的裂缝中，经胶凝固化以后，达到防渗、堵漏、补强、加固的目的。

化学灌浆在基岩处理中，是作为水泥灌浆辅助手段的。它主要用于以下情况：裂隙与空隙细小（0.1mm以下），颗粒材料不能灌入；对基础的防渗或强度有较高要求；渗透水流的速度较大，其他灌浆材料不能封堵等情况。

1. 化学浆液的特性

化学灌浆材料有很多品种，每种材料都有其特殊的性能，按灌浆的目的可分为防渗堵漏和补强加固两大类。属于前者的有水玻璃、丙凝类、聚氨酯类等，属于后者的有环氧树脂类、甲凝类等。总体说来，化学浆液有以下特性。

(1) 化学浆液的黏度低，有的接近于水，有的比水还小，其流动性好，可灌性高，可以灌入水泥浆液灌不进去的细微裂隙中。

(2) 化学浆液的聚合时间（或称胶凝时间、固化、硬化时间）可以比较准确地控制，从几秒到几十分钟，有利于机动灵活地进行施工控制。

(3) 化学浆液聚合后的聚合体，渗透系数很小，一般为 10^{-6}～10^{-8}cm/s，几乎是不透水的，防渗效果好。

(4) 有些化学浆液聚合体本身的强度及黏结强度比较高，可承受高水头，如用于加固补强的甲凝、环氧树脂等，而聚氨酯对防渗与加固都有作用。只有丙凝、铬木素的抗压强度低。因此，丙凝、铬木素只能用于防渗堵漏。

(5) 化学灌浆材料聚合体的稳定性和耐久性均较好，能抗酸、碱及微生物的侵蚀。但一般高分子化学材料都存在有老化问题。

(6) 化学灌浆材料都有一定毒性，在配制、施工过程中要十分注意防护，并切实防止对环境的污染。

2. 化学灌浆的施工

由于化学材料配制的浆液是真溶液，不存在粒状灌浆材料所存在的沉淀的问题，故化学灌浆都采用纯压式灌浆。

化学灌浆的钻孔和清洗工艺及技术要求与水泥灌浆基本相同，也遵循分序加密的原则。

化学灌浆的方法，按浆液的混合方式区分有单液法灌浆和双液法灌浆。一次配制成的浆液或两种浆液组分在泵送灌注前先行混合的灌浆方法称为单液法。两种浆液组分在泵送后才混合的灌浆方法称为双液法。前者施工相对简单，在工程上使用较多。

为了保持连续供浆，现在多采用电动式比例泵提供压送浆液的动力。比例泵是专用的化学灌浆设备，由两个出浆量能够任意调整，可实现按设计比例压浆的活塞泵所构成。对于小型工程和个别补强加固的部位，也可采用手压泵。

2.2.2 砂砾石地层灌浆

在砂砾石地层上修建水工建筑物，也可采用灌浆方法来建造防渗帷幕。其主要优点是灌浆帷幕对基础的变形具有较好的适应性，施工的灵活性大，较之其他方法，更适合于在深厚砂砾石地层施工。

砂砾石地层具有结构松散、空隙率大、渗透性强的特点，在地层中成孔较困难，与基岩有很大差别。因此，在砂砾石地层中灌浆，有一些特殊的技术要求与施工工艺。

2.2.2.1 砂砾石地基的可灌性

砂砾石地基的可灌性是指砂砾石地层能否接受灌浆材料灌入的一种特性。它是决定灌浆效果的先决条件。砂砾石地基的可灌性主要决定于地层的颗粒级配、灌浆材料的细度、灌浆压力、灌浆稠度及灌浆工艺等因素。

在工程实践中，常以可灌比值 M 来衡量地层的可灌性。可灌比 M 的计算式为

$$M=\frac{D_{15}}{d_{85}} \tag{2.4}$$

式中 M——可灌比；

D_{15}——砂砾石地层颗粒级配曲线上累计含量为15%的粒径，mm；

d_{85}——灌浆材料颗粒级配曲线上累计含量为85%的粒径，mm。

可灌比越大，接受颗粒浆材的可灌性越好。一般认为当 $M=10\sim15$ 时，可以灌注水泥黏土浆；当 $M\geqslant15$ 时，则可以灌注水泥浆。显然，可灌比是对由颗粒材料组成的浆材而言的，化学浆材不存在可灌比问题。

根据一些工程的灌浆实践经验，当砂砾石地层中粒径小于0.1mm的颗粒小于5%时，可以实施水泥黏土浆的有效灌注。

对于砂砾石地层可灌性的认识，目前大多还停留在半经验的阶段上。实际工程中，最终确定砂砾层是否可灌，最好通过灌浆试验来决定。

2.2.2.2 灌浆材料

岩基灌浆以水泥灌浆为主，而砂砾石地层的灌浆，一般以采用水泥黏土浆为宜。因为在砂砾石地层中灌浆，多限于修筑防渗帷幕，对浆液结石强度要求不高，28d强度0.4～0.5MPa就可满足要求，而对帷幕体的渗透系数则要求在 $10^{-4}\sim10^{-6}$cm/s以下。

配制水泥黏土浆所使用的黏土，要求遇水以后，能迅速崩解分散，吸水膨胀，具有定的稳定性和黏结力。

浆液的配比，水泥与黏土的比例为1∶1～1∶4（质量比），水和干料的比例多在1∶1～3∶1（质量比）。有时为了改善浆液的性能，可掺加少量膨润土或其他外加剂。

水泥黏土浆的稳定性与可灌性指标均比纯水泥浆优越，费用也低廉，其缺点是析水率低，排水固结时间长，浆液结石强度低，抗渗性及抗冲性较差。

有关灌浆材料的选用、浆液配比的确定以及浆液稠度的分级等问题，应根据地层特性与灌浆设计要求，通过室内外的试验来确定。

2.2.2.3 钻灌方法

砂砾石地层的钻孔灌浆方法有：打管灌浆、套管灌浆、循环钻灌、预埋花管灌浆等。分别介绍如下。

1. 打管灌浆法

打管灌浆就是将带有灌浆花管的厚壁无缝钢管，直接打入受灌地层中，并利用它进行

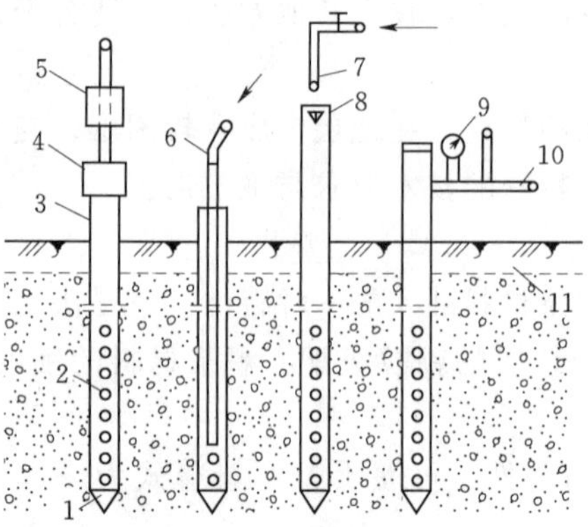

图 2.21　打管灌浆法施工程序

1—管锥；2—花管；3—钢管；4—管帽；5—打管锤；6—冲洗用水管；7—注浆管；8—浆液面；9—压力表；10—进浆管；11—盖重层

灌浆，如图 2.21 所示。其施工程序是：先将钢管打入到设计深度，再用压力水将管内冲洗干净，然后用灌浆泵进行压力灌浆，或利用浆液自重进行自流灌浆。灌完一段以后，将钢管拔起一个灌浆段高度，再进行冲洗和灌浆，如此自下而上，拔一段灌一段，直到结束。

这种方法设备简单，操作方便，适用于砂砾石层较浅、结构松散、颗粒不大、容易打管和起拔的场合。用这种方法所灌成的帷幕，防渗性能较差，多用于临时性工程，如围堰。

2. 套管灌浆法

套管灌浆的施工程序是：一边钻孔，一边跟着下护壁套管；或者，一边打设护壁套管，一边冲掏管内的砂砾石，直到套管下到设计深度。然后将孔内冲洗干净，下入灌浆管，起拔套管到第一灌浆段顶部，安好止浆塞，对第一段进行灌浆。如此自下而上，逐段提升灌浆管和套管，逐段灌浆，直到结束。

采用这种方法灌浆，由于有套管护壁，不会产生坍孔埋钻等事故。但是，在灌浆过程中，浆液容易沿着套管外壁向上流动，甚至产生地表冒浆。如果灌浆时间较长，则又会胶结套管，造成起拔的困难。近年来已较少采用套管法进行灌浆。

3. 循环钻灌法

这是一种我国自创的灌浆方法。实质是一种自上而下，钻一段灌一段，无需待凝，钻孔与灌浆循环进行的施工方法。钻孔时用黏土浆或最稀一级水泥黏土浆固壁。钻孔长度，也就是灌浆段的长度，视孔壁稳定和砂砾石层渗漏程度而定，容易坍孔和渗漏严重的地层，分段短一些，反之则长一些，一般为 1～2m。灌浆时可利用钻杆做灌浆管。

用这种方法灌浆，应做好孔口封闭，以防止地面抬动和地表冒浆，并有利于提高灌浆质量。图 2.22 为循环灌浆法的原理。四川冶勒水电站上百米厚的砂砾石地层，用循环钻灌法进行防渗帷幕施工，取得了较好的效果。

4. 预埋花管灌浆法

这种方法在国际上比较通用。其施工程序如下。

（1）用回转式或冲击式钻机钻孔，跟着下护壁套管，一次直达孔的全深。

（2）钻孔结束后，立即进行清孔，清除孔底残留的石渣。

（3）在套管内安设花管。花管的直径一般为 73～108mm，沿管长每隔 33～50cm 钻一排 3～4 个射浆孔，孔径 1cm，射浆孔外面用橡皮圈箍紧。花管底部要封闭严密牢固。安设花管要垂直对中，不能偏在套管的一侧。

（4）在花管与套管之间灌注填料，边下填料，边起拔套管，连续灌注，直到全孔填满套管拔出为止。填料由水泥、黏土和水配制而成。其配比范围为水泥：黏土＝1：2～1：3；干料：水＝1：1～1：3。国外工程所用的填料多为水泥亚黏土浆。

(5) 填料要待凝 5～15d，达到一定强度，紧密地将花管与孔壁之间的环形圈封闭起来。

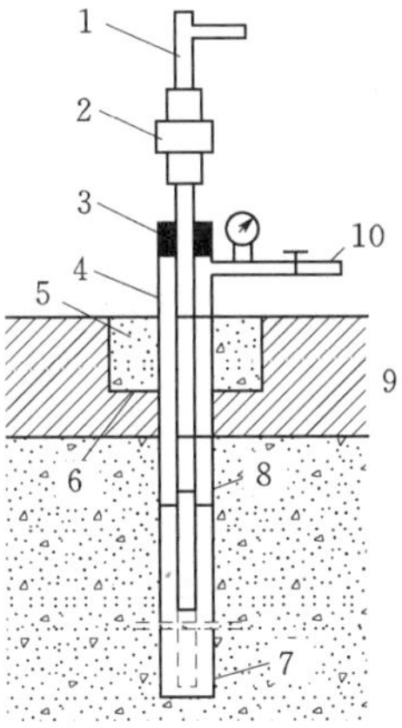

图 2.22 循环钻灌法的原理

1—灌浆管（钻杆）；2—钻机竖轴；3—封闭器；4—孔口管；5—混凝土封口；6—防浆环（麻绳缠箍）；7—射浆花管；8—孔口管下部花管；9—盖重层；10—回浆管

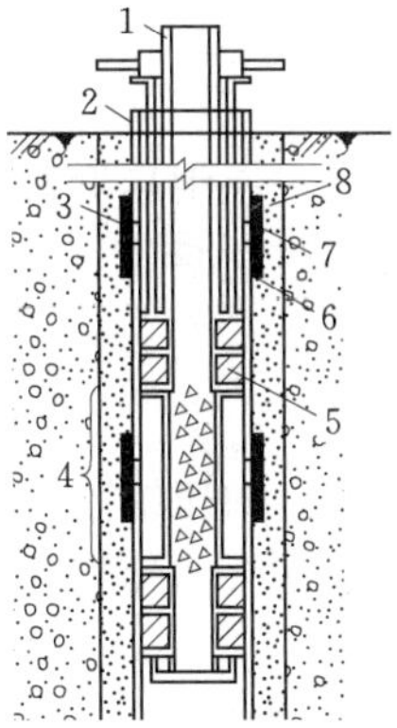

图 2.23 预埋花管孔内装置示意图

1—灌浆管；2—花管；3—射浆孔；4—灌浆段；5—双栓灌浆塞；6—铅丝防滑环；7—橡皮圈；8—填料

(6) 在花管中下入双栓灌浆塞，灌浆塞的出浆孔要对准花管上准备灌浆的射浆孔，如图 2.23 所示，然后用清水或稀浆压开花管上的橡皮圈，压穿填料，形成通路，为浆液进入砂砾石层创造条件，称为开环。开环以后，继续用稀浆或清水灌注 5～10min，再开始灌浆。每排射浆孔就是一个灌浆段。灌完一段，移动双栓灌浆塞，使其出浆孔对准另一排射浆孔，进行另一灌浆段的开环与灌浆。

用预埋花管法灌浆，由于有填料阻止浆液沿孔壁和管壁上升，很少发生冒浆、串浆现象，灌浆压力可相对提高。另外，由于双栓灌浆塞的构造特点，灌浆比较机动灵活，可以重复灌浆，对确保灌浆质量是有利的。这种方法的缺点是花管被填料胶结以后，不能起拔，耗用管材较多。

2.2.3 高压喷射灌浆施工

20 世纪 70 年代初，日本将高压水射流技术应用于软弱地层的灌浆处理，成为一种新的地基处理方法——高压喷射灌浆法。它是利用钻机造孔，然后将带有特制合金喷嘴的灌浆管下到地层预定位置，以高压把浆液和水、气高速喷射到周围地层，对地层介质产生冲切、搅拌和挤压等作用，同时被浆液置换、充填和混合，待浆液凝固后，就在地层中形成一定形状的凝结体。

通过各孔凝结体的连接，形成板式或墙式的结构，不仅可以提高基础的承载力，而且成为一种有效的防渗体。由于高压喷射灌浆具有对地层条件适用性广、浆液可控性好、施工简单等优点，近年来在国内外都得到了广泛应用。我国已运用该技术处理了近百项防渗工程，所构筑的防渗板墙约百万平方米，在大颗粒地层、动水、淤泥地层和堆石堤（坝）

等场合，应用高压喷射灌浆技术具有显著的技术经济效益。

2.2.3.1 高压喷射灌浆作用分析

高压喷射灌浆的浆液以水泥浆为主，其压力一般在 10～30MPa，它对地层的作用和机理有如下几个方面。

1. 冲切掺搅作用

高压喷射流通过对原地层介质的冲击、切割和强烈扰动，使浆液扩散充填地层，并与土石颗粒掺混搅和，感化后形成凝结体，从而改变原地层结构和组分，达到防渗加固的目的。

2. 升扬置换作用

随高压喷射流喷出的压缩空气，不仅对射流的能量有维持作用，而且造成孔内空气扬水效果，使冲击切割下来的地层细颗粒和碎屑升扬至孔口，空余部分由浆液代替，起到了置换作用。

3. 挤压渗透作用

高压喷射流的强度随射流距离的增加而衰减，至末端虽不能冲切地层，但对地层仍能产生挤压作用；同时，喷射后的静压浆液对地层还产生渗透凝结层，有利于进一步提高抗渗性能。

4. 位移握裹作用

对于地层中的小块石，由于喷射能量大，以及提升置换作用，浆液可填满块石四周空隙，并将其握裹；对大块石或块石集中区，如降低提升速度，提高喷射能量，可以使块石产生位移，浆液便深入到孔（孔）隙中去。

总之，在高压喷射、挤压、余压渗透以及浆气串升的综合作用下，产生握裹凝结作用，从而形成连续和密实的凝结体。

2.2.3.2 高压喷射凝结体

1. 凝结体的型式

凝结体的型式与高压喷射方式有关。常见有三种：喷嘴喷射时，边旋转边垂直提升，简称旋喷，可形成圆柱凝结体；喷嘴的喷射方向固定，则称定喷，可形成板状凝结体；喷嘴喷射时，边提升边摆动，简称摆喷，形成哑铃状或扇形凝结体，如图 2.24 所示。

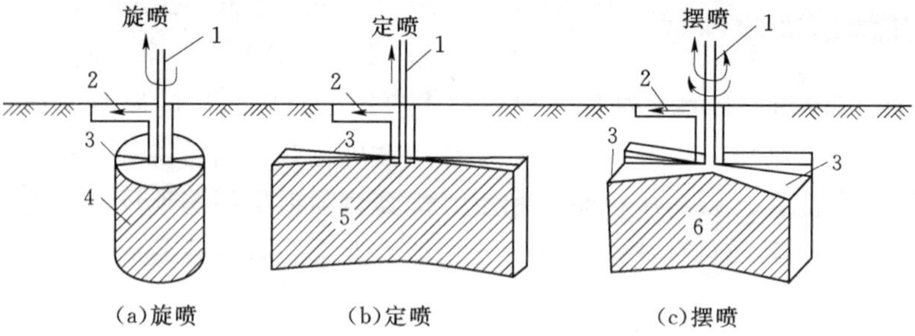

图 2.24 高压喷射灌浆的三种方式

1—喷射注浆管；2—冒浆；3—射流；4—旋转成桩；5—定喷成板；6—摆喷成墙

2. 结构布置型式

为了保证高压喷射防渗板（墙）的连续性与完整性，必须使各单孔凝结体在其有效范围内相互可靠连接，这与设计的结构布置型式及孔距有很大关系。常用的结构布置型式如图 2.25 所示。其中柱摆结构和旋喷套接结构的防渗效果较好。

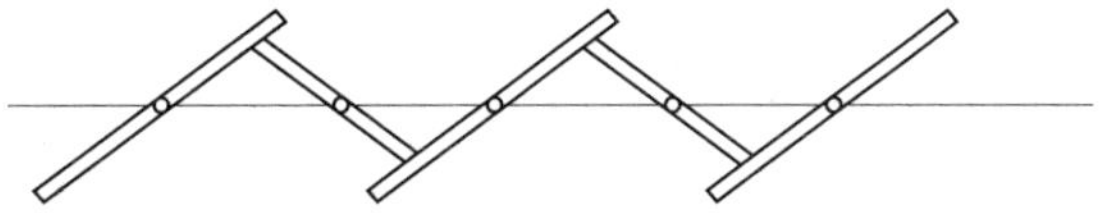

(a)定喷折线结构

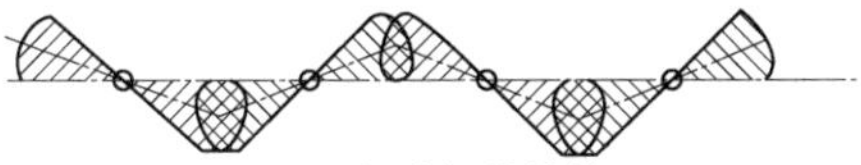

(b)摆喷折线结构

(c)摆喷对接结构

(d)成桩或成墙

图 2.25 高压喷射灌浆凝结体的结构布置型式

孔距的确定关系到凝结体间的可靠连接和工程进度与造价。孔距应根据地层条件、防渗要求、施工方法与工艺、结构布置型式及孔深等因素综合考虑，重要的工程应通过现场试验确定。

2.2.3.3 高压喷射灌浆的施工方法

目前，高压喷射灌浆的基本方法有：单管法、双管法、三管法及多管法等几种，它们各有特点，应根据工程要求和地层条件选用。

1. 单管法

采用高压灌浆泵以大于 20MPa 的高压将浆液从喷嘴喷出，冲击、切割周围地层，并产生搅和、充填作用，硬化后形成凝结体。该方法施工简易，但有效范围小。

2. 双管法

有两个管道，分别将浆液和压缩空气直接射入地层，浆压达 45～50MPa，气压 1～1.5MPa。由于射浆具有足够的射流强度和比能，易于将地层加压密实。这种方法工效高、效果好，尤其适合处理地下水丰富、含大粒径块石及孔隙率大的地层。

3. 三管法

用水管、气管和浆管组成喷射杆，水、气的喷嘴在上，浆液的喷嘴在下。随着喷射杆的旋转和提升，先有高压水和气的射流冲击扰动地层，再以低压注入浓浆进行掺混搅拌。常用参数为：水压 38～40MPa，气压 0.6～0.8MPa，浆压 0.3～0.5MPa。如果将浆液也改为高压（浆压达 20～30MPa）喷射，浆液可对地层进行二次切割、充填，其作用范围就更大，称为新三管法。

4. 多管法

其喷管包含输送水、气、浆管，泥浆排出管和探头导向管。采用超高压水射流（40MPa）切削地层，所形成的泥浆由管道排出，用探头测出地层中形成的空间，最后由浆液、砂浆、砾石等置换充填。多管法可在地层中形成直径较大的柱状凝结体。

2.2.3.4 施工程序与工艺

高压喷射灌浆的施工程序主要有：造孔、下喷射管、喷射提升（旋转或摆动）、最后成桩或墙，如图 2.26 所示。

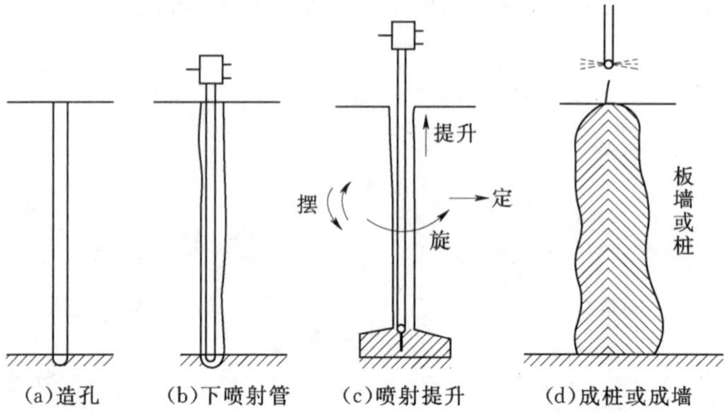

图 2.26 高压喷射灌浆施工程序

1. 造孔

在软弱透水的地层进行造孔，应采用泥浆固壁或跟管（套管法）的方法确保成孔。造孔机具有回转式钻机、冲击式钻机等。目前用得较多的是立轴式液压回转钻机。

为保证钻孔质量，孔位偏差应不大于 1～2cm，孔斜率小于 1%。

2. 下喷射管

用泥浆固壁的钻孔，可以将喷射管直接下入孔内，直到孔底。用跟管钻进的孔，可在拔管前向套管内注入密度大的塑性泥浆，边拔边注，并保持液面与孔口齐平，直至套管拔出，再将喷射管下到孔底。

将喷嘴对准设计的喷射方向，不偏斜，是确保喷射灌浆成墙的关键。

3. 喷射灌浆

根据设计的喷射方法与技术要求，将水、气、浆送入喷射管，喷射 1～3min；待注入的浆液冒出后，按预定的速度自下而上边喷射边转动、摆动，逐渐提升到设计高度。

任务 2.3 基岩锚固工程施工

【引例 2.3】 某船闸工程的施工需要进行高边坡的开挖和永久支护，采用预应力锚索结构进行高边坡的锚固，此工程内锚头不再是灌浆锚固端，而是置于廊道内的墩头锚或双向施加张拉的预应力锚。这类加固方案减少了约占锚索长度 1/3 ～1/4 的内锚固段，同时能排水和锚固结合起来，如图 2.27 所示。

【思考】

(1) 锚固的分类。

(2) 预应力锚索的结构。

(3) 锚固的施工需要哪些设备？

(4) 锚固的施工流程如何？

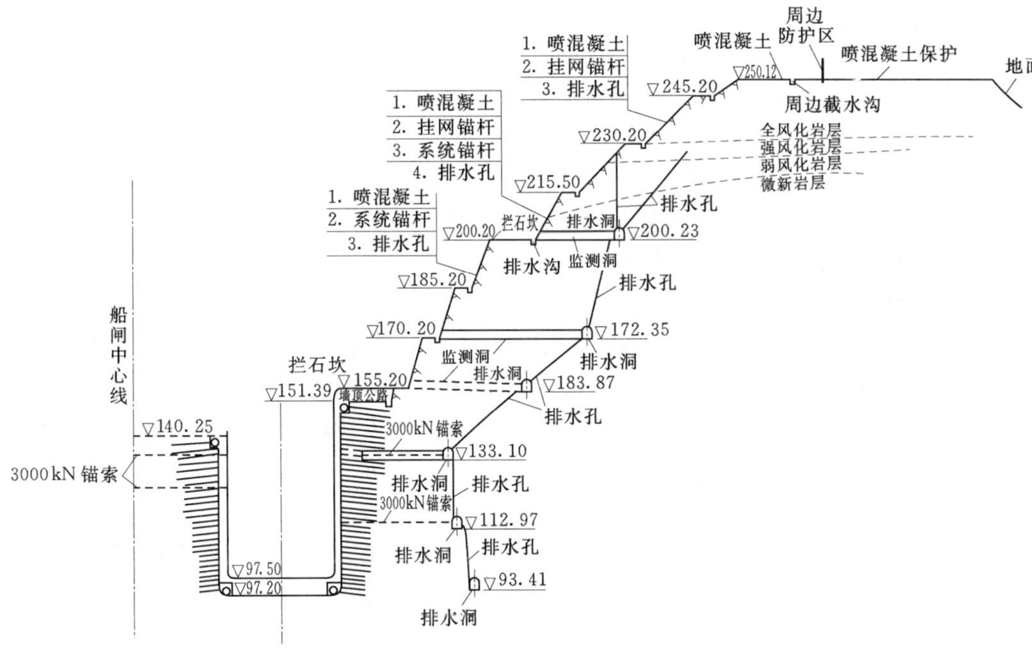

图 2.27 某工程高边坡典型剖面图

(5) 锚固的施工具体工序？每一步骤应注意哪些问题？

(6) 如何对锚固施工进行试验和观测？

(7) 锚固工程的验收应该注意哪些问题？

锚固技术是将一种新型受拉杆件的一端固定在边坡或地基的岩层或土层中。这种新型受拉杆件的固定端称为锚固端（或锚固段），另一端与工程建筑物联结，可以承受由于土压力、水压力或风力所施加于建筑物的推力，利用地层的锚固力以维持建筑物的稳定。

在 20 世纪 50 年代以前，锚固技术只是作为施工过程中的一种临时性措施，如临时的螺旋地锚与采矿工业中的临时性木锚杆或钢锚杆等。20 世纪 50 年代中期以后，在国外隧道工程开始广泛采用小型永久性灌浆锚杆和喷射混凝土代替过去的隧道衬砌结构。20 世纪 60 年代以后，锚固技术迅速发展并广泛应用到土木工程许多领域。作为轻型的挡土结构，锚杆挡土代替了笨重的重力式圬工挡土墙，可以节省大量圬工材料和经费，广泛应用于铁路、公路、码头护岸和桥台。以后又大量应用于基坑护壁、地下厂房、隧洞、船闸、大坝加固和边坡加固等工程。

锚固技术有各种不同的类型。在天然地层中的锚固方法以钻孔灌浆的方式为主；其受拉杆件有粗钢筋、高强钢丝束和钢绞线等三种不同类型。其施工工艺有简易灌浆、预压灌浆、化学灌浆以及许多特殊的专利锚固灌浆技术。在人工填土中的锚固方法有锚定板和加筋土两种方式。单层锚定板应用于码头板柱墙，已有近百年历史。我国铁路于 20 世纪 70 年代研究采用的多层锚定板结构则将锚定板的应用技术发展到一个新阶段。60 年代法国开始采用加筋土，它不同于一般锚固技术，但在原理和所解决的问题两方面都有相似之处。

2.3.1 锚固分类

锚固按结构型式分为四大类，即锚桩、锚洞、喷锚护坡及预应力锚索（锚固）。

1. 锚桩

锚桩也叫抗滑桩，是利用刚性桩身的抗剪、抗弯强度防止滑动，此法的适用条件应是：有明显的滑动面，并且其下盘坚强稳定。按所用材料不同可分为以下三种。

(1) 钢盘混凝土桩。通过滑动面在上、下岩盘中打一桩孔，然后在孔中浇筑钢筋混凝土即成。桩身埋入盘的深度，为桩全长的1/2～1/3。桩孔成孔法分人工挖孔和大直径钻机钻孔两种。人工挖孔直径一般为2m×2m或2m×3m，桩长10～20m。

采用大口径钻机，钻成1m以上的孔径后，浇注钢筋混凝土。

(2) 钢管桩。即先用大口径钻机成孔，然后将钢管下入孔在管内浇筑混凝土，或先在管内插入大型工字钢后，再在管的内外，同时浇灌混凝土。

(3) 钢桩。用钻机钻孔，孔径为130mm左右，成孔后，浇灌水泥砂浆并立即插入型钢组或钢棒组，并在桩间做固结灌浆，使桩与桩之间联结成为整体，以提高锚固效果。

2. 锚洞

锚洞是锚桩的一种特殊型式，即在上、下盘之间的滑动面内开挖一个水平向岩洞，或者利用已有的洞浇注的混凝土形成卡在上下盘之间的抗滑键，一般不需配钢筋，利用此混凝土键抗滑。

我国实际工程中有成功的例子，如陈村水电站的右坝肩利用地质探洞回填混凝土做成锚洞，其抗滑阻力为14415.7kN。

3. 喷锚护坡

喷锚支护是喷混凝土支护、锚杆支护、喷混凝土与锚杆支护、钢筋网等不同支护的统称，喷混凝土锚杆支护是指岩石开挖后，紧随开挖面，立即喷上一层混凝土（3～5cm），必要时加设锚杆以稳定岩石，以后再加喷混凝土至设计厚度作为永久支护。

锚杆的锚固是在设计位置钻孔，把锚杆插入孔中，先使其根部固定或者在孔内灌浆，使全锚杆与岩石固结为一本，然后把露出岩体外的锚杆（称为锚头）予以固定并封住孔口。

锚杆的类型按不同标准可以有不同的分类。

(1) 按材料分类：木锚杆、金属锚杆（钢筋、钢丝绳、钢绞线、高强钢丝、竹锚杆等）。

(2) 按作用分类：局部锚固、系统锚固及拉杆支架。

(3) 按受力状况分类：普通锚杆、预应力锚杆或锚索。

(4) 按锚固部位分类：集中锚固和全长锚固。

4. 预应力锚索

预应力锚索是利用高强钢丝束或钢绞线穿过滑动面或不稳定区深入岩层深层，利用锚索体的高抗拉强度增大正向拉力，改善岩体的力学性质，增加岩体的抗剪强度，并对岩体起加固作用，也增大了岩层间的挤压力。

在选用锚固措施时，可根据其不同的特性和适用条件，因地制宜地选用其中一种，或联合使用几种锚固措施，以期获得最佳的加固效果。

在采用减载、压坡、排水等手段尚不足以保证边坡的长期稳定性时，使用预应力锚固技术，通常是施工方便、效果明显的一种手段。

我国水利水电工程建设中，很早就使用预锚技术来加固岩体。如1962年为提高梅山大坝（高88.2m）的抗滑稳定，曾施加110根锚固力为77140kN的预应力锚索。而后，又曾对麻石、双排、丰满、安康水电站的大坝采用了预应力锚索加固措施。在我国，首次对水电站岩石边坡进行大规模系统的预应力锚索加固是在漫湾水电站。从该电站左岸坝肩到下游溢洪隧洞出口约300m延伸长度上，在1990—1991年期间共施加了1583根预应力锚索。预锚技术在小浪底、三峡、十三陵等工程的边坡加固中已得到了广泛的应用。

2.3.2 预应力锚索结构

预应力锚索的结构可分为三部分：内锚头、锚索和外锚头。内锚头置于稳定岩体中，通过水泥浆材和岩体紧密结合，对不稳定岩体提供锚固力。预应力锚索通常由高强度钢索组成，它一端连接内锚头，一端连接外锚头。外锚头是对岩体施加张拉力实现锚固的机械装置。按锚索的结构分类，预应力锚索又分为有黏结和无黏结锚索两种。无黏结锚索的钢绞线周围带有胶套，中有防腐油剂，钢绞线可以在胶套中自由滑移。同时，在锚索体外还增加了一个塑料护套。在施工时内锚头和钢绞线周围的水泥浆材是一次灌入的，待浆材凝固后再行张拉，这样，可以减少一道工序，提高工效。无黏结锚索不仅可重复张拉，而且使得大部分钢绞线都能获得防腐油剂和护套的双重保护。有粘结锚索则无相对滑动。

近期一些工程采用了对拉锚索，将内锚头直接放在山体内的排水廊道中，如三峡船闸边坡工程，内锚头不再是灌浆锚固端，而是置于廊道内的墩头锚或双向施加张拉的预应力锚。这方案减少了约占锚索长度1/3～1/4的内锚固段，同时将排水和锚固结合起来。是一种理想的加固形式。

1. 内锚头

内锚头结构分为机械式和胶结式两种。机械式仅适用于小吨位的锚固中。为了加强胶结合效果，胶结式的内锚头通常做成“枣核”形。

内锚固段的胶结材料通常采用纯水泥浆或树脂材料。要求具有快凝、早强、对钢材无腐蚀等性能。胶结材料的强度不低于30MPa。

水泥胶结材料是对内锚头进行自由回填的主要材料。由于火山灰水泥中含有较多的硫化物和氯化物，会导致钢绞线腐蚀，因此，建议不予使用。改善水泥浆材的稳定性和力学特性是胶结材料设计的主要内容。降低水灰比是提高胶结材料强度的最直接的方法，但水灰比降低将导致水泥浆流动性降低，因此，可掺入减水剂、早强剂、增强剂、膨胀剂等以满足工程实际要求。

内锚固段长度是预应力锚索设计的一个重要指针，直接影响工程造价。内锚固段长度按下式确定：

$$L=K\frac{q_m}{\pi Rc} \tag{2.5}$$

式中 L——内锚固段长度，cm；

q_m——单束锚索的锚固力，kN；

R——锚索孔直径，cm；

c——胶结材料同孔壁的黏结强度，MPa；

K——安全系数。

2. 预应力钢材

当前，预应力钢材的发展趋势是高强度、粗直径、低松弛和耐腐蚀，可分为钢丝和钢筋两大类。《预应力用钢丝》（GB 5233—35）对预应力钢丝的外观与力学性能作出了规定，其抗拉强度一般要求到 150 ～ 280MPa。《水工预应力锚固设计规范》（SL 212—98）则要求钢丝或钢绞线的极限抗拉强度不小于 1400MPa。钢绞线一般用 7 根钢丝在绞线机上以一根钢丝为中心螺旋拧合而成。钢绞线通常用于 1000、1200kN 和 3000kN 的预应力加固工程中。

水利水电工程中常用的钢筋包括热处理钢筋和精轧螺钢筋，后者锚头大，可直接采用螺母，具有连接可靠、锚固简单、施工方便和无需焊接等优点。

为了防止锚索材料锈蚀，《水工预应力锚固设计规范》（SL 212—98）规定使用的灌浆材料及其附加剂中不得含有硝酸盐、亚硫酸盐、硫氰酸盐。氯离子含量不得超过水泥重量的 0.02%。

锚索防腐剂的选用应符合《无粘结预应力筋专用防腐润滑脂》（JB 3007—93）的要求。施加防腐的等级，视介质和锚索的服务期限而定，见表 2.3。

表 2.3　锚索体的防腐、防锈标准

介质性质	预应力锚索工作时间		
	9 个月	9～18 个月	18 个月以上
无浸蚀性	不防护	张拉后 15d 内，进行 A 级防护	张拉后 15d 内，按 C 级、B 级进行耐久性防护
中等浸蚀性	张拉前，按 A 级或 B 级进行短期防护	张拉后，按 A 级或 B 级进行耐久性防护	张拉前，按 A 级或 B 级防护；张拉后按 C 级进行耐久性防护
强浸蚀性	张拉前按 B 级进行耐久性防护	张拉前，按 B 级进行防护；张拉后按 C 级进行耐久性防护	张拉前，按 B 级进行防护；张拉后，按 C 级进行耐久性防护

注　A 级防护指液态防护，如石灰水、硅酸盐水泥（pH 值为 9～12）或防腐油；B 级防护指塑态防护，如凝胶、树脂、防锈油脂等；C 级防护指刚性防护，如水泥浆或砂浆。

3. 外锚头

外锚头包括锚具和夹具，是为保持预应力并将其传递到加固体上的永久性锚固装置。我国目前常用的锚夹具可分为螺杆式、镦头式、锥锚式、夹片式四种。在大吨位的预应力锚索中，多用镦头式和夹片式。

2.3.3　锚固施工

2.3.3.1　设备工具

1. 钻孔设备

（1）钻机。国产钻机有锚杆钻机 MD－50 型、G2－150 型全液压双动力头、QDJ0－

1 全液压动力头、DK－1 型水平锚索钻机等。进口钻机有瑞典阿特拉斯 A66 型钻机、美国英格索兰 KLEMM803－02 型钻机。这两种钻机是具有世界先进水平的多功能钻机。

（2）潜孔锤。选用宣化-英格索兰公司生产的 DHD360 型和 DHD340 型或其他型号潜孔锤。

（3）空压机。常用空压机型号有以下几种：VY－9/7、ZV－6/8、ZV_2A－5.5/12、XH－20/12 等。

（4）钻杆。国产钻机采用 ϕ89mm，ϕ73mm，ϕ50mm 钻杆，进口钻机采用 ϕ114mm 钻杆。

2. 灌浆设备

（1）灌浆泵。有 BW250 型、BW200 型、BW150 型、BW100 型等泥浆泵。

（2）搅拌机。有 WJG80－1 型、J1－250 型、JJS－ZB 型等搅拌机。

3. 运输设备

主要是各种不同载重的汽车和汽车吊。

4. 锚固设备

（1）千斤顶。可选用 YC25－93、YC400－264、YCD－4000 型等型号。

（2）油泵。可选用 ZG－900 型、ZB2×2－500 型或 ZB4－800 型。

（3）锚具。1000kN 级锚索张拉的锚具选用 0VM15－7 型，3000kN 级锚索张拉的锚具选用 0VM15－19 型。

5. 胶结标准

（1）水泥。根据设计要求，可选用普通硅酸盐 525 号水泥，不得使用矿渣水泥、火山灰水泥。其目的在于限制水泥中硫化物、氯化物等有害成分的含量。

（2）减水剂。可选用 GYA 型早强高效减水剂或 DM－100 型高效减水剂。其氯离子含量不得大于水泥质量的 0.02%，并不得产生气泡，或降低浆材的 pH 值。

（3）膨胀剂。可选用 AEA 型膨胀剂。

（4）观测设备。可采用钢弦式应力计对无黏结锚索预应力变化规律进行观测。

2.3.3.2　施工流程

1. 普通端头锚施工工序

造孔和测斜、编束 }→穿束→内锚段灌浆→垫座混凝土浇筑→张拉→封孔灌浆→外锚头保护

2. 无黏结端头锚索施工工序

造孔和测斜、编束 }→穿束→内锚段灌浆→垫座混凝土浇筑→封孔灌浆→张拉→外锚头保护

3. 对穿锚索施工工艺

造孔和测斜、编束 }→穿束→两端垫座混凝土浇筑→张拉→封孔灌浆→二次张拉→（无黏结锚索）→外锚头保护

此外，在破碎地层造孔，应增加“压水试验”和“固结灌浆”两道工序。

2.3.3.3　施工工序

1. 造孔和测斜

(1) 造孔。每层孔位的高程用经纬仪测定，具体孔位用钢卷尺测量确定，实际孔位与设计孔位偏差不大于10cm。钻孔方位角及倾角用地质罗盘仪测量确定，误差不得大于2%。钻孔的孔深、孔径均不得小于设计值，有效孔深的超深必须小于0.2m。终孔后必须用高压风、水冲洗，直到孔口返出清水为止。经检查合格后，才可转入下孔钻进。当锚固段处于破碎地层时，锚孔应加深，使锚固段处于完整岩体内。

为保证工程锚固质量，尽量减少预应力沿孔壁的摩擦损失，《水工预应力锚固施工规范》(SL 46—94) 要求孔斜率不得大于3%，有特殊要求时，孔斜不宜大于0.8%。应采取有效的防斜措施，防止孔斜，并及时测斜，采用合理的纠斜措施，保证孔斜精度达到规定要求。

(2) 测斜。锚索孔孔斜精度要求高，现有侧斜仪精度难以满足要求。端头锚可采取将灯光置于孔底利用经纬仪施测钻孔的方位角与倾角，对穿锚钻孔也采用经纬仪两点交会法列出进、出口端孔中心的坐标和高程，从而算出孔斜率。

在破碎地层造孔完成后，对锚索孔锚固段应进行吕荣法压水试验。如果透水率 $q<1\text{Lu}$，则不必进行固结灌浆。否则，应对该孔锚固段进行固结灌浆。

固结灌浆应分段进行，段长不宜大于8m。施工时，按固结灌浆规程进行灌浆时，在规定压力下，吸浆量不大于0.4L/min，继续灌注30min，即可结束。

灌浆结束48h后进行扫孔。终孔后以高压风、水混合冲洗，直至返水变清。然后进行压水试验。如透水率满足规定要求，即可进行下道工序。如不合格，应重复上述步骤，直到满足要求为止。

完成造孔后等待下道工序的锚索孔，应做好孔口保护，防止异物、污水进入孔内。

2. 编索

(1) 端头锚。根据锚具、垫座混凝土和钻孔长度进行锚索下料，用机械切割机精确切割。锚索下料长度误差不应大于总长度的1/5000，且不得超过5mm。根据锚索级别和设计要求，确定每束锚索所需钢绞线根数。将架线环，止浆环与进、回浆管，充气管与钢绞线逐一对应编号，然后对号入座。止浆环内用环氧树脂与丙酮封填密实。为防止架线环窜动，经过架线环的每根钢绞线应与架线环绑扎在一起。内锚固段每米设一个架线环，两环之间进行捆扎，使内锚段索体呈糖葫芦状，以提高锚索在锚固体中的极限握裹力。张拉段钢绞线每2m设一个架线环。最后在锚固段顶部焊一个导向帽，并用铁线将其固定的架线环上。端头锚索结构如图2.28所示。

(2) 对穿锚索编制。将钢绞线对号穿过架线环，并用无锌铅丝绑扎架线环，每5m设一个。对穿锚索上设有止浆环、充气管及进、出浆管。对穿锚索结构如图2.29所示。

(3) 无黏结锚索编制。无黏结端头锚固段钢绞线应先去皮清洗，再将钢绞线，止浆环与进、出浆管与架线环一一对号。锚固段架线环每1m设一个，张拉段每2m设一个，并使内锚段索体呈糖葫芦状。无黏结对穿锚索编制与普通对穿锚索编制相同。

(4) 锚索编制注意事项。

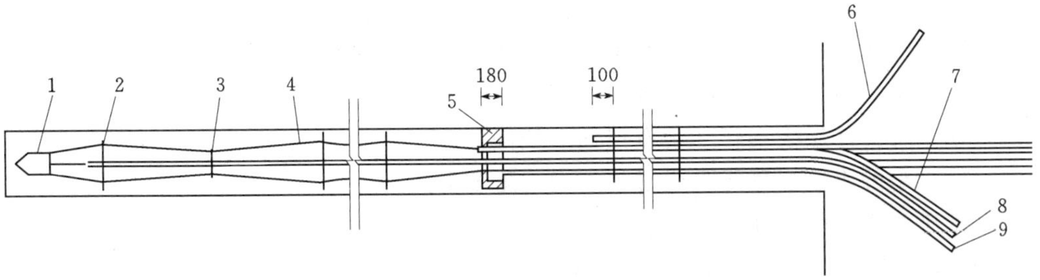

图 2.28 端头锚锚索结构图（单位：mm）
1—顶帽；2—架线环；3—铁丝绑扎；4—钢绞线；5—定位止浆环；6—二期灌浆管；
7—一期回浆管；8—一期灌浆管；9—止浆环充气管

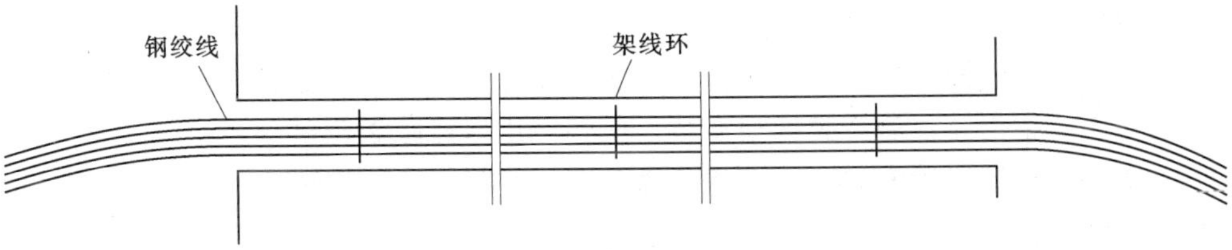

图 2.29 对穿锚锚索结构图

1）锚索编制前对钢绞线进行检查，确保钢绞线保护层无损伤、无锈蚀、无杂质、无油污。

2）锚固段清洗务求干净，可将钢丝分开清洗。用清洗剂和钢丝刷彻底清除油脂和锈迹后，再将钢绞线还原。

3）下料和编束必须在工作平台上进行。

4）预应力钢材编索及各种管路应平行排列，不得有交叉缠绕现象。锚索绑扎牢固。

5）为避免异种金属长期接触发生电化学腐蚀，不得在预应力锚索上使用两种不同的金属材料。

6）焊接导向帽时，应将地线接到导向帽上。不能用索体做地线，防止打火使索体损伤。

7）编索制作完成后，应进行外观检验，并签发合格证。按锚孔编号挂牌堆放成品锚索，并注明完成日期。

3. 下索

（1）将编好的锚索水平运至现场。在运输过程中，应按下列规定执行。

1）水平运输中，各支点间距不得大于 2m，转弯半径不宜过小，以不改变锚索结构为限。

2）垂直运输时，除主吊点外，其他吊点应能在锚索入孔前快速、安全脱钩。

3）运输、吊装过程中，应细心操作，不得损伤锚索及其防护涂层。

4）由车辆串联的水平运输车队，应另设直接受力的连接杆件，锚索不得直接受力。

（2）锚索入孔前必须进行下列各项检验，合格后方能进行吊装安放。

1）锚孔内及孔口周围杂物必须清除干净。

2）锚索的孔号牌与锚孔孔号必须相同，并应核对孔深与锚索长度。

3）锚索应无明显弯曲、扭转现象。

4）锚索防护涂层无损伤，凡有损伤必须修复。

5）锚索中的进浆、排气管道必须畅通，阻塞器必须完好。

6）承压垫座不得损坏、变形。

（3）胶结式锚固段的施工，应符合下列规定。

1）向下倾斜的锚孔，当孔内无积水，并能在 30min 内完成放索时，可采用先填浆后放锚索的施工方法；当孔内积水很难排尽时，可采用先放锚索后填浆的施工方法，放索后应及时填浆。

2）水平孔及仰孔安放锚索时，必须设置阻塞器，并采用先放索后灌浆的施工为法；阻塞器不得发生滑移、漏浆现象。

（4）机械式锚固段的锚索安放前，应检测孔径与锚具外径匹配程度。放索时锚索应顺直、均匀用力。锚索就位后应先抽动活结，使外夹片弹开嵌紧孔壁。

（5）镦头锚对穿锚索安放时，必须对锚具螺纹妥善保护，严防损伤；张拉瑞孔口应增设防护罩，活动锚具内外螺纹应衔接完好。

（6）分索张拉的锚索，吊装时应确保锚索平顺，全索不得扭曲，各分索不得相互交叉。钢绞线端部应绑扎牢固，锚索或测力装置应紧贴孔口垫板。

4. 垫座混凝土的浇筑

（1）垫座用钢筋混凝土浇筑，浇筑前为防止张拉过程中发生跑墩事故，必须处理孔口岩面，清除碎渣和不稳定岩块，并使孔口岩面基本垂直于钻孔轴线。对孔口大片光滑斜面，必须用手风钻处理成蜂窝状的粗糙面。

（2）锚板是将锚索的集中荷载均匀地传递到混凝土垫座的主要构件，必须安装牢固。锚板必须与锚孔轴线垂直。施工时，先将孔口管的一端与锚板正交焊接，另一端插入锚孔轴线，与孔口管中心线重合。

（3）不同的预应力锚索级别、垫座混凝土配比根据设计要求而定。垫座混凝土为正梯台状，其结构如图 2.30 所示。

（4）垫座混凝土浇筑应分层振捣，每层振捣应深入下一层 1/3 厚度。振捣应密实周到，尤其是要注意边角部位。

（5）高温或低温季节，浇筑完成后应及时养护。夏季浇水降温，冬季采用保温措施。

（6）垫座混凝土浇筑后 1 天拆模。垫座浇筑应做到内实外光，表面无蜂窝麻面等缺陷，如发现应及时修补。

5. 封孔灌浆

内锚固段的锚固施工是预应力端头锚施工工艺关键技术之一。锚固体以高强、早强、微膨胀、可灌性好和对钢材不产生锈蚀和应力腐蚀为宜，故水泥、水、外加剂中均不得含有氯、硫等有害成分。水泥宜用高强度普通硅酸盐水泥。应根据室内试验确定不同锚固部位水泥浆材料配合比。

（1）黏结型永久防护的封孔灌浆必须留有排气孔道，以保证封孔灌浆不出现连通气

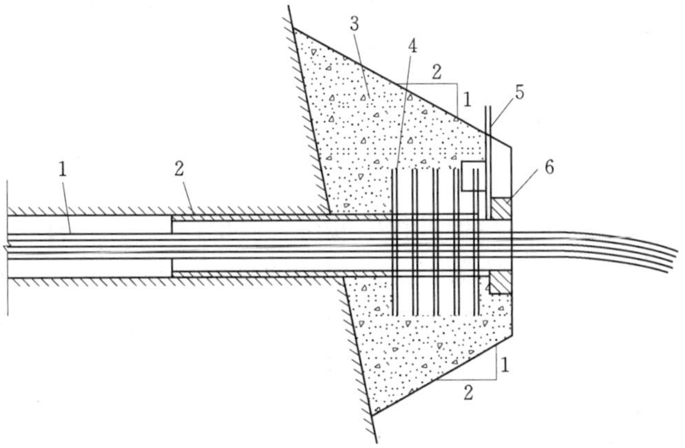

图 2.30 混凝土垫座剖视图

1—架线环；2—钢套管（壁厚5mm）；3—混凝土垫座；

4—5层钢筋；5—二期回浆管；6—OVM锚具

泡、脱空现象。

(2) 封孔灌浆所用纯水泥浆，水灰比宜采用0.3～0.4；水泥砂浆水灰比宜采用0.5。

(3) 向下倾斜锚孔封孔灌浆时，射浆管必须下到孔底，以浆排水，不扰动浆液；水平孔与仰孔灌浆时，排气管必须插至孔底，并且密封孔口，浆液不得漏出孔外。

(4) 采用有压灌浆，最后5m孔段应进行循环灌浆，回浆浓度与进浆浓度相同后才能结束灌浆。

(5) 封孔灌浆必须形成密实、完整的保护层。隔离架间距不宜大于2m，隔离架支板外露高度不得小于5mm。

(6) 无黏结永久性防护措施必须可靠、耐久，并有良好的化学稳定性。孔口应加设防护罩，做好防护体系搭接部位的防护。预应力钢材、涂层或套管应伸入锚固段浆体内，其埋入长度不宜小于0.5m。

(7) 预应力钢材不得与有色金属材料长期接触。

(8) 锚索安放后，应及时进行张拉和做永久性防护。张拉前，对临时防护措施应定期检查，确保锚索得到可靠的防护。

6. 张拉

(1) 机具准备。张拉前应对压力表、千斤顶认真校验并做好记录。

(2) 张拉。一般采用适当的超张拉。第一次超张拉达到超张拉应力时，要静载半小时；第二次超张拉也要静载半小时；第三次超张拉静载半小时后卸荷至设计应力加预应力损失之和，即长久施加此荷载维持锚固应力。

反复超张拉能调整应力趋于均匀，减少松弛损失。但对机械式锚根不得进行反复超张拉，以免外夹片齿槽被岩粉填平后失效，反而增大预应力损失。

(3) 安装。最后一次超张拉后，控制卸荷到安装吨位。安装吨位是设计吨位与预应力损失之和。

(4) 补偿张拉。待早期预应力损失基本完成后再进行补偿张拉。张拉的升荷、卸荷速度应参照室内拉力试验规范要求进行，并监视荷载大小与材料引伸值是否一致，若相差较大，则应停机查明原因后再继续张拉。

2.3.4 锚束的防护

1. 锚束的腐蚀

预应力钢丝（或钢绞线）在冷拔过程中残留较高的内应力，若防护不当，易引起均匀锈蚀，还可能导致应力腐蚀或氢脆断裂。均匀锈蚀只限于表层，一般不会引起早期断裂；而钢丝断裂，则往往是由于应力腐蚀或氢脆造成的。引起腐蚀的原因如下。

（1）原材料具有点状腐蚀坑或局部夹杂物，在高应力状态下引起应力集中。

（2）原材料防护层有局部破损，或两种金属长期直接接触引起电化学腐蚀。

（3）防护材料中含有氯、硫等有害成分，或防护层不严密，使周围介质中的有害成分侵入。

2. 锚束的防护

（1）临时防护。指封灌前的储存、待凝、补偿张拉过程中的防护。临时防护，在孔外阶段应改善储存条件。在孔内防护，应先排除孔内积水，后注满石灰水（pH 值＞12），并增设自动注水设施，使水面超出孔口套管并始终浸没锚头，避免在水面波动范围内造成严重锈蚀。

（2）永久性防护。指在锚束完成全部张拉后对全束的防护。可以采用纯水泥浆封孔灌浆或其他措施，使锚束与二氧化碳、水汽隔绝，表面锈蚀就不再发生或发展，已有的锈蚀也不会产生危害。

2.3.5 试验与观测

1. 受力性能试验

（1）预应力锚固的受力性能试验，必须按设计要求进行，并应在正式开工前完成。

（2）受力性能试验应具有代表性，试验数量不得小于 3 索。当锚固对象或地质条件有明显变化时，应扩大性能试验数量。

（3）受力性能试验所用锚夹具、张拉机具及施工工艺，应与工程实际采用的相同。

（4）性能试验的张拉力值应以测力装置读数为准。试验前，测力装置必须与千斤顶、压力表配套标定。

（5）性能试验索的伸长值、锚索受力的均匀性和摩阻损失等参数均应在分级张拉中同步量测。

（6）受力性能试验的测试，应以初始应力为起始点；初始应力为设计应力的 0.2 倍，分线张拉力分别为设计值的 0.25 倍、0.50 倍、0.75 倍、1.0 倍、1.15 倍；但最大张拉力不得超过预应力钢材强度标准值的 75％。

2. 长期观测

（1）长期观测必须按设计文件施工。施工期内，长期观测工作应由施工单位负责检测，预应力锚固工程竣工后，应移交运行单位，继续观测。

（2）长期观测持续时间不宜小于 5 年。各承担单位必须由专人负责，不得中断观测。

(3) 预应力长期观测孔应尽早安排施工，并应将测试成果用于指导施工。

(4) 长期观测孔所用仪表、接线线路应妥善保护。当仪表受到撞击，或观测数据出现异常时，必须及时查明原因，进行补救处理，才能继续观测。

(5) 长期观测数据应及时整理、分析，作好信息回馈。

3. 验收试验

(1) 预应力锚固施工中，应按设计要求随机抽样进行验收试验。抽样数量应不小于3索。

(2) 对高边坡预应力锚固的验收试验，必须在张拉后及时进行。

(3) 采用有黏结型永久防护的锚索，必须在封孔灌浆前进行验收试验。无黏结型锚索验收试验的时间可由施工条件确定。

验收试验与竣工抽检查合并进行，其数量为锚索总数的5%。

(4) 竣工抽样检查的合格标准，应力实测值不得大于设计值5%；并不得小于设计值3%。

(5) 竣工抽样检查，当发现随机抽样的锚索中有一索不合格时，应加倍扩检；扩检中如再发现不合格时，必须会同设计人员及有关单位研究处理。

(6) 抽样检查及验收试验全部结束后，应汇总各孔的设计张拉力，评定预应力锚固效果。

4. 特殊规定

(1) 凡采用成熟锚固体系的抢险工程、数量较少的预应力锚固工程可不作性能试验、验收试验及长期观测。

(2) 临时性预应力锚固和不具备重复张拉条件及无法复查张拉力的预应力锚固工程，其受力性能试验、验收试验的方案，可参照有关规定另行制订。

(3) 对分索张拉的大型锚索，应另行制定验收试验方法。

(4) 凡采用新材料、新工艺、新型锚索及锚固段的预应力锚固工程，必须按有关规定执行。并根据设计要求增做破坏性试验及长期监测。

2.3.6 质量与安全

1. 质量管理

(1) 预应力锚固施工必须建立健全以岗位责任制为主的各项规章制度；认真做好各工序的检查与验收。

(2) 平行流水作业施工中，上一道工序不合格或未经验收签证的预应力锚固阶段成品，不得进入下一道工序。

(3) 发生质量事故，施工单位应及时提出事故报告，并与设计等有关单位共同拟定处理措施。

2. 质量检查

(1) 质量检查应建立以自检为主的三级检查制度。施工中，班组必须作好各工序施工记录，及时整理、分析，并作为验收依据。

(2) 现场质量检查应按下列规定进行。

1）原材料检查依据：按国家有关标准进行。

2）预应力钢材抽样标准：在使用前按来料盘数的10%随机抽样检查。

3）锚夹具抽样标准：每批外观检查10%，硬度检查5%，静载试验3套；硬度检查要求同一部件应不少于3点。

4）锚索及其附件出厂前应全部逐索检查，除应符合设计要求外，必须校验锚索长度及孔号牌与实际孔号、孔深是否相符。

5）当发现不合格产品时，应加倍扩检。

(3) 放索前，质检人员应对锚孔、锚索进行复检。张拉前，按复检结果签发张拉许可证。

(4) 锚索张拉过程中，施工单位质检人员应跟班检查。当发现施工工艺不符合规范及设计要求，违章作业或有碍人身安全时，质检人员有权暂停施工。

(5) 设计张拉力的控制与检查，应以压力表读数为准，同时交验其伸长值。

(6) 封孔灌浆的沉缩部分复灌后不得留有脱空现象。

(7) 无黏结预应力锚固及长期观测孔的孔口保护装置必须完好，不得损伤。

(8) 长期监测系统必须符合设计要求，并应与锚固工程同步完成。

3. 施工安全

(1) 预应力锚固施工前，必须制定各工序的安全操作规程。

(2) 张拉操作人员未经考核不得上岗；张拉时必须按规定的操作程序进行，严禁违章操作。

(3) 锚索吊装放索的作业区，严禁其他工种立体交叉作业。

(4) 各类锚具在张拉和锚固过程中，不得敲击或猛烈震动，严防锚具失效而飞出伤人。

(5) 张拉时，千斤顶出力方向的作业区、严禁人员进入。

(6) 供钻孔、放索、张拉操作的脚手平台，必须牢固可靠，并经检查验收后方可使用。

2.3.7 验收

(1) 预应力锚固工程竣工验收应按《水电站基本建设工程验收规程》（DL/T 5123—2000）及国家有关规定执行。

(2) 竣工验收应具有以下条件。

1）预应力锚固工程已按批准的设计文件施工完毕，质量符合要求，能够正常运行。

2）各个阶段验收发现的问题，经处理已达到设计要求。

3）按批准设计文件要求设置的长期观测、安全监测装置业已投入运行。

(3) 预应力锚固竣工验收，施工单位应提供下列数据。

1）原材料、锚夹具的出厂合格证。

2）原材料现场检验报告、代用材料试验报告及有关部门对代用材料审批意见。

3）混凝土、水泥砂浆强度试验报告。

4）施工记录。

5）预应力锚固受力性能试验报告。

6）阶段验收专题报告。

7）施工期内安全监测及长期观测的资料。

8）质量事故处理结果及重大质量事故专题报告。

9）预应力锚固工程竣工图表及竣工报告。

任务2.4　桩基工程施工

【引例2.4】 某水利枢纽的交通桥工程桥台下部结构采用重力式桥台，ϕ800钻孔灌注桩，桩基共20根，设计桩底标高为−42.00m。桥墩为桩柱式墩，ϕ1000钻孔灌注桩，桩基共16根，设计桩底标高为−46.00m，决定使用端承于岩石的岩石桩作为桥墩与桥台的基础。

该工程搭设钻孔施工平台，并将桩架拼装好移至平台上，工作平台的高度考虑施工期间可能出现的最高水位，并高出最高水位0.5～1.0m。根据控制点，埋设护筒。钻孔灌注桩护筒采用10mm厚钢板卷制而成，每节长为2m，内径比桩径大20～40cm。采用钻机钻孔达到设计标高终孔，检查合格后，迅速清孔，在清孔过程中保证孔内水头，保持静水压力不变，保护孔壁稳固，适当调整泥浆比重，使其比重达到规范要求为止。清孔结束后在最短时间内灌注混凝土。钢筋笼安装用大型吊车起吊，对准桩孔中心放入孔内。钢筋笼分段加工，在孔口处进行焊接。灌注混凝土时使用直升导管法。隔水采用拔球法来灌注成桩。

【思考】

（1）什么是钻孔灌注桩，桩基础有哪些类型？有什么特点？

（2）什么是岩石桩，有何特点？

（3）桩基工程的施工工序如何？造孔工序，如何清孔？

（4）灌注桩正式施工前是否做试验桩？

（5）如何制作钢筋笼？钢筋笼安装过程中需注意哪些问题？

（6）桩基工程如何进行质量控制？

桩是垂直或微倾斜的基础构件。桩被埋置于岩土中，把作用于上部结构物的荷载和力传递给地基。桩的直径、长度和设置方法以及桩的工作方式，根据不同地层情况与设计要求有很大变化。

当地基浅层土质不良，采用浅基础不能满足建筑物对地基强度、变形和稳定性的要求时，往往需要采用深基础。桩基础就是一种常用的深基础。桩基础的作用是将承台以上的结构物传来的外力，通过承台由桩传到较深的地基持力层中去。各桩所承受的荷载由桩通过桩侧土的摩擦力与桩端岩土的抵抗力传递到岩土中。

为满足各类建筑物的要求，适应地基的特点，随着科学技术的发展，在水利水电、工业、交通、建筑、国防等部门工程施工实践中，形成各种类型的桩基础，如钻孔灌注桩、钢筋混凝土预制桩、振冲碎石桩、振动沉管灌注桩等，并具有各自的特点。

2.4.1 钻孔灌注桩

钻孔灌注桩是用钻（冲或抓）孔机械在岩土中先钻成桩孔，然后在孔内放入钢筋笼，再灌注桩身混凝土而筑成的深基础。其特点是：施工设备简单、操作方便、适应性强，承载力高，节省钢木、造价低廉，适用于各种砂性土、黏性土、碎石、卵砾石类土层和基岩层。施工前应先做试验，以取得经验。我国已施工的灌注桩，入土深度由数米到百米，已积累了丰富的施工经验。

2.4.1.1 钻孔灌注桩的类型

钻孔灌注桩按其功能分为均质土中的摩擦桩、端承于硬土的硬土桩和端承于岩石的岩石桩三种主要类型，如图 2.31 所示。

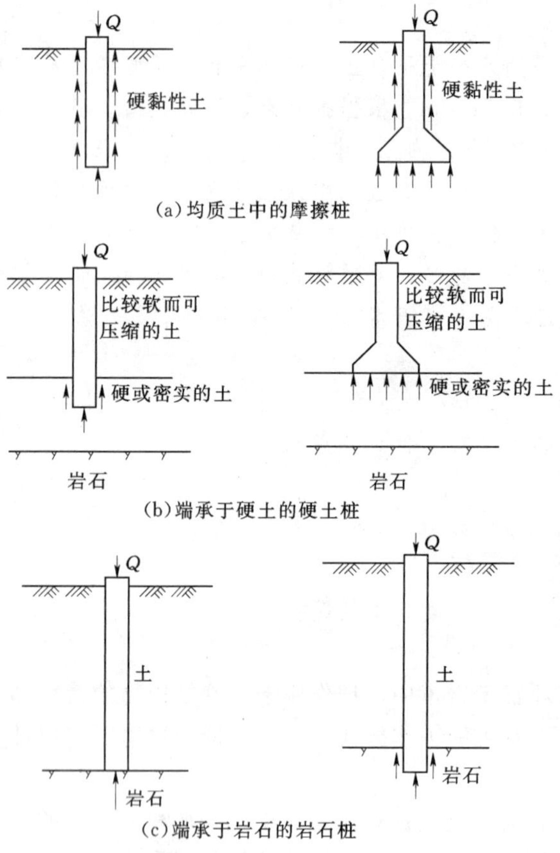

图 2.31 钻孔桩的主要类型

均质土中的摩擦桩，其承载由摩擦阻力和端承阻力两部分组成。一般具有较低的到中等的承载力。均质土中的摩擦桩有时常带有扩大的底部，以增加承载力的端承分量。

在软弱和可压缩的地层中，端承于硬土的硬土桩和端承于岩石的岩石桩绝大多数作为端承构件使用。此时在软土中沿钻孔桩长度的摩阻力一般略而不计，端承桩外部荷载由底部阻力支承。这种桩常扩大底部，形成扩底桩，以增加基础的承载力。钻孔桩也可锚进持力层，承载力是锚座周围的抗剪阻力和端承阻力之和。

2.4.1.2 钻孔灌注桩的施工准备

1. 灌注桩施工应具备的资料

（1）建筑物场地工程地质资料和必要的水文地质资料。

（2）桩基程施工图与图纸会审纪要。

（3）建筑场地和邻近区域内的地下管线（管道、电缆）、地下构筑物、危房、精密仪器车间等调查资料。

（4）主要机械设备的技术性能资料。

（5）桩基工程的施工组织设计或施工方案。

（6）水泥、砂、石、钢筋等原材料及其制品的质检报告。

（7）有关荷载、施工工艺的试验参考资料。

2. 施工组织设计

施工组织设计应结合工程特点，有针对性地制定质量管理措施，主要包括下列内容。

(1) 施工平面图。标明桩位、编号、施工顺序、水电线路和临时设施的位置；采用泥浆护壁成孔时，应标明泥浆制备设备及其循环系统、钢筋笼加工系统、混凝土拌和系统。

(2) 确定成孔机械、设备与合理施工艺的有关资料，泥浆护壁灌注桩必须有泥浆处理措施。

(3) 施工作业计划和劳动力组织计划。

(4) 机械设备、备件、工具（包括质量检查工具）、材料供应计划。

(5) 施工时，对安全、劳动保护、防火、防雨、爆破作业、环境保护等应按有关规定执行。

(6) 保证工程质量、安全生产等技术措施。

3. 成桩机械设备与工具

(1) 钻孔机械。如C2－22型冲击钻机、CZF－1200型冲击反循环钻机、CZ－1000型冲抓钻机、GJD－1500型钻机、SPJ－300型钻机、QZ－150型钻机、Q2－3型钻机等，可供选用。

(2) 泥浆搅拌机。如JW－180型、2IT13卧式双轴型等。

(3) 混凝土搅拌机。如JZC－350型搅拌机。

(4) 泥浆泵与砂石泵。泥浆泵有4PH型、3PH型、3PNL型等型号；砂石泵有4PS、6PSA型、6BS－220型等。

(5) 泥浆净化机。如JHB－100型。

(6) 空压机。如VY－9/7型、ZV－6/8型等。

(7) 汽车吊与汽车。汽车吊有QY－8型、QY－16型等型号。汽车有5t自卸汽车与1.5t双排座汽车等。

(8) 灌注导管。有螺纹式灌注导管与卡口式灌注导管。后者连接速度快，使用方便，劳动强度低，能大大提高灌注效率，是目前较为理想的灌注工具。

2.4.1.3 钻孔灌注桩的施工

1. 施工前的准备工作

(1) 施工现场。施工前应根据施工地点的水文、工程地质条件及机具、设备、动力、材料、运输等情况，布置施工现场。

1) 场地为旱地时，应平整场地、清除杂物、换除软土、夯打密实。钻机底座应布置在坚实的填土上。

2) 场地为陡坡时，可用木排架或枕木搭设工作平台。平台应牢固可靠，保证施工顺利进行。

3) 场地为浅水时，可采用筑岛法，岛顶平面应高出水面1～2m。

4) 场地为深水时，根据水深、流速、水位涨落、水底地层等情况，采用固定式平台或浮动式钻探船。

(2) 灌注桩的试验（试桩）。灌注桩正式施工前，应先打试桩。试验内容包括：荷载试验和工艺试验。

1）试验目的。选择合理的施工方法、施工工艺和机具设备；验证明桩的设计参数，如桩径和桩长等；鉴定或确定桩的承载能力和成桩质量能否满足设计要求。

2）试桩施工方法。试桩所用的设备与方法，应与实际成孔成桩所用的相同；一般可用基桩做试验或选择有代表性的地层或预计钻进困难的地层进行成孔、成桩等工序的试验，着重查明地质情况，判定成孔、成桩工艺方法是否适宜；试桩的材料与截面、长度必须与设计相同。

3）试桩数目。工艺性试桩的数目根据施工具体情况决定；力学性试桩的数目，一般不少于实际基桩总数的3%，且不少于2根。

4）荷载试验。灌注桩的荷载试验，一般应做垂直静载试验和水平静载试验。

a. 垂直静载试验的目的是测定桩的垂直极限承载力，测定各土层的桩侧极限摩擦阻力和桩底反力，并查明桩的沉降情况。试验加载装置，一般采用油压千斤顶。千斤顶的加载反力装置可根据现场实际条件而定。一般均采用锚桩横梁反力装置。加载与沉降的测量与试验资料整理，可参照有关规定。

b. 水平静载试验的目的是确定桩的容许水平荷载作用下的桩头变位（水平位移和转角），一般只有在设计要求时才进行。加载方式、方法、设备、试验资料的观测、记录整理等，参照有关规定。

（3）测量放样。根据建设单位提供的测量基线和水准点，由专业测量人员制作施工平面控制网。采用极坐标法对每根桩孔进行放样。为保证放样准确无误，对每根桩必须进行三次定位，即第一次定位挖、埋设护筒；第二次校正护筒；第三次在护筒上用十字交叉法定出桩位。

（4）埋设护筒。埋设护筒应准确稳定。护筒内径一般应比钻头直径稍大；用冲击或冲抓方法时约大20cm，用回转法则约大10cm。护筒一般有木质、钢质与钢筋混凝土三种材质。护筒周围用黏土回填并夯实。当地基回填土松散、孔口易坍塌时，应扩大护筒坑的挖埋直径或在护筒周围填砂浆混凝土。护筒埋设深度一般为1～15m；对于坍塌较深的桩孔，应增加护筒埋设深度。

（5）制备泥浆。制浆用黏土的质量要求、泥浆搅拌和泥浆性能指标等，均应符合有关规定。泥浆主要性能指标：比重为1.1～1.15，黏度为10～25s，含砂率小于6%，胶体率大于95%，失水量小于30mL/min，pH值为7～9。

泥浆的循环系统主要包括：制浆池、泥浆池、沉淀池和循环槽等。开动钻机较多时，一般采用集中制浆与供浆。用抽浆泵通过主浆管和软管向各孔桩供浆。

泥浆的排浆系统由主排浆沟、支排浆沟和泥浆沉淀池组成。沉淀池内的混浆采用泥浆净化机净化后，由泥浆泵抽回泥浆池，以便再次利用。废弃的泥浆与渣应按环境保护的有关规定进行处理。

2. 造孔

（1）造孔方法。钻孔灌注桩造孔常用的方法包括冲击钻进法、冲抓钻进法、冲击反循环钻进法、泵吸反循环钻进法、正循环回转钻进法等，可根据具体的情况进行选用。

（2）造孔。施工平台应铺设枕木和台板，安装钻机应保持稳固、周正、水平。开钻前提钻具，校正孔位。造孔时，钻具对准测放的中心开孔钻进。施工中应经常检测孔径、孔形和孔斜，严格控制钻孔质量。出渣时，及时补给泥浆，保证钻孔内浆液面的泥浆稳定，防止塌孔。

根据地质勘探资料、钻进速度、钻具磨损程度及抽筒排出的钻渣等情况，判断换层孔深。如钻孔进入基岩，立即用样管取样。经现场地质人员鉴定，确定终孔深度。终孔验收时，桩位孔口偏差不得大于 5cm，桩身垂直度偏斜应小于 1%。当上述指标达到规定要求时，才能进入下道工序施工。

（3）清孔。

1）清孔的目的。清孔的目的是抽、换孔内泥浆，清除孔内钻渣，尽量减少孔底沉淀层厚度，防止桩底存留过厚沉淀砂土而降低桩的承载力，确保灌注混凝土的质量。

终孔检查后，应立即清孔。清孔时应不断置换泥浆，直至灌注水下混凝土。

2）清孔的质量要求。清孔的质量要求是应清除孔底所有的沉淀砂土。当技术上确有困难时，允许残留少量不成浆状的松土，其数量应按合同文件的规定。清孔后灌注混凝土前，孔底 500mm 以内的泥浆性能指标：含砂率为 8 %。比重应小于 1.25，漏斗黏度不大于 28s。

3）清孔方法。根据设计要求、钻进方法、钻具和土质条件决定清孔方法。常用的清孔方法有正循环清孔、泵吸反循环清孔、空压机清孔和掏渣清孔等。

a. 正循环清孔。适用于淤泥层、砂土层和基岩施工的桩孔。孔径一般小于 800mm。其方法是在终孔后，将钻头提离孔底 10～20cm 空转，并保持泥浆正常循环。输入比重为 1.10～1.25 的较纯的新泥浆循环，把钻孔内悬浮钻渣较多的泥浆换出。根据孔内情况，清孔时间一般为 4～6h。

b. 泵吸反循环清孔。适用于孔径 600～500mm 及更大的桩孔。清孔时，在终孔后停止回转，将钻具提离孔底 10～15cm，反循环持续到满足清孔要求为止。清孔时间一般为 8～15min。

c. 空压机清孔。其原理与空压机抽水洗井的原理相同，适用于各种孔径，深度大于 10m 各种钻进方法的桩孔。一般是在钢筋笼下入孔内后，将安有进气管的导管吊入孔中。导管下入深度距沉渣面 30～40cm。由于桩孔不深，混合器可以下到接近孔底，以增加沉没深度。清孔开始时，应向孔内补水。清孔停止时，应先关风后断水，防止水头损失而造成塌孔。送风量由小到大，风压一般为 0.5～0.7MPa。

d. 掏渣清孔，干钻施工的桩孔，不得用循环液清除孔内虚土，应采用掏渣等或加碎石夯实的办法。

3. 钢筋笼制作与安装

（1）一般要求。

1）钢筋的种类、钢号、直径应符合设计要求。钢筋的材质应进行物理力学性能或化学成分的分析试验。

2）制作前应除锈、调直（螺旋筋除外）。主筋应尽量用整根钢筋。焊接的钢材，应做可焊性和焊接质量的试验。

3）当钢筋笼全长超过 10m 时，宜分段制作。分段后的主筋接头应互相错开，同一截面内的接头数目不多于主筋总根数的 50%，两个接头的间距应大于 50cm。接头可采用搭接、绑条或坡口焊接。加强筋与主筋间采用点焊连接，箍筋与主筋间采用绑扎方法。

（2）钢筋笼的制作。制作钢筋笼的设备与工具包括电焊机、钢筋切割机、钢筋圈制作台和钢筋笼成型支架等。钢筋笼的制作程序如下：

1）根据设计，确定箍筋用料长度。将钢筋成批切割好备用。

2）钢筋笼主筋保护层厚度一般为6～8cm。绑扎或焊接钢筋混凝土预制块，焊接环筋。环的直径不小于10mm，焊在主筋外侧。

3）制作好的钢筋笼在平整的地面上放置，应防止变形。

4）按图纸尺寸和焊接质量要求检查钢筋笼（内径应比导管接头外径大100mm以上）。不合格者不得使用。

（3）钢筋笼的安装。钢筋笼安装用大型吊车起吊，对准桩孔中心放入孔内。如桩孔较深，钢筋笼应分段加工，在孔口处进行对接。采用单面焊缝焊接，焊缝应饱满，不得咬边夹渣。焊缝长度不小于10d（d为主钢筋的直径）。为了保证钢筋笼的垂直度，钢筋笼在孔口按桩位中心定位，使其悬吊在孔内。

下放钢筋笼应防止碰撞孔壁。如下放受阻，应查明原因，不得强行下插。一般采用正反旋转，缓慢逐步下入。安装完毕后，经有关人员对钢筋笼的位置、垂直度、焊缝质量、箍筋点焊质量等全面进行检查验收，合格后才能下导管灌注混凝土。

2.4.1.4　混凝土的配制与灌注

1. 一般规定

（1）桩身混凝土按条件养护28d后应达到下列要求。

1）抗压强度达到相应的标准强度。

2）凝结密实，胶结良好，不得有蜂窝、空洞、裂缝、稀释、夹层和夹泥渣等不良现象。

3）水泥砂浆与钢筋黏结良好，不得有露筋现象。

4）有特殊要求的混凝土或钢筋混凝土的其他性能指标，应达到设计要求。

（2）配制混凝土所用材料和配合比除应符合设计规定外，并应满足下列要求。

1）水泥除应符合国家标准外，其按标准方法规定的初凝时间不宜小于3～4h。

2）桩身混凝土重密度一般为2300～2400kg/m^3，水泥强度等级不低于42.5MPa，水泥用量不得少于360kg/m^3。

3）混凝土坍落度一般为18～22cm。

4）粗骨料可选用卵石或碎石，最大粒径应小于40mm，并不得大于导入径的1/6～1/8和钢筋小净距的1/3，一般用5～40mm为宜。细骨料宜采用质地坚硬的天然中、粗砂。

5）为使混凝土有较好的和易性，混凝土含砂率宜采用40%～45%；并宜选用中、粗砂。水灰比应小于0.5。

6）与水泥起化学作用的水达到水泥质量的15%～20%即可，多余的水只起润滑作用，即搅成混凝土具有和易性。混凝土灌注完毕后，多余水分逐渐蒸发，在混凝土中留下小气孔，气孔越多，强度越低，因此要控制用水量。洁净的天然水和自来水都可使用。

7）为改善水下混凝土的工艺性能，加速施工进度和节约水泥，可在混凝土中掺入添加剂。其种类、加入量按设计要求确定。

2. 水下混凝土灌注

灌注混凝土要严格按照《建筑地基与基础灌注桩施工质量验收规范》（GB 50202—2002）中有关规定进行施工。混凝土灌注分为干孔灌注和水下灌注，一般均采用导管灌注法。

混凝土灌注是钻孔灌注桩的重要工序，应予特别注意。钻孔应经过质量检验合格后，才能进行灌注工作。

（1）灌注导管。灌注导管用钢管制作，导管壁厚不宜小于3mm，直径宜为200～300mm。每节导管长度，导管下部第一根为4000～6000mm，导管中部为1000～2000mm，导管上部为300～500mm。密封形式采用橡胶圈或橡胶皮垫。适用桩径为600～1500mm。

（2）导管顶部应安装漏斗和储料斗。漏斗安装高度应适应操作的重要，在灌注到最后阶段时，能满足对导管内混凝土柱高度的需要，以保证上部桩身的灌注质量。混凝土柱的高度，一般在桩底低于桩孔中水面时，应比水面到少高出2m。漏斗与储料斗应有足够的容量来储存混凝土，以保证首批灌入的混凝土量能达到1～1.2m的埋管高度。

（3）灌注顺序。灌注前，应再次测定孔底沉渣厚度。如厚度超过规定，应再次进行清孔。当下导管时，导管底部与孔底的距离以能放出隔水器和混凝土为原则，一般为30～50cm。桩径小于600mm时，可适当加大导管底部至孔底距离。

1）首批混凝土连续不断地灌注后，应有专人测量孔内混凝土面度，并计算导管埋置深度，一般控制在2～6m，不得小于1m或大于6m。严禁导管提出混凝土面。应及时填写水下混凝土灌注记录。如发现导管内大量进水，应立即停止灌注，查明原因，处理后再灌注。

2）水下灌注必须连续进行，严禁中途停灌。灌注中，应注意观察管内混凝土下降和孔内水位变化情况，及时测量管内混凝土面上升高度和分段计算充盈系数（充盈系数应在1.1～1.2之间），不得小于1。

3）导管提升时，不得挂住钢筋笼，可设置防护三角形加筋板或设置锥形法兰护罩。

4）灌注将结束时，由于导管内混凝土柱高度减小，超压力降低，而导管外的泥浆及所含渣土稠度增加，相对密度增大。出现混凝土顶升困难时，可以在小于300mm的幅度上下串动导管，但不许横向摆动，确保灌注顺利进行。

5）终灌时，考虑到泥浆层的影响，实灌桩顶混凝土面应高于设计桩顶0.5m以上。

6）施工过程中，要协调混凝土配制、运输和灌注各个工序的合理配合，保证灌注连续作业和灌注质量。

2.4.1.5 钻孔灌注桩的质量控制

钻孔灌注桩是一种深入地下的隐蔽工程，其质量不能直接进行外观检查。如果在上部工程完成后发现桩的质量问题，要采取必要的补救措施以消除隐患是非常困难的。所以在施工的全过程中，必须采取有效的质量控制措施，以确保灌注桩质量完全满足设计要求。灌注桩质量包括桩位、桩径、桩斜、桩长、桩底沉渣厚度、桩顶浮渣厚度、混凝土强度、桩身结构、钢筋笼，以及有否断桩夹泥、蜂窝、空洞、裂缝等内容。

1. 桩位控制

施工现场泥泞较多，桩位定好后，无法长期保存，护筒埋设以后尚需校对。为确保桩位质量，可采取精密测量方法，即用经纬仪定向，钢皮尺测距的办法定位。护筒埋设时，再次进行复测。采用焊制的坐标架校正护筒中心同桩位中心保持一致。

2. 桩斜控制

埋设护筒采用护筒内径上、下两端十字交叉法定心，通过两中心点，能确保护筒垂直。钻机就位后，钻杆中心悬垂线通过护筒上、下两中心点，开孔定位即能确保准确、垂直。回转钻进时要匀速给进。当土层变硬时应轻压、慢给进、高转速；钻具跳动时，应轻压、低转速。必要时，采用加重块配合减压钻进。遇较大块石，可用冲抓锥处理。冲抓时提吊钢绳不能过度放松。及时测定孔斜，保证孔率小于1％。发现孔斜道大，立即采取纠斜措施。

3. 桩径控制

根据地情况，合理选择钻头直径，对桩径控制有重要作用。在黏性土层中钻进，钻孔直径应比钻头直径大5cm左右。随着土层中含砂量的增加，孔径可比钻头直径大10cm。在砂层、砂卵石等松散地层，为防止坍塌掉块而造成超径现象，应合理使用泥浆。

4. 桩长控制

施工中明确护筒口高程与各项设计高程，正确进行换算。在土层中钻进时，锥形钻头的起始点要准确无误，根据不同土质情况进行调整。机具长度丈量要准确。冲击钻进或冲击反循环钻进要正确丈量钢绳长度，并考虑负重后的伸长值，发现错误应及时更正。

5. 桩底沉渣控制

土层、砂层或砂卵石层钻进，一般用泥浆换浆方法清孔。应合理选择泥浆性能指标，换浆时，返出钻孔的泥浆比重应小于1.25，才能保持孔底清洁无沉渣。清孔确有困难时，孔底残留沉渣厚度应按合同文件规定执行，防止沉渣过多而影响桩长和灌注混凝土质量。

6. 桩顶控制

灌注的混凝土，通过导管从钻孔底部排出，把孔底的沉渣冲起并填补其空间，随着灌注的继续，混凝土柱不断升高，由于沉渣比重比混凝土小，始终浮在最上面，形成桩顶浮渣。浮渣的密实性较差，与混凝土有明显区别。当混凝土灌注至最后一斗时，应准确探明浮渣厚度。灌注完以后再复查桩顶高度，达到设计要求时将导管拆除，否则应补料。

7. 混凝土强度控制

根据设计配合比，进行混凝土试配，快速保养检测。对混凝土配合比设计进行必要的调整。严格按规范把好水泥、砂、石的质量关。有质量保证书的也要进行核对。

灌注过程中，经常观察分析混凝土配合比，及时测试坍落度。为节约水泥可加入适量的添加剂，减少加水量，提高混凝土强度。

严格按规定做试块，应在拌和机出料口取样，保证取样质量。

8. 桩身结构控制

制作钢筋笼不能超过规范允许的误差，包括主筋的搭接方武、长度。定心块是控制保护层厚度的主要措施，不能省略。钢筋笼的全部数据都应按隐蔽工程进行验收、记录。钢筋笼底应制成锥形，底面用环筋封端，以便顺利下放。起吊部位可增焊环筋，提高强度。起吊钢绳应放长。以减少两绳夹角，防止钢盘笼起吊进变形。确保导管密封良好，灌注时导管提升不能过多，防止夹泥、断桩等质量事故发生。如发生这些事故，应将导管全部提出，处理好以后再下入孔内。

9. 原材料控制

(1) 对每批进场的钢筋应严格检查其材质证明文件，抽样复核钢筋的机械性能，各项性能指标均符合设计要求才能使用。

(2) 认真检查每批进场的水泥强度等级、出厂日期和出厂实验报告。使用前，对出厂水泥、砂、石的性能进行复核，并做水下混凝土试验。严禁使用不合格或过期硬化水泥。

2.4.1.6 工程质量检查验收

工程施工结束后，应按《建筑地基与基础工程施工质量验收规范》(GB 50202—2002) 有关规定，对桩基工程验收应提交的图纸、资料进行绘制、整理、汇总及施工质量的自检评价工作。同时会同建设、设计和监理单位，根据现场施工情况、施工记录与混凝土试块抗压强度报告表，选定适量的单桩若干根，委托建筑工程质量检测中心进行单桩垂直静载试验检查和桩基动测试验检查，评价桩的承载力和混凝土强度是否满足设计要求。

2.4.2 钢筋混凝土预制桩

2.4.2.1 钢筋混凝土预制桩的类型

钢筋混凝土桩坚固耐久，不受地下水和潮湿变化的影响，可做成各种需要的断面和长度，而且能承受较大的荷载，在工程中应用较广。

预制钢筋混凝土桩分实心桩和管桩两种。为了便于预制，实心桩大多做成方形断面。断面一般为 200mm×200mm 至 550mm×550mm (图 2.32)。单根桩的最大长度根据打桩架的高度而定，目前一般在 27m 以内，必要时可做到 31m。一般情况下，如需打设 30m 以上的桩，则将桩预制成几段，在打桩过程中逐段接桩予以接长。管桩是在工厂内采用离心法制成，它与实心桩相比，可大大减轻桩的自重，目前工厂生产的管桩有 ϕ400、ϕ550mm (外径) 等数种。

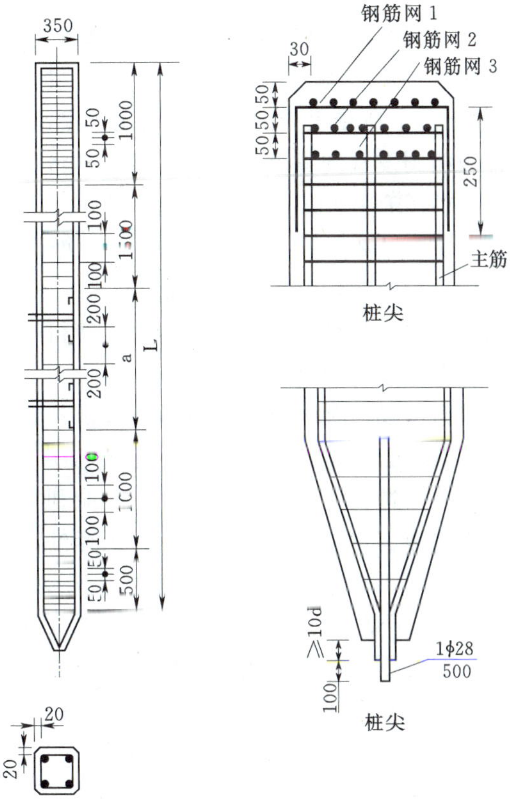

图 2.32 预制钢筋混凝土桩 (单位：mm)

筋混凝土预制桩施工，包括预制、起吊、运输、堆放、沉桩等过程。对于这些不同的过程，应该根据工艺条件、土质情况、荷载特点予以综合考虑，以便拟出合适的施工方案和技术措施。

钢筋混凝土预制桩沉桩方式可分为锤击沉桩、振动沉桩、静力压桩和射水沉桩等数种。其中，射水沉桩仅适用于砂土层中，水的压力需达到 0.55～0.7MPa，必要时，可以用压缩空气代替压力水。

2.4.2.2 锤击沉桩打桩技术

1. 桩锤与桩架选择

锤击沉桩俗称打桩。为了保证沉桩质量，需要合理地选择打桩机具，做好现场准备工作，并拟订相应的技术安全措施。

打桩机具主要包括桩锤、桩架和动力装置三部分。桩锤是对桩施加冲击，把桩打入土中的主要机具。桩架的作用是将桩提升就位，并在打桩过程中引导桩的方向，以保证桩锤能沿所要求的方向冲击。动力装置包括驱动桩锤及卷扬机用的动力设备（锅炉、空气压缩机等）和管道、滑轮组和卷扬机等。

（1）桩锤选择。桩锤种类很多，有落锤、单动蒸汽锤、双动蒸汽锤、柴油打桩锤和振动桩锤等。

1）落锤构造简单，使用方便，能随意调整其落锤高度，适合在黏土和含砾石较多的土中打桩，但打桩速度较慢。落锤质量一般为 0.5～1.5t。

2）单动蒸汽锤的冲击力较大，打桩速度较落锤快，一般适用于打木桩及钢筋混凝土桩。单动蒸汽锤重有 3t、7t、10t、15t 等数种。

3）双动蒸汽锤工作效率高，一般打桩工程都可使用，并能用于打钢板及水下打桩。双动蒸汽锤的锤质量，一般为 0.62～3.5t。

4）柴油打桩锤设备轻便，打桩迅速，多用于打钢筋混凝土桩。这种桩锤不适合于松软土中打桩，因为当土很松软时，对于桩的下沉没有多大阻力，以致汽缸向上顶起的距离（与桩下沉中所受阻力的大小成正比）很小，当气缸再次降落时，不能保证将燃料室中的气体压缩到发火的程度，柴油打桩锤则将停止工作。柴油打桩锤分杆式和筒式两种。杆式柴油打桩锤有 0.6t、1.2t、1.8t、2.5t、3.5t 数种；筒式柴油打桩锤近年来采用较多，其规格有 1.8t、2.5t、4.0t、6.0t、7.0t 等。

5）振动桩锤在砂土中打桩最有效，并适合打设钢筋混凝土管桩。振动沉桩的原理，系借助于振动桩锤所产生的激振力，使得桩与土颗粒间的摩阻力大大减少，桩在自重与机械力的作用下逐渐沉入土中。

根据现场情况及机具设备条件选定桩锤类型之后，即可进一步确定桩锤质量的大小。桩锤过大，会过多地耗费能量，造成浪费；桩锤过小，又可能打不下桩，给施工带来困难。因此，选择大小恰当的桩锤，是顺利完成打桩任务的一个重要问题。

有些施工单位根据桩的长度来选择桩锤质量。如对于单动蒸汽锤，当桩长不大于 20m 时，锤质量不大于 5t；桩长为 20～30m 时，锤质量用 7t；桩长大于 30m，锤质量用 10t 或 15t。对于柴油打桩锤，桩长在 6m 左右时，用 0.6t 桩锤；桩长为 12m 左右时，用 1.2t 桩锤；如桩更长，则选用质量更大的柴油打桩锤。

（2）桩架选择。桩架的主要作用是在沉桩过程中保持桩的正确位置。桩架的主要部分是导杆。导杆由槽形、箱形、管形截面的刚性构件组成。多功能桩架的导杆可以前后倾斜，其底架可作 3600 回转，一般落锤或蒸汽锤桩架的移动是利用钢丝绳带动行驶用的钢管来实现的，如图 2.33 所示。

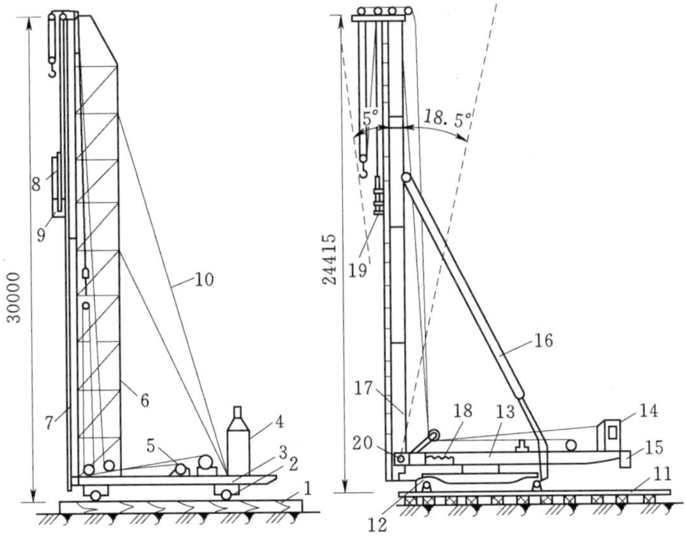

(a)蒸汽锤(或落锤)桩架　　(b)多功能柴油打桩锤桩架

图 2.33　桩架示意图（单位：mm）

1—枕木；2—滚筒；3—底架；4—钢炉；5—卷扬机；6—桩架；7　龙门导杆；8—蒸汽锤；9—桩帽；10—缆风绳；11—钢轨；12—底盘；13—回转平台；14—司机室；15—平衡重；16—撑杆；17—挺杆；18—水平调整装置；19—柴油打桩锤；20—成向节

确定桩架高度时，应满足下述条件：

$$H \geqslant h_1 + h_2 + h_3 + h_4 + h_5$$

式中　H——桩架高度，m；

h_1——桩长，m；

h_2——滑轮组高度，m；

h_3——桩锤高度，m；

h_4——桩帽及锤垫高度，m；

h_5　起锤工作余位高度 m。

2. 打桩顺序

打桩顺序是否合理，直接影响打桩进度和施工质量。图 2.34 是两种不合理的顺序。

这样打桩，桩体附近的土朝着一个方向挤压，于是有可能使最后要打入的桩难以打入土中，或者桩的入土深度逐渐减少。这样建成的桩基础，会引起建筑物产生不无效的沉降，应予避免。

根据上述原因，当相邻桩的中心距小于 4 倍桩的直径时，应拟定合理的打桩顺序。如可采用逐排打设、自中部向边沿打设和分段打设等（图 2.35）。

实际施工中，由于移动打桩架的工作繁重，因此，除了考虑上述的因素外，有时还考虑打桩架移动的方便与否来确定打桩顺序。

打桩顺序确定后，还需要考虑打桩机是往后“退打”还是往前“顶打”。因为这涉及桩的布置和运输问题。

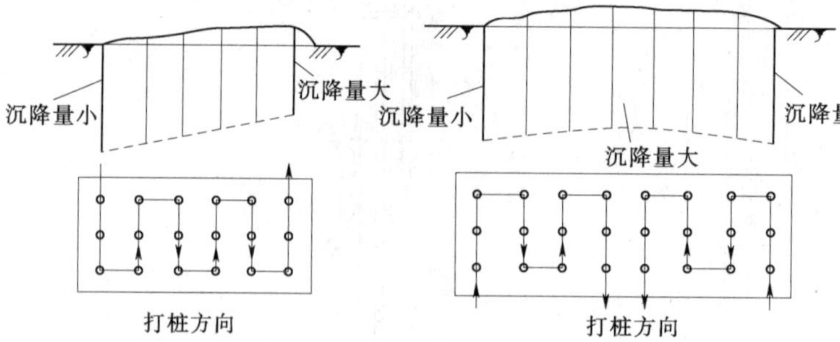

(a)逐排单向打设　　(b)分段迎面打设

图 2.34　不合理的打桩顺序

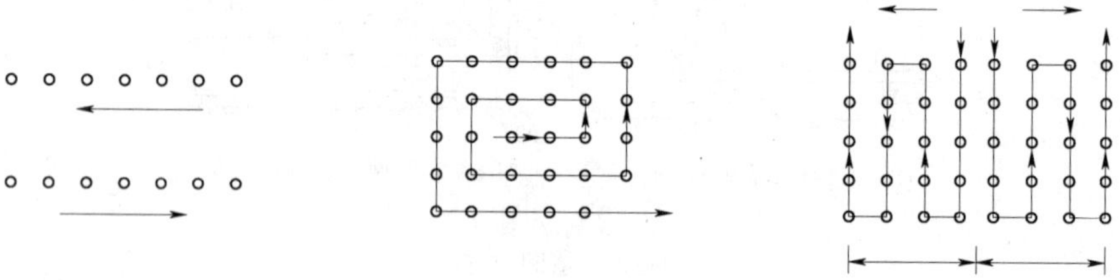

(a)逐排打设　　(b)自中部向边沿打设　　(c)分段打设(可同时施工)

图 2.35　几种合理的打桩顺序

当打桩地面标高接近桩顶设计标高时，打桩后，实际上每根桩的顶端还会高出地面，这是由于桩尖持力层的标高不可能完全一致，而预制桩又不可能设计成各不相同的长度，因此桩顶高出地面往往是难免的。在这种情况下，打桩机只能采取往后退打的方法。此时，桩不能事先都布置在地面上，只有随打随运。

当打桩后，桩顶的实际标高在地面以下时（摩擦桩一般是这样，端承桩则需采用送桩打入），打桩机则可以采取往前顶打的方法进行施工。这时，只要现场许可，所有的桩都可以事先布置好，这可以避免场内二次搬运。往前顶打时，由于桩顶都已打入地面，所以地面会留有桩孔，移动打桩机和行车时应注意铺平。

3. 桩的提升就位

桩运至桩架下以后，利用桩架上的滑轮组进行提升就位（又称插桩）。即首先绑好吊索，将桩水平地提升到一定高度（为桩长的一半加 0.3～0.5m），然后提升其中的一组滑轮组使桩尖渐渐下降，从而桩身旋转至垂直于地面的位置，此时，桩尖离地面 0.3～0.5m。图 2.36 为三吊点的桩的提升情况，左（面对桩架正面而言）滑轮组连接吊点 A 和 B，右滑轮组连接吊点 C。

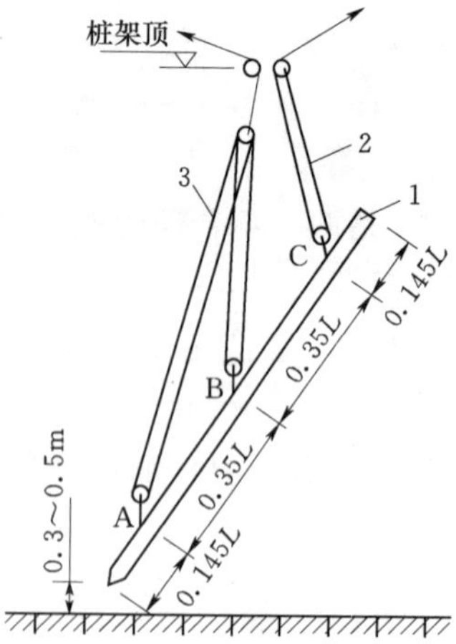

图 2.36　桩的提升示意图
1—桩；2—右滑轮组；3—左滑轮组；L—桩长

桩提升到垂直状态后，即可送入桩架的龙门导杆内，然后把桩准确地安放在桩位上，随着将桩和导杆相联结，以保证打桩时不发生移动和倾斜。在桩顶垫上硬木（通称

“替打木”）或粗草纸，安上桩帽后，即可将桩锤缓缓落到桩顶上面，注意不要撞击。在桩的自重和锤重作用下，桩向土中沉入一定深度而达到稳定的位置。这时，再校正一次桩垂直度，即可进行打桩。

4. 打桩

用锤打桩，桩锤动量所转换的功，除去各种损耗外，如还足以克服桩身与土的摩阻力和桩尖阻力的，桩即沉入土中。

打桩时，可以采取两种方式：一种为“轻锤高击”，另一种为“重锤低击”，如图2.37所示。设 $Q_2=2Q_1$，而 $H_2=0.5H_1$，这两种方式即使所作的功相同（$Q_1H_1=Q_2H_2$），但所得到的效果是不同的。这可粗略地以撞击原理来说明这种现象。

轻锤高击，所得到的动量较小，而桩锤对桩头的冲击大小，因而回弹大，桩头也易损坏。这些都是要较多地消耗能量的。

重锤低击，所得的动量较大，而桩锤对桩头的冲击小，因而回弹也小，桩头不易损坏，大部分能量都可以用来克服桩身与土的摩阻力和桩尖阻力，因此桩能较快地打入土中。

此外，由于重锤低击的落距小，因而可提高锤击频率。桩锤的频率高，对于较密实的土层，如砂或黏土，能较容易地穿过（但不适用于含有砾石的杂填土）。所以，打桩宜用重锤低击法。

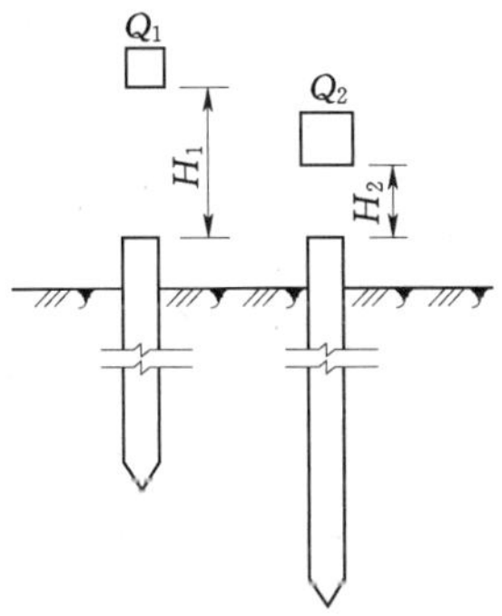

(a)轻锤高击 (b)重锤低击

图2.37 两种打桩方式示意图

至于桩锤的落距究竟以多大为宜，根据实践经验，在一般情况下，单动蒸汽锤以0.6m左右为宜；柴油打桩锤不超过1.5m；落锤不超过1.0m为宜。

5. 打桩质量要求

打桩质量包括两个方面的内容：一方面是能否满足贯入度或标高的设计要求；另一方面是打入后的偏差是否在允许范围以内。打桩的控制原则如下：

（1）桩尖位于坚硬、硬塑的黏性土、碎石土、中密以上的砂土或风化岩等土层时，以贯入度控制为主，桩尖进入持力层深度或桩尖标高可作参考。

（2）贯入度已达到，而桩尖标高未达到时，应继续锤击3阵，其每阵10击的平均贯入度不应大于规定的数值。

（3）桩尖位于其他软土层时，以桩尖设计标高控制为主，贯入度可作参考。

（4）打桩时，如控制指标已符合要求，而其他的指标与要求相差较大时，应会同有关单位研究处理。

（5）贯入度应通过试桩确定，或做打桩试验与有关单位确定。

按标高控制的预制桩，桩顶容许偏差为－50～＋100mm。

上述所指的贯入度为最后贯入度，即最后一击时桩的入土深度。实际施工中，一般是采用最后10击桩的平均入土深度作为其最后贯入度。

最后贯入度是打桩质量标准的重要指标，但在实际施工中，也不要孤立地把贯入度作为唯一不变的指标。因为影响贯入度的因素是多方面的，如地质情况的变化，有无

“送桩”（当桩顶需打入地面以下时，需采用一种一般长 2 ～3m，多用钢材做成的工具式短桩，置于桩顶，承受锤击，这一工具式短桩称为“送桩”。加上送桩后，贯入度会显著减少），蒸汽锤的蒸汽压力的变化（蒸汽压力要正常，否则贯入是假象）等，都足以使贯入度产生较大的差别。因此，打桩中对于贯入度的异常变化，需要具体分析，具体解决。

为了控制桩的垂直偏差（不大于 1%）和平面位置偏差（一般不大于 100～150mm），桩在提升就位时，必须对准桩位，而且桩身要垂直，插入时的垂直度偏差不得超过 0.5%。施打前，桩、帽和桩锤必须在同一垂直线上。施打开始时，先用较小的落距，待桩渐渐入土稳住后，再适当增大落距，正常施打。

2.4.3 振冲碎石桩

振冲法加固砂土和软黏土地基是目前我国软弱地基处理的重要手段之一。自 1976 年我国工业及民用建筑地基处理领域引进地基振冲加固技术以来，该技术发展很快，并取得明显效果。这种技术具有速度快、质量好、造价低等优点，可以就地取材，广泛运用当地砂石骨料，不使用钢筋、水泥等三大原材料。

20 多年来，我国在应用与发展振冲加固技术的领域和范围正在逐步扩大。利用振冲加固技术处理松散粉砂、中粗砂、淤泥质软弱土、软黏土、粉土及回填土等，都很有成效。从建筑领域已经扩展到水利、水电、冶金、交通等部门，取得明显的经济效益和社会效益。

2.4.3.1 振冲碎石桩加固地基机理概述

振冲碎石桩是利用振动水冲法施工工艺，在地基中制成很多以石料组成的桩体。桩与原地基土共同构成复合地基，以提高地基承载力。根据所处理的地基土质的不同，可分为振冲挤密法和振冲置换法两种。在砂性土中制桩的过程对桩间土有挤密作用，称为振冲挤密。在黏土中制成的碎石桩，主要起置换作用，故称为振冲置换。两种加固法的加固机理如下。

1. 振冲挤密加固机理

振冲挤密加固砂性土地基的主要目的是提高地基土承载力、减少变形和增强抗液化性。振孔中填入的大量石料被强大的水平振动力挤入周围土中，这种强制挤密使砂土的相对密度增加，孔隙率降低，干土重度与内摩擦角增大，土的物理性能改善，使地基承载力大幅度提高。同时形成桩的碎石具有良好的反滤性，在地基中形成渗透性良好的人工竖向排水减压渠道，可有效地消散和防止超静孔隙水压力的增高，防止砂土产生液化，加快地基的排水固结。振冲挤密法如图 2.38 所示。

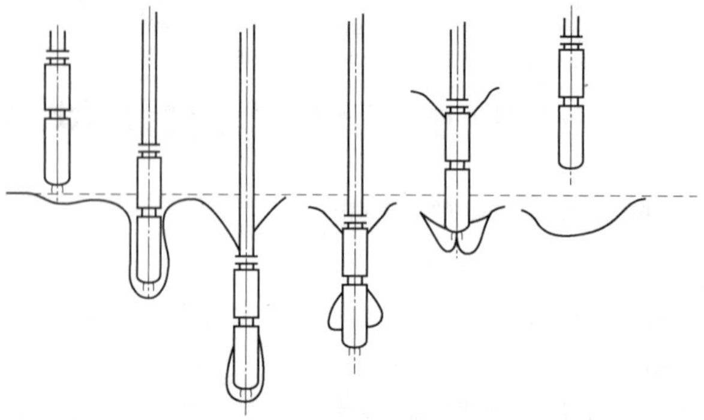

图 2.38 振冲挤密法

2. 振冲置换加固机理

黏性土地基，特别是饱和软土，土的黏粒含量多，粒间结合力强，渗透性低。在振动力作用下，土中水不易排走。碎石桩的作用不是使地基挤密，而是置换。施工时通过振冲器借助其自身质量、水平振动力和高压水将黏性土变成泥浆排出孔外，形成略大于振冲器直径的孔。再向孔中灌入碎石料，并在振冲器的侧向力作用下将碎石挤入孔中，形成具有密实度高和直径大的桩体。它与黏性土构成复合地基。所制成的碎石桩是黏土地基中一个良好的排水通道，它能起到排水井的效能，并且大大提高孔隙水的渗透路径，加速软土的排水固结，使地基承载力提高，沉降稳定加快。振冲碎石桩还可提高土体抗剪强度，增大土体的抗滑稳定性，振冲置换法如图2.39所示。

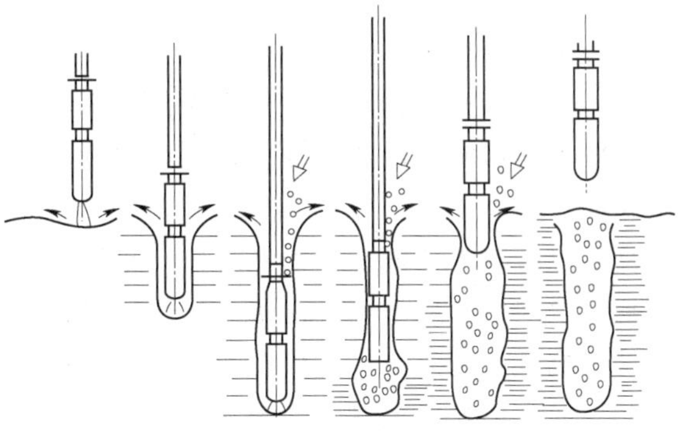

图2.39 振冲置换法

2.4.3.2 振冲加固机械设备概述

振冲加固主要机械设备包括以下几种。

(1) 振冲器。一般采用江苏省江阴振冲器厂生产的ZCQ-30型振冲器和ZCQ-75型振冲器。

(2) 吊车。常用的有QY16t和QY-20t两种。

(3) 装载设备。装载设备有ZL20A、ZL30A等型号。

(4) 碎石桩机。采用移动旋转式单臂碎石机，吊臂总长14m，横断面35cm×35cm，吊臂倾角可调范围55°～85°。采用ZS-J型卷扬机，单绳牵引能力20kN，卷扬速度18m/min。

(5) 供水设备。采用多级离心式清水泵。

2.4.3.3 施工方法

1. 施工方案

根据现场实际情况，合理布置施工机具，安排施工工序。利用工程降水井或河流清水供水，集中供电，集中排污，往复式移动作业方案，保证工程顺利进行。

2. 施工步骤

(1) 清除障碍物，平整场地，通水通电，合理布置排污槽、集污池、泥浆处理场地。

(2) 按设计要求供应石料，要求粒径20～50mm，最大不超过80mm。

(3) 布置桩位，中心偏差不大于3cm。

(4) 设备安装调试可结合工程桩打试验桩2～3根，了解地层情况。通过试验确定主要技术参数，如密实电流、留振时间、加密段长度、填料数量、水压、水量等。

(5) 振冲器头尖部对准桩位，中心偏差不大于5cm。启动水泵和振冲器，调整水压为0.4～0.7MPa，水量为200～400L/min。将振冲器以1～2m/min的速度沉入地基中，并观察振冲器电流变化。

(6) 当振冲器到设计深度后，在孔口填料，用振冲器挤密。当电流达到50～60A时，上提振冲器0.2～0.5m，再加填料振密。如此反复进行，逐段成桩。对每段桩的电流及填料数量、留振时间均要作好记录。

(7) 通过排污槽将振冲过程中返出的泥浆排到集污池，再用排污泵将泥浆排到沉淀池。

3. 质量控制措施

(1) 造孔技术参数。如电流、水压、水量的大小直接影响成桩孔径大小。应根据岩性软硬情况不断调整好造孔速度。松散中粗砂层、密实状粗砂和砾石与淤泥质土层造孔速度各不相同。

(2) 成桩技术参数。如加密电流、水压、水量与留振时间的选定，对成桩质量关系很大。加固淤泥质土层采用大水量、高水压成桩，含泥量少，成桩强度高。在低水压、小水量条件下成桩，孔内泥土与碎石混合，桩质量会大大降低。

(3) 加密段长度控制。成桩加密段长度的控制，直接影响到碎石桩质量。加密段过长，容易引起断桩；加密段过短，留振时间长，会扩大桩径。由于加密速度不均、段长不等将导致成桩孔径大小不均而呈葫芦状，这是应该避免的。

(4) 填料数量多少对桩体密实性影响很大。相同岩性的钻孔，每延米填料应该相同。如果填料量有较大差异，必须查清原因，防止产生断桩或坍孔等质量事故。

4. 质量检验

振冲碎石桩加固地基，其质量检验要到完工后一段时间让其稳定后进行。主要检验项目有桩位偏差、桩径、桩密实度、复合地基承载力等。复合地基承载力，采用静载试验或标准贯入试验和静力触探法进行检验。

2.4.4 振动沉管灌注桩

改革开放以来，随着建筑事业的发展，振动沉管灌注桩在软土地基处理中，已被广泛应用。振动沉管灌注桩与打入式预制桩、钻孔灌注桩相比，具有许多明显的优点。与打入式预制桩相比，具能适应地质条件变化、成桩可长可短、工效高、造价低、质量能得到保证等优点。与钻孔灌注桩相比，有施工现场无泥浆污染、效率高、造价低、施工周期短等优点，在建筑业中具有广泛的发展前景。

沉管灌注桩适用于黏性土、粉土、淤泥质土、砂土与填土；在厚度较大、灵敏度较高的淤泥和流塑状态的黏性土等软弱地层中采用时，应制定质量保证措施，并经工艺试验成功后才可正式施工。

实践证明，振动沉管灌注桩在施工过程中，因受地质条件变化、沉桩工艺、技术操作等因素影响，如在某工序中出现漏洞，就会导致不同程度的隐患，尤其是断桩、缩径、夹泥、吊脚等质量问题的发生，严重危及工程结构的安全，应引起高度重视，并分析原因，采取有效措施，把质量事故减少到最低限度，努力提高工程质量。

振动沉管工作原理是将振动器与沉管刚性地连接形成一个振动体系。振动器内是由两组对称而又偏心的锤体同步而又反向旋转运动，转动时所产生离心力与水平分力相互抵消，垂直分力大小相等方向相同，相互叠加，形成周期性的激振力振冲地层，产生振动形成强迫振动体系，从而使沉管击入地层。

振动沉管灌注桩施工流程如下。

2.4.4.1 施工前准备工作

施工前，应对工程地质条件、设计方案和技术要求进行认真研究，制订有效措施，确保工程质量满足设计要求。

1. 桩头种类的选择

采用桩尖活瓣施工时，会给下钢筋笼带来困难。应采取预制头代替桩尖活瓣。预制头混凝土强度等级不大于C30。钢筋布置应视地基土和持力层的强度而定，保障桩头不被打碎，周边不被剪切。

(1) 一般预制头直径大于桩管直径，使桩管外径与桩孔之间有一定环状间隙。在沉管和拔管过程中，可减少摩阻力和桩管上下刮泥等不利因素。

(2) 采用预制头有利于地下水和被扰动的土体中孔隙水压力升高，形成超静孔隙水压力沿着桩管外径和桩孔环状面积之间聚集。由于混凝土的灌注而排出地表，灌注质量得以保证。

2. 预制头和桩管配套的选用

一次单打成桩，选用预制头直径（d_2）、桩管外径（d_0）、成柱直径（d_1）的相关式为 $\frac{d_2+d_0}{d_1}\approx d_1$。当一次单打成桩不能满足设计桩径和承载力要求时，可采取复打（即二次单打）成桩，使桩径扩大、桩侧摩阻力增加，从而提高单桩承载力。

(1) 单打时不宜采用大桩头配小桩管，因桩身成形较差，桩侧摩阻力较小。摩擦桩切忌采用。

(2) 一次复打效果较好，多次复打效果不明显。还应注意地面垂直隆起，对先打的桩会产生竖向拉应力的危害。

3. 打桩试验

施工前应做打桩试验，以检验电源、机械设备运行情况、锤头激振力对土层穿透能力、沉桩标高和贯入度控制、工艺流程、技术措施和工效等，是否满足施工要求。如发现地质条件与提供的数据不符，应与有关单位及时研究解决，确保施工质量。

2.4.4.2 振动沉管桩施工程序

应要根据土质情况和荷载要求，分别选用单打法、复打法和反插法。单打法适用于含水量较小的土层，且宜采用预制桩尖；复打法与反插法适用于饱和土层。

1. 桩机就位

桩机就位后应调平底盘、调直立柱，使桩管垂直对正预制头，并使桩管和预制头轴线一致。防止桩身偏斜和桩顶水平位移。施工场地地下水较高时，应在沉管前预灌适量混凝土封底止水，确保灌注质量。

2. 沉管

(1) 沉管终孔深度以设计桩底标高或沉管最高贯入度分别进行控制。摩擦桩必须保证设计桩长。当采用沉管法成孔时，桩管入土深度的控制以设计标高为主，以贯入度（或贯入速度）为辅。端承桩当采用沉管法成孔时，桩管入土深度的控制以贯入度（或贯入速度）为主，与设计持力层标高相对照为辅。

(2) 施工过程中必须保持正常供电（额定电压不小于380V），保证振动锤的激振力，使桩尖顺利沉入硬岩层或持力层。单打法必须严格控制最后30s的电流、电压值。终孔前贯入速度不大于1～2cm/min，并加压抬机1次，即可停机。

(3) 较硬地基打桩时，沉管和桩尖贯入难以穿透硬土层中，可根据具体情况采取预钻导孔和桩管底部安装取土器分层取土等方法，穿透硬土层后再继续沉管造柱。

(4) 在地下水丰富的地层施工，为防止水进入桩管导致混凝土离析，可先灌注混凝土封桩尖，平衡地下水压力，再沉管至桩底标高，灌注混凝土拔管成桩。

(5) 地下水非常丰富地层，取土后提管时水即充满孔内，混凝土预封桩尖后振动沉管时，水不能及时排入地层，桩尖和桩管像活塞一样下去。可在取土器外焊两根ϕ30mm螺杆，取土后在孔壁上形成两道水槽，沉管便可下沉。

(6) 沉管遇到淤泥层，淤泥和水易进入桩管，导致混凝土夹泥事故。可采取沉管到淤泥层顶部停止振动，依靠锤和桩管自身质量沉管到液泥层底部，再振动沉管。

(7) 当沉管遇到硬塑地层，不易沉到桩底标高时，可将桩尖提离孔底0.3～0.5m，停振15～20min，该层黏土经地下水浸润后结全力松弛，即能振动沉管到达桩底标高。

(8) 在硬黏土夹层或砂层上部，应增大该处桩的横截面积，提高桩的整体端承载能力。桩底应进行2～3次反插，扩大桩底端承载面积。

(9) 在较软地层应采用全孔一次（或两次）复打，在局部较软地层采用局部一次复打或局部两次复打，以提高单桩承载力。

(10) 如持力层较软，贯入度难以达到设计要求，应增加桩长，或向较软的持力层投入碎石和砂，增大其密实度，提高端承力。

(11) 为加快施工进度，应用钢丝绳加压、加长活瓣桩尖、减小桩尖阻力、采用大的振动锤等措施，提高穿透能力。

(12) 一个工地均有深桩与浅桩时，应考虑沉管存在挤密和压实效应，应先打深桩后打浅桩，以加快施工进度。

(13) 选用耐振电机装配的振动锤和符合规格的电缆、坚固的桩机以及中空式振动箱，以减少机械事故，加快下钢筋笼速度。

3. 安放钢筋笼

待沉管结束后，用钢绳吊起钢筋笼下放到桩管内，按设计标高要求定位，而后灌注混凝土。此时钢筋笼吊着定位，周围有混凝土保护着。此工艺为“压力吊装钢筋笼”。其优点是定位准确，保证护层，减少振动变形和松脱。但因混凝土在初凝前处于流塑状态，当临时沉桩时桩间距有限，地基土易扰动，会使钢筋笼在自身质量压力下发生位移，低于设计标高，应采取措施保证定位。

4. 混凝土灌注

(1) 当桩较短时，应一次灌注，使桩管内混凝土柱高度适当高出地面标高，一次灌足到位。当桩身较长时，应分多次灌注。每次续灌前，应保持桩管内不少于2m高度的混凝土，即保持一定的自身质量压力，保证灌注质量。

(2) 复打法灌注混凝土。

1) 混凝土的充盈系数不得小于1.0；对于混凝土充盈系数不小于1.0的桩，宜全长复打。对可能有断桩和缩径的桩，应采用局部复打。成桩后的桩身混凝土顶面标高应不低于设计标高 500mm。全长复打桩的入土深度宜接近原桩长，局部复打应超过断桩或缩径区 1m 以上。

2）全长复打桩第一次灌注混凝土应达到自然地面；前后两次沉管的轴线应重合；复打施工必在第一次灌注的混凝土初凝前完成。

5. 拔管

（1）单管法施工，桩管内混凝土灌满后，先振动 5～10s，再开始拔管。边振边拔，每拔 0.5～1.0m，停拔振动 5～10s；如此反复，直至桩管全部拔出。在一般土层中，拔管速度宜为 1.2~1.5mm/min，用活瓣桩尖时宜慢，用预制桩尖时可适当加快。在软弱土层中，宜控制在 0.6～0.8mm/min。

（2）反插法施工，桩管内混凝土灌满后，先振动再拔管。每次拔管高度 0.5～1.0m，反插深度 0.3～0.6m。在拔管过程中，应分段添加混凝土，保持管内混凝土面始终不低于地表面或高于地下水位 1.0～1.5m 以上。拔管速度应小于 0.5mm/min；在桩尖处 1.5m 范围内，宜多次反插以扩大桩的端部断面；穿过淤泥夹层时，应放慢拔管速度，减少拔管高度和反插深度。在流动性淤泥中不宜使用反插法。

（3）复打法施工，在拔管时应随时清除粘在管壁上和散落在地面上的泥土。拔管速度要均匀，对一般地层以 1m/min 为宜，在软的土层宜控制在 0.3～0.8m/min。

（4）在拔管过程中，当桩管底端接近地面标高 2～3m 段关键部位，应精心操作，严格控制拔管速度和高度。必要时应采取短停拔（0.3～0.5m）、长留振（15～20s）的技术措施。严防断桩和缩颈隐患发生，确保灌注质量。

（5）当桩管拔出地表后，检查桩顶混凝土，如未达到设计标高时，必须把桩顶浮浆和泥土清除干净，然后补灌混凝土，并穿插振捣密实，防止断柱。

（6）混凝土灌注充盈系数小于 1.0 的桩，说明成桩已出现吊脚、涌砂、缩颈和断桩现象。应及时进行复打加以补救。

6. 养护

从沉桩开始到桩身成形，混凝土进入养护期，28d 达到设计强度。在养护期应注意事项。

（1）混凝土在初凝前处于流塑状态，当邻桩施工时由于桩距有限、土层软硬不均，桩周土易被挤密扰动，已打的桩被挤成畸形，桩顶混凝土被挤出地表，或桩位偏移、桩身倾斜，使桩径变小，影响桩基工程质量，应及时解决。

（2）在沉桩过程中，桩机移动时，应避开已打的桩位，防止桩顶破损和断桩事故发生。

（3）基坑开挖和截桩时，桩身混凝土养护应不少小 14d，没有达到一定强度不得截桩。截桩方法，按设计要求尺寸进行。严禁从桩顶重锤横向猛击，确保桩顶与承台有效连接。

2.4.5 人工挖（扩）孔灌注桩

挖（扩）孔灌注桩是利用人工挖掘方法成孔（或桩端扩大），然后安放钢筋笼灌注混凝土而成为基桩。这种桩基施工作业面小，设备简单，施工方便。作业时无振动、无噪声、无污染。当施工场地狭窄、邻近建筑物密集或桩数较少时尤为适用。施工工期短，可分组同时作业，若干根桩孔齐头并进。由于人工挖掘，孔底虚土能清除干净，施工质量可靠；便于检查孔壁与孔底，可以核实桩孔地层土质情况。桩径和桩身可随承载力的情况而变化。桩端可用人工扩大，以获得较大承载力。人工挖（扩）孔造价较低，灌注桩身混凝土时，人可下入孔内用振捣棒捣实，混凝土灌注质量较好，它是一种很有发展前途的基础工程处理方法。其缺点是桩孔内劳动条件差，孔内作业容易发生人身伤亡事故，混凝土用量较大。

2.4.5.1　适用范围

人工挖（扩）孔桩宜在地下水位以上施工，适用于人工填土层、黏土层、粉土层、砂土层、碎石土层，也可在黄土、膨胀土和冻土中使用，适用范围较广泛。

因地层或地下水的原因，挖掘比较困难或挖掘无法进行时，不能采用此种方法。当高层建筑采用大直径（0.8～1.2m），钢筋混凝土灌注桩时，人工挖孔比机械挖孔往往具有更大的适应性。

2.4.5.2　人工挖孔桩一般规定

（1）当孔内有承压水的砂土层、滞水层、厚度较大的压缩性淤泥层和流塑淤泥质土层施工时，必须有可靠的技术措施和安全措施。

（2）挖孔桩的桩长不宜超过25m，过长就不易施工。桩径不得小于0.8m；当桩长为8～15m时，桩径不应小于1.0m；当桩长为15～20m时，桩应小于1.2m；当桩长为20m时，桩长应适当加大。

（3）当挖桩净距小于2倍桩径且小于2.5m时，应采用间隔开挖。排桩跳挖的最小施工净距不得小于4.5m。

（4）挖孔桩混凝土或砖砌护壁的厚度不宜小于100mm。混凝土上、下护壁间搭接50～70mm。护壁一般为素质混凝土。当桩长、桩径较大时，应在护壁内配筋，其主筋应搭接。

（5）护壁混凝土强度不得低于桩身混凝土强度等级，一般采用C25或C30，厚度为100～150mm；加配的钢筋可采用6～9mm光圆钢筋。

（6）挖孔桩施工现场所有设备、设施、安全装置、工具配件以及个人劳保必须经常检查，确保完好和使用安全。

2.4.5.3　挖孔桩施工安全措施

（1）孔内必须设置应急软梯，供人员上下井之用。电葫芦、吊笼应安全可靠，并备有自动锁紧保险装置，不得使用麻绳和尼龙绳吊挂或脚踏井壁凸缘上下。电葫芦宜用按钮式开关，使用前必须检验其安全起吊能力。

（2）每日开工前必须检测井下的有毒、有害气体，并应有足够的安全防护措施。挖孔深度超过10m时，应有专门向井下送风的设备，风量不宜小于25L/s。

（3）孔口周围必须设置防护栏杆，一般采用0.8m高的栏杆围护。

（4）挖出的土石方应及时运离孔口，不得堆放在孔口周围。机动车辆的通行不得对井壁安全造成影响。

(5) 施工现场电源、电路的安装和拆除必须由电工操作，电器必须严格接地、接零和使用漏电保护器。各孔用电必须分闸，严禁一闸多用。孔上电缆必须架空 2.0m 以上，严禁拖地和埋压在土中。

(6) 孔内电缆、电线必须有防磨损、防潮、防断等保护措施。照明应采用安全矿灯或 12V 以下的安全灯，并遵守《施工现场临时用电安全技术规范》(JGJ 46—2005) 的规定。

2.4.5.4 挖孔桩设计原则

根据工程用途，挖孔桩可分为永久性挖孔桩和临时性挖孔桩。前者如厂基桩、楼基桩、桥墩基桩等；后者如基坑护坡桩和护壁桩等。永久性挖孔桩深度应根据设计荷载要求的持力层深度而定；临时性护坡、护壁桩应按照设计要求的基坑深度而定，但挖孔桩深度要比开挖基坑深 0.7～1.2m，以确保边坡稳定，避免桩坡同时顺坑底滑动。

挖孔桩孔径一般以 0.8m、1.2m 和 1.5m 为宜，应根据地层情况与设计荷载而定。

1. 挖孔桩钢筋笼设计

(1) 钢筋笼制作的容许偏差，主筋间距为±10mm，箍筋间距为±20mm，钢筋笼直径为±10mm，钢筋笼长度为±50mm。

(2) 分段制作的钢筋笼，其接头宜采用焊接并应遵守《混凝土结构工程施工及验收规范》(GB 50204—2002) 的规定。

(3) 主筋净距必须大于混凝土粗骨料粒径的 3 倍以上。

(4) 加劲筋宜设在主筋外侧，主筋一般不设弯钩。根据施工工艺要求所设弯钩不得向内圆伸露，以免妨碍导管工作。

(5) 钢筋笼的内径应比导管接头处外径大 100mm 以上。

(6) 钢筋笼主筋的保护层容许偏差：非水下灌注混凝土桩为 ±10mm。

2. 挖孔桩混凝土设计

按设计荷载要求可采用 C25、C20、C15 等混凝土，对于桥墩的混凝土强度还可提高，对临时性工程采用 C15、C20 等混凝土。

3. 挖孔桩的间距

厂基、楼基可按设计结构要求确定。桥墩纵向间距按设计要求与工程地质条件确定，横向间距较短，有时是环向互绕连接的。桥墩挖孔桩多在河滩、阶地的干孔松软土层中进行。

临时性的基坑护坡桩间距，根据工程地质条件、坡高、使用时间长短和工程位置的重要性而定。一般孔间距（孔的中心距）可定为 3～5m。雷雨季节，护坡可采用挖孔桩和锚喷联合式，其效果更好。

4. 挖孔桩护壁

挖孔桩护壁是为了施工安全，确保开挖灌注过程中孔壁稳定和下钢筋笼、灌注混凝土时孔内干净，无砂土石块混入，它是保证混凝土质量的关键。

2.4.5.5 挖孔桩施工

挖孔桩施工可分为机械施工和人工施工开挖两种。人工开挖设备简单，便于全面铺开，可加快施工进度、缩短工期，能够充分利用社会上的闲散劳动力。

1. 机械设备与工具

（1）人工清渣需要有三脚架、滑轮、钢绳、装渣料的筐筒、铁锹、铁镐、大锤等。

（2）机械清渣应备卷扬机（可用钻机的升降机代替）、动力设备、潜水泵、鼓风机、送风管、振捣工具等。

（3）台形双瓣模板，上口外径要大于挖孔桩径 5mm，下口外径是上口外径的 1.1 倍左右。两瓣对接呈圆台型，上窄下宽，高为 500～600mm。模板直径必须与挖孔桩设计孔径相适应，成孔孔径不能小于设计孔径。

2. 放线、定桩位

开孔前，定桩位应放样准确，在桩位外设置定位龙门桩，安装护壁模板必须用桩心点校正模板位置，并由专人负责。

3. 修筑第一节井圈护壁的规定

（1）井圈中心线与设计轴线的偏差不得大于 20mm。

（2）井圈顶面应比场地高出 200mm 左右，壁厚经以下护壁厚度增加 100 ～150mm。

4. 修筑后续井圈护壁应遵守下列规定

（1）护壁的厚度、拉结钢筋、配筋、混凝土强度均应符合设计要求。

（2）上、下节护壁的搭接长度不得小于 50mm。

（3）每节护壁均应连续施工完毕。

（4）护壁混凝土必须保证密实，根据土层渗水情况使用速凝剂。

（5）护壁模板的拆除宜在护壁混凝土灌注 24h 之后进行。

（6）发现护壁有蜂窝、漏水现象时，应及时补强，以防造成事故。

（7）同一水平面上的井圈任意直径的误差不得大于 50mm。

5. 涌水漏砂时处理措施

遇有厚度不大于 1.5m 的流动性淤泥和可能出现涌水涌砂时，护壁施工宜按下列方法处理：每节护壁的高度可减小到 300～500mm，并随挖随验、随灌注混凝土。

6. 灌注护壁混凝土

按设计模板高度分段开挖，每开挖到一层模板高度之后，应及时清孔支模，并灌注护壁混凝土或钢筋混凝土。待混凝土强度达到设计强度 60%～70%以上时可拆模，再继续开挖下层孔段。按此步骤直至挖到设计孔深。

7. 排除地下水

孔底有地下水的施工地段，应及时排水，观察孔壁稳定性。发现问题，及时采取有效措施加以处理。

8. 终孔时清除孔内淤泥与杂物

终孔时，应清除护壁污泥、孔底残渣、浮土、杂物、积水。检验合格后，应迅速封底、安装钢筋笼、灌注混凝土。孔底岩样应妥善保存备查。

9. 安装钢筋笼

安装钢筋笼要精心施工，防止扭曲、弯折。钢筋笼要垂直下入，确保与孔同轴。钢筋笼在孔内放正后，应从孔底往上每隔 1～1.5m 间距与孔壁固定，确保其垂直度。

10. 灌注桩身混凝土

混凝土配料应准确，拌和均匀。灌注时，混凝土必须通过溜槽和导管向孔内输送，防止混凝土离析。导管底端距孔底高度不宜大于 0.5m。混凝土应连续分层灌注，每层灌注高度不得大于 1.5m。混凝土应用插入式振捣器进行分层捣实，直至桩顶，严防出现蜂窝、狗洞或粗骨料集中的现象。

2.4.5.6 常见质量问题与处理方法

1. 涌砂与涌泥

如地下水位高，可用人工降低地下水位，尽可能降到设计桩底标高以下。设沉没钢套管阻挡流沙、涌泥。

2. 沉渣过厚

沉渣厚度如大于 100mm，地下水位降低不够，可降低地下水位到足够深度。混凝土浇筑前，再次清孔，及时浇筑混凝土。孔口土渣要及时运走。

3. 桩端基岩有夹层

将终孔时，用直径为 20～30mm 钻头向下钻进 4～5m。如发现软弱夹层，应再下挖至完好岩层，并用钻孔监测，直至符合设计要求。

4. 桩孔歪斜

成孔时，严格控制桩位与垂直度。发现歪斜，及时纠正。成孔后，应及时浇筑混凝土。

2.4.5.7 质量控制措施

（1）挖孔桩有护壁混凝土，可避免孔壁砂土碎石脱落，在混凝土灌注过程中不会出现孔壁坍塌与混凝土混杂现象，可防止断桩事故发生。

（2）挖孔桩应彻底清孔，孔内无岩渣、泥浆，以保证混凝土灌注均匀、密实，便于振捣。钢筋笼安放应与孔同轴，保持垂直。提高桩基质量。

（3）挖孔桩应加强检查。挖孔桩在成桩后、基础开挖过程中，可对前期挖孔桩进行全面检查。

2.4.5.8 质量检查与验收

1. 成桩质量检查

成桩质量检查包括成孔、钢筋笼制作与安放、混凝土搅制与灌注等工序过程的质量检查。

（1）对原材料质量与计量、混凝土配合比、坍落度、混凝土强度等进行检查。

（2）钢筋笼制作应对钢筋规格、焊条规格、品种、焊口规格、焊缝长度、焊缝外观与质量、主筋和箍筋的制作偏差等进行检查。

（3）在灌注混凝土前，严格按照有关施工质量要求，对已成孔的中心位置、孔深、孔径、垂直度、钢筋笼安放实际位置进行认真检查，并填写相应质量检查记录。

2. 单桩承载力检测

应进行单桩静荷载试验，检测桩数满足设计要求。

3. 基桩工程验收资料

（1）工程地质勘察报告、桩基施工图、图纸会审纪要与设计变更单等。

(2) 施工组织设计与施工方案等。

(3) 桩位测量放线图，包括桩位线复核签证单。

(4) 桩质量检查报告与单桩承载力检测报告。

(5) 基桩竣工平面图与桩顶标高图。

挖孔灌注桩施工作业面小、设备简单、施工方便、速度快、质量好、用途广泛，可充分利用劳动力，争取时间缩短工期，确保工程提前完成任务。同时可采用扩底桩，以增加端部承载力。但在比较复杂的风化砂（包括岩块）回填地层施工难度较大，成本较高，应选择合理的基础处理方案。

挖孔桩质量便于检查。在挖孔施工过程中，可以及时发现问题加以解决，确保工程质量。应在推广应用过程中，进一步强化质量管理，发展与完善挖孔桩施工工艺，把质量提高到新水平。

项目3 土石方工程施工

任务3.1 土的工程性质和方量计算

【引例3.1】 已知某一给水管线纵断面图设计如图3.1所示，开挖断面形式如图3.2所示。B为0.6m，工作面宽度$b=0.4$m，土质为黏土，无地下水，采用人工开槽法施工，沟槽横断面为梯形。其开槽边坡属于“5m以内的窄槽未加支撑时的安全施工边坡”，此边坡采用1∶0.25，使用反铲挖掘机进行挖掘。在沟槽开挖中，采用在沟端站立倒退开挖的形式。黏土的自然干密度为1.3t/m³，要求将挖出的土体运至另一施工地点进行机械填方压实的作业，填方压实部位为均质坝坝体土料，假设土体运输及搬运过程中无土方损耗。要求经压实后的土体达到的1.7t/m³的设计干密度，请计算开挖的土方量和经压实后的成品方量。

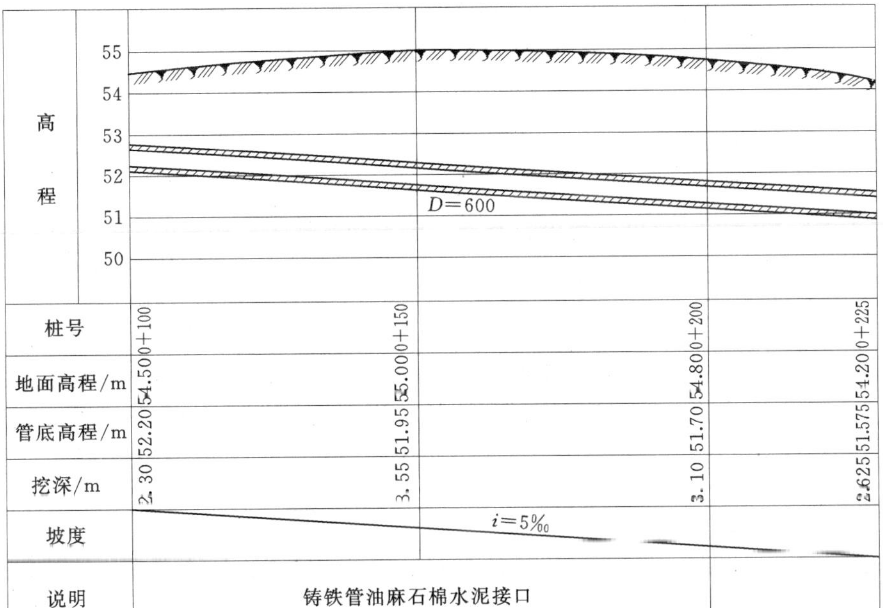

图3.1 某工程给水管道纵断面图设计

沟槽底宽 $$W=B+2b$$

式中 W——沟槽底宽，m；

B——基础结构宽度，m；

b——工作面宽度，m。

沟槽上口宽度 $$S=W+2nH$$

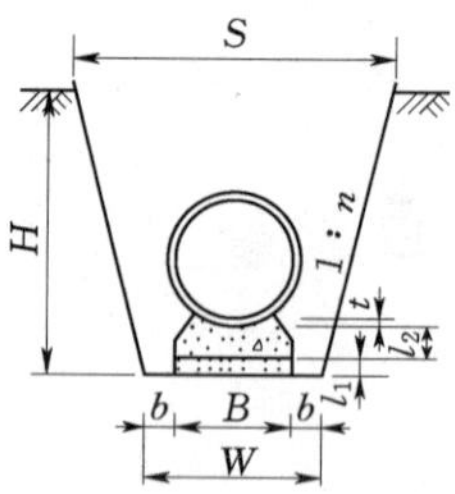

图 3.2　开挖断面形式

式中　S——沟槽上口的宽度，m；

n——沟槽槽壁边坡率；

H——沟槽开挖深度，m。

【思考】

(1) 什么是黏土？土的颗粒分类及土的工程分级的划分？

(2) 土方的开槽边坡的确定，对于土体的性质的描述的主要参数有哪些？

(3) 什么是土的自然方、松方和实体方？它们的大小关系如何？

(4) 土石方工程量如何计算？

(5) 挖运土石方主要有哪些机械设备？它们的特点如何？

3.1.1　土的工程性质及工程分级

在进行土石方开挖及确定挖运组织时，须根据各种土石的工程性质及其具体指标来选择施工方法及施工机具，确定工料消耗和劳动定额。对土石方工程施工影响较大的因素有土壤级别与特征。

从广义的角度而言，土包括土质土和岩石两大类。由于开挖的难易程度不同，水利水电工程中沿用16级分类法时，通常把前Ⅰ～Ⅳ级叫土（即土质土），Ⅴ级以上的都叫做岩石。

3.1.1.1　土的工程性质

1. 土的颗粒分类

根据土的颗粒级配，土可分为碎石类土、砂土和黏性土。按土的沉积年代，黏性土又可分为老黏性土、一般黏性土和新近沉积黏性土。按照土的颗粒大小分类，又可分为块石、碎石、砂粒等，详见表3.1。

表3.1　　按照土的颗粒分类

颗粒名称	粒径/mm	颗粒名称	粒径/mm
漂石或块石	>200	砂粒	2.0～0.05
卵石或碎石	200～20	粉粒	0.05～0.005
圆砾或角砾	20～2.0	黏粒	<0.005

2. 表观密度

土壤表观密度，就是单位体积土壤的质量。土壤保持其天然组织、结构和含水量时的表观密度称为自然表观密度。单位体积湿土的质量称为湿表观密度。单位体积干土的质量称为干表观密度。它是体现黏性土密实程度的指标，常用它来控制压实的质量。

3. 含水量

表示土壤空隙中含水的程度，常用土壤中水的质量与干土质量的百分比表示。含水量的大小直接影响黏性土压实质量。

4. 自然倾斜角

指自然堆积土壤的表面与水平面间所形成的角度，称为自然倾斜角。挖方与填方边坡的大小，与土壤的自然倾斜角有关。确定土体开挖边坡和填土边坡应慎重考虑，重要的土方开挖，应通过专门的设计和计算确定稳定边坡。一般开挖安全边坡可参考表3.2 。

表3.2 挖深在5m以内的窄槽未加支撑时的安全施工边坡

土的类别	人工开挖	机械开挖	备注
砂土	1∶1.00	1∶0.75	1. 必须做好防水措施，雨季应加支撑。 2. 附近如有强烈振动，应加支撑
轻亚黏土	1∶0.67	1∶0.50	
亚黏土	1∶0.50	1∶0.33	
黏土	1∶0.33	1∶0.25	
砾石土	1∶0.67	1∶0.50	
干黄土	1∶0.25	1∶0.10	

5. 土的松实关系

自然状态下的土，经开挖扰动之后，因土体变得松散而使体积增大，这种性质称为土的松散性，各种土的松散系数见表3.3。

表3.3 土的松散系数

土的类别	自然状态		挖松后		弃土堆	
	γ_1	K_1	γ_2	K_2	γ_3	K_3
砂土	1.65～1.75	1.0	1.50～1.55	1.05～1.15	1.60～1.65	1.00～1.10
壤土	1.75～1.85	1.0	1.65～1.70	1.05～1.10	1.75～1.80	1.00～1.05
黏土	1.80～1.95	1.0	1.60～1.65	1.10～1.20	1.75～1.80	1.00～1.10
砂砾土	1.90～2.05	1.0	1.50～1.70	1.10～1.40	1.70～1.90	1.00～1.20
含砂砾壤土	1.85～2.00	1.0	1.70～1.8	1.05～1.10	1.85～1.95	1.00～1.05
含砂砾黏土	1.90～2.10	1.0	1.55～1.75	1.10～1.35	1.75～2.00	1.00～1.20
卵石	1.95～2.15	1.0	1.70～1.90	1.15	1.90～2.05	1.00～1.05

注 1. γ_1、γ_2、γ_3 为不同松实状态下土的密度，t/m^3；K_1、K_2、K_3 为不同松实状态下土的密度，t/m^3 松散系数。

2. $K_2=\dfrac{\text{挖松后土的体积}}{\text{自然状态下土的体积}}$；$K_3=\dfrac{\text{未加人工压实的堆弃土的体积}}{\text{自然状态下土的体积}}$。

当自然状态的土挖松后，再经过人工或机械的碾压、振动，十可被压实，如在填筑拦河坝时，从土区取1m³ 的自然方，经过挖松运至坝体进行碾压后的实体方，就小于原1m³ 的自然方，这种性质称为土的可缩性。

在土方工程施工中，经常有三种土方的名称，即自然方、松方、实体方。它们之间有着密切的关系。

(1) 土的体积关系。土体在自然状态下是由土粒（矿物颗粒）、水和气体三相组成。当自然土体松动后，气体体积（即空隙）增大，而土粒数量不变，原自然土体积 $V_{自}$＜松动后的土体积 $V_{松}$；当经过碾压或振动后，气体被排出，则压实后的土体体积 $V_{实}$＜$V_{自}$。三者之间的关系即 $V_{实}$＜$V_{自}$＜$V_{松}$。

对于砾、卵石和爆破后的块碎石，由于它们的块度大或颗粒组，可塑性远小于土粒，因而它们的压实方＞自然方，详见表 3.4。

表 3.4　几种典型土的体积变化换算系数

土壤种类	$V_{自}$	$V_{松}$	$V_{实}$
黏土	1.00	1.27	0.90
壤土	1.00	1.25	0.90
砂	1.00	1.12	0.95
爆破块石	1.00	1.50	1.30
固结砾石	1.00	1.42	1.29

单位体积土的自重称为重度。

当 1m^3 的自然土体松动后，土体增大了，因而单位体积土的自重变轻了；再经过碾压或振动，使土粒紧密度增加，因而单位体积土的自重增大了。即开挖后的土体重度＜未扰动的土体重度＜碾压后的土体重度。

(2) 自然方和压实成品方的关系。在土方工程施工中，设计工程量为压实后的成品方，取料场的储量是自然方。在计算压实工程的备料量和运输量时，应该将二者之间的关系考虑进去，并考虑施工过程中技术处理、要求以及其他不可避免的各种损耗。水利水电系统在多年施工实践经验的基础上，在《水利水电建筑工程预算定额》中，提出了压实成品方与所需自然方的换算公式：

$$\text{每 }100\text{m}^3\text{ 压实成品需要自然方量}=(100+A)\times\frac{\text{设计干重度}}{\text{自然干重度}} \tag{3.1}$$

式（3.1）可改写为

$$V_{实}=\left(100+\frac{A}{100}\right)\times\frac{\gamma_d}{\gamma_0} \tag{3.2}$$

式中　$V_{实}$——压实成品方的体积，m^3；

A——综合系数；

γ_d——设计干重度，kN/m^3；

γ_0——未经扰动的自然干重度，kN/m^3。

式（3.2）中综合系数 A 考虑了施工中各种损失，包括坝上运输、雨后清理、边坡削坡、接缝削坡、施工沉陷、取土坑、试验坑和不可避免的压坏等损失因素。综合系数 A 见表 3.5。

表 3.5　土料施工综合系数 A

填筑料	A	填筑料	A
机械填筑混合坝坝体土料	5.86	人工填筑心墙土料	3.43
机械填筑均质坝坝体土料	4.93	坝体砂石料、反滤料	2.20
机械填筑心墙土料	5.70	坝体堆石料	1.40
人工填筑坝体土料	3.43		

3.1.1.2 土的工程分级

土的工程分级按照16级分类法，前Ⅳ级称为土（表3.6）。同一级土中各类土壤的特征有着很大的差异。如坚硬黏土和含砾石黏土，前者含黏粒量（粒径<0.005mm）在50%左右，而后者含砾石量在50%左右。它们虽都属Ⅳ级土，但颗粒组成不同，开挖方法也不尽相同。

表3.6 一般工程土分级表

土质级别	土名称	自然湿密度/(t·m^{-3})	外形特征	开挖方法
Ⅰ	1. 砂土 2. 种植土	1.65～1.75	疏松，黏着力差或易透水，略有黏性	用锹（有时略加脚踩）开挖
Ⅱ	1. 壤土 2. 淤泥 3. 含根种植土	1.75～1.85	开挖时能成块并易打碎	用锹并用脚踩开挖
Ⅲ	1. 黏土 2. 干燥黄土 3. 干淤泥 4. 含砾质黏土	1.80～1.95	黏手，干硬，看不见砂砾	用镐、三齿或用锹并用力加脚踩开挖
Ⅳ	1. 坚硬黏土 2. 砾质黏土 3. 含卵石黏土	1.90～2.10	土壤结构坚硬，将土分裂后成块状或含黏粒、砾石较多	用镐、三齿等工具开挖

在实际工程中，对土壤的特性及外界条件应在分级的基础上，进行分析研究认真确定土的级别。

3.1.2 土石方工程量的计算

土石方工程规模大小常以工程量多少来衡量，但有时完成的土石方量相同，耗费的劳动量都不一定相等。这是因为土石的工程级别不同，开挖的难易程度也不一样，弃土的堆放运距有远近之分。所以土石方工程量的大小除了计算土石方量外，还必须按照不同的土石工程级别、运距、施工条件等有关因素，通过定额手册把工程量折算成劳动工日数。劳动工日数是土石方工程投资包干和任务分配的重要依据。

土石方工程量计算基本方法有平均断面法和平均高度法两种。平均断面法主要用于土坎、渠道、基槽等土石方量计算，平均高度法主要用于场地平整土方量计算。

1 平均断面法

平均断面法计算土方体积 V（m^3）有近似的和较精确的两种公式，计算示意图如图3.3所示。

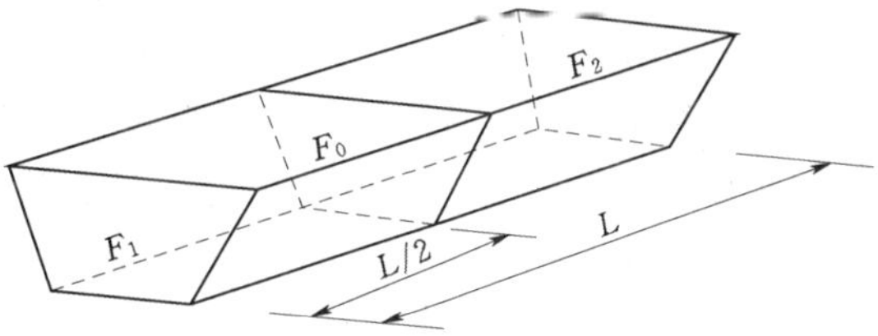

图3.3 平均断面法土石方量计算示意图

(1) 近似计算。

$$V=\frac{F_1+F_2}{2}L \qquad (3.3)$$

式中　F_1、F_2——两端的断面面积，m^2；

L——计算段的长度，m。

（2）较精确计算。

$$V=\frac{L}{6}(F_1+4F_0+F_2) \tag{3.4}$$

式中　F_0——$L/2$ 处的断面面积，m^2。

2. 平均高度法

（1）四方棱柱体法［图 3.4（a）］。四方棱柱体法是将施工区域划分为若干个边长等于 a 的方格网，每个方格网的土方体积等于底面积乘以四个角点高度的平均值。

$$V=\frac{a^2}{4}(h_1+h_2+h_3+h_4) \tag{3.5}$$

同一四方形方格内有挖方和填方时，则应分别计算。

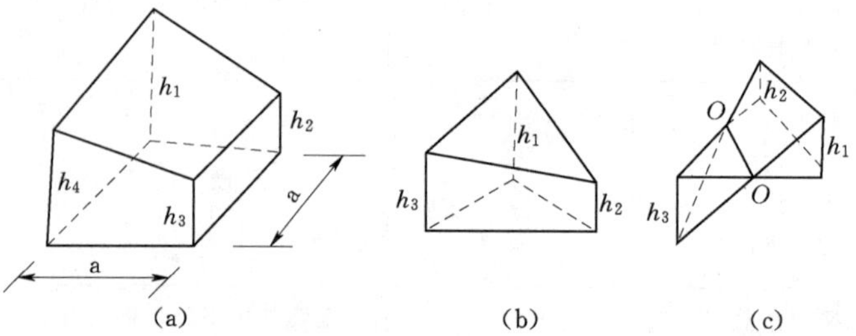

图 3.4　平均高度法土石方量计算示意图

（2）三角棱柱体法［图 3.4（b）、（c）］。三角棱柱体法是将每一个方格顺地形等高线沿对角线划分成两个三角形，然后分别计算每一个三角形棱柱体的土方量

$$V=\frac{a^2}{4}(h_1+h_2+h_3) \tag{3.6}$$

当三角形有填有挖时，则沿挖填平面将挖填土体分成两部分：一个是底面为三角形的锥体，另一个是底面为四边形的楔体。其土方量分别为

$$V=\frac{a^2}{6}\frac{h_3^3}{(h_1+h_3)(h_2+h_3)} \tag{3.7}$$

$$V=\frac{a^2}{6}\left[\frac{h_3^3}{(h_1+h_3)(h_2+h_3)}-h_3+h_1+h_2\right] \tag{3.8}$$

上述两种计算方法公式不同，计算精确度也不同。当地形起伏变化较大时，采用三角棱柱体法比用四方棱柱体法计算准确。所以，在地形平坦时，可采用四方棱柱体法，并将方格网的尺寸分得大些，而在地形起伏较大时，宜采用三角棱柱体法，并将网格尺寸划小些。

【引例分析】　［引例 3.1］的计算过程如下。

根据管线纵断面图，可以看出地形是起伏变化的。为此将沟槽按桩号 0＋100 至 0＋150，0＋150 至 0＋200，0＋200 至 0＋225，分三段计算。

（1）各断面面积计算。

1）1＋100 处断面面积。

沟槽底宽　　　　$W=B+2b=0.6+2\times0.4=1.4(\text{m})$

沟槽上口宽度　　$S=W+2nH_1=1.4+2\times0.25\times2.3=2.55(\text{m})$

沟槽断面面积　　$F_1=1/2\ (S+W)H_1=1/2(2.55+1.4)\times2.30=4.54(\text{m}^2)$

2）0+150 处断面面积。

沟槽底宽　　　　$W=B+2b=0.6+2\times0.4=1.4(\text{m})$

沟槽上口宽度　　$S=W+2nH_2=1.4+2\times0.25\times3.55=3.18(\text{m})$

沟槽断面面积　　$F_2=1/2(S+W)H_2=1/2(3.18+1.4)\times3.55=8.13(\text{m}^2)$

3）0+200 处断面面积。

沟槽底宽　　　　$W=B+2b=0.6+2\times0.4=1.4(\text{m})$

沟槽上口宽度　　$S=W+2nH_3=1.4+2\times0.25\times3.10=2.95(\text{m})$

沟槽断面面积　　$F_3=1/2(S+W)H_3=1/2(2.95+1.4)\times3.10=6.74(\text{m}^2)$

4）0+225 处断面面积。

沟槽底宽　　　　$W=B+2b=0.6+2\times0.4=1.4(\text{m})$

沟槽上口宽度　　$S=W+2nH_4=1.4+2\times0.25\times2.625=2.71(\text{m})$

沟槽断面面积　　$F_4=1/2(S+W)H_4=1/2(2.71+1.4)\times2.625=5.39(\text{m}^2)$

（2）沟槽土方量计算。

1）桩号 0+100 至 0+150 段的土方量。

$$V_1=1/2(F_1+F_2)\cdot L_1=1/2(4.54+8.13)\times(150-100)=316.75(\text{m}^3)$$

2）桩号 0+150 至 0+200 段的土方量。

$$V_2=1/2(F_2+F_3)L_2=1/2(8.13+6.74)\times(200-150)=371.75(\text{m}^3)$$

3）桩号 0+200 至 0+225 段的土方量。

$$V_3=1/2(F_3+F_4)L_3=1/2(6.74+5.39)\times(225-200)=151.63(\text{m}^3)$$

故沟槽总土方量

$$V=\sum V_i=V_1+V_2+V_3=316.75+371.75+151.63=840.13(\text{m}^3)$$

（3）压实成品方计算。查表 3.5 得 A 值为 4.93。每 100m³ 自然方能压实的成品方为

$$V_{实}=\left(100+\frac{A}{100}\right)\times\frac{\gamma_d}{\gamma_0}=(100+4.93\%)\times\frac{1.3}{1.7}=80.24(\text{m}^3)$$

所以 840.13m³ 自然方通过压实得到的成品方为

$$8.4013\times80.24=674.12(\text{m}^3)$$

机械填筑均质坝坝体土料。

3.1.3　土方挖运工程施工

3.1.3.1　人工挖运工程施工

在我国的水利工程施工中，一些土方量小及不便于机械化施工的地方，用人工挖运还是比较普遍的。挖土用铁锹、镐等工具；运土用筐、手推车、架子车等工具。

人工开挖渠道时，应自中心向外，分层下挖，先深后宽，边坡处可按边坡比挖成台阶状，待挖至设计要求时，再进行削坡。如有条件应尽可能做到挖填平衡。必须弃土时，应先行规划堆土区，做到先挖远倒，后挖近倒，先平后高。

受地下水影响的渠道，应设排水沟，排水应本着上游照顾下游，下游服从上游的原则，即向下游放水的时间和流量，应照顾下游的排水条件；同时下游服从上游的需要。一般下游应先开工，并不得阻碍上游水量的排泄，以保证水流畅通。开挖主要有以下两种方式。

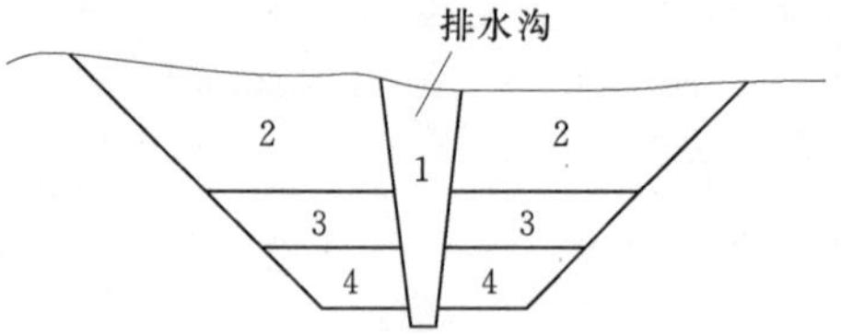

图 3.5　一次到底法
1～4—开挖顺序

1. 一次到底法

一次到底法（图 3.5）适用于土质较好，挖深 2～3m 的渠道。开挖时应先将排水沟挖到低于渠底设计高程 0.5m 处，然后再按阶梯状逐层向下开挖，直到渠底为止。

2. 分层下挖法

此法适用于土质不好，且挖深较大的渠道。将排水沟布置在渠道中部，先逐层挖排水沟，再挖渠道，直至挖到渠底为止，如图 3.6（a）所示。如渠道较宽，可采用翻滚排水沟，如图 3.6（b）所示。这种方法的优点是排水沟分层开挖，沟的断面小，土方量少，施工较安全。

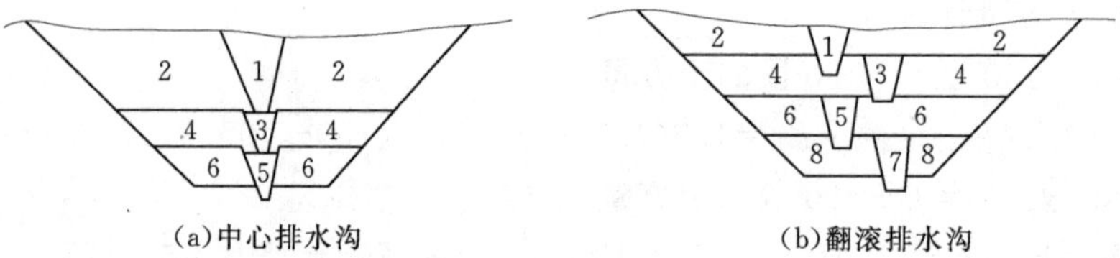

图 3.6　分层下挖法
1～8—开挖顺序；1、3、5、7—排水沟

3.1.3.2　机械挖运工程施工

开挖和运输是土方工程施工两项主要过程，承担这两个过程施工的机械是各类挖掘机械、铲运机械和运输机械。

1. 挖掘机械

挖掘机械的作用主要是完成挖掘工作，并将所挖土料卸在机身附近或装入运输工具。挖掘机械按工作机构可分为单斗式或多斗式两类。

（1）单斗式挖掘机。单斗式挖掘机由工作装置、行驶装置和动力装置等组成。工作装置有正向铲、反向铲、拉铲和抓铲等（图 3.7）。工作装置可用钢索或液压操作。行驶装置一般为履带式或轮胎式。动力装置可分为内燃机拖动、电力拖动和复合式拖动等几种类型。

1）单斗式挖掘机的分类。

a. 正向铲挖掘机。钢索操纵的正向铲挖掘机构造如图 3.8 所示，由支杆、斗柄、铲斗、拉杆、提升索等构件组成。该种挖掘机通过推压和提升完成挖掘，开挖断面是弧形，最适于挖停机面以上的土方，也能挖停机面以下的浅层土方。由于稳定性好，铲土能力大，可以挖各种土料及软岩、岩渣进行装车。它的特点是循环式开挖，由挖掘、回转、卸

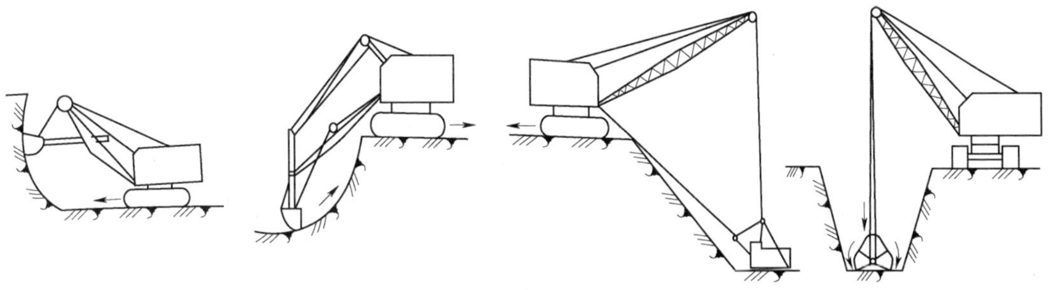

图 3.7 单斗式挖掘机的工作装置

土、返回构成一个工作循环，生产率的大小取决于铲斗大小和循环时间长短。正铲的斗容从 $5m^3$ 至几十立方米，工程中常用 $1\sim4m^3$。基坑土方开挖常采用正面开挖，土料场及渠道土方开挖常用侧面开挖，还要考虑与运输工具配合问题。

正向铲挖掘机每一工作循环包括挖掘、回转、卸料、返回四个过程。挖掘时先将铲斗放到工作面底部（Ⅰ）的位置；然后在将铲斗自下而上提升的同时，使斗柄向前推压，在工作面上挖出一条弧形挖掘带（Ⅱ、Ⅲ），当铲斗装满土料，再将铲斗后退，离开工作面（Ⅳ）；然后回转挖掘机上部机构至车厢处，打开斗门，将土卸出（Ⅴ、Ⅵ）；此后再回转挖掘机上部机构，同时放下铲斗，进行第二次循环。当挖掘机在一个停机位置上时，将能挖掘的土壤全部挖完后，再前进至另一停机位置。

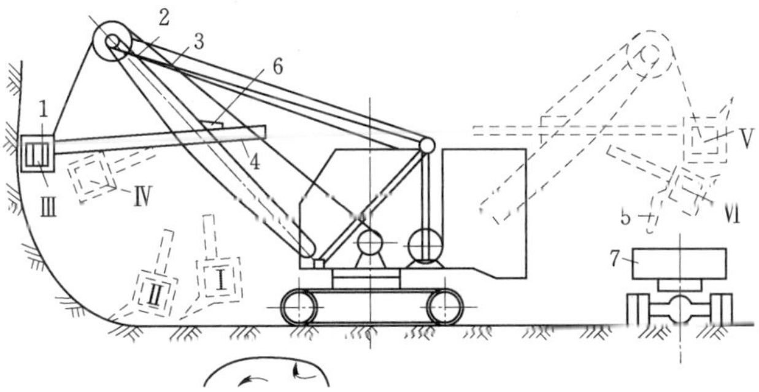

图 3.8 正向铲挖掘机

1—铲斗；2—支杆；3—提升索；4—斗柄；5—斗底；6—鞍式轴承；7—车辆；Ⅰ、Ⅱ、Ⅲ、Ⅳ—挖掘过程；Ⅴ、Ⅵ—装卸过程

正向铲挖掘机工作时，其支杆一般保持某一角度不变，可挖掘停机面以上的Ⅰ～Ⅳ级土，停机面以下则挖得很浅。挖掘机的工作尺寸示意如图 3.9 所示。图中：①所有水平方向尺寸都从挖掘机的回转中心线量起，所有垂直方向的尺寸都从停机面量起；②铲土半径量到斗齿尖，卸土半径量到土斗中心；③铲土量度量到斗齿尖，卸土高度量至开启斗底的最低点。

我国生产的部分正铲挖掘机的工作性能见表 3.7，可供机械选型和布置施工现场时参考。在组织正向铲挖掘施工时，应注意下列几点：①为了操作安全，使用时应将表 3.7 中

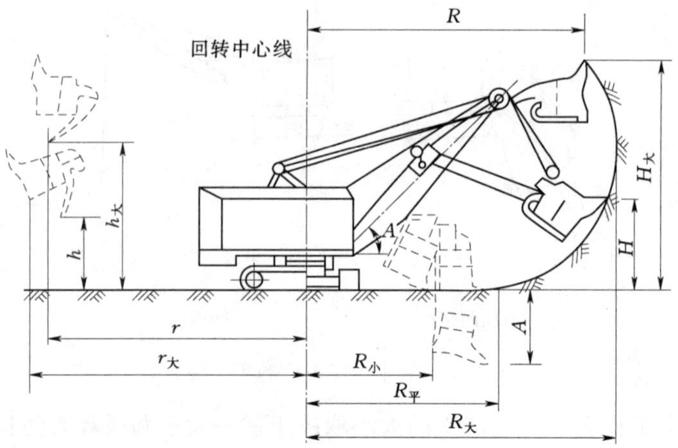

图 3.9 正向铲挖掘机工作尺寸示意

A—停机面以下挖掘深度；$R_平$—停机面以上最大挖掘半径；$R_小$—停机面以上最小挖掘半径；$R_大$—最大挖掘半径；H—最大挖掘半径时的挖掘高度；R—最大挖掘高度时的挖掘半径；$H_大$—最大挖掘高度；$r_大$—最大卸土半径；$h_大$—最大卸土半径时卸土高度；r—卸土半径；h—卸土高度

的最大挖掘高度、最大挖掘半径值减少5%～10%；②在挖掘黏性土时，工作面高度宜小于最大挖土半径时的挖掘高度，以防止出现土体倒悬的情况；③为了发挥挖掘机的生产效率，工作面高度应不低于挖掘一次即可装满铲斗的高度。

表 3.7 正铲挖掘机工作性能表

项　目	型　号					
	WD-50	WD-100	WD-200	WD-300	WD-400	WD-1000
铲斗容量/m^3	0.5	1.0	2.0	3.0	4.0	10.0
动臂长度/m	5.5	6.8	9.0	10.5	10.5	13.0
动臂倾角/(°)	60.0	60.0	50.0	45.0	45.0	45.0
最大挖掘半径/m	7.2	9.0	11.6	14.0	14.4	18.9
最大挖掘高度/m	7.9	9.0	9.5	7.4	10.1	13.6
最大卸土半径/m	6.5	8.0	10.1	12.7	12.7	16.4
最大卸土高度/m	5.6	6.8	6.0	6.6	6.3	8.5
最大卸土半径卸土高度/m	3.0	3.7	3.5	4.9		5.8
最大卸土高度卸土半径/m	5.1	7.0	8.7	12.4		15.7
工作循环时间/s	28.0	25.0	24.0	22.0	23～25	
卸土回转角度/(°)	100	120	90	100	100	

挖掘的工作面，即挖掘机挖土时的工作空间称为撑子。根据撑子的布置不同，正向铲挖掘机有三种作业方式：①正向挖土，侧向卸土［图 3.10 (a)］；②正向挖土，后方卸土

[图 3.10 (b)]；③侧向挖土，侧向卸土 [图 3.10 (c)]。至于采用哪一种作业方式，应根据施工条件确定。

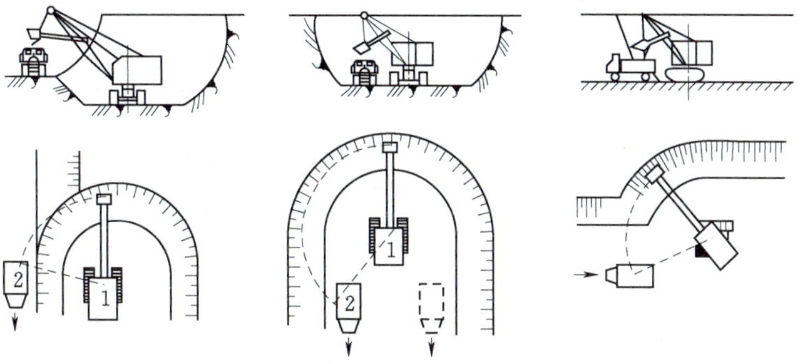

(a)正向挖土，侧向卸土　(b)正向挖土，后方卸土　(c)侧向挖土，侧向卸土

图 3.10 正向铲挖掘机的作业方式

1—挖掘机；2—自卸汽车

b. 反向铲挖掘机。能用来开挖停机面以下的土料，挖土时由远而近，就地卸土或装车，适用于中、小型沟渠清基、清淤等工作。由于稳定性及铲土能力均比正铲差，只用来挖Ⅰ～Ⅱ级土，硬土要先进行预松。反铲的斗容有 $0.5m^3$、$1.0m^3$、$1.6m^3$ 几种，目前最大斗容已超过 $3m^3$。在沟槽开挖中，在沟端站立倒退开挖，当沟槽较宽时，采用沟侧站立，侧向开挖。

c. 拉铲挖掘机。拉铲式挖掘机的铲斗用钢索控制，利用臂杆回转将铲斗抛至较远距离，回拉牵引索，靠铲斗自重下切铲土装满铲斗，然后回转装车或卸土。挖掘半径、卸土半径、卸土高度较大，最适用于水下土砂及含水量大的土方开挖，在大型渠道、基坑及水下砂卵石开挖中应用广泛。开挖方式有沟端开挖和沟侧开挖两种，当开挖宽度和卸土半径较小时，用沟端开挖，开挖宽度大，卸土距离远，用沟侧开挖。

d. 抓铲挖掘机。抓铲挖掘机靠铲斗自由下落中斗瓣分开切入土中，抓取土料合瓣后提升，回转卸土。适用于挖掘窄深型基坑或沉井中的水下淤泥开挖，也可用于散粒材料装卸，在桥墩等柱坑开挖中应用较多。

2）单斗式挖掘机生产率计算。施工机械的生产率是指它在一定时间内和一定条件下，能够完成的工程量。生产率可分为理论生产率、技术生产率和实用生产率。实用生产率是考虑了在生产中各种不可避免的停歇时间（如加燃料、换班、中间休息等）之后，所能达到的实际生产率。

单斗挖掘机生产率计算公式为

$$P=q\frac{8\times3600}{T}K_{ch}K_{e}K_{t}K_{z} \tag{3.9}$$

式中 P——挖掘机生产率（自然方），m^3/台班；

q——铲斗容量（松方），m^3；

K_{ch}——铲斗充盈系数，参见表 3.8；

K_e——土壤的可松性系数，参见表 3.9；

K_t——施工机械时间利用系数，参见表 3.10；

T——挖掘机铲装一次工作循环时间，s，参见表 3.11；

K_z——撑子高度和挖装旋转角度校正系数，参见表 3.12 和表 3.13。

表 3.8　　挖掘机铲斗充盈系数 K_{ch}

土壤名称	K_{ch}	土壤名称	K_{ch}
湿砂、壤土	1.0～1.1	中等密实含砾石黏土	0.6～0.8
小砾石、砂壤土	0.8～1.0	密实含砾石黏土	0.6～0.7
中等黏土	0.75～1.0	爆得好的岩石	0.6～0.75
密实黏土	0.6～0.8	爆得不好的岩石	0.5～0.7

表 3.9　　土壤的可松性系数 K_e

挖掘机斗容/m^3	土壤级别					
	Ⅰ	Ⅱ	Ⅲ	Ⅳ	爆得好的岩石	爆得不好的岩石
0.25～0.75	0.89	0.82	0.79	0.74	0.68	0.67
1.0～2.0	0.91	0.83	0.80	0.76	0.69	0.68
3.0～15.0	0.93	0.85	0.82	0.78	0.71	0.69
20.0～40.0	0.95	0.87	0.83	0.80	0.73	0.70

表 3.10　　施工机械时间利用系数 K_t

作业条件＼施工管理条件	最好	良好	一般	较差	很差
最好	0.84	0.81	0.76	0.70	0.63
良好	0.78	0.75	0.71	0.65	0.60
一般	0.72	0.69	0.65	0.60	0.54
较差	0.63	0.61	0.57	0.52	0.45
很差	0.52	0.50	0.47	0.42	0.32

表 3.11　　挖掘机铲装一次工作循环时间 T

挖掘机斗容/m^3	T/s	挖掘机斗容/m^3	T/s
0.4	15～26	2.0	18～28
0.5	15～26	2.5	18～28
0.6	16～26	3.0	18～28
1.0	16～28	3.5	20～30
1.5	16～28	4.0	20～30

注　1. 旋转角为 90°。
2. 撑子高为最佳值。
3. 易挖时取小值，难挖时取大值。
4. 本表适用于正向铲挖掘机。

表 3.12　　最佳撑子高（深）度　　单位：m

挖掘机斗容/m^3 \ 土壤类型	轻质和松散土、砂砾	一般土壤	硬和湿的黏土、块石
0.4	1.5	1.8	2.2
0.5	1.6	2.0	2.4
0.6	1.7	2.2	2.5
1.0	2.0	2.7	3.1
1.5	2.4	3.1	3.7
2.0	2.6	3.5	4.2
2.5	2.8	3.9	4.7
3.0	2.9	4.2	4.9
3.5	3.0	4.5	5.2
4.0	3.1	4.7	5.5

注　本表适用于正向铲挖掘机。

表 3.13　　撑子尺度校正系数 K_z

最佳掌子高度的百分数/% \ 旋转角/(°)	45	60	75	90	120	150	180
40	0.93	0.89	0.85	0.80	0.72	0.65	0.59
60	1.10	1.03	0.96	0.91	0.81	0.73	0.66
80	1.22	1.12	1.04	0.98	0.86	0.77	0.69
100	1.26	1.16	1.07	1.00	0.88	0.79	0.71
120	1.20	1.11	1.03	0.97	0.86	0.77	0.70
140	1.12	1.04	0.97	0.91	0.81	0.73	0.66
160	1.03	0.96	0.90	0.85	0.75	0.67	0.62

注　本表适用于正向铲挖掘机。

挖掘机是土方机械化施工的主导机械，为提高生产率，应采取加长斗齿，减小切土阻力；合并一个工作循环各个施工过程，小角度装车或卸土，采用大铲斗；合理布置工作面和运输道路；加强机械保养和维修，维持机械良好性能等措施。

（2）多斗式挖掘机。多斗挖掘机是有多个铲土斗的挖掘机械，它能够连续地挖土，是一种连续工作的挖掘机械，按其工作方式不同，分为链斗式和斗轮式两种。

1）链斗式挖掘机。链斗式挖掘机最常用的型式是采砂船，如图 3.11 所示。它是一种构造简单，生产率高，适用于规模较大的工程，可以挖河滩及水下砂砾料的多斗式挖掘机械。采砂船工作性能表见表 3.14。

2）斗轮式挖掘机。如图 3.12 所示，斗轮式挖掘机的斗轮装在斗轮臂上，在斗轮上装有 7～8 个铲土斗，当斗轮转动时，下行至拐弯时挖土，上行运土至最高点时，土料靠自重和旋转惯性卸入受料皮带上，转送到运输工具或料堆上。其主要特点是斗轮转速较快，作业连续，斗臂倾角可以改变，并做 360°回转，生产率高，开挖范围大。

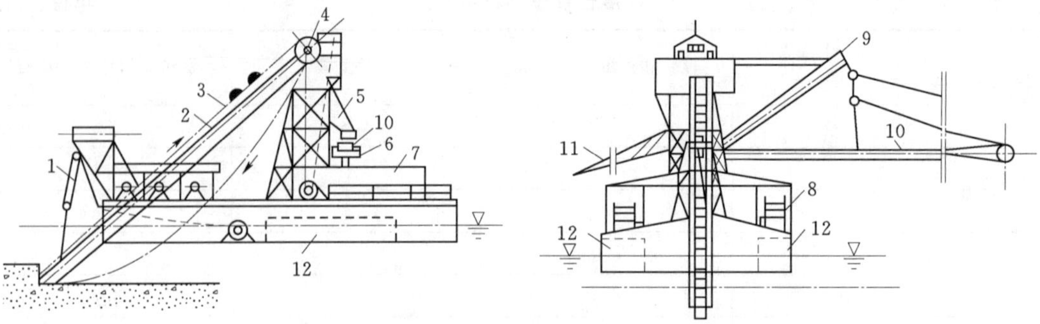

图 3.11 链斗式采砂船

1—斗架提升索；2—斗架；3—链条和链斗；4—主动链轮；5—卸料漏斗；6—回转盘；7—主机房；8—卷扬机；9—吊杆；10—皮带机；11—泄水槽；12—平衡水箱

表 3.14 采砂船工作性能表

项　　目	链斗容量/L			
	160	200	400	500
理论生产率/($m\cdot h^{-1}$)	120	150	250	750
最大挖掘深度/m	6.5	7.0	12.0	20.0
船身外廓尺寸（长×宽×高）/(m×m×m)	28.05×8×2.4	31.9×8×2.3	52.2×12.4×3.5	69.9×14×5.1
吃水深度/m	1.0	1.1	2.0	3.1

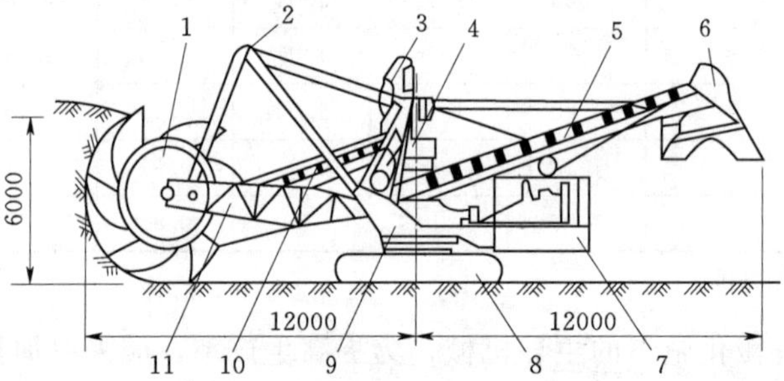

图 3.12 斗轮式挖掘机（单位：mm）

1—斗轮；2—升降机构；3—司机室；4—中心料仓；5—卸料皮带机；6—双槽卸料斗；7—动力装置；8—履带；9—转台；10—受料皮带机；11—斗轮臂

2. 铲运机械

铲运机械是指用一种机械同时完成开挖、运输和卸土任务，这种具有双重功能的机械，常用的有推土机、铲运机、平土机等。

1）推土机。一种在履带式拖拉机上安装推土板等工作装置而成的一种铲运机械，是水利水电建设中最常用、最基本的机械，可用来完成场地平整，基坑、渠道开挖，推平填方，堆积土料，回填沟槽，清理场地等作业，还可以牵引振动碾、松土器、拖车等机械作业。它在推运作业中，距离不能超过 60～100m，挖深不宜大于 1.5～2.0m，填高小于 2～3m。

推土机按安装方式分为固定式和万能式；按操纵方式分为钢索操纵和液压操纵；按行驶方式分为履带式和轮胎式。推土机的基本构造见图 3.13。固定式推土机的推土板，仅能上下升降，强制切土能力差，但结构简单，应用广泛，而万能式不仅能升降，还可左右、上下调整角度，用途多。

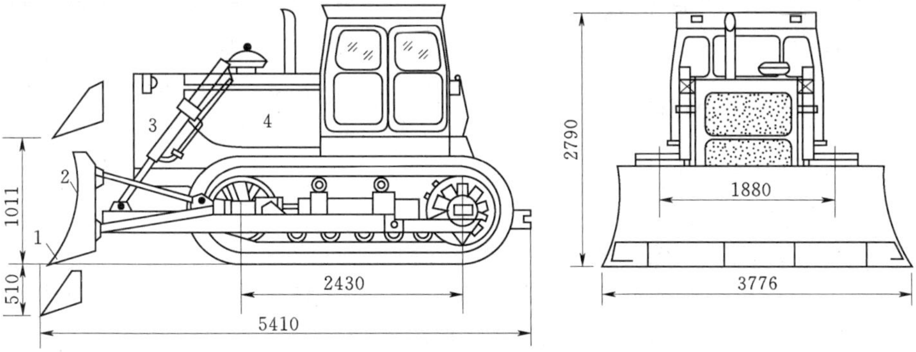

图 3.13 推土机构造（单位：mm）

1—刀片；2—推土机；3—切土液压装置；4—拖拉机

2）铲运机。铲运机是一种能连续完成铲土、运土、卸土、铺土、平土等工序的综合性土方工程机械，能开挖黏土、砂砾石等。适用于大型基坑、渠道、路基开挖，大型场地的平整、土料开采、填筑堤坝等。

铲运机按牵引方式分为自行式和拖式；按操纵方式分为钢索操纵和液压操纵；按卸土方式分为自由卸土、强制卸土、半强制卸土。铲运机工作过程如图 3.14 所示。铲运机的土斗较大，但切土能力相对不足。为了提高生产率，可采取下坡取土、硬土预松、推土机助推等方法。

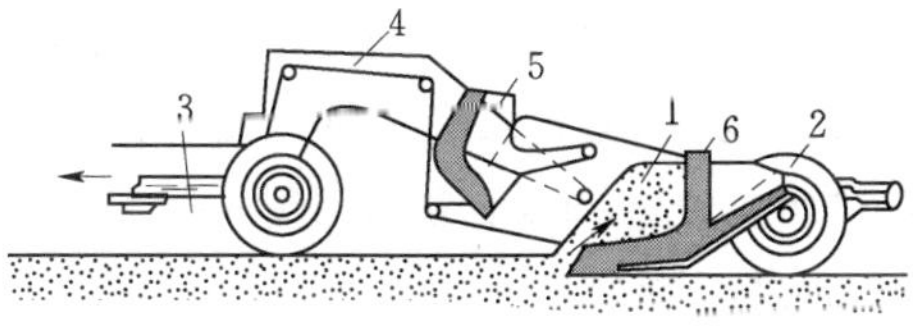

(a)铲土

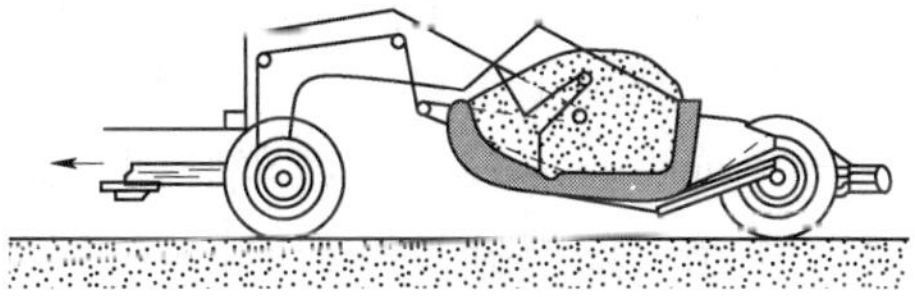

(b)运土

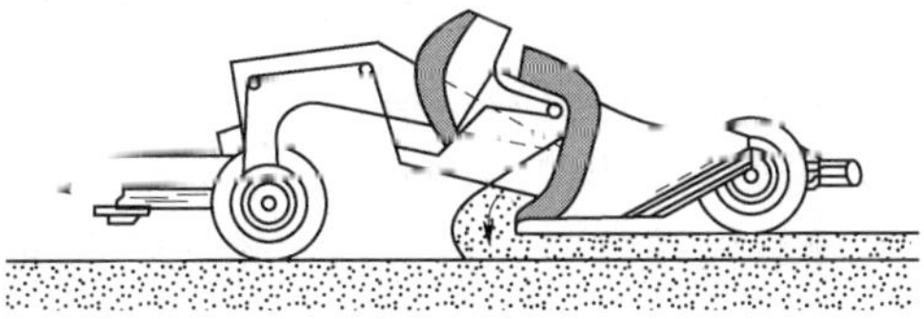

(c)卸土

图 3.14 铲运机工作过程示意图

1—铲斗；2—行走装置；3—连挂装置；4—操纵装置；5—斗门；6—斗底和斗后壁

3）装载机。装载机是一种工作效率高、用途广泛的工程机械，它不仅可对堆积的松散物料进行装、运卸作业，还可以对岩石、硬土进行轻度的铲掘工作，并能用于清理、刮平场地及牵引作业。如更换工作装置，还可完成堆土、挖土、松土、起重以及装载棒状物料等工作，因此被广泛应用，如图3.15所示。

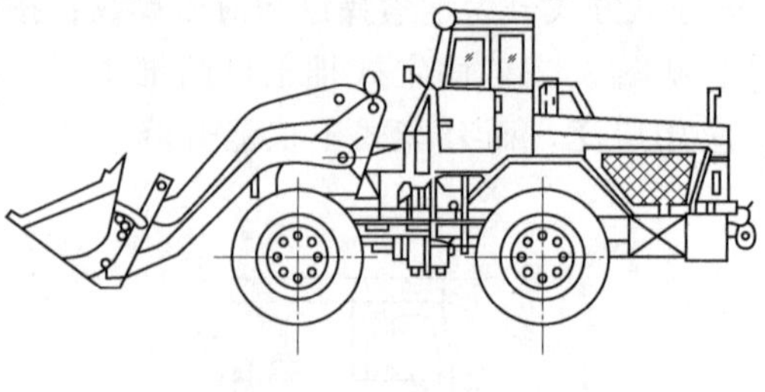

图3.15　装载机

装载机按行走装置可分为轮胎式和履带式两种；按卸载方式可分为前卸式、后卸式和回转式三种；按铲斗的额定重量可分为小型（<1t）、轻型（1～3t）、中型（4～8t）、重型（>10t）四种。

3. 水力开挖机械

水力开挖主要有水枪开挖和吸泥船开挖。

1）水枪开挖。利用水枪喷嘴射出的高速水流切割土体形成泥浆，然后输送到指定地点的开挖方法。水枪可在平面上回转360°，在立面上仰俯50°～60°，射程达20～30m，切割分解形成泥浆后，沿输泥沟自流或由吸泥泵经管道输送至填筑地点。利用水枪开挖土料场、基坑，节约劳力和大型挖运机械，经济效益明显。水枪开挖适于砂土、亚黏土和淤泥，可用于水力冲填筑坝。对于硬土，可先进行预松，提高水枪挖土的工效。

2）吸泥船开挖。它是利挖泥船下的绞刀将水下土方绞成泥浆，由泥浆泵吸起经浮动输泥管运至岸上或运泥船。

4. 土石料开挖运输方案

坝料的开挖运输，是保证上坝强度的重要环节之一。开挖运输方案主要根据坝体结构布置特点、坝料性质、填筑强度、料场特性、运输距离、施工设备等多方面因素选定。比较常见的开挖运输方案有以下几种。

1）正向铲开挖，自卸汽车运输上坝。通常运距小于10km。自卸汽车运输能力高，设备通用性强，能直接铺料，机动灵活管理方便，设备易获得，在高土石坝施工中得到了广泛的应用。在施工布置上，正向铲一般采取立面开挖，汽车运输道路可布置成循环路线。可避免或者减少汽车的倒车时间，正向铲采用60°～90°的转角侧向卸料，回转角度小，生产率高，能充分发挥正向铲与汽车的效率。

2）正向铲开挖，履带式运输机运输上坝。履带式运输机爬坡能力强，架设容易，运输费用低，比自卸汽车运输费低1/3～1/2，运输能力高。合理运距小于10km，可直接从料场上坝；也可与自卸汽车配合，做长距离运输。

3）斗轮式挖掘机开挖，履带式运输机运输，转自卸汽车上坝。对于填筑方量大、上坝强度高的土石坝，若两场储量大而集中，可采用斗轮式挖掘机开挖，其生产效率高，具有连续挖掘、装料的特点。

4）采砂船开挖，有轨机车运输，转带式运输机上坝。国内大、中型水利工程建设，广泛采取采砂船开采水下砂石料，配合运输设备运输。

坝料的开挖运输方案很多，必须结合工程施工的具体条件，组织挖、装、运、卸的机械化联合作业，提高机械利用效率，减少坝料的转运次数；各种坝料铺筑方法及设备尽量一致，减少辅助设施；充分利用地形条件，进行统筹规划和布置。

3.1.3.3 运输机械设备的生产能力以及挖运强度和机械数量的确定

1. 循环式运输机

循环式运输机械数量 n 的计算公式为

$$n=\frac{Q_T t}{q(T_1-T_2)} \tag{3.10}$$

式中 Q_T——运输强度；

q——运输工具装载的有效方量；

T_1——昼夜或一班的时间，min；

T_2——昼夜或一班内运输工具的非工作时间，min；

t——运输工具周转一次的循环时间。

对于工地常用汽车、拖拉机，t 值为

$$t=t_1+t_2+\frac{2L}{v}\times 60 \tag{3.11}$$

式中 t_1——装车时间，min；

t_2——卸车时间，min；

L——运输距离，km；

v——平均行驶速度，km/h。

于是，每昼夜或每班运输循环次数为

$$m=\frac{T_1-T_2}{t}$$

生产能力 P_T 为

$$P_T=\frac{q(T_1-T_2)}{t} \tag{3.12}$$

2. 连续带式运输机

连续带式运输机的生产率，取决于带宽、带速及带上物料的装满程度。然而，带的装满程度与带的形状、所装物料性质和运输机布置的倾角有关。若以实方计算，带式运输机的实际小时生产率 P_T 可按下式计算：

$$P_T=KB_V^2K_BK_HK'_PK_dK_a \tag{3.13}$$

式中 K——带形系数；

B_V——带宽；

K_B——时间利用系数；

K_H——充盈系数；

K'_P——土的松散影响系数；

K_d——土石粒径系数；

K_a——倾角影响系数。

任务 3.2　土石方明挖施工技术

【引例 3.2】 表 3.15 是基坑开挖与弃料场的运距矩阵。3 个基坑总开挖量为 46 万 m^3，4 个弃料场容量为 46 万 m^3，各弃料场容量分别为 1 号弃料场 10 万 m^3，2 号弃料场 8 万 m^3，3 号弃料场 12 万 m^3，4 号弃料场 16 万 m^3。各基坑至各弃料场的运距见表中数字。请问如何调配使得运费最少？

表 3.15　基坑开挖与弃料场的运距矩阵

基坑编号	基坑挖方量/万 m^3	基坑至各弃料场的运距/km			
		1 号	2 号	3 号	4 号
1 号	13	3	9	8	16
2 号	16	15	1	7	17
3 号	17	12	19	4	5
Σ	46				

【思考】

(1) 土石料的利用与调配如何进行？需要遵循什么原则？

(2) 明挖施工方案如何选择？

(3) 明挖施工的程序是什么？

(4) 坝基开挖的特点和程序是什么？

(5) 坝基开挖的深度、范围、形态及现场布置如何确定？

(6) 岸坡开挖的施工方法有哪些？

3.2.1　明挖施工

在水电工程施工中，明挖主要是指建筑物基础，导流渠道，溢洪道和引航道（枢纽工程具有通航功能时），地下建筑物的进、出口等部位的露天开挖，为开挖工程的主体。明挖的施工部署也关系着工程全局，极为重要。依据工程地形特征，明挖的施工部署大体可考虑分为两种情况：一种工程规模大而开挖场面宽广，地形相对平坦，适宜于大型机械化施工，可以达到较高的强度，如葛洲坝工程和长江三峡工程；另一种工程规模虽不很大，而工程处于高山峡谷之中，不利于机械作业，只能依靠提高施工管理技术。

3.2.1.1　明挖施工的特点、程序、进度及方案选择

1. 明挖施工的特点

我国水电工程明挖施工一般都具有以下特点。

(1) 工程量大、部位集中、工期紧。

(2) 开挖深度大，形成的高边坡施工难度大。

(3) 露天作业受气候和水文条件的影响较大，而事前又难以确定。

(4) 工程地质复杂多变，开挖揭示的地质情况常和设计依据的地质条件不符，有较大变化时，就要修正设计，影响到工程进度。

(5) 为了加快工程进度，在施工部署中，常采取边浇混凝土、边开挖的方法，施工干扰大。

(6) 水工建筑物基础开挖，轮廓复杂，对基岩开挖的要求十分严格，施工技术要求高，制约开挖进度。

2. 明挖施工的程序

水利枢纽工程通常由若干单项工程项目组成，如坝、电站、通航建筑物等。安排土石方工程施工程序，首先要划分分部工程和施工区段。

分部工程通常按建筑物划分，如大坝、电站等。施工区段是按施工特性和施工要求来划分的，如船闸可分为上引航道、船闸及下引航道。区段划分除形态特征外，关键还在施工要求方面。如船闸和引航道在施工要求上就不一样，从工程进度上看，船闸基础开挖后，要进行混凝土工程施工和闸门等金属结构的安装，以及调试等工作，需要较长时间。引航道一般只有开挖或筑堤，没有或仅有少量混凝土浇筑，工期相对不甚紧迫。施工程序上应先挖船闸基础，再挖引航道。在工程质量上，船闸基础开挖质量要求高，必须保证基础岩石的完整性，爆破控制较严格，引航道开挖质量要求稍低，则不太严格。

安排施工区段的施工程序，即安排各区段的施工先后次序，其主要原则如下。

(1) 工种多，需要较长施工时间的区段应尽早施工；工种少、施工简单、又不影响整个工程或某部分完工日期的区段可后施工。

(2) 工种不多，但对整个工程或部位起控制作用的区段，施工时将给主要区段带来干扰，甚至损害，这样的区段应先预施工。如峡谷地区大坝的岸坡开挖。

(3) 本身不是主要区段，但它先施工可给整个工程或主要区段创造便利条件，或具有明显经济效益的区段，也应早期施工或一部分早期施工。

(4) 对其他部分或区段无大的影响，又不控制工期的区段，应作为调节施工强度的区段，安排在两个高峰之间的低强度时施工。

(5) 各区段的施工程序应与整个工程施工要求一致，与施工导流及工程总进度符合。

3. 明挖施工的进度

各分部工程和施工区段的施工程序确定后，即对施工进度进行安排。安排施工进度时，必须根据工程的各个部分和区段的施工条件及开挖或填筑工程量选择施工方案和机械设备。依据各区段不同高程和位置的工作条件与工作场面大小，估算可能达到的施工强度，计算每个部位需要的施工时间，最后得出各部分和区段的总施工进度计划。

施工场面较大，施工条件方便，施工时间较长而强度不大的区段，可按其中等条件进行粗略估算。对施工条件较差、施工时间较短、施工强度大的控制性区段，应该按部位和高程分析其可能达到的施工强度和需要的施工时间。最后按施工程序和各分部或区段需要的施工时间，作出土石方工程的进度计划。

土石方工程施工进度反映出各分部工程和各区段的施工程序、施工的起止时间和施工强度。实际上也决定了施工方法、机械设备数量及机械的规格型号。

除上所述，安排施工进度时必须考虑下述条件。

(1) 土石方工程施工进度必须与整个工程的施工总进度一致，按工程总进度要求按期完成，如果某部分实在不能在总进度规定时间内完成，应修正总进度。

（2）应考虑气候条件，特别是土料施工时，应考虑雨季、冬季（冰冻）对施工的影响。在此期间是停工或是采取防护措施，应进行分析比较而定。

（3）应考虑水文条件，特别是山区河流的洪水期与枯水期水位变化很大，某些部位可尽量利用枯水期低水位时施工，尽量减少水下施工或建筑围堰，以节省施工费用。

（4）主要建筑物基础处理一般都比较费时间，基础施工要求严格，有时遇有断层、破碎带或洞室溶穴需要处理，安排进度应留有余地。

（5）在料场距离远，道路坡度大的山区，堆石坝填筑的最大施工强度，往往受道路昼夜允许行驶的车辆车次控制。

4. 明挖施工的方案选择

土石方工程施工方案的选择必须依据施工条件、施工要求和经济效果等进行综合考虑，具体因素有如下几个方面。

（1）土质情况。必须弄清土质类别，如黏性土、非黏性土或岩石，以及密实程度、块体大小、岩石坚硬性、风化破碎情况。

（2）施工地区的地势地形情况和气候条件，距重要建筑物或居民区的远近。

（3）工程情况。工程规模大小、工程数量和施工强度、工作场面大小、施工期长短等。

（4）道路交通条件。修建道路的难易程度、运输距离远近。

（5）工程质量要求。主要决定于施工对象，如坝、电站厂房及其他重要建筑物的基础开挖、填筑应严格控制质量。通航建筑物的引航道应控制边坡不被破坏，不引起塌方或滑坡。对一般场地平整的挖填有时是无质量要求的。

（6）机械设备。主要指设备供应或取得的难易、机械运转的可靠程度、维修条件与能力。当小型工程或施工时间不长时，为减少机械购置费用，可用原有的设备。但旧机械完好率低、故障多，工作效率必然较低，配置的机械数量应大于需要的量，以补偿其不足。工程数量巨大、施工期限很长的大型工程，应该采用技术性能好的新机械，虽然机械购置费用较多，但新机械完好率高，生产率也高，生产能力强，可保证工程顺利进行。

（7）经济指标。当几个方案或施工方法均能满足施工要求时，一般应以完成工程施工所花费用低者为最好。有时，为了争取提前发电，经过经济比较后，也可选用工期短、费用较高的施工方案。

3.2.1.2　土石料的利用与调配

水利水电工程有土石方开挖（基础开挖或料场开挖）料和土石方填筑料，以及其他用料（如开挖料做混凝土骨料等）。另外，开挖土石料中一般有不能利用的废料，或用不完的剩余料等，将弃置于弃料场。开挖的土石料的利用和弃置，不仅只是数量的平衡，即空间位置上的平衡，而且有时间因数和经济效益等。

1. 土石料的利用

开挖的土石料可用来做堤坝的填料、混凝土骨料或平整场地的填料。前两种利用质量要求较高，场地平整填料一般没有太多的质量要求。

堤坝材料的质量要求在土石坝设计规范和水工结构设计中有规定，混凝土骨料也有规定。开挖的土石料是否符合其要求，应通过试验研究确定。

除储量较大、超过用料量以外，可利用量都需依据施工方法和材料在地层中的分布情况仔细计算。按地质断面计算的是材料的开挖量（储量），机械化施工多是分层（梯段）开挖，在材料层的顶部或底部的一层开挖时，可能兼有可用料与不可用料（混杂料），这一部分中的可用料将作为弃料或其无质量要求的填料，称为开挖损失量。损失量的多少可依据开挖层的厚度而定，开挖层厚度小，损失量少，否则损失量大，通常可按开挖层的50%计。因此在储料层顶部的开挖损失量是开挖面积乘0.5倍开挖层厚度。除此以外，还应考虑堆存损失、运输损失、加工损失等。

2. 土石方调配

所谓调配就是要将基坑或料场开挖的土石料合理地用于各填筑或弃料区。理论上评价调配是否合理的主要判断指标是运输费用，费用花费最少的方案就是最好的调配方案。也可以按 t 或 m^3 来衡量。当开挖区或采料场数量较少，而填筑区或弃料场也很少时，这种调配很简单。反之，调配就可能很复杂。对于较复杂的问题，可采取简化措施，如在土石坝施工中，可按黏土、砂砾料和块石等几个独立部分来考虑。

对于基坑和弃料场数量比较多时，土石调配可按线性规划进行。对于基坑和弃料场不太多时，如[引例3.2]，可用简便的“西北角分配法”求解最优调配数值。

首先从西北角开始作任意的分配（表3.16）。表中 X_{11}、X_{12}、X_{22}、…有数字的为基本格，选任一非基本格入基本格，如选（1，3），即在（1，3）格加入一个单位量，相应地在（1，2）格减少一个单位量，使1号基坑量保持13万 m^3，相应地要2号弃料场保持8万 m^3，则需在（2，2）加入一个单位量。同样，2号基坑16万 m^3，则（2，3）应减去一个单位量。因之其回路为（1，3）→（1，2）→（2，2）→（2，3）→（1，3），相应地，伴随的单位补偿为8−9+1−7=−7，同样各非基本格的回路和单位补偿列于表3.17中。

表3.16 从西北角开始作任意分配

基坑编号	基坑挖方量/(万 m^3)	基坑挖方量向弃料场的分配			
		1号	2号	3号	4号
1号	13	$X_{11}=10$	$X_{12}=3$		
2号	16		$X_{22}=5$	$X_{23}=11$	
3号	17			$X_{33}=1$	$X_{34}=16$
Σ	46	10	8	12	16

表3.17 各非基本格的回路和单位补偿分配表

非基本格	回路	伴随的单位补偿
（1，3）	（1，3）→（1，2）→（2，2）→（2，3）→（1，3）	8−9+1−7=−7
（1，4）	（1，4）→（3，4）→（3，3）→（2，3）→（2，2）→（1，2）→（1，4）	16−5+4−7+1−9=0
（2，1）	（2，1）→（2，2）→（1，2）→（1，1）→（2，1）	15−1+9−3=20
（2，4）	（2，4）→（3，4）→（3，3）→（2，3）→（2，4）	17−5+4−7=9
（3，1）	（3，1）→（1，1）→（1，2）→（2，2）→（2，3）→（3，3）→（3，1）	12−3+9−1+7−4=20
（3，2）	（3，2）→（3，3）→（2，3）→（2，2）→（3，2）	19−4+7−1=21

伴随的单位补偿是增加一个或减少一个单位量时，运距值的变化，即是分配变化后运距总值的变化，表3.17中非基本格（1，3）增加一个单位量，而总运距将减少7个单位。

表3.16中格位运距乘分配数量的总和为$Z=10\times3+3\times9+5\times1+11\times7+1\times4+16\times5=223$。伴随的单位补偿值为零时，$Z$正值不变，为正数时$Z$值增大，为负数时$Z$值减小，非基本格位（1，3）为−7，是有利的，按此首次迭代后的分配如表3.17所示。

选表3.18中的非基本格同前一样使其入基本格，得出表3.19。可以看出其伴随的单位补偿均为正数，Z值只能增大，故最好的分配方案是表3.18，其Z值为$Z=10\times3+3\times8+8\times1+8\times7+1\times4+16\times5=202$。

表3.18　　单位补偿（正数）最佳分配方案表

基坑		弃料场			
编号	挖方量（万m^3）	1	2	3	4
1	13	$X_{11}=10$		$X_{23}=3$	
2	16		$X_{22}=8$	$X_{23}=8$	
3	17			$X_{33}=1$	$X_{34}=16$
Σ	46	10	8	12	16

表3.19　　单位补偿最佳分配方案表

非基本格	回路	伴随的单位补偿
（1，2）	（1，2）→（1，3）→（2，3）→（2，2）→（2，1）	8−9+1−7=−7
（1，4）	（1，4）→（3，4）→（3，3）→（3，1）→（1，4）	16−5+4−8=7
（2，1）	（2，1）→（1，1）→（1，3）→（2，3）→（2，1）	15−3+8−7=13
（2，4）	（2，4）→（2，3）→（3，3）→（3，4）→（2，4）	17−7+4−5=9
（3，1）	（3，1）→（3，3）→（1，3）→（1，1）→（1，3）	12−4+8−3=13
（3，2）	（3，2）→（3，3）→（2，3）→（2，2）→（3，2）	19−4+7−1=21

以上所述，主要是提供了土石方调配的一种方法。实际工程中，为了充分利用开挖料，减少二次转运的工程量，土石方调配需考虑许多因素，如围堰填筑时间、土石坝填筑时间和高程、厂前区管道施工工序、围堰拆除方法、弃渣场地（上游或下游）、运输条件（是否过河，架桥时间）等，所以是一项细致的工作。合理的土石方调配对工程的造价、施工进度等起着重要作用。

3. 堆料场和弃渣场

（1）堆料场。堆料场是指堆存备用土石料的场地，当基坑和料场开挖出的土石料需做建筑物的填筑用料，而两者在时间上又不能同时进行，就需要堆存，堆存时应注意以下几点。

1）易堆易取，特别是料源较缺乏时，能将堆存的土石料全部取出，尽量减少损失。

2）防止水、污染杂物混入料堆，致使堆存材料质量降低，特别是处理好的土料，必须防止雨水和地表水流渗入土堆内，使土料含水量增大，给以后使用带来麻烦。

3）当有几种材料时应分几个场地堆存。如有两三种料堆在一个堆场，应尽量分隔开，避免混杂。

4）堆存位置最好在用料地点或料场附近，尽量减少回取运距。

5）如堆料场在基坑附近，一般不允许占压开挖部位。

利用基坑开挖料做土石建筑物的填料，或做混凝土的骨料是常见的。由于开挖施工工艺问题，常有不合格料混杂，对这些混杂料应禁止送入堆场。

（2）弃渣汤。开挖出的不能利用的土石料应作为弃料处理，弃渣场选择与堆弃原则如下。

1）尽可能位于库区内，这样可以不占农田耕地。

2）施工场地范围内的低洼地区可作为弃渣场，平整后可作为或扩大为施工场地。

3）弃渣堆置应不使河床水流产生不良的变化，不妨碍航运，不对永久建筑物与河床过流产生不利影响。

4）在可能的情况下，应利用弃土造田，增加耕地。

5）弃渣场的使用应作好规划，开挖区与弃渣场应合理调配，以使运费最少。

3.2.2 岩基开挖施工技术

岩基开挖是岩基处理中最普通、最可靠的方法。开挖就是按照设计要求，将风化、破碎、有缺陷的岩层挖掉，使坝体修建在完整坚实的岩体上。

几乎所有的混凝土坝工程，都有岩基开挖问题，且岩基开挖的工程量很大，有的甚至达到几十万、几百万立方米，需要大量的机械设备、器材、资金和劳力，并占用相当长的工期。因此，如何又快、又好、又省地进行开挖处理，对于加快水利水电工程建设，有着相当重要的意义。

进行岩基开挖，通常是在充分明确坝址的工程地质资料、明确水工设计要求的基础上，结合工程的施工条件，由地质、设计、施工几方面的人员一起进行研究，确定坝基的开挖深度、范围及开挖形态。如发现重大问题，应及时协商处理，修改设计，报上级审批。

1. 坝基开挖的特点

在水利水电工程中坝基开挖的工程量往往达数万立方米，甚至达数十万、百万立方米，需要大量的机械设备（钻孔机械、土石方挖运机械等）、器材、资金和劳力。工程地质复杂多变，如节理、裂隙、断层破碎带、软弱夹层和滑坡等，还受到河床岩基渗流的影响和洪水的威胁，因而占用了相当长的工期，从开挖程序来看又属多层次的立体开挖作业。因此，经济合理的坝基开挖方案及挖运组织，对安全生产和加快工程进度具有重要的意义。

2. 坝基开挖程序

岩基开挖要保证质量，加快施工进度，做到安全施工，必须要按照合理的开挖程序进行。开挖程序因各工程的情况不同而不尽统一，但一般都要以人身安全为原则，遵守自上而下、先岸坡后基坑的程序进行，即按事先确定的开挖范围，从坝基轮廓线的岸坡部分开始，自上而下、分层开挖，直到坑基，图 3.16 为某水电站主坝坝基开挖程序。

对大、中型工程来说，当采用河床内导流分期施工时，往往是先开挖围护段一侧的岸坡，或者坝头开挖与一期基坑开挖基本上同时进行，而另一岸坝头的开挖在最后一期基坑开挖前基本结束。

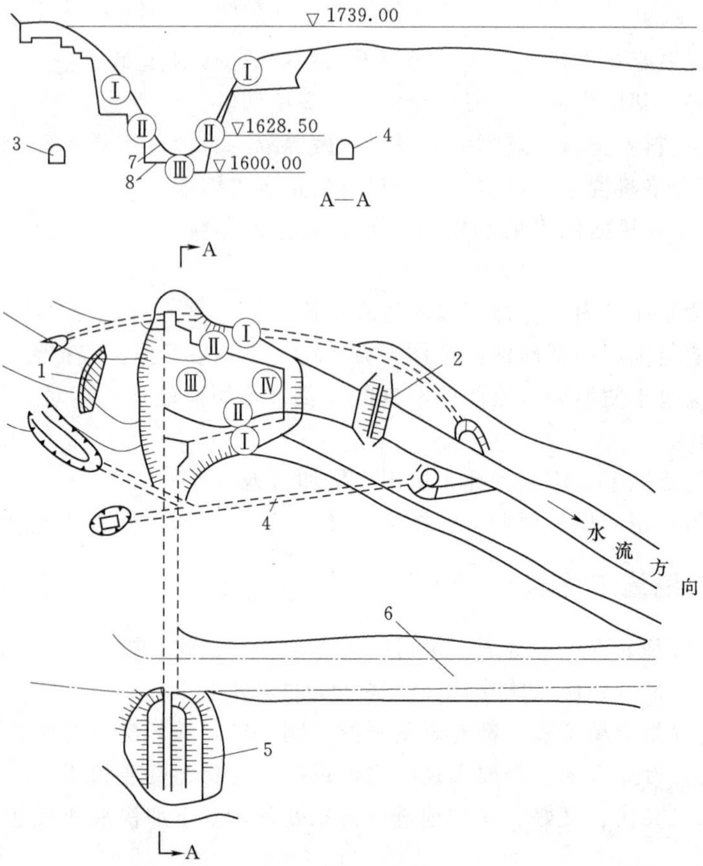

图 3.16　某水电站主坝坝基开挖示意图

1—上游拱围堰；2—下游土石围堰；3—左岸导流洞；4—右岸导流洞；5—副坝；6—溢洪道；7—地面线；8—开挖线；Ⅰ～Ⅳ—开挖程序

对中、小型工程，由于河道流量小，施工场地紧凑，常采用一次断流围堰（全段围堰）施工。一般是先开挖两岸坝头，后进行河床部分基坑开挖。对于顺岩层走向的边坡、滑坡体和高陡边坡的开挖，更应按照开挖程序进行开挖。开挖前，首先要把主要地质情况弄清，对可疑部位应及早开挖暴露并提出处理措施。一些小型工程，为了赶工期也有采用岸坡、河床同时开挖的。这时由于上、下分层作业，施工干扰大，要特别注意施工安全。

河槽部分采用分层开挖逐步下降的方法。为了增加开挖工作面，扩大钻孔爆破的效果，提高挖运机械的工作效率，解决开挖施工中的基坑排水问题，通常要选择合适的部位先抽槽，即开挖先锋槽。先锋槽的平面尺寸以便于人工或机械装运出渣为度，深度不大于向下实际挖深的 2/3（即预留基础保护层），随后就利用此槽壁作为爆破自由面，在其两侧布设有多排炮孔进行爆破扩大，依次逐层进行。当遇有断层破碎带，应顺断层方向挖槽，以便及早查明情况，作出处理方案。抽槽的位置一般选在地形低较、排水方便及容易引入出渣运输道路的部位，也可结合水工建筑物的底部轮廓，如截水槽、齿槽部位布置，但截水槽、齿槽的开挖应做专题爆破设计。尤其对基础防渗、抗滑稳定起控制作用的沟槽，更应慎重地确定其爆破参数，以防因爆破原因而对基岩产生破坏。

3. 坝基开挖深度

坝基开挖深度，通常是根据水工要求按照岩石的风化程度（强风化、弱风化、微风化和新鲜岩石）来确定的。坝基一般要求岩基的抗压强度约为最大主应力的 20 倍左右，高坝应坐落在新鲜到微风化下限的完善基岩上，中坝应建在微风化的完整基岩上，两岸地形较高部位的坝体及低坝可建在弱风化下限的基岩上。

岩基开挖深度，并非一挖到新鲜岩石就可以达到设计要求，有时为了满足水工建筑物结构形式的要求，还须在新鲜岩石中继续下挖。如高程较低的大坝齿槽、水电站厂房的尾水管部位等。有时为了减少在新鲜岩石中的开挖深度，可提出改变上部结构形式，以减少开挖工程量。如黄龙滩水库工程的导流底孔，原设计底板厚度为 5m，后将其修改为厚 1m 的脱开底板，如图 3.17 所示，使开挖深度大为减少。

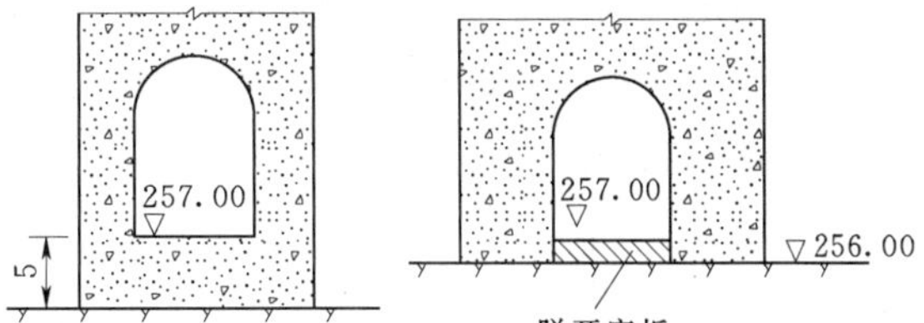

(a)坝身开孔的导流底孔　(b)脱开底板的导流底孔

图 3.17　修改设计减少开挖深度示意图（单位：m）

总之，开挖深度并不是一个多挖几米少挖几米的简单问题，而是涉及大坝的基础是否坚实可靠，工程投资是否经济合理，工期和施工强度有无保证的大问题。

4. 坝基开挖范围的确定

一般水工建筑物的平面轮廓就是岩基底部开挖的最小轮廓线。实际开挖时，由于施工排水、立模支撑、施工机械运行以及道路布置等原因，常需适当扩挖，扩挖的范围视实际需要而定。实际工程中扩挖的距离，有从几米甚至到几十米的。

坝基开挖的范围，必须充分考虑运行和施工的安全。随着开挖高程的下降，对坡（壁）面应及时测量检查，防止欠挖，并避免在形成高边坡后再进行坡面处理。开挖的边坡一定要稳定，要防止滑坡和落石伤人。如果开挖的边坡太高，可在适当的高程设置平台和马道，并修建挡渣墙和拦渣栅等相应的防护措施。近年来，随着开挖爆破技术的发展，工程中普遍采用预裂爆破来解决或改善高边坡的稳定问题。在多雨地区，应十分注意开挖区的排水问题，防止由于地表水的侵蚀，引起新的边坡失稳问题。

开挖深度和开挖范围确定之后，应绘出开挖纵、横断面及地形图，作为基础开挖施工现场布置的依据。

5. 地基开挖形态

重力坝坝段，为了维持坝体稳定，避免应力集中，要求开挖以后的基岩面比较平整，高差不宜太大，并尽可能略向上游倾斜，如图 3.18 所示。

(a)锯齿状　(b)台阶状

图 3.18　坝基开挖形态

1—原基岩线；2—基岩开挖线

岩基岩面高差过大或向下游倾斜，宜开挖成一定宽度的平台。平台面应避免向下游倾斜，平台面的宽度以及相邻平台之间的高差应与混凝土浇筑块的尺寸协调。通常在一个坝段中，平台面的宽度约为坝段宽度的 1/3 左右，如图 3.19 所示。在地形较陡的岸坡坝段，还应根据坝体侧向稳定的要求，在坝轴线方向也开挖成一定宽度的平台，如图 3.20 所示。

拱坝要径向开挖，因此岸坡地段的开挖面将会倾向下游。在这种情况下，沿径向也应设置开挖平台。拱座面的开挖，应与拱的推力方向垂直，以保证按设计要求使拱的推力传向两岸岩体。

支墩坝坝基同样要求开挖比较平整，并略向上游倾斜。支墩之间高差太大时，应该使各支墩能够坐落在各自的平台上，并在支墩之间用回填混凝土或加撑墙等结构措施加固，以维护支墩的侧向稳定。

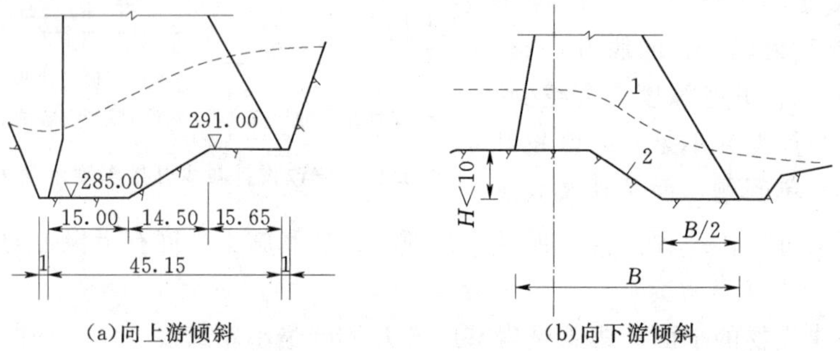

图 3.19　坝基开挖成一定宽度的平台示意图（单位：m）

1—原基岩线；2—基岩开挖线

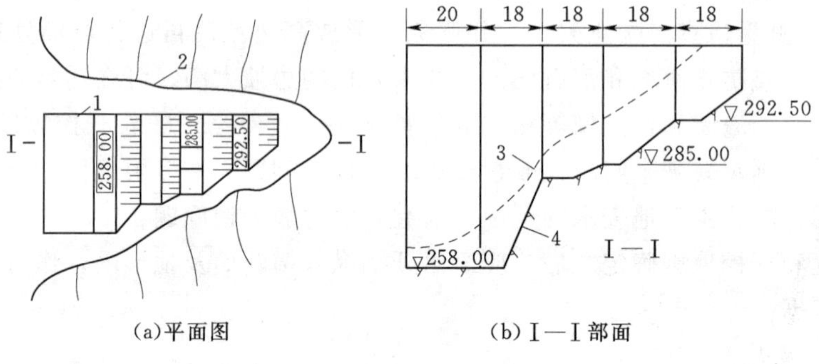

图 3.20　沿坝轴线方向的开挖图（单位：m）

1—下部轮廓线；2—上部轮廓线；3 —原基岩线；4—基岩开挖线

遇有深槽或凹槽以及断层破碎带情况时，应作专门的研究，一般要求挖去表面风化破碎的岩层以后，用混凝土将深槽或凹槽以及断层破碎带填平，使回填的混凝土形成混凝土塞和周围的基岩一起作为坝体的基础。为了保证混凝土塞和周围基岩的结合，还可以辅以锚筋和接触灌浆等加固措施。

6. 坝基开挖的现场布置

(1) 坝基开挖深度。一般是根据工程设计提出的要求来确定的。在工程设计中，不同的坝高对基岩的风化程度的要求也不一样，高坝应坐落在新鲜微风化下限的完整基岩上。

中坝应建在微风化的完整基岩上。两岸地形较高部位的坝体及低坝可建在弱风化下限的基岩上。

（2）坝基开挖范围。在坝基开挖时，因排水、立模、施工机械运行及施工道路布置等原因，使得开挖范围比水工建筑物的平面轮廓尺寸略大一些，岩基底部扩挖的范围应根据实际需要而定。实际工程中放宽的距离，一般以几米到十几米不等。基础开挖的上部轮廓线应根据边坡的稳定要求和开挖的高度而定，如果开挖的边坡太高，可在适当高程设置平台和马道，并修建挡渣墙等防护措施。

7. 岩基开挖施工

岩基开挖主要是用钻孔爆破，分层向下，留有一定保护层的方式进行开挖。

坝基爆破开挖的基本要求：保证质量，注意安全，方便施工。

保证质量，就是要求在爆破开挖过程中，防止由于爆破震动影响而破坏基岩，防止产生爆破裂缝或使原有的构造裂隙有所发展；防止由于爆破震动影响而损害已经建成的建筑物或已经完工的灌浆地段。为此，对坝基的爆破开挖提出了一些特殊的要求和专门的措施。

为保证基岩岩体不受开挖区爆破的破坏，应按留足保护层（系指在一定的爆破方式下，建筑物基岩面上预留的相应安全厚度）的方式进行开挖。当开挖深度较大时，可采用分层开挖。分层厚度可根据爆破方式、挖掘机械的性能等因素确定。遇有不利的地质条件时，为防止过大震裂或滑坡等，爆破孔深和最大装药量应根据具体条件由施工、地质和设计单位共同研究，另行确定。

开挖施工前，应根据爆破对周围岩体的破坏范围及水工建筑物对基础的要求，确定垂直向和水平向保护层的厚度。不具备试验条件时，可参照表3.20选取。

表3.20 保护层厚度 单位：cm

保护层名称	岩石类型		
	软弱岩石（$\sigma_{压}<300kg/cm^2$）	中等坚硬岩石（$\sigma_{压}=300\sim600kg/cm^2$）	坚硬岩石（$\sigma_{压}>600kg/cm^2$）
垂直保护层	40	30	25
地表水平保护层	40	200～100	25
底部水平保护层	40	150～75	25

保护层以上的开挖，一般采用延长药包梯段爆破，或先进行平地抽槽毫秒起爆，创造条件再进行梯段爆破。梯段爆破应采用毫秒分段起爆，最大一段起爆药量应不大于500kg。

保护层的开挖，是控制基岩质量的关键。基本要求：①如留下的保护层较厚，距建基面1.5m以上部分，仍可采用中（小）孔径及相应直接的药卷进行梯段毫秒爆破；②紧靠建基面1.5m以上的一层，采用手风钻钻孔，仍可用毫秒分段起爆，其最大一段起爆药量应不大于300kg；③建基面土1.5m以内的垂直向保护层，采用手风钻钻孔，火花起爆，其药卷直径不得大于32～36mm；④最后一层炮孔，对于坚硬、完整岩基，可以钻至建基面终孔，但孔深不得超过50cm；对于软弱、破碎岩基，要求留足20～30cm的撬挖层。

在安排工程施工进度时，应避免在已浇的坝段和灌浆地段附近进行爆破作业。如无法避免时，则应有充分的论证和可靠的防震措施，

根据建筑物对基岩的不同要求以及混凝土不同的龄期所允许的质点振速度值（即破坏标准），规定相应的安全距离和允许装药量。

在邻近建筑物的地段（10m 以内）进行爆破时，必须根据被保护对象的允许质点振动速度值，按该工程实例的振动衰减规律严格控制浅孔火花起爆的最小装药量。当装药量控制到最小程度仍不能满足要求时，应采取打防震孔或其他防震措施解决。

在灌浆完毕地段及其附近，如因特殊情况需要爆破时，只能进行少量的浅孔火花爆破。还应对灌浆区进行爆前和爆后的对比检查，必要时还须进行一定范围的补灌。

此外，为了控制爆破的地震效应，可采用限制炸药量或静态爆破的办法。也可采用预裂防震爆破、松动爆破、光面爆破等行之有效的减震措施。

在坝基范围内进行爆破和开挖，要特别注意安全。必须遵守爆破作业的安全规程。在规定坝基爆破开挖方案时，开挖程序要以人身安全为原则，应自上而下，先岸坡后河槽的顺序进行，即要按照事先确定的开挖范围，从坝基轮廓线的岸坡部分开始，自上而下，分层下挖，直到河槽，如图 3.21 所示。不得采用自下而上或造成岩体倒悬的开挖方式。但经过论证，局部宽敞的地方允许采用“自下而上”的方式，拱坝坝肩也允许采用“造成岩体倒悬”的方式。如果基坑范围比较集中，常有几个工种平行作业，在这种情况下，开挖比较松散的覆盖层和滑坡体，更应自上而下的进行，如稍有疏忽，就可能造成生命财产的巨大损失，这是过去一些工程得到的经验教训，应引以为戒。

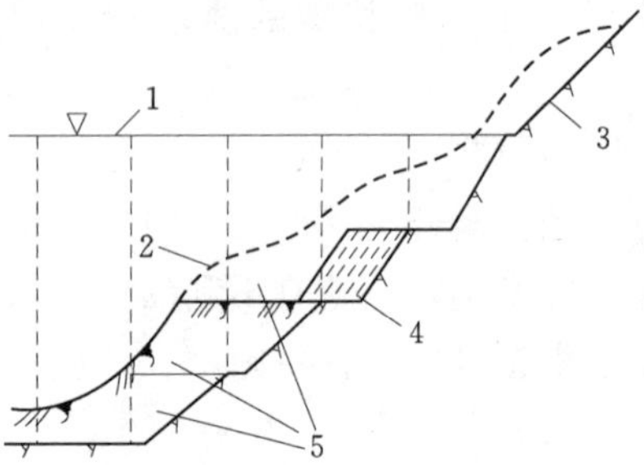

图 3.21　坝基开挖程序
1—坝顶；2—原地面线；3—安全削坡；4—开挖线；5—开挖层

河槽部分也要分层、逐步下挖，为了增加开挖工作面，扩大钻孔爆破的效果，解决开挖施工时的基坑排水问题，通常要选择合适的部位，抽槽先进。抽槽形成后，再分层向下扩挖。抽槽的位置，一般选在地形较低，排水方便，容易引入出渣运输道路的部位，常可结合水工建筑物的底部轮廓，如截水槽、齿槽等部位进行布置。但截水槽、齿槽的开挖，应做专题爆破设计。尤其对基础防渗、抗滑稳定起控制作用的沟槽，更应慎重地确定其爆破参数。

方便施工，就是要保证开挖工作的顺利进行，要及时做好排水工作。岸坡开挖时，要在开挖轮廓外围，挖好排水沟，将地表水引走。河槽开挖时，要配备移动方便的水泵，布置好排水沟和集水井，将基坑积水和渗水抽走。同时，还必须从施工进度安排、现场布置以及各工种之间互相配合等方面来考虑，做到工种之间互相协调，使人工和设备充分发挥效率，施工现场井然有序以及开挖进度按时完成。为此，有必要根据设备条件将开挖地段分成几个作业区，每个作业区又划分几个工作面，按开挖工序组织平行流水作业，轮流进行钻孔爆破、出渣运输等工作。在确定钻孔爆破方法时，需考虑到炸落石块粒径的大小能够与出渣运输设备的容量相适应，尽量减少和避免二次爆破的工作量。出渣运输路线一端

应直接通到各层的开挖工作面的下面，另一端应和通向上、下游堆渣场的运输干线连接起来。出渣运输道路的规划，应该在施工总体布置中，尽可能结合场内交通半永久性施工道路干线的要求一并考虑，以节省临时工程的投资。

基坑开挖的废渣最好能加以利用，直接运至使用地点或指定地点暂时堆放。因此，需要合理组织弃渣的堆放，充分利用开挖的土石方。这不仅可以减少弃渣占地，而且还可以节约资金，降低工程造价。

不少工程利用基坑开挖的弃渣来修筑土石副坝和围堰，或将合格的砂石料加工成混凝土骨料，做到料尽其用。另外，在施工安排有条件时，弃渣还应结合农业上改地造田，加以充分利用。为此，必须对整个工程的土石方进行全面规划，综合平衡，做到开挖和利用相结合。通过规划平衡，计算出开挖量中的使用量及弃渣量，均应有堆存和加工场地。弃渣的堆放场地，或利用于填筑工程的位置，应有沟通这些位置的运输道路，使其构成施工平面图的一个组成部分。

弃渣场地必须认真规划，并结合当地条件做出合理布局。弃渣不得恶化河道的水流条件，或造成下游河床淤积；不得影响围堰防渗，抬高尾水和堰前水位，阻滞水流；同时，还应注意防止影响度汛安全等情况的发生。特别需要指出的是：弃渣堆放场地还应力求不占压或少占压耕地，以免影响农业生产。临时堆渣区，应规划布置在非开挖区或不干扰后续作业的部位。

近年来，在岩石坝基开挖中，国内一些工程采用了预裂爆破、扇形爆破开挖等新技术，获得了优良的开挖质量和较好的经济效果，目前正在日益广泛地推广应用。

3.2.3 岸坡开挖施工方法

平原河流枢纽的岩坡较低较缓，其开挖施工方法与河床开挖无大的差别。高岸坡开挖方法大体上可分为分层（梯段）开挖法、深孔爆破开挖法和辐射孔开挖法三类。

1. 分层开挖法

这是应用最广泛的一种方法，即从岸坡顶部起分梯段逐层下降开挖。主要优点是施工简单，用一般机械设备可以进行施工。对爆破岩块大小和岩坡的振动影响均较容易控制。

岸坡开挖时，如果山坡较陡，修建道路很不经济或根本不可能时，则可用竖井出渣或将石渣推于岸坡脚下，即将道路通向开挖工作面是最简单的方法。

(1) 道路出渣法。岸坡开挖量大时，采用此法施工，可满足高强度开挖的要求。开挖层厚度根据地质、地形和机械设备性能确定，一般不宜大于15m。如岸坡较陡，也可每隔40m高差布置一条主干道（即工作平台）。上层爆破石渣抛弃工作平台或由推土机推至工作平台，进行二次转运。如岸坡陡峭，道路开挖工程量大，也要由施工隧洞通至各工作面。采用预裂爆破或光面爆破形成岸坡壁面。

(2) 竖井出渣法。当岸坡陡峭无法修建道路，而航运、过木或其他原因在截流前不允许将岩渣推入河床内时，可采用竖井出渣法。图3.22为意大利柳米耶坝坑道竖井出渣岸坡开挖图。工程施工时在截流前不允许将石渣抛入河床，而岸坡很陡无法修建道路，岸坡开挖高度达135m以上，右岸开挖量为4.4万m^3，左岸为1.8万m^3，左右岸均开挖有斜井，斜井与平洞相连通。上面用小间距钻孔爆破，使岩石成为小碎块，用推土机将其推入

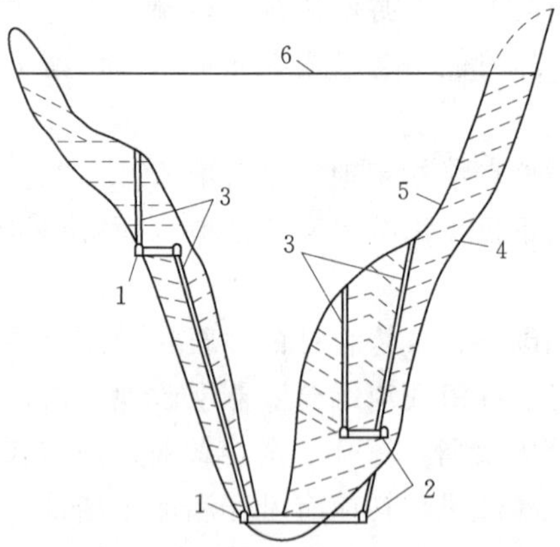

图 3.22 意大利柳米耶坝坑道竖井出渣岸坡开挖图

1—坑道；2—运输洞；3—竖井；4—开挖设计线；5—地面线；6—坝顶

斜井内，再经平洞运走。这种方法一般应用在开挖量不太大的地方，当挖方量很大时，只能作为辅助措施。

(3) 抛入河床法。这是一种由上而下的分层开挖法，无道路通至开挖面，而是用推土机或其他机械将爆破石渣推入河床内，再由挖掘机装汽车运走。这种方法应用较多，但需在河床允许截流前抛填块石的情况下才能运用。这种方法的主要问题是爆破前后机械设备均需撤出或进入开挖面，很多工程都是将浇筑混凝土的缆式起重机先装好，钻机和推土机均由缆机吊运。

一些坝因河谷较窄或岸坡较陡，石渣推入河床后，不能利用沿岸的道路出渣，只好开挖隧洞通至堆渣处，进行出渣。

(4) 由下而上分层开挖法。当岩石构造裂隙发育或地质条件等因素导致边坡难以稳定，不便采用由上而下的开挖法时，可考虑由下而上分层开挖。

库同坝为高 85m 的混凝土拱坝，峡谷岩层为石英岩、片岩和板岩互层。片岩沿坡边向上直达 300m 高处。岩层厚度 1.0～3.0m，层间夹有薄泥层，以及深度很大的张开裂隙。左岸岩层较好，但有一组与岩层垂直，倾角 30°。倾向河流的节理对稳定不利，因此采用由下向上的开挖方法，如图 3.23 所示。开挖时采用平洞，每层平洞挖好后立即填入混凝土，然后再进行上一层开挖。这种方法的优点主要是安全，混凝土浇筑时，应在上面留一定的空间，以便上层爆破时供石渣堆积（这种方法国内极少采用）。

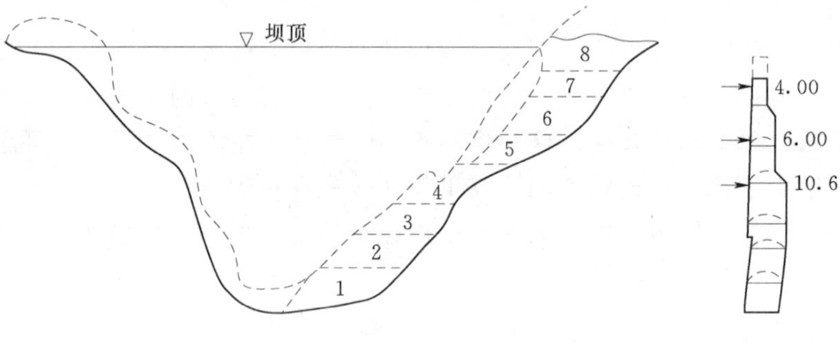

图 3.23 库同坝岸坡开挖（单位：m）

1～8—开挖顺序

2. 深孔爆破开挖法

高岸坡用几十米的深孔一次或二三次爆破开挖，其优点是减少爆破出渣交替所耗时间，提高挖掘机械的时间利用率。钻孔可在前期进行，对加快工程建设有利，但深孔爆破技术复杂，难保证钻孔的精确度，装药、爆破都需要较好的设备和措施。

3. 辐射孔爆破开挖法

辐射孔爆破开挖法也是加快施工进度的一种施工方法，在矿山开采时使用较多。为了争取工期，加快坝基开挖进度，我国的白山水电站采用辐射孔爆破开挖法，取得了良好效果。大坝的14～21坝段，基础岩石位于水下，开挖量为9.6万m^3。河床截流前先打坑道进入坝基内，在坑道内进行辐射式钻孔，坑道断面3m×3.5m，主要是依据CZZ-700钻机工作条件确定的。第一次爆破的孔排距为2.5m，以后改为2m。每个断面内钻孔12～15个，孔深4～18m，钻头直径60mm。孔底距岩层表面为1.5～2.0m。距上、下游的开挖边界面3.0m，同一断面内相邻两孔的孔底距离为2.5m左右，两个坑道之间的辐射孔孔底相距1.0～1.5m。药包直径约为60mm，用FSR-100型装药机装药。每米药量2.53kg，装药长度按相邻两孔的药柱顶部之间距离不小于1.5～2.0m控制，孔口堵塞长度2～6m，如图3.24所示。第一次爆破岩石0.5万m^3，其顶面堆渣约0.2万m^3，共计0.7万m^3。第二次爆破岩石1.2万m^3，顶面堆渣0.9万m^3，共计2.1m^3。尾水渠混凝土围堰下的岩石也是采用辐射爆破开挖，经估算，此种方法比常规的施工法提早两个月完工，节省劳动力3.75万工日，取得了较大的经济效益。

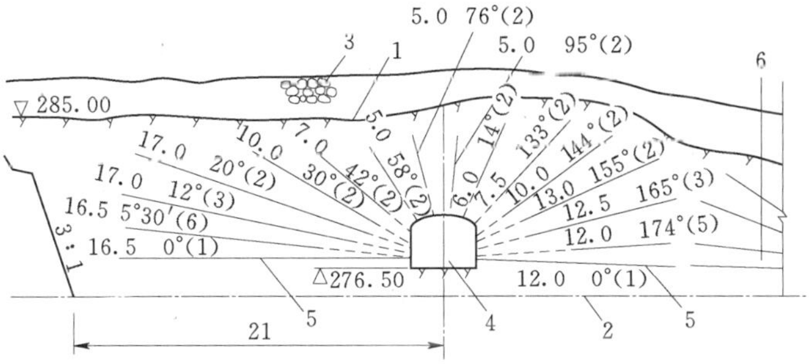

图3.24 白山水电站基础开挖采用辐射孔爆破

1—岩基面；2—设计开挖线；3—堆渣地面线；4—坑道；5—顶裂线；6—另一组辐射线

高岸坡开挖时，为保证下部河床工作人员与机械安全，必须对岸坡采取防护措施。一般是采用喷混凝土、锚杆和防护网等措施。喷混凝土是常用的方法，不但可以防止块石掉落，对软弱易风化岩石还可起到防止风化和雨水湿化剥落的作用。锚杆用于岩石破碎或有构造裂隙可能引起大块岩体滑落酌情况，必要时还应加喷混凝土，以保证安全。防护网也是常用的防护措施。防护网可贴岸坡安设，也可与岸坡垂直安设。外国常用的有尼龙网、有孔的金属薄板或钢筋网，多悬吊于锚杆上。当与岸坡垂直安设时，应在相距一定高度处安设，以免高处落石击破防护网。

任务3.3 土石坝工程施工作业

【引例3.3】 已知某心墙土坝，黏土料场位于下游左岸阶地，平均运距1km；砂砾料及反滤料自河滩开采，砂砾料平均运距2km，反滤料为1km。根据导流计划，坝体分两段施工，在第二年汛后截流后抢筑左坝段，并要求于第三年汛前达拦洪高程（即施工时段由第二年12月1日起到第三年6月1日止，历时212d)。左坝段拦洪高程以下的坝体工程量，心墙为8.1m^3，反滤料为0.89万m^3，坝壳砂砾料为24.4万m^3。采用先砂后土法进行施工。该工程可供选择的机械如下：75马力推土机，800mm宽带式运输机，架子车，75马力[1]及54马力拖拉机，5t自卸汽车，人推窄轨斗车，1 m^3正向铲，5t羊脚碾及15t气胎碾，卷场机等，本工程所处地的劳动力丰富。

【思考】

(1) 如何选择土坝施工方案并计算机械数量?

(2) 土石坝施工的程序及作业内容是什么? 料场的作业应注意哪些方面?

(3) 土石方开挖过程中如果遇到断层破碎带，或者软弱夹层、岩溶等地质情况，该如何处理?

(4) 如何进行土坝填筑与碾压施工作业?

(5) 如何选择压实机具及其选择?

(6) 如何进行压实参数的选择及现场压实试验?

(7) 如何进行坝体的填筑作业? 需要注意哪些问题?

(8) 如何进行土石坝施工质量控制与检查?

(9) 如何进行土坝冬雨季的施工?

(10) 如何进行面板堆石坝的施工?

3.3.1 土石坝施工程序及作业

我国已完建的水利枢纽中以土石坝为最多。它具有就地取材，需要水泥、钢材、木材较少，对地基要求较低，施工技术简单，易为群众所掌握的特点，因而应用极为广泛。

3.3.1.1 土石坝施工程序及作业内容

1. 土石坝施工程序

(1) 土石坝的施工方法有：干填碾压、水中倒土、水力冲填和定向爆破修筑等类型。

1) 干填碾压筑坝（亦称碾压式土石坝）即是在坝基清理之后将开挖合格的土石料装运上坝，卸到指定的部位，按规定的厚度铺平，经过碾压密实而逐层填筑到坝体设计断面。

2) 水中倒土筑坝，就是在清理后的坝基上，将坝面用畦埂分隔成若干个畦块，在畦块中灌入一定深度的水，等水深稳定后，由一边开始向畦中填土；如此逐层筑埂、灌水、填土，直到坝体设计断面筑成。其特点是坝体填筑不需用专门的碾工具，坝坡较碾压式土坝平缓，一般不适宜在汛前抢修拦洪断面。

3) 水力冲填筑坝是利用水力冲击土壤，使土壤形成流动的泥浆，然后通过输泥管道或输泥渠，把泥浆送到筑坝地点，再经过沉淀、脱水固结而成，其主要用于北方黄土丘陵区。

4) 定向爆破筑坝是利用炸药爆炸能量的作用，将一定数量的土岩经破碎后，按预定

---

[1] 1马力=735.49875W

的方向，抛掷到坝址处，形成具有一定质量和形状的建筑物，经修整，坝身加高而成。它主要适用于山体雄厚、岸坡山高坡陡，地质条件较好的狭窄河谷。

(2) 目前，国内外土石坝的填筑方式仍以碾压式为最多。碾压式土石坝的施工程序为。施工导流、坝基开挖与处理、土石料开采与运输，坝面土石料铺填与压实，坝体排水棱体，护坡及坝顶工程施工等。

1) 施工导流应结合实际情况，尽量能使临时性工程设施与永久性工程相结合。

2) 从广义上讲，开挖即是坝基处理的一部分；对于一般地基，仅需进行清基即可，但必须注意到，坝体与基础，坝体与两岸接合部位，是薄弱环节，属于隐蔽工程，很多问题常发生在这些部位。对于土石坝基础防渗处理，目前采用较多的为混凝土防渗墙。

3) 土石料开采与运输组织的好坏与否，直接影响坝体的上坝方量，决定坝体能否按期填筑到设计高程；因此，根据工程实际，合理选择挖、运机械，并据其特性进行科学的配套组合，选定最佳方案，对坝体施工体着重大意义。

4) 坝面土石料铺填与压实，是决定坝体质量的关键施工环节，也是控制坝体上升速度的关键因素之一；因此，合理地组织坝面作业，有利于提高施工进度，保证施工质量。此外，在进行土料填筑的同时，还应注意接坡、接缝等问题，以保证土石坝的整体性。

2. 作业内容

碾压式土石坝的施工作业包括：准备作业、基本作业及为基本作业服务的辅助作业和附加作业。其内容如下。

(1) 准备作业。平整场地，修筑道路，架设电力、通信线路，敷设用水管路，修建临时用房及基坑排水、清基等项工作。

(2) 基本作业。料场的土石开采、挖、装、上坝过程的运输，坝面的土料卸铺，平土及逐层压实等。

(3) 辅助作业。清除料场的覆盖层、杂物，降低地下水、控制土料含水量的加水及翻晒，坝面刨毛及松土等。辅助作业是为基本作业创造良好的施工条件，从而保证基本作业的顺利进行。

(4) 附加作业。修整坝坡、铺石护面及铺植草皮等项工作。附加作业是保证坝体长期安全运行的保护及修整工作。

3.3.1.2 料场规划及料场作业

1. 料场规划

料场即是土石坝体填筑材料的取用场地，主要包括土料场及石渣料场。由于修筑坝体需要大量的土石方，它对于工程质量、工效、造价和工期都有重大影响。料场规划的目的是在对料场进行全面而细致调查的基础上，从空间、时间、质与量等方面，进行通盘考虑，以便合理的使用料场，加快施工进度，充分发挥经济效益。

空间规划，就是对料场的位置、高程选择恰当，布置合理。土石料的上坝运距尽可能短些，高程宜有利于重车下坡，即高料高用，低料低用，以减少运输成本。但料场如布置在坝体轮廓线300m以内，则会影响主体工程的防渗和安全，且与上坝运输相干扰，故应避免。骨料场应注意避免道路坡度过陡而引起运输事故。坝的上下游、左右岸最好都选有料场，以便在高峰作业时，扩大上料工作面，减少施工干扰。料场的位置还应利于排除地表水和地下水。对石渣料场尚应考虑与重要建筑物和居民点保持足够的防爆、防震的安全距离。

时间规划，就是考虑施工过程中的用料数量是随坝体填筑部位、施工季节、坝前蓄水情况和料场工作条件的变化而变化。因此，在用料规划上宜本着近料和上游易淹的料场先用，远料和下游不易淹的料场后用；含水量高的料场旱季降用，含水量低的料场雨季用的原则。

质与量的规划，是料场规划最基本的内容，也是决定料场取舍的重要前提，在选择和规划使用料场时，应对料场的地质成因、产状、埋深、储量及各种物理力学指标（如重度、含水量、料的成分、颗粒级配、黏聚力及内摩擦角等）进行全面勘探和实验，以便安排施工过程中各个阶段不同部位所需的适宜料场。因此除料场的总储量应满足完成坝体的要求外，而且应满足各施工阶段最大上坝强度的需要。一般应设有主要料场和备用料场。主要料场质量好、储量大，开采集中，距坝址较近，且应有利于常年开采。备用料场一般应设在淹没区范围以外，以便当主要料场被淹、土料过湿或因其他原因造成主要料场不能使用时备用，以保证开采、填筑工作能够正常进行。主要料场总储量应比设计总方量多50%～100%，备用料场的储量应为主要料场总储量的20%～30%。

根据以上原则可制定工程料场规划，见表3.21。表3.21可结合“坝体不同填筑部位所用料场示意图”一起使用（如图3.25）。

表3.21　××工程料场规划表

料场编号	料场名称	地点	距坝距离/km	埋深/m	面积/m^2	储量/m^3	使用时间
①							
②							
⋮							

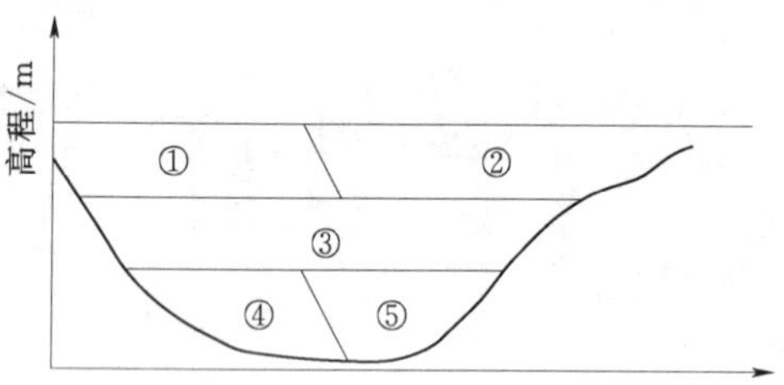

图3.25　坝体不同填筑部位所用料场示意图

此外，为了降低工程成本，提高经济效益，应尽量充分利用挖方作为填筑材料，如开挖时间与上坝时间不相吻合时，可安排堆料场加以储备。

2. 料场作业

料场作业主要包括料场的清理、排水，开挖方法及土料含水量的控制等。

（1）清理和排水。料场的清理和排水是料场作业的辅助作业，这些作业直接影响采料的质量和开采的进度。料场清理包括伐木、除草、剥弃表层腐殖土等。

料场排水作业，采取“截水与排水相结合，以截水为主”的原则。对开地表水，应在采料高程以上修筑截水沟加以拦截；对于流入开采范围的地表水应采用明式排水迅速排除。这些排水沟应随开挖高程的降低而降低，保持开挖期间排水不中断；当地下水位较高时，须设井点进行人工降低地下水。

（2）开挖方法。土料场的开采有立面开挖和平面开挖两种方法：立面开挖是在很厚的土层上分几个比较高的台阶进行开挖，此方法可使土料的含水量蒸发损失小；平面开挖是在大面积上进行薄层开挖，这种开挖方法适用于平坦开阔的料场，并有利于土中水分的蒸发。

（3）土料含水量的控制。土料的含水量，应与坝体压实要求施工最优含量相一致，以保证压实质量。

1）低含水量土料的加水控制。土料天然的含水量偏低：一方面是由于其成因；另一方面，尽管土场其天然含水量基本基本满足施工要求，但经过开挖、运输，坝面的散料，碾压，表层土料的含水量也会因在蒸发而降低，因此，须对土料加水。土料加水应符合的要求：①使土料含量达到施工含水量控制范围；②使加水后的土料含水量保持均匀。常用的加水方法有分块筑畦埂灌水法、喷灌机灌水法及表面喷水法。

a. 分块筑畦埂灌水法。此法是将待加水的土料场分块筑畦埂，再向畦块内注水，停置一周后进行使用。此法适于加水量较多，土场较为平坦的情况。

加水量可根据需要加水的土层厚度而定，一般1cm水深可湿润6cm土层；水在土中入渗速度随土质不同而异，一般约1m/d，施工中应加以掌握，切勿使水未将土层浸湿均匀即进行开采，而造成干湿不匀的现象。

b. 喷灌机灌水法。即采用农田灌溉的喷灌机进行喷灌灌水，它适宜于地形高差大的各种条件，且易于掌握，节约用水。

为了保证喷灌效果，要保持天然地面不要受扰动，以免破坏其渗透性，草皮等清理可以等加水完毕后再进行，但灌水、养护需较长时间，才能保证加水均匀。

c. 表面喷水法。此法是用水管在土场表面喷水，轮流对已加水的土场进行开采的方法。它适用于土料稍干且有较大面积的土场，以便一个或几个土场大量喷洒水，并有是够的停置时间。施工时可随喷水辅以齿耙耕耘，使其混合均匀。

2）高含水量土料的除水控制。当土料含水量超过施工控制含水量范围，则需采取降低含水量的措施，以控制上坝土料的含水量。如土料稍湿，则可采用分层开采逐层晾晒、轮流开挖的办法；如土料过湿，可采用翻晒方法。

翻晒法是当土料含水量高于施工要求的含水量时，利用气候条件，翻晒土料以降低含水量的方法。进行土料翻晒施工时，应选择合适的场地，以满足翻晒，就地堆存、装运等要求并应注意防止雨水浸入。具体施工可分为挖碎、翻晒、运堆等三个工序。翻晒法又可分为人工翻晒法和机械翻晒法。

a. 人工翻晒法。用齿耙将土耙碎，坚硬黏土用铁锹切成厚1～2cm薄片，每层深度约10～20cm，挖后使其相互架空晾晒，待表层稍干即打碎成小于2～3cm的土块，继续翻晒，表层稍干用铁锹翻动一次，如此反复，直至含水量降低到施工控制含水量范围为止。人工翻晒土料一般每工日可翻晒15～40m^3。

b. 机械翻晒法。可用农用耕作机械，拖拉机牵引多铧犁，每层犁入深度3～7cm，然后用圆盘耙或钉齿耙将土块适当耙碎，并按时翻动，其台班产量可达600m^3。采用就地翻晒时，须分层取土，分层晾晒。

在翻晒时，宜当天翻晒当天收土，以免夜间吸水回潮。当土料含水量已降低到施工控制含水量范围后，除一部分运到坝上填筑外，对暂时不用的土料，应在料区堆成土牛，并加以防护。

土牛应堆置在易于排水的场地，周围开挖排水沟，并便于堆土取土。其堆置形式及大小一般以高 3～5cm，宽约 30m，长 60m，顶部排水坡度 5%，下部边坡 1∶1 为宜。在堆土牛前，其底层应铺垫厚约 30cm 废料土块，以减少或防止毛细管上升的作用。土牛两侧边坡须及时平整，外铺含水量较高的天然土料，厚约 30cm，拍打密实。对拟较长时间储备之土牛，可在其表面涂抹 3～6cm 厚的草筋泥浆，并以麦草或稻草覆盖，进行防护。

土牛除能保证冬、雨季后及时供应黏性土料外，还可以使含水量不均匀的土，在储备期间使其变成均匀状态。

3.3.2 土石方开挖难点及解决措施

如前所述，岩基开挖是岩基处理的一种方法。在一般情况下，凡是位于基岩表层的缺陷，无论是节理、裂隙还是断层、破碎带或者软弱夹层等，只要这些缺陷不是延伸很深，采用开挖处理，往往可以收到比较可靠和经济合理的效果。但是，如果基岩的缺陷埋藏很深，开挖起来相当困难，同时开挖费用又很高时，就需要考虑采用其他方法来处理。如为了提高基岩的强度，可以采用固结灌浆；为了改善基岩的抗渗性能，可以采用帷幕灌浆；为了提高基岩的整体性，可以设置锚杆、锚索进行锚固处理。岩基的一般性地质缺陷，经过开挖和灌浆处理后，在地基承载能力和防渗性能方面，均可得到不同程度的改善，这已为国内外大量工程实践所证实。

特殊的地质缺陷，如断层破碎带、缓倾角的软弱夹层和层理以及岩溶地区比较大的空洞和漏水通道等，当这些缺陷埋藏较浅时，仍以采用开挖处理为宜；如果它们埋藏较深或者延伸很远，采用开挖处理在技术上困难，或在经济上很不合算时，常常需要针对每个工程的具体问题，研究采用一些特殊的处理措施。这些特殊的处理措施，不仅要作专门的设计，研究专门的处理的方案，而且还必须通过结构模型试验，以求得充分可靠的论证。

下面拟通过一些实例，从施工角度来介绍几种比较特殊的地质缺陷的处理措施。

3.3.2.1 断层破碎带处理

由于地质构造上的原因所形成的破碎带，有断层破碎带和挤压破碎带两种。因为经过地质变迁的错动和挤压，其中的岩块往往极度破碎，风化强烈，常有泥质充填物夹在里边，若作为水工建筑物的地基，就必须进行处理。

在一般情况下，对于宽度较小或闭合的断层破碎带，如果它们延伸不是很深，或者即使延伸很深但走向垂直于河流，并没有形成沟通上、下游的渗水通道，且对基岩的强度和压缩变形的影响不是很大时，需要处理的深度一般较浅。通常采用开挖和回填混凝土的方法进行处理，即可满足要求。处理时，先将一定深度范围内的断层和断层两侧的破碎风化的岩石清理干净，直到新鲜岩石外露，然后再回填混凝土。必要时，待混凝土冷却收缩以后，再辅以接触灌浆，以利于坝体和基岩之间结合及应力的传递。

从施工角度来看，这种处理方法在技术上是可行的，只是在开挖后回填混凝土时，须特别注意边角部位一定要振捣密实，防止漏振和架空。

如果断层破碎带要处理的深度较大，为了克服深层开挖的困难，防止两侧岩块的塌落，可以采用大直径钻头（直径在1m以上）钻孔，钻到需要的深度，再回填混凝土；或者挖一层，回填一层，在回填的混凝土中预留竖井和斜井，作为继续下挖用的通道，利用这些通道再往下挖，直达预定的深度为止。图3.26为采用这种方法施工的一个实例。

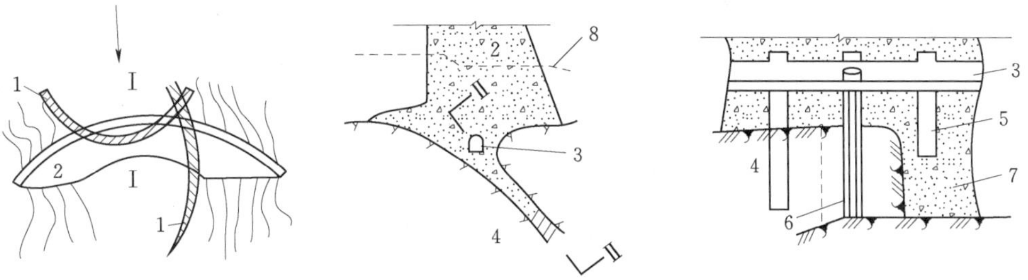

(a)平面图　(b)Ⅰ—Ⅰ剖面　(c)Ⅱ—Ⅱ剖面

图3.26　美国瑟明诺（Scminoc）拱坝分层开挖回填处理深断层

1—断层；2—坝体；3—廊道；4—断层充填物；5—斜井；6—卷扬道；7—回填混凝土；8—原地面线

对于贯通坝址上、下游，宽而深的断层破碎带，或深厚盖层的河床深槽，处理时，既要解决地基的承载能力，又要截断水流渗透的通道。在这种情况下，为了解决地基的承载能力，可以采用支承拱的办法，将上部结构的荷载通过横跨断层或深槽的支承拱传到两侧坚固的岩层中，从而避免深开挖的困难，如图3.27所示。

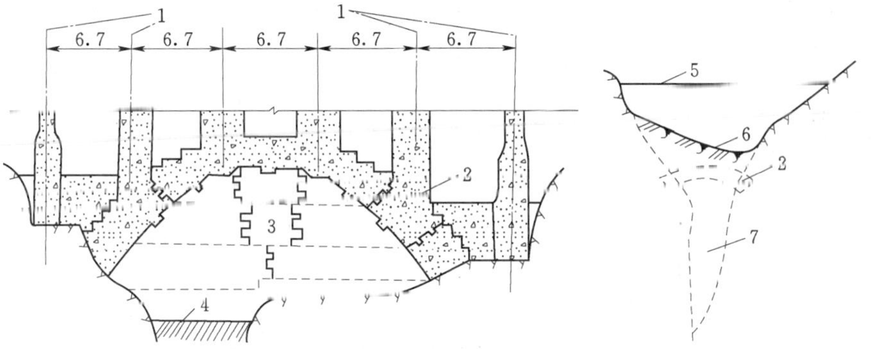

(a)墨西哥罗德里格支墩坝横跨断层的支承拱　(b)法国欧舍雷达尼巴尔拱坝横跨深槽的支承拱

图3.27　支承拱处理河床深槽的断层（单位：m）

1—支承轴线；2—支承拱；3—分层回填混凝土；4—断层；5—坝顶；6—河床；7—河谷深槽

为了截断断层破碎带和河床深槽的水流渗透途径，可以修筑截水槽或防渗墙，必要时，还可以辅以深孔帷幕灌浆。我国猫跳河四级电站的溢流拱坝坝基，就是采用支承拱加防渗墙的方案进行处理的。

位于拱坝坝肩部位的断层破带处理，可采用开挖回填混凝土、预应力高强锚杆和固结灌浆相结合的处理方案。对于离大坝较远的断层和节理，则用固结灌浆处理。

3.3.2.2　软弱夹层处理

软弱夹层主要是指基岩层面之间或裂隙面中间强度较低已经泥化或容易泥化的夹层。

软弱夹层的处理方法，视夹层的产状和地基的受力条件而定。

对于陡倾角的夹层，如果没有与水库连通，处理时主要是解决地基的承载能力问题，仍可采用开挖和回填混凝土的方法。如印度巴克拉重力坝坝基中的黏土岩夹层就是这样处理的，如图3.28所示。

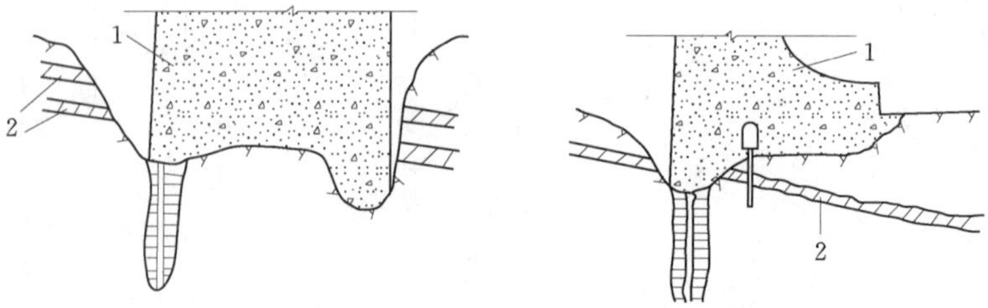

(a)挖除软弱夹层　　(b)切断软弱夹层

图3.28　软弱夹层开挖图

1—坝体；2—软弱夹层

如果夹层与库水相通，除了对坝基范围内的夹层进行开挖、回填处理以外，还必须在夹层上游库水入口的部位进行封闭处理，切断库水进入夹层的通路。

在这种情况下，可以结合坝基防渗的要求，或者先钻孔，将帷幕范围内的夹层彻底冲洗干净，再进行帷幕灌浆；或者用竖井或斜井进行开挖，挖除夹层，再回填混凝土；也可以用大口径钻孔的办法清除夹层，再回填混凝土。

对于缓倾角夹层，特别是倾向下游的泥化夹层，由于层面的抗剪强度很低，处理的要求是提高地基的抗滑稳定能力。在这种情况下，如果夹层埋藏不深，开挖工程量不很大时，最好是彻底挖除。如果夹层埋藏较深，或夹层上部有足够厚度的支撑岩体，并能够维持基岩的深层抗滑稳定，则可经考虑只挖除坝体上游部位的夹层，并进行封闭处理，切断渗水通道。如果夹层埋藏很深，该处地基应力的变化已不很显著，也没有深层滑动的危险，处理的目的主要是加固地基，则可采用一般的固结灌浆处理。但是，由于夹层的充填物不容易冲洗干净，灌浆的效果常常不够理想。也有的工程采用洞挖回填混凝土塞的办法，将夹层封闭在坝基底下，例如法国格埃尼西阿特重力坝坝基的黏土夹层就是这样处理的，如图3.29所示。该坝坝基表层为坚硬的岩石，厚约18m，其下有厚2～3m的黄色黏土层，再向下也是完好的灰岩。由于该坝较高，达104m，考虑到黏土夹层的沉陷变形，如果要全部挖除，不仅费用贵，而且有困难。于是就在黏土夹层中沿着坝的轴线方向，开挖一条廊道，廊道的顶部和底部均嵌入灰岩中，通过廊道先对黏土夹层进行固结灌浆，然后用混凝土将廊道填塞，使经过固结灌浆处理后的黏土夹层封闭在基岩中。我国上犹江工程也采用过混凝土塞封闭夹层的办法。

3.3.2.3　岩溶处理

岩溶是可溶性岩层长期受地表水或地下水的溶蚀和溶滤作用后，所产生的一种自然现象。由岩溶现象所形成的溶槽、漏斗、溶洞、暗河、岩溶湖、岩溶泉等地质缺陷削弱了基

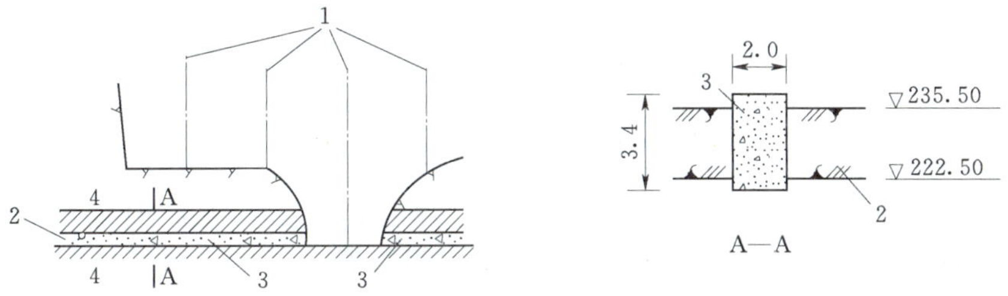

图 3.29 用混凝土塞封闭黏土夹层（单位：m）
1—坝段分缝；2—厚 2～3m 的黏土夹层；3—封闭廊道回填混凝土；4—灰岩

岩的承载能力，形成了漏水的通道。岩溶处理的主要目的，就是防止渗漏，保证蓄水及提高坝基的承载能力，确保大坝的稳定安全。

根据我国在岩溶地区建坝的经验，对岩溶的处理措施，可归纳为堵、铺，截、围、导、灌等六个方面。

(1)“堵”就是堵塞漏水的洞穴和泉眼等。

(2)“铺”就是在漏水地段做黏土、混凝土或其他型式的铺盖。

(3)“截”就是修筑截水墙，截断漏水通道。

(4)“围”就是将间歇泉、落水洞等围住，使之与库水隔开。

(5)“导”就是将坝下的泉眼、漏水点等导出坝外。

(6)“灌”就是进行固结灌浆和帷幕灌浆。

以上这些处理措施，从施工的角度来看，不外乎是开挖、回填和灌浆三种办法的配合应用。

对于处在基坑表层或埋藏较浅的深槽、溶洞等，可以从地表进行开挖，清除因溶蚀作用而风化破碎的岩石和洞穴中的充填物，经过冲洗干净后，用混凝土进行填塞。

对于石灰岩中的熔融现象，沿陡倾角裂隙或层面延伸很深，不易直接开挖者，则可以根据具体情况，或者进行灌浆处理，或者进行洞挖回填，或者两者结合起来，洞挖回填以后再做灌浆处理。

一般情况下，在岩溶现象比较轻微的地区，采用灌浆处理可以收到比较满意的效果；而在溶蚀现象比较严重的地区，一般的灌浆处理往往难以奏效，而以洞挖回填比较可靠。在岩溶地区进行灌浆处理时，如果裂隙并不发育，溶蚀比较轻微，渗透性比较小时，则可采用一般的灌浆方法施工；遇到夹泥的断层破碎带，则多采用群孔水、气混合冲洗，然后进行高压灌浆处理；遇到大裂隙大溶洞等渗漏性较大的地区，可用浓浆或掺加黏土、粉砂、矿渣或粉煤灰等进行灌注；对于漏水特大的地段，除了灌注浓浆并掺入上述材料外，还须采取间歇灌注等措施，也可以在浆液中掺加速凝剂，向孔内投砾石或灌注沥青，以便堵塞漏水通道，使洞穴灌填密实。我国乌江渡工程就曾花费相当大的力量对岩溶进行开挖、回填、高压灌浆的处理。又如美国道格拉斯重力坝，其两岸沿层面发展到深部的溶洞，延伸有 100 多米，溶洞的高度为 1～3m，最大高度达 6m。为了清除溶洞内的充填物和风化岩石，该工程采用了大直径的岩心钻，每隔一定距离，钻设直径为 1m 左右的钻孔，直达溶洞顶部，然后沿着溶洞的走向开挖平洞，清除充填物和风化破碎的岩石，冲洗干净后回填混凝土，最后做接触灌浆和帷幕灌处理，如图 3.30 所示。

应该指出，随着我国西南地区水利水电事业的发展，必然会遇到更多的岩溶问题，需要进一步研究其处理方法和处理措施。

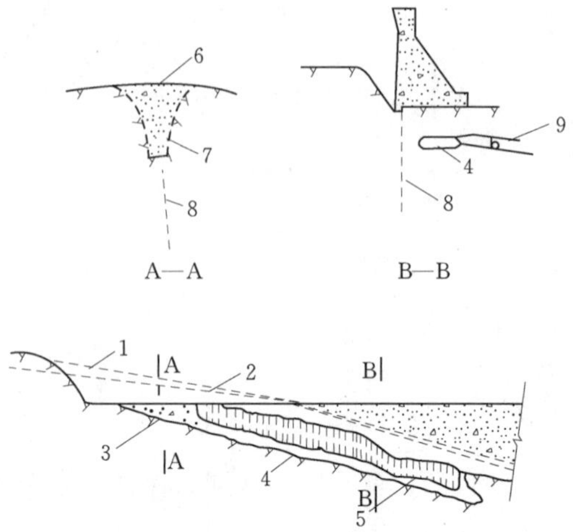

图 3.30 美国道格拉斯重力坝坝基深部洞穴处理图

1—原地面线；2—原岩面线；3—开挖线；4—洞穴；5—大直径钻孔；6—表层回填混凝土；7—心墙；8—帷幕灌浆；9—混凝土隔舱

3.3.3 土坝填筑与碾压施工作业

3.3.3.1 影响土料压实的因素

土料压实的程度主要取决于机具能量、碾压遍数、铺土的厚度和土料的含水量等。

土料是由土粒、水和空气三相体所组成。通常固相的土粒和液相的水是不会被压缩的。土料压实就是将被水包围的细土颗粒挤压填充到粗土粒间孔隙中去，从而排走空气，使土料的空隙率减小，密实度提高。一般来说，碾压遍数越多，则土料越密实。当碾压到接近土料极限密度时，再进行碾压起的作用就不明显了，如图 3.31 所示。

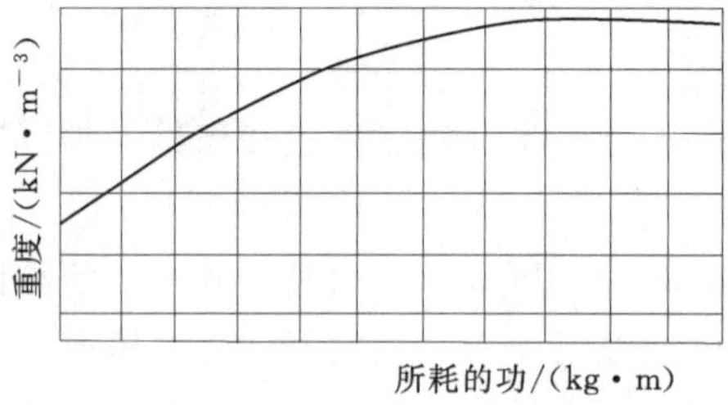

图 3.31 土的重度与压实功的关系

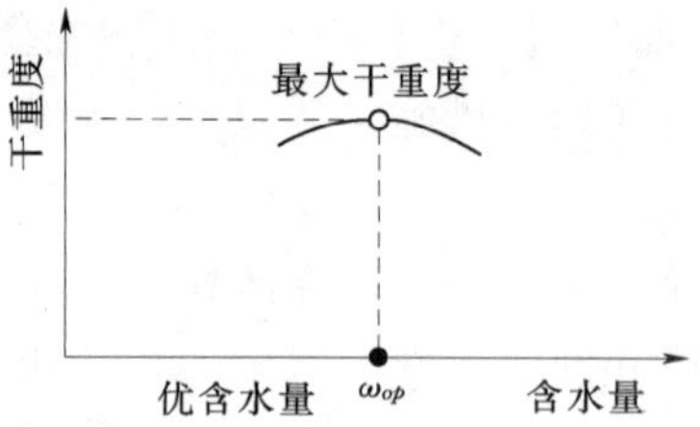

图 3.32 土的重度与含水量的关系曲线

在同一碾压条件下，土的含水量对碾压质量有直接的影响。当土具有一定含水量时，水的润滑作用使土颗粒间的摩擦阻力减小，从而使土易于密实。但当含水量超过某一限度时，土中的孔隙全由水来填充而呈饱和状态，反而使土难以压实。图 3.32 中曲线最高点所对应的含水量即为土料压实的最优含水量，即土料在这样含水量的条件下，所得到的土料密实度为最大。

3.3.3.2 压实机具及其选择

在碾压式的小型土坝施工中，常用的碾压机具有平碾、肋条碾，也有用重型履带式拖拉机作为碾压机具使用的。碾压机具主要靠沿土面滚动时碾本身的自重，在短时间内对土体产生静荷重作用，使土粒互相移动而达到密实。

根据压实作用力来划分，通常有碾压、夯击、振动压实三种机具。随着工程机械的发展，又有振动和碾压同时作用的振动碾，产生振动和夯击作用的振动夯等。常用的压实机具有以下几种。

1. 平碾及肋条碾

平碾的滚筒可用钢板卷制而成，滚筒一端有小孔，从小孔中可加入铁粒等，以增加其重量。平碾的滚筒也可用石料或混凝土制成。一般平碾的质量（包括填料重）为5～12t，沿滚筒宽度的单宽压力为200～500N/cm，铺土厚度一般不超过20～25cm。

肋条碾可就地用钢筋混凝土制作，它与平碾不同之处在于作用地土层上的单位压力比平碾大，压实效果较好，可减少土层的光面现象，图3.33是平碾及肋条碾示意图。

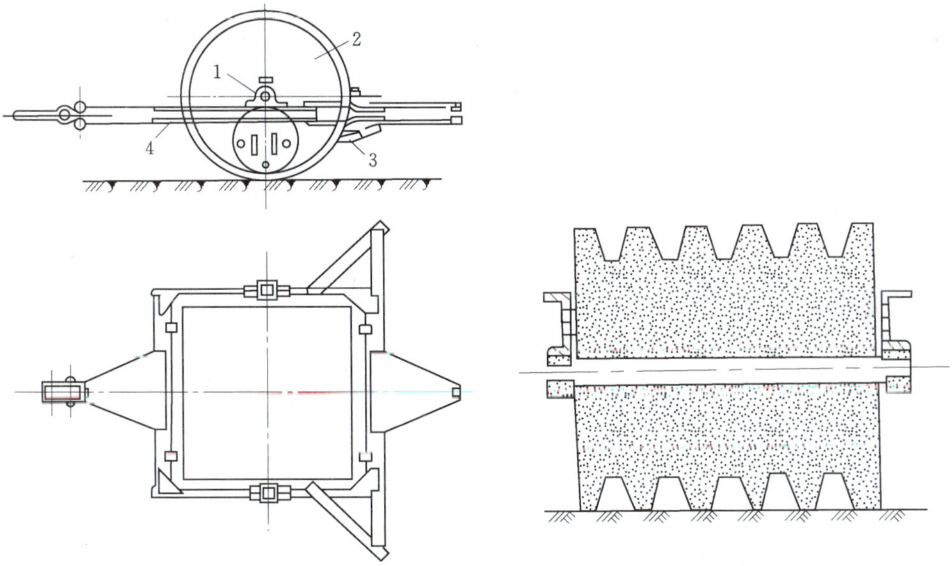

(a)平碾　　(b)肋条碾

图3.33　平碾及肋条碾示意图

1—滚动轴；2—滚筒；3—刮刀；4—框架

羊脚碾是用钢板制成滚筒，表面上镶有钢制的短柱，形似羊脚（图3.34），筒端开有小孔，可以加入填料，以调节碾重。羊脚碾工作时，羊脚插入铺土层后，使土料受到挤压及揉搓的联合作用而压实。羊脚碾碾压黏性土的效果好，但不适宜于碾压非黏性土。

图3.34　羊脚碾外形图

1—羊脚；2—加载孔；3—碾滚筒；4—杠辕框架

2. 振动碾

这是一种振动和碾压相结合的压实机械，如图 3.35 所示。它是由柴油机带动与机身相连的附有偏心块的轴旋转，迫使碾滚产生高频振动。振动功能以压力波的形式传到土体内。非黏性土料在振动作用下，土粒间的内摩擦力迅速降低，同时由于颗粒大小不均匀，质量有差异，导致惯性力存在差异，从而产生相对位移，使细颗粒填入粗颗粒间的空隙而达到密实。然而，黏性土颗粒间的黏结力是主要的，且土粒相对比较均匀，在振动作用下，不能取得像非黏性土那样的压实效果。

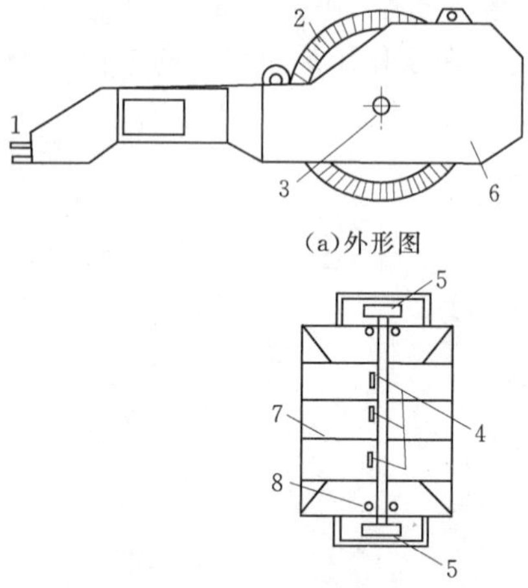

(a)外形图

(b)碾滚构造图

图 3.35 SD-80-13.5 型振动碾示意图

1—索引挂钩；2—碾滚；3—轴；4—偏心块；5—皮带轮；6—车架侧壁；7—隔板；8—弹簧悬架

由于振动作用，振动碾的压实影响深度比一般碾压机械大 1～3 倍，可达 1m 以上。它的碾压面积比振动夯、振动器压实面积大，生产率很高。国产 SD-80-13.5 型振动碾全机质量为 13.5t，振动频率为 1500～1800 次/min，小时生产率高达 600m^3/台时。振动压实效果好，使非黏性土料的相对密度大为提高，坝体的沉陷量大幅度降低，稳定性明显增强，使土工建筑物的抗振性能大为改善。故抗振规范明确规定，对有防振要求的土工建筑物必须用振动碾压实。振动碾结构简单，制作方便，成本低廉，生产率高，是压实非黏性土石料的高效压实机械。

3. 气胎碾

气胎碾有单轴和双轴之分。单轴的主要构造是由装载荷重的金属车箱和装在轴上的 4～6 个气胎组成。碾压时在金属车厢内加载，并同时将气胎充气至设计压力。为防止气胎损坏，停工时用千斤顶将金属厢支托起来，并把胎内的气放掉，如图 3.36 所示。

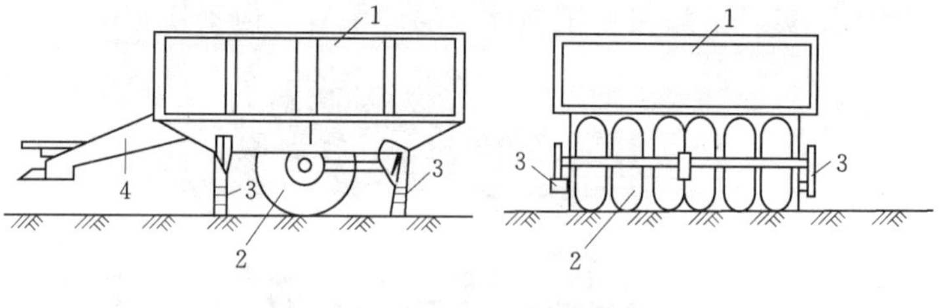

图 3.36 拖行单轴式气压碾

1—金属车厢；2—充气轮胎；3—千斤顶；4—牵挂杠辕

气胎碾在碾压土料时，气胎随土体的变形而变形。随着土体压实密度的增加，气胎的变形也相应增加，始终能保持较为均匀的压实效果，气胎碾压实应力分布图如图 3.37 所示。它与刚性碾比较，气胎不仅对土体的接触压力分布均匀而且作用时间长，压实效果好，压实土料厚度大，生产效率高。

气胎碾可根据压实土料的特性调整其内压力，使气胎对土体的压力始终保持在土料的极限强度内。通常气胎的内压力，对黏性土以（5～6）×10^5Pa、非黏性土以（2～4）×10^5Pa 最好。平碾碾滚是刚性的，不能适应土体的变形，荷载过大就会使碾滚的接触应力超过土体的极限强度，这就限制了这类碾朝重型方向发展。气胎碾却不然，随着荷载的增加，气胎与土体的接触面增大，接触应力仍不致超过土体的极限强度。所以只要牵引力能满足要求，就不妨碍气胎碾朝重型高效方向发展。早在 20 世纪 60 年代，美国就生产了重 200t 的超重型气胎碾。由于气胎碾既适宜于压实黏性土料，又适宜于压实非黏性土料，能做到一机多用，有利于防渗土料与坝壳土料平起同时上升，用途广泛，很有发展前途。

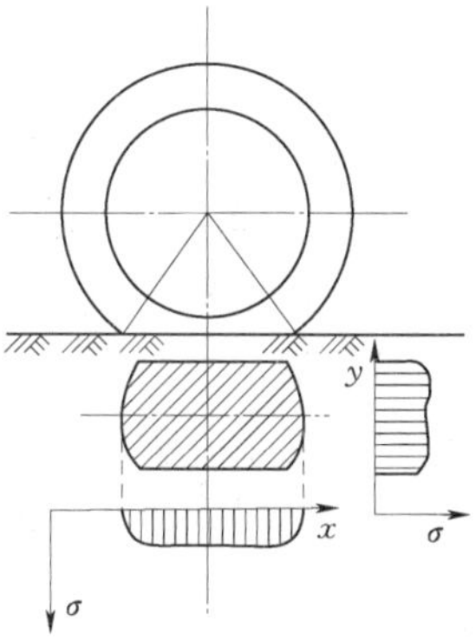

3.37 气胎碾压实应力分布图

4. 夯实机具

水利工程中常用的夯实机具有木夯、石硪、蛤蟆夯（即蛙式打夯机）等。夯实机具夯实土层时，冲击加压的作用时间短，单位压力大，但不如碾压机械压实均匀，一般用于狭窄的施工场地或碾压机具难以施工的部位。

夯板可以吊装在去掉土斗的挖掘机的臂杆上，借助卷扬机操纵绳索系统使夯板上升。夯击土料时将索具放松，使夯板自由下落，夯实土料，其压实铺土厚度可达 1m，生产效率较高。对于大颗粒填料可用夯板夯实，其破碎率比用碾压机械压实大得多。为了提高夯实效果，适应夯实土料特性，在夯击黏性土料或略受冰冻的土料时，还可将夯板装上羊脚，即成羊脚夯。

夯板的尺寸与铺土厚度 h 密切相关。在夯击作用下，土层沿垂直方向应力的分布随夯板短边 b 的尺寸而变化。当 $b=h$ 时，底层应力与表层应力之比为 0.965；当 $b=0.5h$ 时，底层应力与表层应力比为 0.473。若夯板尺寸不变，表层和底层的应力差值随铺土厚度增加而增加。差值越大，压实后的土层竖向密度越不均匀。故选择夯板尺寸时，尽可能使夯板的短边尺寸接近或略大于铺土厚度。夯板工作时，机身在压实地段中部后退移动，随夯板臂杆的回转，土料被夯实的夯迹呈扇形。为避免漏夯，夯迹与夯迹之间要套夯，其重叠宽度为 10～15cm，夯迹排与排之间也要搭接相同的宽度。为充分发挥夯板的工作效率，避免前后排套压过多，夯板的工作转角以不大于 80°～90°为宜，如图 3.38 所示。

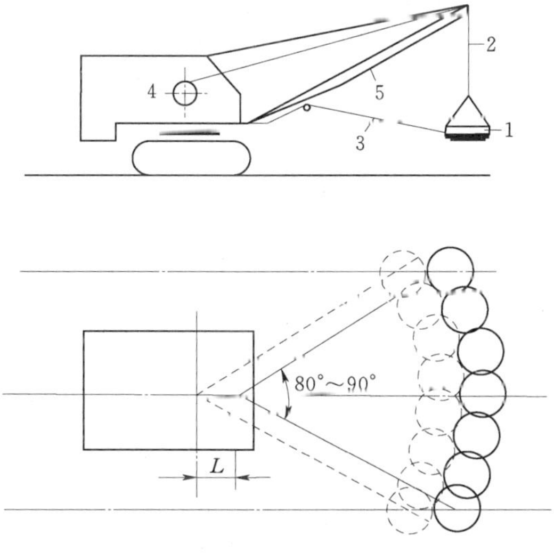

图 3.38 夯板及其工作示意图
1—夯板；2—提升索；3—操纵索；4—机房；5—枝干

选择压实机具时，主要依据土石料性质（黏性或非黏性、颗粒级配、含水量等）、压实指标、工程量、施工强度、工作面大小以及施工强度等。在不超过土石料极限强度的条件下，宜选用较重型的压实机具，以获得较高的生产率和较好的压实效果。

3.3.3.3 压实参数的选择及现场压实试验

坝面的铺土压实，除了应根据土料的性质正确地选择压实机具外，还应合理地确定黏性土料的含水量、铺土厚度、压实遍数等各项压实参数，以便使坝体达到要求的密度，而消耗的压实功能又最少。由于影响土石料压实的因素很复杂，目前还不能通过理论计算或由试验室确定各项压实参数，宜通过现场压实试验进行选择。现场压实试验应在坝体填筑以前，土石料和压实机具已经确定的情况下进行。

1. 压实标准

土石坝的压实标准是根据设计要求通过试验提出来的。对于黏性土，在施工现场是以干重度作为压实指标来控制填方质量的。对于非黏性土则以土料的相对密度来控制，由于在施工现场用相对密度来进行施工质量控制不方便，往往将相对密度换算成干重度作为现场控制质量的依据。

2. 压实参数的选择

当初步选定压实机具类型后，即可通过现场碾压试验进一步确定为达到设计要求的各项压实参数。对于黏性土，主要是确定含水量、铺土厚度和压实遍数。对于非黏性土，因为一般多加水压实，所以主要是确定铺土厚度和压实遍数。

3. 碾压试验

根据设计要求和参考已建工程资料可以初步确定压实参数，并进行现场碾压试验。

(1) 试验场地选择。要求试验场地地面密实，地势平坦开阔，可以在建筑物附近或在建筑物的不重要部位。

(2) 场地布置。一般布置成60m×6m的条带形，然后将此条带等分为四段，每段长15m，各段含水量依次为 ω_1、ω_2、ω_3、ω_4 其误差不超过1%。再将每段沿长边等分为四块，段内各块规定碾压遍数依次为 n_1、n_2、n_3、n_4，如图3.39所示。

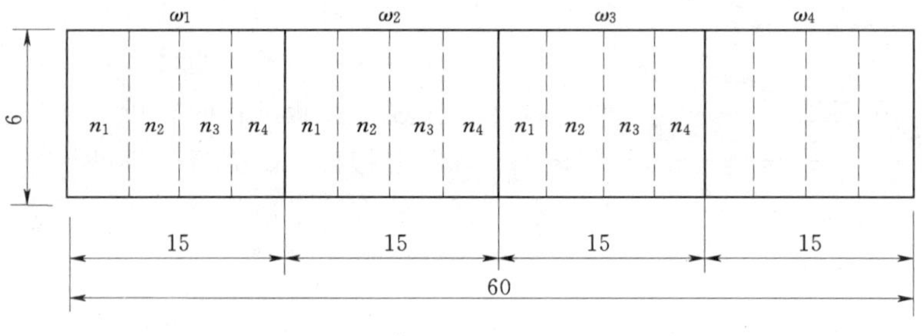

图3.39 土料压实试验场地布置示意图（单位：m）

压实试验土料的含水量就根据土性分别确定。黏性土料一般采用四种含水量：$\omega_1=\omega_P-4\%$，$\omega_2=\omega_P-2\%$，$\omega_3=\omega_P$，$\omega_4=\omega_P+2\%$，ω_P 为土的塑性下限。

试验的铺土厚度和压实遍数，可参照表3.22选用。

(3) 现场碾压试验记录。试验时依次按规定碾压遍数进行碾压。将每段压 n_1 遍的小块各取9个试样组成一组，依次对各段压 n_2、n_3、n_4 遍的小块，各取9个试样，组成相

表 3.22　　试验的压实遍数和铺土厚度

序号	压实机械名称	铺松土厚度 h /cm	碾压遍数	
			黏性土	非黏性土
1	80 型履带拖拉机	10－13－16	6－8－10－12	4－6－8－10
2	10t 平碾	16－20－24	4－6－8－10	2－4－6－8
3	5t 双联羊脚碾	19－23－27	8－11－14－18	
4	30t 双联羊脚碾	50－25－65		
5	13.5t 振动平碾	50－75－100－150	4－6－8－10	2－4－6－8
6	25t 气胎碾	28－34－40	4－6－8－10	2－4－6－8
7	50t 气胎碾	40－50－60	4－6－8－10	2－4－6－8
8	2～3t 夯板	80－100－150	2－4－6	2－3－4

应的组，然后分别测定其含水量和干重度。以上试验是在同一铺土厚度下进行的，如果要确定不同铺土厚度的压实参数，试验在不同铺土厚度的地段进行。试验土料的土质、含水量应与筑坝土料一致。现场碾压试验记录可填入干重度测定成果表，见表 3.23。

表 3.23　　干重度测定成果表

h / ω / n	h_1				h_2				h_3				h_4			
	ω_1	ω_2	ω_3	ω_4	ω_1	ω_2	ω_3	ω_4	ω_1	ω_2	ω_3	ω_4	ω_1	ω_2	ω_3	ω_4
n_1																
n_2																
n_3																
n_4																

（4）碾压试验成果整理分析。根据上述碾压试验成果，进行综合整理分析，以确定满足设计干重度要求的最合理碾压参数，其步骤如下：

1）根据干重度量测定成果表，绘制不同铺土厚度、压实遍数、土料含水量和干重度的关系曲线，如图 3.40 所示。

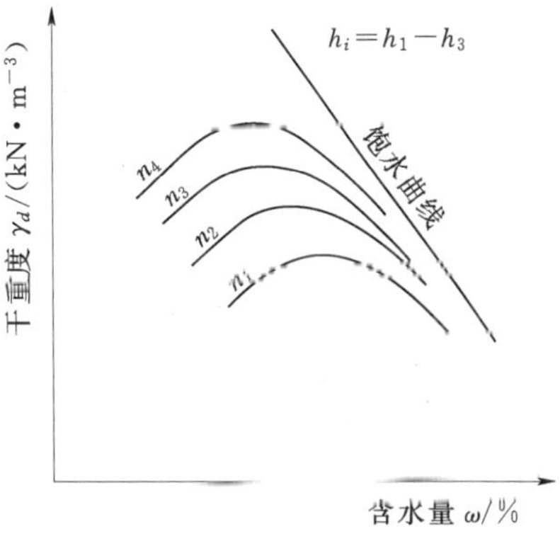

图 3.40　不同铺土厚度、压实遍数、土料含水量和干重度的关系曲线

2）从图 3.40 上查出最大干重度对应的最优含水量，填入最大干重度（$\gamma_{d\max}$）与最优含水量（ω_{op}）汇总表，见表 3.24。

3）根据表 3.24，绘制出铺土厚度、压实遍数、最优含水率、最大干重度关系曲线如图 3.41 所示。

4）根据设计干重度 γ_d，从图 3.41 曲线上查出不同铺土厚度时所对应的压实遍数 a、b、c 和最优含水量 d、e、f，分别计算 h_l/a、h_2/b 及 h_3/c 之值（即单位压实遍数的压实厚度）进行比较，以单位压实遍数的压实厚度最大者，为最经济合理。

表 3.24　　最大干重度与最优含水量汇总表

h / n / 项目	h_1				h_2				h_3				h_4			
	n_1	n_2	n_3	n_4	n_1	n_2	n_3	n_4	n_1	n_2	n_3	n_4	n_1	n_2	n_3	n_4
$\gamma_{d\max}$																
ω_0																

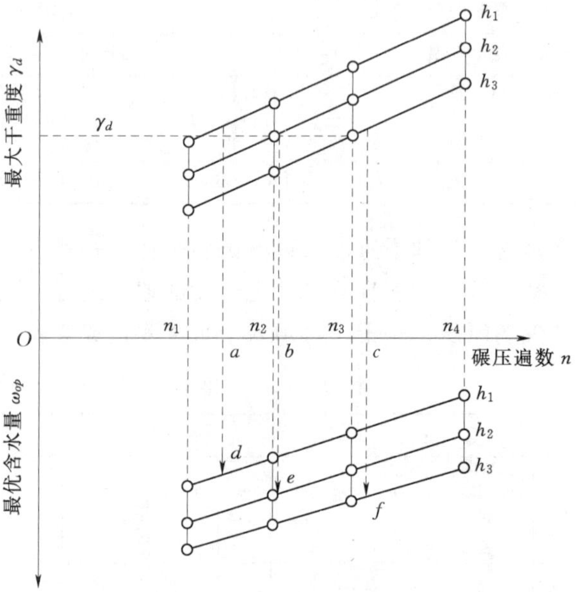

图 3.41　铺土厚度、压实遍数，最优含水量、最大干重度的关系曲线

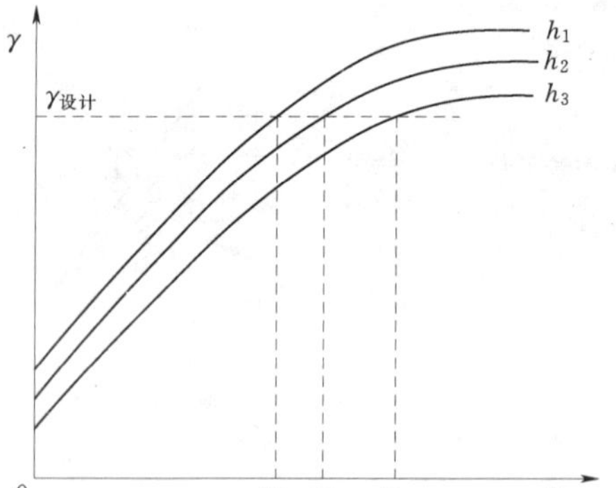

图 3.42　非黏性土干重度与压实遍数关系曲线

对于非黏性土料的压实试验，也可用上述类似的方法进行，但因含水量的影响较小，可以不作考虑。根据试验成果，按不同铺土厚度绘制干重度（或相对密度）与压实遍数的关系曲线，如图 3.42 所示。然后根据设计干重度（或相对密度）即可由曲线查得在某种铺土厚度情况下所需的压实遍数，再选择其中压实工作量最小的，即仍以单位压实遍数的压实厚度最大者，取其铺土厚度和压实遍数作为施工的依据。

选定经济压实厚度和压实遍数后，应首先核对是否满足压实标准的含水量要求，然后将选定的含水量控制范围与天然含水量比较，看是否便于施工控制。否则可适当改变含水量和其他参数。有时对同一种土料采用两种压实机具、两种压实遍数的最经济合理的。

3.3.3.4 坝体填筑施工作业

坝体填筑之前，应按设计要求对坝基和坝头岸坡进行清理或开挖处理。对于黏土心墙或斜墙接触的岩石岸坡，其清理开挖的坡度应不陡于 1∶0.75；与黏土或黄土接触的岸坡，其清理开挖的坡度应不陡于 1∶1.5。在任何情况下坝体与岸坡接触均应采用斜坡面结合，不得将岸坡清理成台阶形成，更不允许有反坡。否则，将会因过大沉陷造成坝体裂缝，或者坝体与岸坡脱离，不能紧密结合。

1. 坝面作业

土石坝施工中，坝面作业组织是坝体填筑的核心。它对保证施工质量、加速施工进度和降低施工成本有着重要影响。根据施工方法、施工条件及土石料性质的不同，坝面作业可以分为辅料、整平和压实三个主要工序。为了不使各工序之间相互干扰，可按流水作业进行组织。

流水作业组织，是将填筑坝面划分若干工作段或工作面。对某控制高程的坝面，其工作段数可按下式计算：

$$m=\frac{F_{Hi}}{F_B} \tag{3.14}$$

式中 m—— 工作段数；

F_{Hi}——选择的坝体某高程填筑面积，m^2；

F_B——每班（或半班）的铺料面积，m^2。

$$F_B=K_s\frac{q_d\gamma_d}{h\gamma_n} \tag{3.15}$$

式中 q_d——要求的上坝填筑强度，m^3/班或 m^3/半班；

K_s——土石料松散系数，见表 3.25；

h——每层铺填厚度，以松料计，m；

γ_d——土层料设计干重度，kN/m^3；

γ_n——土石料天然干重度，kN/m^3。

表 3.25 十料的松散系数

土料性质	干砂	含水量为10%～12%的砂	含水量为4%～6%的砂壤土和壤黏土	干黏土	砂砾
松散系数 K_s	1.10	1.5～1.20	1.20～1.40	1.20～1.30	1.60～1.70

如果按式（3.14）算出的工作段数 $m\geqslant 3$，即把工作段划分为铺料、作业整平和压实三个工作面，按流水组织施工。$m=3$ 和 $m=4$ 的流水工作组织方法，如图 3.43 所示。

如果算出的工作段数 $m<3$，如 $m=2$，则可把两个工作段划分为四个工作面，或者在有可能时，将铺料和整平合并，按铺料和整平、压实两个工作段组织施工。

工作面的划分，应尽可能平行坝轴线方向，以减少垂直坝轴线方向的交接。同时还应考虑平面尺寸适应于压实机械工作条件的需要。

此外，计算出的工作段数 m 应为整数，这可以先按一个工作班 8h 计算，如果相差太大，不能得到整数时，可改为半个工作班 4h 计算。如仍有差值，可适当调查整填筑强度，

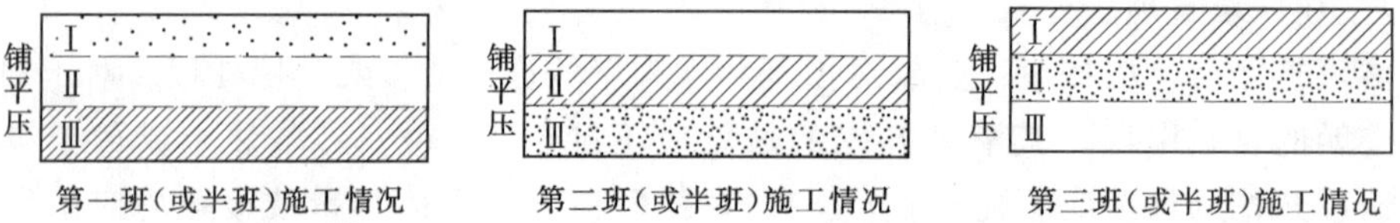

(a)$m=3$

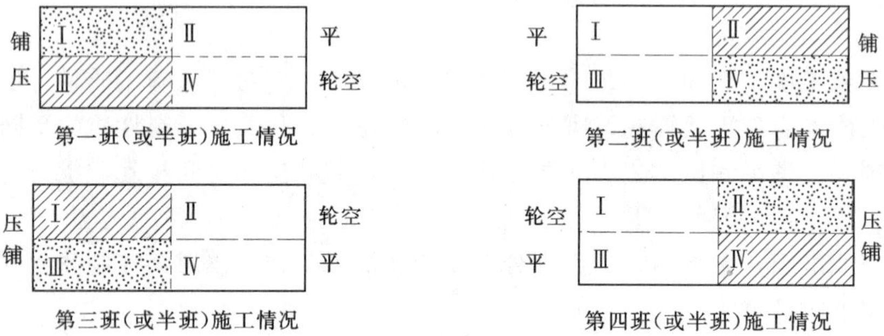

(b)$m=4$

图 3.43　坝面施工的流水作业组织

一般允许变动±5～10%。当然铺填厚度也可适当调整，但改变太大，不仅影响压实效率或效果，而且施工中不易掌握，所以最好不轻易调整铺填厚度。

坝面作业中，应认真注意施工质量，智能在压实合格后，才能铺填新料。另外，为了利于施工期间的雨水排泄，对于坝体的黏土心墙或斜墙，其填筑面应向上游倾斜1%～2%的坡度；对于黏性土均质坝，其填筑面应使中部凸起，向上、下施倾斜1%～2%的坡度。铺填中不应使坝面起伏不平，以免导致雨后积水影响施工。

坝面的填料压实，应按一定次序进行，以免发生漏压或过分重压。漏压部分达不到设计干重度，不能保证质量要求；过分重压部分，如为黏性土，可能导致剪力破坏，同样影响施工质量。

碾压机械的开行方式通常有进退错距法和圈转套压法两种。前者操作简便，压实、铺料和质检等工序协调，便于组织大面积流水作业，且压实质量容易保证，其开行方式如图3.44（a）所示；后者要求的工作面较大，适合于多碾组合压实，其优点是生产率较高，但压实过程中转弯套压、交接处重压过多，转弯半径较小时，易引起土层扭曲和剪刀破坏，且转弯的四角处容易漏压，质量不易保证，其开行方式如图3.44（b）所示。国内外碾压机械的开行方式，多采用进退错距法。

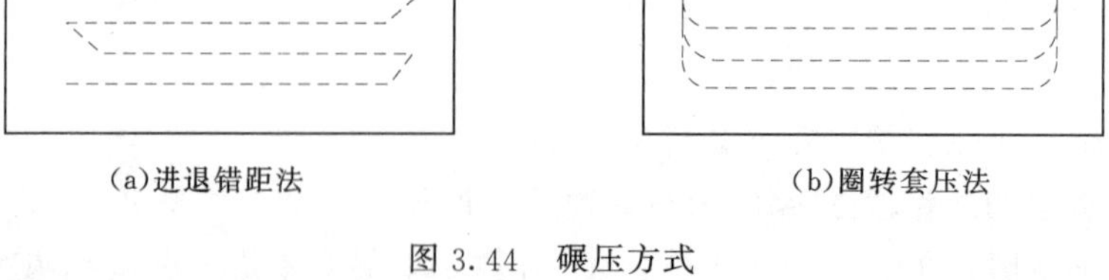

(a)进退错距法　　(b)圈转套压法

图 3.44　碾压方式

为了避免漏压和保证要求的压实遍数，进退错距法的错距宽度按下式计算：

$$a=\frac{B}{n} \tag{3.16}$$

式中 a——错距宽度，m；

B——碾筒净宽，m；

n——要求的碾压遍数。

凡是碾压机械压实不到的地方以及压实遍数不够的部位，均应采用小型夯实机械夯实或人工夯实补充合格，以保证不产生松软地带。

2. 接头与接坡处理

在坝体分段填筑中，为避免形成漏水的软弱通道，分段接头在层与层之间应错开一定距离，同时分段条带应与坝轴线平行布置，各分段之间不应形成过大的高差。

无论是抢修拦洪高程和修筑临时度汛断面，还是为了心墙与砂石料均匀上升而分断面填筑，都不可避免地会造成坝体中的施工接缝。这些接缝必须认真处理，才能保证施工质量。对于心墙或斜墙，为了保证防渗要求的整体性，一般不设纵向接缝（即平行于坝轴线的接缝）。防渗体或均质坝体黏性土料的横向接缝（即垂直于坝轴线的接缝），其结合坡度不应陡于1∶3，高差大于1.0m以上时，还应加挖结合槽。结合槽一般深0.25m，底宽0.5m，两侧边坡1∶1，其间距约为5m左右，回填时用人工夯实。均质坝如设纵向接缝，其坡面可采用斜坡与平台相间的形式。非黏性上料的纵向接缝，具结合坡度也应不陡于其稳定坡度。

坝体填筑中，为了保护黏土心墙或黏土斜墙不致长时间暴露在大气中遭受影响，现在一般都采用土、砂平起的施工方法（即土料与反滤砂砾料同时填筑上升），这样就产生了土、砂接合带的施工处理和如何压实问题。

过去国内曾采用过土料超宽填筑，削坡后再填砂砾反滤料，以保证防渗体的设计断面和压实质量合格。这种方法不仅工序多、干扰大，而且还增加了大量的削坡工作量，很不适应机械化施工要求。同时，施工中土料与反滤料混杂，影响施工质量。为了保证土料与反滤料填筑时的层次分明，后来也采用过挡板分隔的施工方法，虽减少了土料的削坡工作量和土、砂混杂的现象，但挡板架立、固定及拆除仍需增加很大的工作量，同时施工干扰也仍难避免。

土、砂平起填筑，现在采用两种施工方法：一种是先土后砂法，即先填土料后填砂砾反滤料；另一种是先砾后土法，即先填砂砾反滤料后填土料。先土后砂法［图3.45（a)］因土料先于砂砾料填筑，土料的铺填是在无侧限的条件下进行的，容易形成超坡，所以铺填时要特别注意。先砂后土法［图3.45（b)］因砂砾料先干十料的建筑，土料的铺填是在有侧限的条件下进行的，避免了先土后砂法的缺点。

先土后砂法，出现了砂压的土的情况；先砂后土法，出现了土压砂的情况。如用大羊足碾与气胎碾联合压实作业时，这些接合带的压实，可参考图3.46所示的联合压实方法。

无论是先土后砂法，或者是先砂后土法，土、砂之间的结合必然会出现犬牙交错的现象。因此，施工中的反滤料层厚应适当加大，以满足设计要求厚度。

对于坝身与混凝土结构物（如涵管、刺墙等）的连接部分，应精心填筑。靠近混凝土

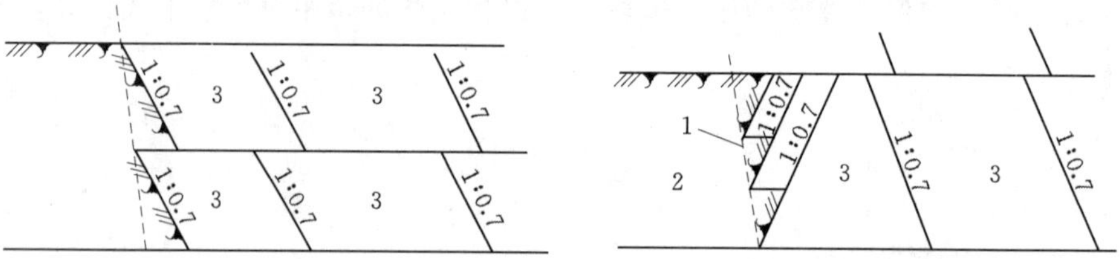

(a)先土后砂法　　(b)先砂后土法

图 3.45　土、砂平起施工示意图

1—土砂设计边线；2—心墙；3—反滤层

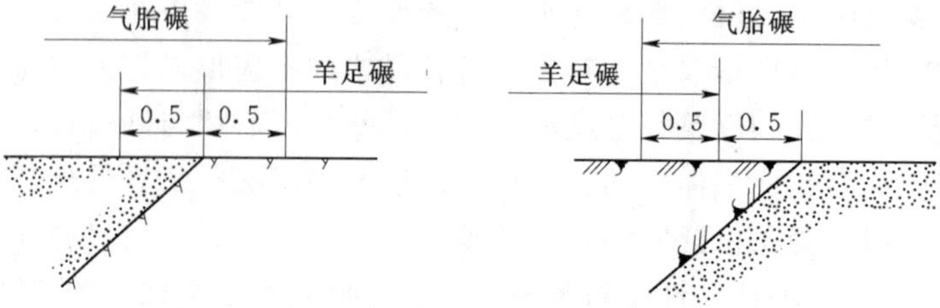

(a)砂压土　　(b)土压砂

图 3.46　土、砂接合带的压实（单位：m）

结构部分，不能采用大型机械压实时，可采用小型机械夯实或人工夯实。填土碾压时，要注意混凝土结构物两侧均衡填料压实，以免对其产生过大的侧向压力，影响其安全。

3.3.3.5　挖运组织工作

为了合理的组织挖运工作，必须根据施工进度计划中各阶段所要完成的坝体方量计算上坝强度，进而选定施工方案，以计算机械设备的数量和工人人数。

1. 土石坝上坝的施工强度

$$Q_d = kk_1\frac{V_d}{T} \tag{3.17}$$

式中　Q_d——土石坝上坝的施工强度，m^3/d；

V_d——坝体分期时段需完成的填筑方量，m^3；

k——施工不均衡系数，可取1.2～1.3；

k_1——考虑坝体沉陷、削坡、漏算及事故处理等损失系数，可取1.10～1.20；

T——分期施工时段的有效工作日数（等于分期时段的日历日数扣除国家法定节假日和阴雨或气温影响将停工的天数），d。

2. 机械（或人员）数量

$$N = \frac{Q_d}{P} \tag{3.18}$$

式中　N——机械（或人员）数量；

P——机械（或人员）的生产率，m^3/台班。

3. 挖掘机与自卸汽车的配套要求

当选用此挖运方案时，还应满足下列两方面的要求。

（1）挖掘机应配备的自卸汽车数量校核。为了保证挖掘机械的连续生产，每台挖掘机应配的运输车辆的数量 n 可按下式计算：

$$n=\frac{T_x}{t_z} \tag{3.19}$$

其中 $$t_z=mt_x$$

式中 T_x——每台运输车辆运输一次的总循环时间，s；

t_z——每台挖掘机的装车时间，s；

m——装车斗数；

t_x——挖掘机工作一个循环的时间，s。

根据综合机械化的基本原则，配套运输车辆的生产能力应略大于主要机械挖掘机的生产能力，即应满足下式：

$$nN_c<N_a \tag{3.20}$$

式中 N_c——挖掘机械的数量，台；

N_a——自卸汽车的数量，台。

（2）挖掘机械合理的装车斗数校核。挖掘机的斗容量和自卸汽车的载重量应满足挖运机械配套的工艺要求。挖掘机的斗容量和自卸汽车载重量比值应在一个合理范围内，所以需要通过计算校核所选挖掘机装车的斗数。

$$m=\frac{Q}{r_k q k_H k_p} \tag{3.21}$$

式中 m——挖掘机的装车斗数；

Q——汽车载重量，t；

q——挖掘机的斗容量，m^3；

r_k——料场土料的天然重度，t/m^3；

k_H——土斗的充盈系数，表示实际装料容积与土斗几何容积的比值，取 0.95～1.00；

k_p——土料松散影响系数，为最初可松性系数 K_s 的倒数，Ⅰ级土为 0.92～0.85，Ⅱ级土为 0.88～0.8，Ⅲ级土为 0.81～0.77，Ⅳ级土为 0.79～0.75。

按工艺要求，挖掘机装车斗数 m 的合理范围为 3～5。如 m 值过大，说明所选挖掘机的斗容量偏小，汽车装车时间过长，影响汽车运输能力的发挥，此时应考虑改用大斗容量的挖掘机或小载重量的汽车。如 m 值过小，说明汽车载重量偏小，需要的汽车数量多，由于换车次数多，以致影响挖掘机生产能力的发挥，这时应加大汽车的载重量。

4. 机械（或工人）总数量的备用量（或增加量）

工地应拥有的机械总数量，还应考虑机械的利用率和检修备用量，一般按备用 20%～40%考虑。

计算工人数量时还应考虑辅助劳动及工人的轮休及病、事假，一般按增加 20%计。

【引例分析】 土坝施工方案选择及机械数量计算示例，详见［引例 3.3］。

（1）计算施工强度。

1）有效天数 T 的确定。抢修左坝段拦洪高程由 12 月 1 日起到次年的 6 月止。在此期间日历天数为212d，扣除雨日、冰冻、节假等停工天数，心墙与反滤料（其随心墙填筑）的实有有效工作日为180d，砂砾料为188d。

2）施工不均衡系数k。心墙采用1.23，砂砾料及反滤料采用1.2。

3）坝料的损失系数k_1。黏土料的施工损失系数采用1.2，砂砾料和反滤料均为1.15。故各种材料的施工强度为

心墙 $$Q_{d粘}=kk_1\frac{V_d}{T}=\frac{1.23\times1.2\times81000}{180}=664(\mathrm{m^3/d})或221(\mathrm{m^3/班})$$

砂砾料 $$Q_{d壳}=kk_1\frac{V_d}{T}=\frac{1.2\times1.15\times244000}{188}=1791(\mathrm{m^3/d})或597(\mathrm{m^3/班})$$

反滤料 $$Q_{d滤}=kk_1\frac{V_d}{T}=\frac{1.2\times1.15\times8900}{180}=68(\mathrm{m^3/d})或23(\mathrm{m^3/班})$$

（2）选择土坝施工方案。根据工程条件及设备情况拟定的施工方案如下。

1）心墙黏土料。①推土机开挖：8000mm宽带式运输机上坝，架子车转运散土，54马力拖拉机牵引5t羊脚碾压实。②人式开挖：辅以75马力推土机和爆破松土，架子车运输上坝铺土，5t羊脚碾压实。

2）坝壳砂砾料。①1m³正向铲挖掘机开采，5t自卸汽车运输，75马力推土机铺平，75马力拖拉机牵引15t气胎碾压实。②人工开采，人推窄轨斗车运输，带式运输机转运上坝，气胎碾压实。

经技术经济比较，心墙黏土料施工第②方案的土方单价较第①方案稍贵，但因本工程有劳力，土料场位置较高，可以下坡运土，且无需转运，故选用第②方案，即人工施工为主的挖运方案。通过以上施工强度计算可知，坝壳砂砾料施工强度高，并且在河滩开采，开挖和运输上坝都比较困难，故选用第①方案，即正铲配自卸汽车挖运施工。

反滤料工程量不大，采用人工开采筛分，架子车运输，爬坡机牵引架子车上坝，人工铺平，与坝壳共同用气胎碾碾压。

（3）计算人员及机械数量。土坝施工方案确定后，即可根据概算指标及施工强度进行人员及机械数量的计算。

1）心墙黏土料。据概算指标："土料运距为1km，每100m³心墙坝土方需人工194个工日，架子车110台班，5t羊脚碾0.37台班"，则按施工强度$Q_{d粘}$可得所需机械（或人员）的数量为

工人 $$664\times\frac{194}{100}=1288(人)$$

架子车 $$221\times\frac{110}{100}=243(辆)$$

54马力拖拉机及5t羊脚碾 $$221\times\frac{0.37}{100}=0.8(台)$$

2）坝壳砂砾料。根据概算指标："当砂砾料运距为5km时，每100m³坝土方需人工19个工日、1m³挖掘机0.39台班、5t自卸汽车7.26台班、75马力推土机0.2台班、15t气胎碾0.15台班，而汽车每增运1km相差0.88台班（汽车司机1人）"，由于本工程运距为2km与概算指标运距5km不符，故需调整。结合施工强度$Q_{d壳}$可得所需人员及机械

的数量为

工人　　1790×(19－0.88×3)/100＝293(人)

自卸汽车　　597×(7.26－0.88×3)/100＝27.6(辆)

挖掘机　　597×0.39/100＝2.3(台)

拖拉机及气胎碾（考虑反滤料的碾压）

(597＋23)×0.15/100＝0.9(台)

3）反滤料。根据概算指标："当运距为 1km，每 100m^3 需劳力 161 个工日，架子车 108 台班，30 马力卷扬机（爬坡机）1.22 台班"，则据反滤料的土坝施工强度可得所需工人及机械的数量。

工人　　68×161/100＝110(人)

架子车　　23×108/100＝ 24.8(辆)

卷扬机　　23×1.22/100＝0.28(台)

3.3.4 土石坝施工质量控制与检查

质量控制和检查是土石坝施工中极重要的一环，它应贯穿于各施工环节及施工全过程。一个完整的土石坝现场施工质量控制应包括坝基防渗与岸坡处理、料场作业、坝体填筑、反滤排水工程、护坡工程等。

3.3.4.1 坝基与岸坡处理

坝基与岸坡清理、处理是隐蔽工程，质量好坏直接影响坝体的安全。坝基与岸坡清理的内容、要求和检查方法见表 3.26。土石坝防渗体（心墙或斜墙）断面坝基范围内，当开挖处理达到设计标准后，应进行验收，其内容包括基岩的清理和断层、裂隙等缺陷处理，嵌槽的宽度、坡度等是否符合设计规定，易风化的灵敏性土类的预留保护层是否彻底清除等，经验收合格，并作出隐蔽工程正式验收记录后，方准开填筑。

表 3.26　　坝基与岸坡的清理内容、要求和检查方法

坝基与岸坡清理的内容和要求	检　查　方　法
1. 有机质含量不大于 2%； 2. 凡草皮、树根、砖瓦、乱石、墓穴等均需清除，各种试坑钻孔等需堵塞； 3. 凡表层淤泥、泥炭、粉砂应予清除； 4. 相对密度小于 0.67 的细砂或经压实处理后仍小于 0.67 者，应予清除（有抗震要求的应按抗震要求处理）	1. 清基后，进行全面检查，是否符合设计要求； 2. 一般布置 50m 的方格网，在其角点挖坑取样，测定其物理力学性质，检查深度一般 1m，对有害地基之部位，方格网可加密度至 25m，检查深度视具体情况定； 3. 清理后，应进行地质描述，并作记录和绘制平面图

3.3.4.2 料场的质量控制和检查

对土料料场应该经常检查所取土料的土质情况，土块大小、土料含水量和砂砾料的颗粒级配是否符合上坝要求。若土料含水量偏高，一方面应改善料场排水系统和防雨措施，另一方面应采取降低含水量措施，如翻晒处理、轮换开挖工作面，使土料含水量降低到规定范围以内再开挖。当含水量不均匀时，可考虑堆筑土牛，使含水量均匀后，再运送上坝。当含水量偏低，对黏性土应在料场加水，以提高含水量。料场土料含水量的控制，还应根据运输条件、气象因素和施工开采方法来测定土料含水量变化情况，并作适当调整。

如一般在天气干燥和风速较大季节，运输过程中土料含水量损失较多，土料在土场的含水量可控制稍高些；反之如在夜间、雾天或湿度较大的天气施工时，土料含水量应控制得稍低些。

土场含水量检查，经常由质量控制人员在现场用手试估测，有疑问时才进行试验。对于砂砾料场及堆石料场，还应对级配、小于 0.1mm 颗粒含量（亦称含泥量）、大于 5mm 颗粒含量（亦称砾石含量）及允许最大粒径等方面进行控制。

3.3.4.3 坝体填筑的质量控制

在坝体填筑过程中，应分别检查和控制铺土厚度、土块大小、含水量、干重度与压实层间结合是否符合设计及施工要求，其中现场质量控制主要是检查控制含水量和干重度。对于经碾压后达不到标准的或压实层间产生光面和剪力破坏现象的，应分析原因采取措施及时处理。此外，还要检查坝基、岸坡及结合坡等处理是否满足设计和施工规范要求。当坝体每升高 5m 左右，应于坝体各已填压部位取代表性土样，进行物理力学性质试验。不同坝体部位、不同土料的现场质量控制取样数量可参见表 3.27。

表 3.27　　土石坝坝体取样要求

坝料类别、部位			试验项目	取样试验次数
防渗体	黏性土	边角夯实部位	干重度、含水量	2～3 次/层
		碾压部位	干重度、含水量、结合层描述	1 次/（100～200）m^3
		均质坝	干重度、含水量	1 次/（200～400）m^3
	砂质土	边角夯实部位	干重度、含水量、砾石含量	2～3 次/层
		碾压部位	干重度、含水量、砾石含量	1 次/（200～400）m^3
反滤料、过渡料			干重度、砾石含量	1 次/1000m^3
			颗粒分析、含泥量	1 次/（1～2）m 厚
坝壳砂砾料			干重度、砾石含量	1 次/（400～2000）m^3
			颗粒分析、含泥量	1 次/5m 厚
坝壳砾质土			干重度、砾石含量颗粒分析、含泥量、<5mm 含量	1 次/（400～2000）m^3
碾压堆石			干重度、<5mm 含量	1 次/(10000～50000)m^3
			颗粒分析	1 次/(5～10)m 厚

对于截水槽的填土取样纵向不少于两排，每排取样间距不得超过 30m。除在每个碾压段有代表性的地点取样外，还必须在所有压实可疑部位或重要的结合部位（土质变化、含水量过高或过低、铺土厚度不均匀、漏压及坝体与岸坡、坝体与混凝土建筑物、防渗体与坝壳结合部位、坝体内施工缝接缝处等）进行重点取样检查。

1. 土料含水量检查控制

为保证土方填筑质量，对土料含水量应进行控制。含水量太大，土料潮湿，夯实碾压效果不好；含水量过小，土料干燥，不易粘结。只有当含水量在一定程度时，经过夯碾才能达到最大的干重度，这时土料的含水量称为相应压实功能时的最佳含水量。施工时含水量的控制，可根据各地区不同土料的试验资料和施工现场测验数据。一般土坝的黏性土采用常用的碾压工具如履带式拖拉机，2～3t 的平碾、蛙式打夯机或石磁等夯压 4～8 遍，当含水量为 18%～25%时，铺土厚度为 15～25cm，干密度可达 1.55～1.65g/cm³，壤土可达 1.6～1.7g/cm³，砾质土可达 1.65～1.7g/cm³。一般施工现场应通过碾压试验对各种土料用碾压工具和不同的铺土厚度压实到设计干密度时，所需的单位厚度碾压遍数进行比较，采用碾压做功最小的作为施工掌握的参数标准。

测定土壤含水量的简易方法，一般取代表性土壤在 100～105 ℃下烘烤至恒重，待冷却后称其质量，按式（3.22）计算土料的含水量：

$$\omega=\frac{G-G_d}{G_d}\times 100\% \tag{3.22}$$

式中　ω——土料的含水量；

G——湿土重，g，可取 15g；

G_d——烘干后干土重，g。

也可以取土样约 5g 加酒精拌和至糊状，使其燃烧到火焰熄灭，反复三次，待冷却后称其质量，用同样公式计算含水量。

2. 干密度的检查与控制

（1）干密度控制标准。小型水库筑坝土石料干密度除设计有明确规定外，一般要求黏性土或壤土为 1.55～1.65g/cm³，砾质土为 1.65～1.75g/cm³，砂砾料和堆石为 1.75～1.85g/cm³（其孔隙率相当于 30%～35%）。施工现场取样检查填土干密度，要求合格率大于 90%，不合格的土料不得集中成片且不得低于设计密度的 98%，或不低于设计密度的 0.05g/cm³。

（2）干密度的测定检查。干密度的检查一般有环刀法和灌砂法（或灌水法）两种方法。

1）环刀法。适用于黏性土料。环刀是用内径 5.5cm、高 6.3cm 的无缝钢管制成，其容积 V 约为 150cm³，下端制成刃口，上端另加一个活络套环（图 3.47）。取样时，先将压实土层的表面刮去 5cm，四周挖成临空土柱，然后把环刀加上套环套在土柱上，用平头木槌垂直打下，直至环刀装满和套环上口间保留少量空隙，最后把环刀土下两端用刀刮平，抹净量筒外表的松土，称其质量，扣除环刀质量即土样的湿质量（$m_{湿}$），该土样的湿密度 $\gamma_{湿}=m_{湿}/V$，单位为 g/cm³。$m_{湿}$ 经烘干至恒重后的土样干密度 $\gamma_d=m_d/V$（m_d 为烘干至恒重的质量）。砾质土取样的环刀容积要根据土料中含砾的最大粒径而适当加大环刀直径和高度，一般要求环刀容积为 500～1000cm³。

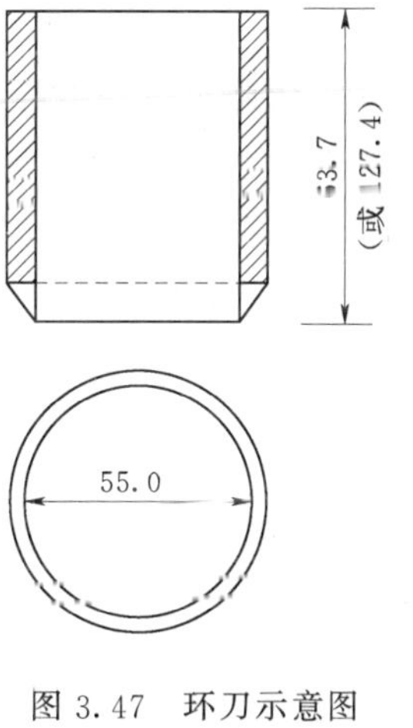

图 3.47　环刀示意图
（单位：mm）

2）灌砂法（或灌水法）。适用于测定砂砾料和堆石的干密度。一般采用灌水法略优于灌砂法：一方面是这类材料粒径往往很大，故试坑也大，采用灌砂法用砂量很大；另一方面其空隙大易架空，会使砂漏失，故灌砂法不易测量准确。灌水试验时将试坑挖好，注意使开挖面平整，称土体的湿重，并进行颗粒分析。然后在坑内覆以软质薄膜，再注水至试坑面平，每注入 1kg 水其容积相当于 1000cm³，计算湿度和干密度的方法同上。如图

3.48 所示，测定块石料时，先在填筑层面上设一直径 1.5m 左右的钢环，并在其四周以砂袋压之以保持钢环的稳定，并采取两次注水，以前后之差来测定试坑的体积，以消除土层表面不平的误差。

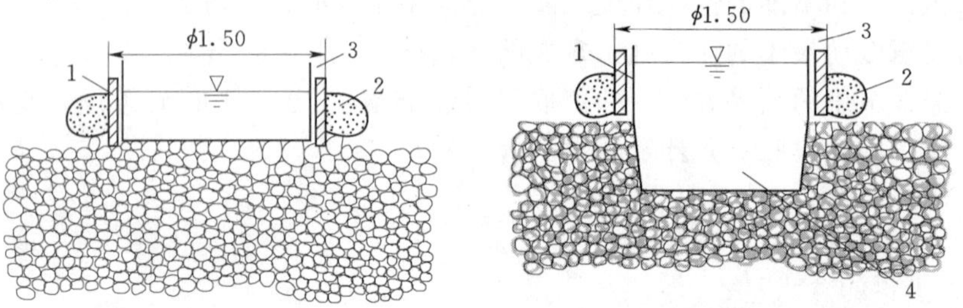

(a)第一次注水过程　　(b)第二次注水过程

图 3.48　注水法（单位：m）

1—钢环；2—砂袋；3—软质薄膜；4—探坑

对于反滤层的填铺厚度，是否掺有杂质以及填料质量、颗粒级配都应进行全面检查。对层间系数（D_{50}/d_{50}）和颗粒不均匀系数（d_{60}/d_{10}）务求符合设计要求。如不符合，应重新筛选加工，重新铺填。

对于堆石棱体，主要检查上坝石块的质量、风化程度、石块大小、形状以及堆筑过程中有无离析架空现象等。对于堆石的级配、孔隙率大小，要分层分段挖试坑测定，检查是否符合设计要求。此外，在施工期中的堆石体应做定期沉陷观测，并作出沉陷变化过程线，作为质量控制的重要依据。

3.3.4.4　土坝断面和上下游坝坡

坝体施工过程中每加高 3～5m，应准确定出轴线，校对各种土料填筑的实际宽度，以保证施工断面和设计断面一致；施工中应注意各种不同土料的设计坡度应得到保证，并合理利用修坡土料。

3.3.4.5　特殊条件下的施工控制

1. 雨季土坝压实施工控制

土石坝填筑是大面积的露天作业，施工过程中遇到雨天，会给控制土壤含水量带来很大的困难。因此在多雨地区，常由于雨天多，土壤含水量高，雨后不能立即恢复上土，以致雨季黏性土料的填筑成为控制工程进度的主要关键所在。为了保证工程按质又不过多的增加成本，可采用下列措施。

（1）合理进行大坝断面设计，尽量缩小防渗体（心墙，或斜墙）的断面，减少黏性土料的用量。

（2）在降雨时，坝上应停止黏性土料的填筑。在多雨地区宜采用气胎辗。如采用羊足碾时，要同时配使用平碾，以便在雨前封闭坝面以利排水。为了便于排走雨水，坝填筑面应略向上游倾斜。

（3）必要时在土料储料场和坝面采用人工防雨措施，如备用大防雨布或塑料薄膜。遇雨遮盖填筑面，雨后去盖，将表面湿土稍加清理晾晒，即可上土复工。在抢进度赶拦洪时，为了保证高速度施工，在防渗体填筑面积不太大时，在多雨地区可以考虑采用雨篷作业。雨篷一般为简单屋架式，用帆布或塑料布覆盖，不过篷内填土，辗压不便，篷架升高也麻烦，因此也有采用缆索悬挂式吊棚的。

（4）在雨季施工中，重要的是在非雨期时于坝面附近储备数量足够、质量合格的土料，以供雨季施工时使用。

（5）合理选用某种非黏性土料作为大坝防渗体，再采取一定的施工措施，就有可能在雨季继续施工。如美国于1958年在华盛顿州建成的高度170m的Swift·Greek坝，那里不仅平均年降雨量高达300mm而且雨天又多。因此大坝心墙确定用含砾砂性壤土筑成，并采用施工措施：①在垂直工作面上开挖土料；②在压实料场表面留有一定的坡度，以防雨水渗入填筑土料；③坝面填筑成8%～10%的坡度，坡向上游；④压实土层改用垂直于坝轴线方向，以利坝面排水；⑤由于松土易遭雨水淋湿，所以坝面在铺土以后尽快进行碾压。采取以上措施以后，虽然土料较湿，但坝面完全可以用50t气胎碾进行碾压。

2. 冬季施工控制

在冬季负气温下，土料将发生冻结，并使其物理力学性质发生变化，这对土石坝冬季施工将造成严重影响。不过只要采取适当的技术措施，仍能保证填筑质量。

土料在降温冷却过程中，其中的水分不是一遇冷空气就转变为冰的，土料开始结冰的温度总是低于0℃，即土料的冻结有所谓过冷现象。土料的过冷温度和过冷持续时间与土料的种类、含水量和冷却强度等有关。当负温不是太低时，土料中的水分能长期处于过冷状态而不结冰。含水量低于塑限的土及含水量低于4%～5%的砂砾细料，由于水分子颗粒间的相互作用，土的过冷现象极为明显。

土的过冷现象说明当负气温不太低时，用具有正温的土料在露天填筑，只要控制好土料含水量，有可能在土料还未冻结之前，争取填筑完毕。

土料发生冻结时，由于水汽从温度较高处向温度较低处移动，而产生生水分转移。水分转移和聚集的结果，使土的冻结层中形成冰晶体和裂缝。冰在土料中决定着冻土的性质，使其强度增大，不易压实。当其融化后，则使土料的强度和稳定性大为降低，或呈松散状态。但土料的含水量接近或低于塑限冻结时，上述现象不甚显著，压实后经过冻融，其力学性质变化也较小。砂砾细料含水量低于4%～5%，冻结时仍呈松散状态，超过此值后则冻成硬块，不易压实。

（1）因此，碾压式土石坝冬季施工时，只要采取适当的技术措施，防止土料冻结，降低土料含水量和减少冻融影响，仍可保证施工质量，加快施工进度。防止料场中的土料冻结，是土石坝冬季施工的主要内容。为此，可采取以下措施。

1）选择冬季施工的专用料区。对砂砾粒应选择粗粒含量较多和易于压实的地区，在夏、秋季进行备料，采用明沟截流和降低地下水位，使砂砾料中的细料含水量降低到4%以下；对于黏性土宜选择运距近、含水量接近塑限及地势较高的料区，如含水量较大，须在冬季前进行处理，以满足防冻要求。因此，如有可能，应选用向阳背风的料区。

2）料场表土翻松保温。冬季结冰前将料区表土翻松30～40cm深，并碎成小块耙平，使松土的孔隙中充满空气，因而可以降低表层土的导热性，防止下部土料冻结。如某工地在料区表面铺30cm厚的松土，气温到－12℃左右时，下部土温仍保持在4～13℃。

3）覆盖融热材料保温。根据气温和现场条件，利用树叶、稻草、炉渣及锯木屑等材料，覆盖于土区或土库表面，形成蓄热保温层，使土料不致冻结。

4）覆盖冰、雪蓄热保温。可以利用自然雪或人工铺雪于料场表面土上。由于雪的导热性能低，可以达到土料蓄热保温不致冻结的目的。或者也可将料场四周用0.5m高的土埂围起来，并在场内每隔1.5m打一根承冰层的支撑木桩，冬季来临时，在土埂内充满水，待水面结冰到10～15cm厚时，将冰层下的水排走，而形成一个很好的空气隔热保温层，这也可以达到使土料不致冻结的目的。

（2）除了防止料场土料冻结外，在土料运输过程中，也应注意土料保温。

1）土温的散失主要是在装、卸过程中，因此应采取快速运输，避免转运，力求从装土到卸土铺填为止的时间，不超过土料冻结所需时间。土料开始冻结时间见表3.28。

表3.28　　土料开始冻结时间

气温/℃	−5	−10	−20	<−30	备　注
开始冻结时间/min	90	60	30	20	当遇大风时，开始冻结时间将显著减少

2）尽量采用容量大、调度灵活及易于倾卸的运输工具，并进行覆盖保温。为了防止土料与金属车厢直接接触，可设置木板隔层，或在车厢内垫一层浸透食盐水（浓度为20%）的麻袋。

（3）冬季施工时，对负气温下土料填筑的基本要求如下。

1）黏性土的含水量不应超过塑限，防渗体的土料含水量不应大于0.9倍塑限，但也不宜低于塑限2%；砂砾料（指粒径小于5mm的细料）的含水量应小于4%。

2）压实时土料平均温度，一般应保持正温。实践证明，土料温度低于0℃，压实效果即将降低，甚至难以压实。

冬季施工的坝体填筑，根据气温条件的不同，可采用露天作业或暖棚内作业。

露天作业要求准备料温度不低于5～10℃，其填筑工作可以在较寒冷的气温下进行（日最低气温不低于−5℃，碾压时土料温度不低于+2℃），黏性土中允许有少量小于5cm的冻块，但冻块不应集中在填筑层中。如果气温过低或风速过大，则须停止填筑。砂砾料露天填筑的气温，也不应低于−15℃，砂料中允许有少量小于10cm的冻块，但同样不应集中在填筑区中。此外，露天作业应力求加快压实工作速度，以免土料冻结。

棚内作业，是在棚内采取加温措施，使土料保持正温。加温热源可用蒸汽和火炉等。不过费用较高，只是在严寒地区而又必须继续施工时，才宜采用。

3.3.5　面板堆石坝的施工

混凝土面板坝的防渗系统由基础防渗工程、趾板、面板组成。特点是堆石坝坝体能直接挡水或过水，简化了施工导流与度汛，枢纽布置紧凑，充分利用当地材料。面板坝可以分期施工，便于机械化施工，施工受气候条件的影响比较小。

3.3.5.1　堆石材料的质量要求和堆石坝的坝体分区

1. 堆石材料的质量要求

根据施工组织设计，查明各料场的储量和质量，如果利用施工中挖方石料时，要按料场要求增做试验。1级、2级高坝坝料室内试验项目应包括坝料的颗粒级配、相对密度、抗剪强度和压缩模量，垫层料、砂砾料、软岩料的渗透和渗透变形试验。100m以上的坝，应测定坝料的应力应变参数。

垫层料要求有良好的级配，最大粒径为80～100mm，小于5mm的颗粒含量为30%～50%，小于0.075mm的颗粒含量不宜超过8%，中低坝可适当降低要求。用天然砂砾料做垫层料时，要求级配连续、内部结构稳定、压实后渗透系数为1/1000～1/10000cm/s。寒冷地区，垫层的颗粒级配要满足排水性要求。

过渡料要求级配连续、最大粒径不宜超过300mm。可用人工细石料、经筛分加工的天然砂砾料等，压实后的过渡料要压缩性小、抗剪强度高、排水性好。

主堆石料可用坝基开挖料或料场开采石料，要求级配良好，最大粒径不应超过压实层厚度，小于5mm的含量不宜超过20%，小于0.75mm的颗粒含量不宜超过5%。在开采前应作专门的爆破试验。

2. 堆石坝的坝体分区

堆石坝坝体应根据石料来源及对坝料的强度、渗透性、压缩性、施工方便和经济合理性等要求进行分区。在岩基上用硬岩堆石料填筑的坝体可按图3.49分区，从上游向下游依次分为垫层区、过渡区、主堆石区及下游堆石区。周边缝下部应设特殊垫层区。100m以上的坝，其面板下部设铺盖区及压重区。坝体上游部分的堆石体要求：压缩性要低，防止沉陷危及防渗面板；防渗性高，防止渗流过大。各区坝料的透水性应按水力过渡要求，从上游向下游逐渐增加。下游堆石区在下游水位以上的坝料不受此限制。

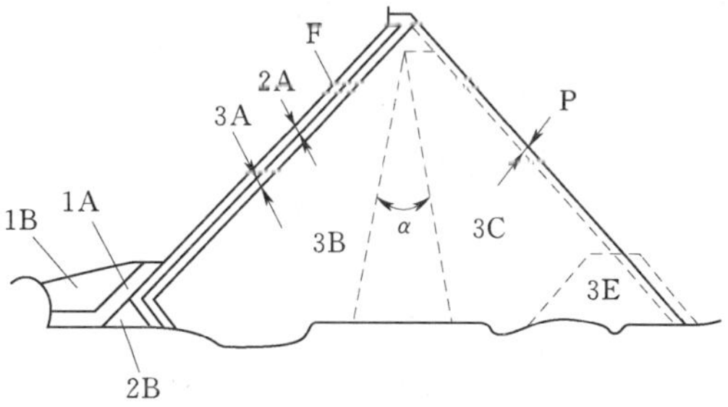

图3.49 岩基上硬岩堆石坝体分区示意

垫层区的水平宽度应由坝高、地形、施工工艺和经济性比较确定。当用汽车直接卸料，推土机推平方法施工时，垫层区不宜小于3m，有专门的铺料设备时，垫层区宽度可减少，并相应增大过渡区的面积，主堆石区用硬岩时，到垫层区之间应设过渡区，为方便施工，其宽度不小于3m。

堆石坝填筑的施工设备、工艺和压实参数的确定，和常规土石坝非黏性材料施工没有本质的区别。

3.3.5.2 垫层料及趾板施工

垫层为堆石坝坡面最上游部分，可用人工碎石或级配良好的砂砾料填筑。为减少面板混凝土超浇量，改善面板的应力条件，对上游垫层坡面必须进行修整和压实。修整可采用人工或激光制导反铲进行。坡面修整后即可进行斜坡碾压。

未浇注面板前的上游坡面，尽管经斜坡碾压后具有比较高的密实度，但其抗冲蚀和抗人为因素破坏的性能很差，一边需进行垫层坡面的防护处理。防护的作用有以下三点：防止雨水冲刷垫层坡面；为面板混凝土施工提供良好的工作面；利用堆石坝体挡水或过水时，垫层护面可起到临时防渗和保护作用。

混凝土面板或面板浇筑前的垫层料，施工期不允许承受反向水压力。

趾板的施工工序为：清理工作面、测量与放线、锚杆施工、立模安止水片、架设钢筋、预埋件埋设、冲洗仓面、开仓检查、浇注混凝土、养护。混凝土浇筑可采用滑模或常规模板进行。

3.3.5.3　钢筋混凝土面板施工

1. 钢筋混凝土面板的分块

混凝土防渗面板包括趾板（面板底座）和面板两部分。防渗面板应满足强度、抗渗、抗侵蚀、抗冻要求。趾板设伸缩缝；面板设垂直伸缩缝、周边伸缩缝等永久缝和临时水平施工缝。混凝土防渗面板分缝如图 3.50 所示。

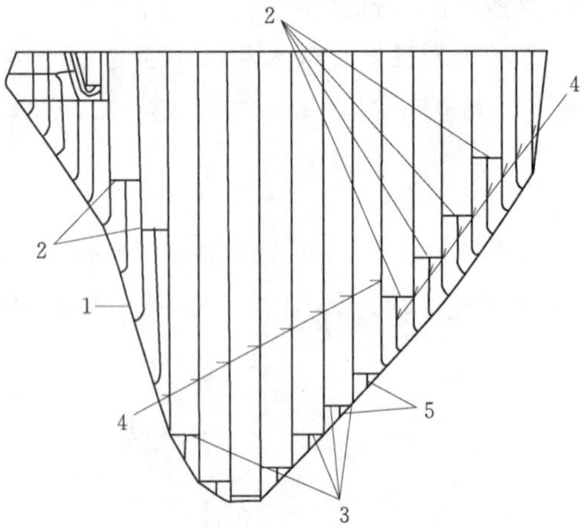

图 3.50　某坝钢筋混凝土面板的分缝

1—周边接缝；2—水平伸缩缝；3—水平施工缝；4—垂直伸缩缝；5—垂直施工缝

垂直伸缩缝从底到顶布置，中部受压区，分缝间距一般为 12～18m；两侧受拉区按 6～9m 布置。受拉区设两道止水，受压区在底侧设一道止水，水平施工缝不设止水，但竖向钢筋必须相连。

2. 防渗面板混凝土的浇筑

（1）趾板施工。应在趾基开挖处理完毕，经验收合格后进行，按设计要求进行绑扎钢筋、设置锚筋、预埋灌浆导管、安装止水片及浇筑上游铺盖。混凝土浇筑中，应及时振实，注意止水片与混凝土的结合质量，结合面不平整度小于 5mm。混凝土浇后 28d 之内，20m 之内不得进行爆破；20m 之外爆破要严格控制装药量。

（2）面板施工。在趾板施工完毕后进行。当坝高不大于 70m 时，面板在堆石体填筑全部结束后施工，这主要考虑避免堆石体沉陷和位移对面板产生的不利影响。高于 70m 的堆石坝，考虑需拦洪度汛，提前蓄水，面板宜分二期或三期浇筑，分期接缝应按施工缝处理。面板混凝土浇筑宜采用无轨滑模，起始三角块宜与主面板块一起浇筑。面板混凝土宜采用跳仓浇筑。滑模应具有安全措施，固定卷扬机的地锚应可靠，滑模应有制动装置。面板钢筋采用现场绑扎或焊接，也可用预制网片现场拼接。混凝土浇筑中，布料要均匀，每层铺料 250～300cm。止水片周围需人工布料，防止分离。振捣混凝土时，要垂直插入，至下层混凝土内 5cm，止水片周围用小振捣器仔细振捣。振动过程中，防止振捣器触及滑模、钢筋、止水片。脱模后的混凝土，要及时修整和压面。

滑模滑升时，要保持两侧同步，每次滑升距离不大于 30cm，滑升间隔时间不应超过 30min。面板浇筑的平均速度为 1.5～2.5m/h。

3. 面板混凝土浇筑质量检测

面板混凝土浇筑质量检查项目和技术要求，见表 3.29。检查数量要求如下。

（1）趾板浇筑。每浇一块或每 50～100m^3 至少有一组抗压强度试件；每 200m^3 成型一组抗冻、抗渗检验试件。

（2）面板浇筑。每班取一组抗压强度试件，抗渗检验试件每 500～1000m³ 成型一组，抗冻检验试件每 1000～3000m³ 成型一组，不足以上数量者，也应取一组试件。

表 3.29　面板混凝土浇筑质量检测项目和技术要求

项　目	质量要求	检测方法
混凝土表面	表面基本平整，局部不超过设计线 3cm，无麻面、蜂窝、狗洞、露筋	观察测量
表面裂缝	无或有小裂缝已处理	观察测量
深层及贯穿裂缝	无或有已按要求处理	观察检查
抗压强度	保证率不小于 80%	试验
均匀性	离差系数 C_v 小于 0.18	统计分析
抗冻性	符合设计要求	试验
抗渗性	符合设计要求	试验

3.3.5.4　沥青混凝土面板施工

沥青混凝土由于抗渗性好，适应变形能力强，工程量小，施工速度快，正在广泛用于土石坝的防渗体。

沥青混凝土的施工方法有碾压法、浇筑法、预制装配法和填石振压法四种。碾压法是将热拌沥青混合料摊铺后碾压成型的施工方法，用于土石坝的心墙和斜墙施工；浇筑法是将高温流动性热拌沥青混合材料灌注到防渗部位，一般用于土石坝心墙；预制装配法是把沥青混合料预制成板或块，在现场装配，目前使用尚少；填石振压法是先将热拌的细粒沥青混合材料摊铺好，填放块石，然后用巨型振动器将块石振入沥青混合料中。在我国应用较为普遍是碾压施工法，现简介如下。

（1）沥青混凝土原材料。沥青是主要材料，品种和强度等级应根据设计要求而定，一般选用道路石油沥青 60 甲和 100 甲。粗骨料宜选碎石，最大粒径小于铺筑层厚度的 1/3，且不大于 25mm，分成 2～3 级配料，细骨料可选河砂、山砂、人工砂。骨料要求干净、稳定性好。按满足 5 天以上施工需要量储存。填料种类有石棉、消石灰、水泥、橡胶、塑料等，其掺量由试验确定。

（2）沥青混凝土施工工艺。施工中对温度要严加控制，其标准根据材料性质、施工地区和施工季节，由试验确定。在日平均气温高于 5℃和日降雨量小于 5mm 时方可施工，日气温虽然在 5～15℃，风速大于 4 级，也不能施工。沥青混凝土防渗体施工工艺如图 3.51 所示。

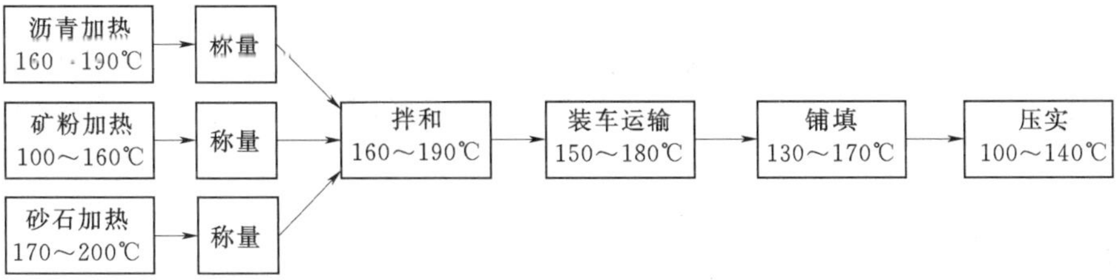

图 3.51　沥青混凝土防渗体施工工艺图

1. 沥青混凝土斜墙施工

沥青混凝土斜墙施工是在坡面上进行的，施工难度较大，尽量采用机械化流水作业。首先进行修整和压实坡面，然后铺设垫层，在垫层面上喷涂一层乳化沥青或稀释沥青。准备工作完成后，用摊铺机或人工铺筑整平胶结层。防渗层一般采用多层铺筑，各区段条幅宽度间上、下层接缝必须相互错开，水平接缝的错距应大于1m，顺坡纵缝的错距一般为条幅宽度的1/3～2/3。先用小型振动碾进行初压，再用大型振动碾二次碾压，上行振压，下行静压。施工接缝及碾压带间，应重叠碾压10～15cm。压实温度应高于110℃，二次碾压温度应高于80℃。防渗层的施工缝是面板的薄弱环节，尽量加大条幅摊铺宽度和长度，减少纵向和横向施工缝。防渗层的施工缝以采用斜面平接为宜，斜面坡度一般为45°。整平胶结层的施工缝可不作处理。上、下层的层面必须干燥，间隔不超过48h。防渗层层间应喷涂一薄层稀沥青或热沥青，用喷洒法施工或橡胶刮板涂刷。

2. 沥青混凝土心墙施工

沥青混凝土心墙位于坝体中部，它与过渡层、坝壳填筑尽量平起均衡施工，填铺与压实都在平面上进行，相对斜墙而言施工难度较小。一般采用专用机械施工。先支立钢模，表面涂刷脱模剂。钢模支立要牢固准确，检查合格后用防雨布等遮盖，填筑两侧过渡料。过渡层压实，要两侧同时进行（距钢模15～20cm部分与防渗体同压），压实合格后，再将沥青混合料注入钢模内铺平。碾压前将钢模拔出。铺填沥青混凝土前，先清面，用红外线加热器加热到70℃以上，然后铺填沥青混合料，摊铺厚度一般为20～30cm，用振动碾在防雨布上进行碾压，先静压2遍，然后振压规定遍数。尽量减少横向接缝，必须设缝时，接缝坡度为1∶3，上、下层的横缝互相错开，错距大于2m。重叠碾压30～50cm。心墙铺筑后，在心墙两侧4m范围过渡层的压实，禁止使用大型机械。

项目4　钢筋模板工程施工

【引例4.1】某电站为一座高水头、长隧洞引水式水电站。大坝区主要建筑物有大坝、进水口、沉沙池、压力引水隧洞，厂房区主要建筑物为电站厂房及开关站等。导流隧洞设在右岸，为马蹄形断面，洞径约8.0m，洞长260m，采用10年一遇洪水标准，设计施工导流流量为570m^3/s。压力引水隧洞洞长约2366m，洞内采用钢衬砌，衬砌后洞径2.2m，底板坡度38.27%，隧洞开挖洞径2.8～3.1m。压力引水隧洞净水头687m，不设调压井，引水流量21m^3/s，洞内流速5.5m/s。电站厂房长约33m，跨度约14m，装机容量为2×60.5MW，水轮机组为2台立轴冲击式水轮机。

大坝由左副坝段、进水口坝段、堰闸坝段和右副坝组成，坝高32.50m，坝轴线长120m，顶宽10m、底宽42m，左右副坝段和墩墙的上游坝坡均为直立，下游坝坡1∶0.8。堰闸坝段设3个泄流底孔，每孔宽7.0m；共4个闸墩，边墩墩头为1/4圆，半径2.5m，中墩墩头为1/2圆，圆半径与边墩相同。堰闸坝段1号和4号边墩后接消力池导流墙，导流墙长×高为55m×16m，墙厚3.0m。所有的垂直施工缝均设键槽和插筋。

进水口沉沙池总长74.0m，分A～E共5段，每段设1～4号共4个冲沙流道，流道孔宽×高为4.0m×6.7m，顶板混凝土厚度1.2m。流道内混凝土面成型级别要求均为A级，边墙外侧混凝土面要求为C级。沉沙池平面示意图和A段剖面图分别如图4.1、图4.2所示。

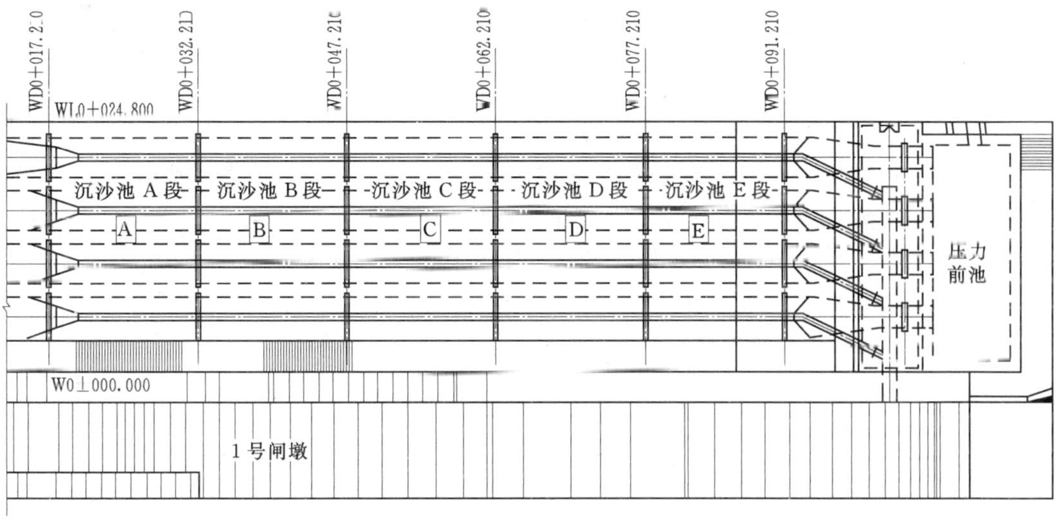

图4.1　沉沙池平面示意图

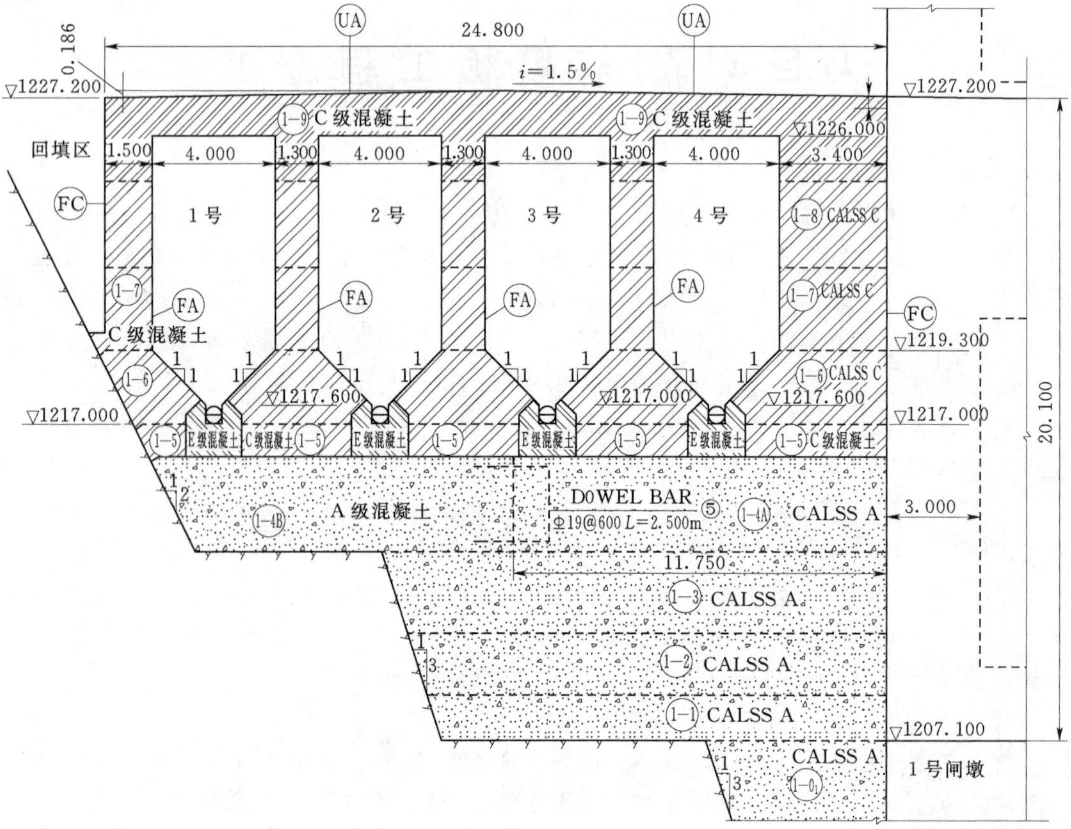

图 4.2　沉沙池 A 段剖面图

【思考】

(1) 钢筋的级别及类别是如何划分的?

(2) 主要的钢筋的加工设备有哪些? 加工设备场地的布置需要注意哪些问题?

(3) 钢筋的进场验收、存储应有哪些注意事项?

(4) 如何进行钢筋的下料计算?

(5) 钢筋的连接方式有哪些? 各适用于什么条件?

(6) 钢筋在什么情况下能进行代换?

(7) 模板的选取需要考虑哪些因素?

(8) 沉沙池流道内模板如何选择?

(9) 沉沙池右墙右侧模板选择?

(10) 模板安装需要注意哪些事项?

(11) 模板的拆除需要注意哪些事项?

工程用钢筋的组成见表 4.1。

表 4.1　　工程用钢筋组成

序　号	钢筋级别	直径/mm	用量/t
1	Ⅰ	6	10
2	Ⅰ	10	20
3	Ⅰ	25	5
4	Ⅱ	13	800
5	Ⅱ	16	500
6	Ⅱ	19	600
7	Ⅱ	22	1200
8	Ⅱ	25	1000
9	Ⅱ	29	400
10	Ⅱ	32	400
11	Ⅱ	36	300
汇总			5235

任务 4.1　钢筋型号用量及加工设备的确定

4.1.1　钢筋分类

钢筋广泛应用于建筑工程中，其名称种类很多，通常有以下几种分类方法。

1. 按钢筋的化学成分分类

(1) 低碳素钢钢筋。工程中常用钢筋，由碳素钢轧制成，含碳量小于 0.25%。如建筑工程上用的光圆钢筋、螺纹钢筋都是由碳素钢轧制而成。

(2) 普通低合金钢钢筋。采用低合金钢轧制而成的，也是建筑工程中常用钢种，如 45Si2Mn，它表示是平均含碳量为 0.45%，平均含硅量为 1.5%～2.5%，平均含锰量小于 1.5%的低合金钢筋。

2. 按钢筋在构件中的作用分类

(1) 受力钢筋。是指在外部荷载作用下，通过计算得出的构件所需配置的钢筋，包括受拉钢筋、受压钢筋、弯起钢筋等。

(2) 构造钢筋。因构件的构造要求和施工安装需要配置的钢筋、架立筋、箍筋等都属于构造钢筋。

钢筋在构件中的作用如图 4.3 所示。

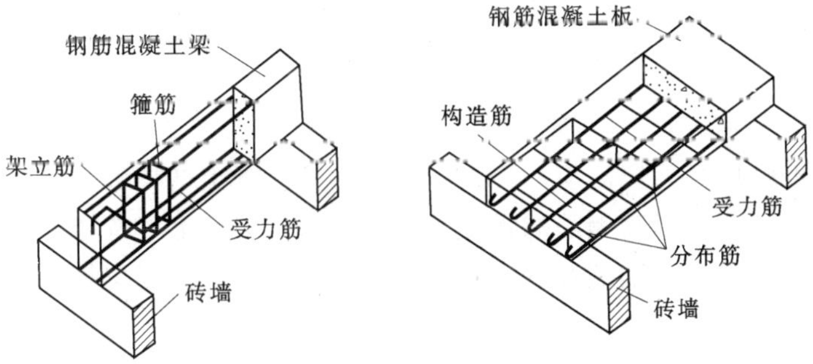

(a) 钢筋混凝土梁　　(b) 钢筋混凝土板

图 4.3　钢筋在构件中的作用

3. 按钢筋外形分类

（1）光圆钢筋。轧制为光面圆形截面的钢筋。

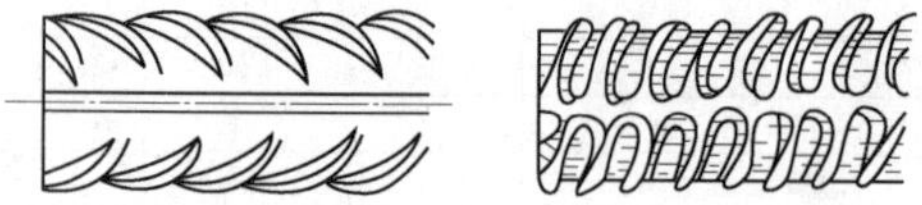
(a)月牙肋钢筋　(b)等高肋钢筋

图 4.4　带肋钢筋

（2）带肋钢筋。又分为月牙肋钢筋和等高肋钢筋等（图 4.4）。

（3）钢丝。

（4）钢绞线。

4. 按生产工艺鉴别分类

（1）热轧钢筋。钢筋混凝土用热轧钢筋根据其表面特征又分为光圆钢筋和带肋钢筋。

钢筋混凝土用热轧光圆钢筋由低碳钢轧制而成，屈服强度为 235MPa，抗拉强度为 370MPa，其限度等级代号为 HPB235，塑性及焊接性好，便于各种冷加工，广泛用作钢筋混凝土构件的受力筋及构造筋。

钢筋混凝土热轧带肋钢筋，其牌号分为 HRB335、HRB400、HRB500 三种，其中 H 表示“热轧”、R 表示“带肋”、B 表示“钢筋”。其力学性能见表 4.2，其化学成分及含量见表 4.3。

表 4.2　热轧带肋钢筋力学性能

牌　号	公称直径 /mm	屈服强度 σ_s（或 $\sigma_{p0.2}$）/MPa	抗拉强度 σ_b /MPa	伸长率 δ_5 /%
HRB335	6～25 28～50	≥335	≥490	≥16
HRB400	6～25 28～50	≥400	≥570	≥14
HRB500	6～25 28～50	≥500	≥630	≥12

表 4.3　热轧带肋钢筋的化学成分及含量

牌　号	化学成分/%					
	C	Si	Mn	P	S	Ceq
HRB335	0.25	0.80	1.60	0.045	0.045	0.52
HRB400	0.25	0.80	1.60	0.045	0.045	0.54
HRB500	0.25	0.80	1.60	0.045	0.045	0.55

热轧带肋钢筋强度高，广泛应用于大、中型钢筋混凝土结构的受力钢筋。

（2）冷拉钢筋。为了提高钢筋的强度及节约钢筋，工地上常按施工规程，控制一定的冷拉应力或冷拉率，对热轧钢筋进行冷拉，冷拉钢筋的力学性能应符合表 4.4 的要求。冷拉后不得有裂纹、起皮现象。

冷拉Ⅰ级钢筋适用于钢筋混凝土结构中的受拉钢筋，冷拉Ⅱ级、Ⅲ级、Ⅳ级钢筋可用作预应力混凝土结构的预应力筋。

表 4.4　冷拉钢筋的力学性能

钢筋级别	钢筋直径/mm	屈服强度/MPa	抗拉强度/MPa	伸长率 δ_{10}/%	冷弯	
					弯曲角度	弯曲直径
Ⅰ	≤12	≥280	≥370	≥11	180°	3d
Ⅱ	≤25	≥450	≥510	≥10	90°	3d
	28～40	≥430	≥490	≥10	90°	4d
Ⅲ	8～40	≥500	≥570	≥8	90°	5d
Ⅳ	10～28	≥700	≥835	≥6	90°	5d

注　*d* 为钢筋直径，mm。

(3) 预应力热处理钢筋。热处理钢筋其外形分为有纵肋钢和无纵肋两种（图 4.5）。

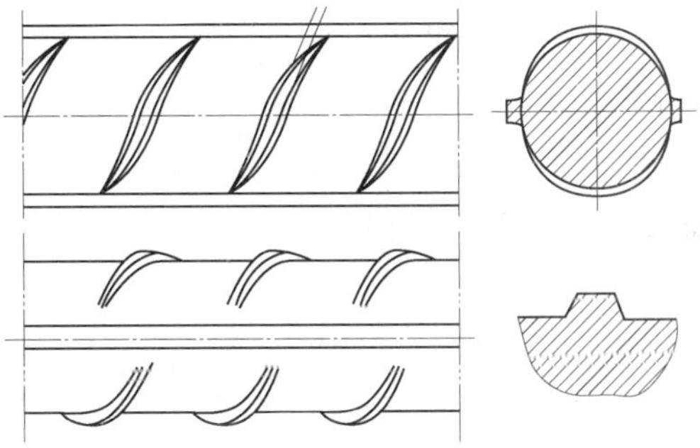

图 4.5　预应力热处理钢筋外形

预应力混凝土用热处理钢筋是用ϕ 8、ϕ 10的热轧螺纹钢筋经淬火和回火等调质处理而成，代号为 RB150。热处理钢筋成盘供应，每盘长约 200m。

根据《预应力混凝土用热处理钢筋》(GB/T 5223.3—2005) 的规定，其所用钢材有 40Si2Mn、48Si2Mn 和 45Si2Cr 三个牌号，力学性能应符合表 4.5 的要求。

表 4.5　预应力混凝土用热处理钢筋的力学性能

公称直径/mm	牌号	屈服强度/MPa	抗拉强度/MPa	伸长率 δ_{10}/%
6	40Si2Mn	≥1325	≥1470	≥6
8.2	48Si2Mn			
10	45Si2Cr			

预应力混凝土用热处理钢筋的优点是：强度高，可代替高强钢丝使用，配筋根数少，节约钢材；锚固性好，不易打滑，预应力值稳定；施工简便，开盘后钢筋自然伸直，不需调直及焊接。主要用于预应力筋钢筋混凝土轨枕，也用于预应力梁、板结构及吊车梁等。

(4) 冷轧带肋钢筋。冷轧带肋钢筋是采用由普通低碳钢或低合金钢热轧的圆盘条为母材，经冷轧减径后在其表面冷轧成二面或三面有肋的钢筋。

《冷轧带肋钢筋》(GB 13788—2000) 规定，冷轧带肋钢筋按抗拉强度分为五级，其代号为 CRB550、CRB650、CRB800、CRB970 和 CRB1170，其中 C、R、B 分别表示“冷轧”、“带肋”和“钢筋”三个词的英文首位字母，后面的数字表示钢筋抗拉强度等级数值。

4.1.2　钢筋型号用量和加工设备的确定

4.1.2.1　设备配置

按照表 4.1 工程用钢筋组成，统计不同级别、规格的钢筋用量，然后进行设备选型配置见表 4.6。

表 4.6　钢筋加工主要设备配置表

序　号	钢筋加工设备	型　号	单　位	数　量
1	钢筋弯曲机	GJ-7-40	台	2
2	钢筋切断机	GJ-5-40	台	2
3	电动开牙机	—	台	2
4	钢筋调直机	GTJ-4/8	台	2
5	氧气切割设备	—	套	4

4.1.2.2　设备布置

钢筋加工应采用机械化、自动化和按流水作业法的原则组织生产，以提高劳动生产率和节省原材料，确保工程质量，加快工程进度，钢筋加工厂基本工艺流程见图 4.6。钢筋加工厂位置的选择及厂内流水线的组织，应紧密结合施工总平面图、运输路线，生产规模，地形条件以及其他有关企业的密切联系等综合决定，尽量做到平面布置合理紧凑。

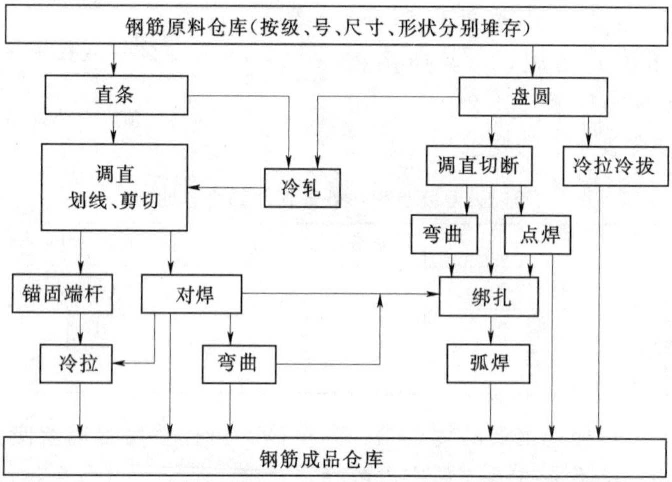

图 4.6　钢筋加工厂基本工艺流程示意图

钢筋加工厂的生产能力，由施工进度计划中钢筋混凝土工程的浇筑强度作为计算的依据。

$$P=\frac{QSK}{1000n} \tag{4.1}$$

式中　P——钢筋混凝土工厂的生产能力，吨/日；

Q——混凝土的最大月浇筑强度，m^3/月；

S——单位体积混凝土中钢筋的平均含量，kg/m^3；

K——不均匀系数，可采用 1.25；

n——每月平均工作日数，可采用 25。

任务4.2 钢 筋 进 场

钢筋作为工程建筑三大用材之一，由于涉及不同的供货单位、供货规格、供货数量和供货质量等，为保证工程质量，着手控制原材料质量，钢筋进场后必须安排专人进行验收储存入库，收集和保管相应的质量资料。

通过验收供货单位提供的质量资料，质量人员对钢筋外观检查，项目实验室或第三方实验室对钢筋物理化学性能的检查，完成钢筋的进场验收储存。钢筋的进场验收储存应注意以下内容。

(1) 钢筋进场应具有厂家的厂证明书或厂内试验报告单，每捆（盘）钢筋应有标牌，标牌包括钢筋的规格、炉批号、生产日期、数量和质量等。

(2) 钢筋进场时按每捆进行外观检查，主要为锈蚀程度、有无裂纹、结疤、麻坑、气泡、砸碰伤痕等，钢筋表面及尺寸应符合标准。钢筋的外观检查的标准见表4.7。

表4.7 钢筋外观检查要求

钢筋种类	外观要求
热轧钢筋	表面不得有裂纹、结疤和折叠，如有凸块不得超过横肋的高度，其他缺陷的高度和深度不得大于所在部位尺寸的容许偏差，钢筋外形尺寸等应符合国家标准
热处理钢筋	表面不得有裂纹、结疤和折叠，如局部凸块不得超过横肋的高度。钢筋外形尺寸应符合国家标准
冷拉钢筋	表面不得有裂纹和局部缩颈
冷拔低碳钢丝	表面不得有裂纹和机械损伤
碳素钢丝	表面不得有裂纹、小刺、机械损伤、锈皮和油漆
刻痕钢丝	表面不得有裂纹、分层、锈皮、结疤
钢绞线	不得有折断、横裂和相互交叉的钢丝，表面不得有润滑剂、油渍

(3) 钢筋、钢丝、钢绞线应做成批验收，做力学性能试验时其抽样方法，应按相应标准所规定的规则抽取，钢筋、钢丝、钢绞线验收要求和方法见表4.8。

检验要求，如有一个试样一项试验指标不合格，则另取双倍数量的试样进行复检，如仍有一个试样不合格，则该批钢筋不予验收。

(4) 钢筋的储存。

1) 钢筋储存严格按批分等级、牌号、直径、长度挂牌存放。

2) 钢筋从出厂运到工地后应立即堆存在木垛上，使其与地面隔离，不致受潮生锈。若堆存在露天场地，而又不能及时使用，应搭设雨篷。

3) 钢筋经过加工后，防锈工作很重要。因为钢筋通过加工调直，钢筋表面防护层已脱去，容易生锈（钢材在高温状态下生成的氧化铁，呈灰黑色，这层氧化铁可以减缓钢材生锈）。一是堆存在仓库内距地面30～40cm的木垛上；二是堆放场设置防雨遮盖。

表 4.8　　钢筋、钢丝、钢绞线验收要求和方法

<table>
<tr><th colspan="2">钢筋种类</th><th>验收批钢筋组成</th><th>每批数量</th><th>取样方法</th></tr>
<tr><td colspan="2">热轧钢筋</td><td>同一牌号、规格和同一炉罐号；
同钢号的混合批，不超过 6 个炉罐号</td><td>≤60t</td><td>在每批钢筋中任取 2 根钢筋，每根钢筋取 1 个拉力试样和 1 个冷弯试样</td></tr>
<tr><td colspan="2">热处理钢筋</td><td>同一处截面尺寸，同一热处理制度和炉罐号；
同钢号的混合批，不超过 10 个炉罐号</td><td>≤60t</td><td>取 10%盘数（不少于 25 盘），每盘 1 个拉力试样</td></tr>
<tr><td colspan="2">冷拉钢筋</td><td>同级别、同直径</td><td>≤20t</td><td>任取 2 根钢筋，每根钢筋取 1 个拉力试样和 1 个冷弯试样</td></tr>
<tr><td rowspan="2">冷拔低碳钢丝</td><td>甲级</td><td></td><td>逐盘检查</td><td>每盘取 1 个拉力试样和 1 个弯曲试样</td></tr>
<tr><td>乙级</td><td>用相同材料的钢筋冷拔成同直径的钢丝</td><td>5t</td><td>任取 3 盘，每盘取 1 个拉力试样和 1 个弯曲试样</td></tr>
<tr><td colspan="2">碳素钢丝
刻痕钢丝</td><td>同一钢号、同一形状尺寸、同一交货状态</td><td></td><td>取 5%盘数（不少于 3 盘），优质钢丝取 10%盘数（不少于 3 盘），每盘取 1 个拉力试样和 1 个冷弯试样</td></tr>
<tr><td colspan="2">钢绞线</td><td>同一钢号、同一形状尺寸、同一生产工艺</td><td>≤60t</td><td>任取 3 盘，每盘取 1 个拉力试样</td></tr>
</table>

注　拉力试验包括屈服点、抗拉强度和伸长率三个指标。

任务 4.3　钢筋的下料计算、加工连接及代换

4.3.1　钢筋下料计算

钢筋的下料是指识读工程图纸、计算钢筋下料长度和编制配筋表。

1. 钢筋长度

施工图（钢筋图）中所标的钢筋长度是钢筋外缘至外缘之间的长度，即外包尺寸。

2. 混凝土保护层厚度

混凝土保护层厚度是指最外层钢筋的外缘至混凝土表面的距离，其作用是保护钢筋在混凝土中不被锈蚀。

3. 钢筋接头增加值

由于钢筋直条的供货长度一般为 6～10m，而有的钢筋混凝土结构，如梁或者板的尺寸超过此供货长度，故需要对钢筋进行接长。钢筋接头增加值见表 4.9、表 4.10、表 4.11。

表 4.9　　钢筋绑扎接头的最小搭接长度

钢筋级别	Ⅰ级钢筋	Ⅱ级钢筋	Ⅲ级钢筋
受拉区	$30d$	$35d$	$40d$
受压区	$20d$	$25d$	$30d$

注　d 为钢筋直径。

表 4.10 钢筋对焊长度损失值 单位：mm

钢筋直径	<16	16～25	>25
损失值	20	25	30

表 4.11 钢筋搭接焊最小搭接长度

焊接类型	Ⅰ级钢筋	Ⅱ、Ⅲ级及5号钢筋
双面焊	$4d$	$5d$
单面焊	$8d$	$10d$

注 d 为钢筋直径。

4. 钢筋弯曲调整长度

钢筋有弯曲时，在弯曲处的内侧发生收缩，而外皮却出现延伸，而中心线则保持原有尺寸。一般量取钢筋尺寸时，对于架立筋和受力筋量外皮、箍筋量内皮、下料则量中心线。如此，钢筋的下料长度和量测长度必然存在差异。

(1) 弯钩增加长度。根据规定，Ⅰ级钢筋两端做180°弯钩，其弯曲直径 $D=2.5d$，平直部分为 $3d$（手工弯钩为 $1.75d$），如图4.7所示。量度方法以外包尺寸度量，其每个弯钩的增加长度为

$$EF=ABC+EC-AF=\frac{\pi(D+d)}{2}+3d-\left(\frac{D}{2}+d\right)$$

$$=\frac{\pi(2.5d+d)}{2}+3d-\left(\frac{2.5d}{2}+d\right)=6.25d$$

同理可得135°斜弯钩每个弯钩的增加长度为 $5d$。

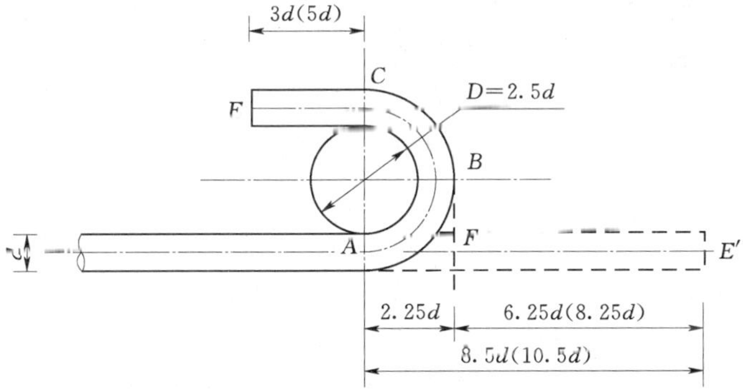

图4.7 钢筋弯曲180°尺寸图

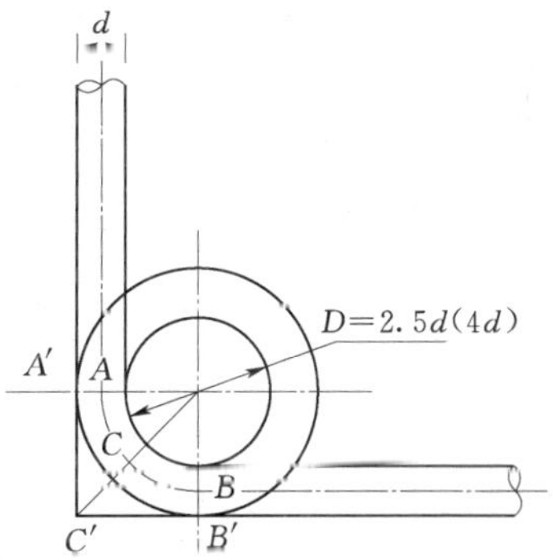

图4.8 钢筋弯曲90°尺寸图

(2) 弯折减少长度。90°弯折时按施工规范有两种情况：Ⅰ级钢筋弯曲直径 $D=2.5d$，Ⅱ级钢筋弯曲直径 $D=4d$，如图4.8。其每个弯曲的减少长度为

$$ACB-A'C'-C'B'=\frac{\pi(D+d)}{4}-2(0.5D+d)=-(0.215D+1.215d)$$

当弯曲直径 $D=2.5d$ 时，其值为 $-1.75d$；当弯曲直径 $D=4d$ 时，其值为 $-2.07d$。为计算方便，两者都取其近似值 $-2d$。

同理可得45°、60°、135°弯折的减少长度分别为 $-0.5d$、$-0.85d$、$-2.5d$。将上述

结果整理成表 4.12。

表 4.12　钢筋弯曲调整长度

弯曲类型	弯钩			弯　折				
	180°	135°	90°	30°	45°	60°	90°	135°
调整长度	6.25d	5d	3.2d	−0.35d	−0.5d	−0.85d	−2d	−2.5d

为了箍筋计算方便，一般将箍筋的弯钩增加长度、弯折减少长度两项合并成一箍筋调整值，见表 4.13。计算时将箍筋外包尺寸或内皮尺寸加上箍筋调整值即为箍筋下料长度。

表 4.13　箍筋调整值　单位：mm

箍筋量度方法	箍筋直径			
	4～5	6	8	10～12
量外包尺寸	40	50	60	70
量内皮尺寸	80	100	120	150～170

5. 钢筋下料长度计算

直筋下料长度＝构件长度＋搭接长度－保护层厚度＋弯钩增加长度

弯起筋下料长度＝直段长度＋斜段长度＋搭接长度－弯折减少长度＋弯钩增加长度

箍筋下料长度＝直段长度＋弯钩增加长度－弯折减少长度＝箍筋周长＋箍筋调整值

6. 钢筋配料

由于受到浇筑层尺寸和钢筋出厂规格的限制，钢筋要进行合理配料，使得钢筋得到最大限度的利用，并将钢筋的安装和绑扎工作简单化。钢筋配料是依据钢筋表合理安排同规格、同品种的下料，使钢筋的出厂规格长度能够得以充分利用。

(1) 归整相同规格和材质的钢筋。下料长度计算完毕后，把相同规格和材质的钢筋进行归整和组合，同时根据现有钢筋的长度和能够及时采购到的钢筋的长度进行合理组合加工。

(2) 合理利用钢筋的接头位置。对有接头的配料，在满足构件中接头的对焊或搭接长度，接头错开的前提下，必须根据钢筋原材料的长度来考虑接头的布置。要充分考虑原材料被截下来的一段长度的合理使用，如果能够使一根钢筋正好分成几段钢筋的下料长度，则是最佳方案。但往往难以做到，所以在配料时，要尽量地使用被截下的一段能够长一些，这样才不致使余料成为废料，使钢筋能得到充分利用。

7. 编制钢筋配料单

根据钢筋下料长度计算结果和配料选择后，汇总编制钢筋配单。在钢筋配料单中必须反映出工程部位、构件名称、钢筋编号、钢筋简图及尺寸、钢筋直径、钢号、数量、下料长度、钢筋质量等。

列入加工计划的配料单，将每一编号的钢筋制作一块料牌作为钢筋加工的依据，并在安装中作为区别各工程部位、构件和各种编号钢筋的标志，如图 4.9 所示。

钢筋配料单和料牌，应严格校核，必须准确无误，专人管理，以免返工浪费。

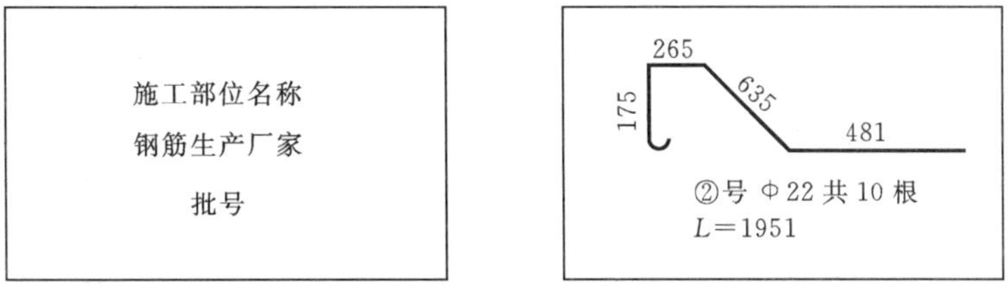

(a)正面　　(b)反面

图 4.9　钢筋料牌（单位：mm）

4.3.2　钢筋加工

储存在工地仓库的钢筋根据需要进行加工。钢筋的加工包括去锈、调直、冷拉、划线与剪切、弯曲等工序。

1. 去锈

钢筋堆存过久或受潮后，表面形成一层橘黄色的氧化铁，俗称铁锈。

老锈是指钢筋表面鸡皮式的斑点，锈迹呈紫黑色。

新锈是指钢筋加工后生锈，呈黄色和淡褐色。

过去认为有铁锈的钢筋，不但影响与混凝土的黏结力，而且锈蚀在混凝土中会继续发展，使钢筋锈蚀恶化，受力性能将不断降低，最后导致构件的破坏。通过不同生锈程度钢筋的握裹力强度试验说明，只有当钢筋表面已形成有脱壳锈蚀情况时，才必须进行去锈工作，一般只有轻微铁锈时，不仅不影响钢筋与混凝土的握裹力，而且还会增强握裹力。

去锈的方法很多，常用钢丝刷、电动圆盘钢丝删、喷砂或酸洗等。目前除冷拔用酸洗除锈、焊接用电动圆盘钢丝刷除锈外，因工作量变化幅度大，并无定型设备，常根据不同条件自行选用。固定式钢筋除锈机、电动除锈机如图 4.10 和图 4.11 所示。对于预应力钢筋，去锈要求更加严格，凡已锈蚀或油污的钢筋、钢丝，一律不得使用。已去锈的钢筋应一端对齐堆存，以便划线。

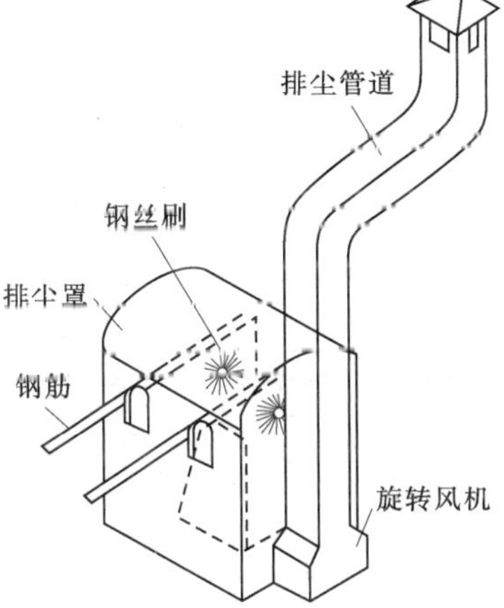

图 4.10　固定式钢筋除锈机

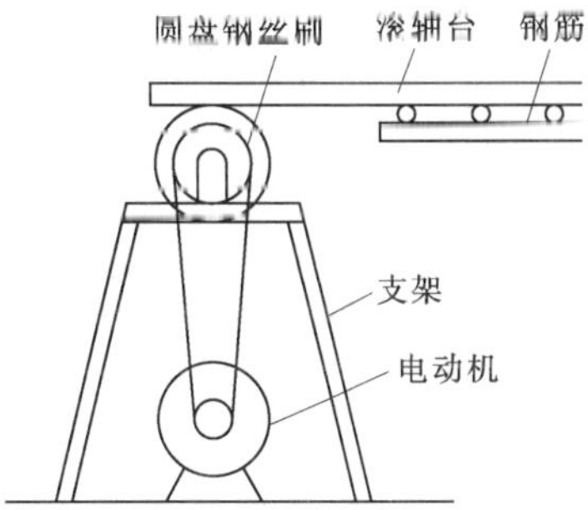

图 4.11　电动除锈机

2. 调直

盘圆钢筋在使用前应加以调直，对直条钢筋由于运输等的原因造成的弯曲，也应加以调直后再使用。钢筋调直后的弯曲度每米不应超过 4mm。凡是超过规定弯曲度的钢筋，不允许使用，否则会影响受力性能。

钢筋的调直方法，分人工调直和机械调直两种。对于盘圆钢筋，一般用卷扬机或调直机调直如图 4.12 所示。绞磨拉直钢筋示意图如图 4.13 所示。在调直时必须注意冷拉率：对于Ⅰ级钢筋不得超过 3%。Ⅱ～Ⅳ级钢筋不得超过 1%，在不允许使用冷拉钢筋的结构中则其冷拉率均不得大于 1%。

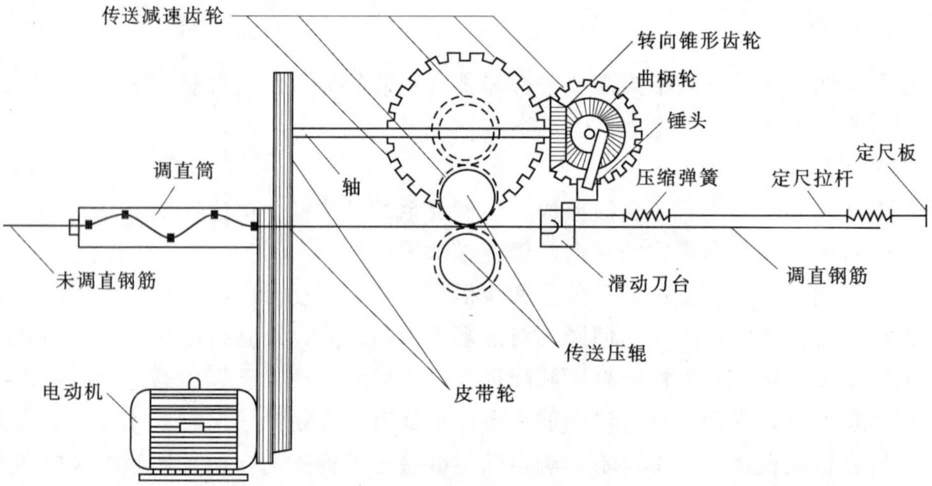

图 4.12　调直机工作示意图

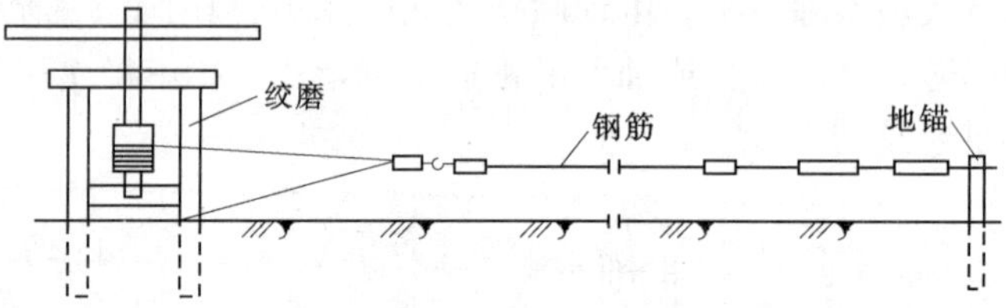

图 4.13　绞磨拉直钢筋示意图

采用调直机进行加工，能使调直、去锈和剪切工序一次完成。大直径的钢筋可用弯筋机调直。

3. 冷拉

常温下对钢筋施加拉力，提高屈服强度，增强应力，调直钢筋，并能延长钢筋可节约材料。常用的冷拉机械有阻力轮式、卷扬机式、丝杠式、液压式等钢筋冷拉机。

4. 划线与剪切

划线是根据要求，用画笔划出所需要的长度位置，以便剪切。为此，必须在划线前根据图纸按不同构件先编制配料单，计算出下料长度，然后根据配料单进行划线下料。

划线后的钢筋用手动剪筋机、自动切筋机或氧气切割进行剪切，见图 4.14～图 4.17。

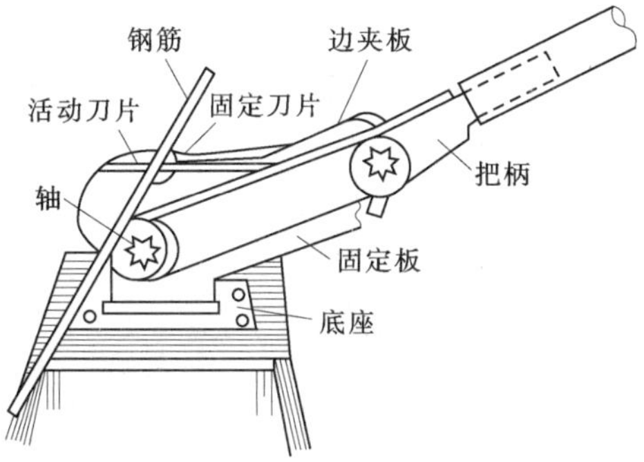

图 4.14　手压切断器

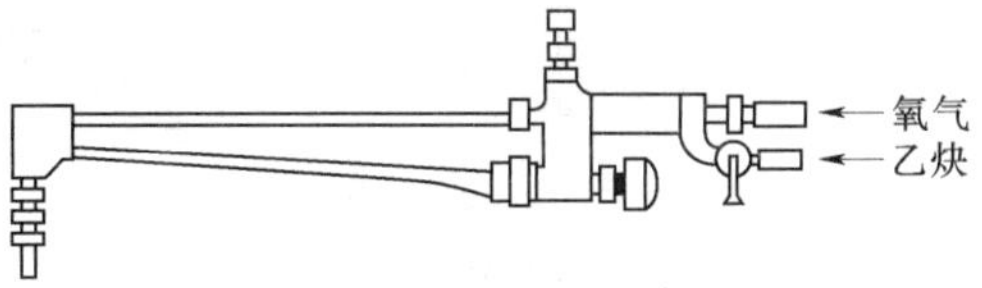

图 4.15　氧炔吹管

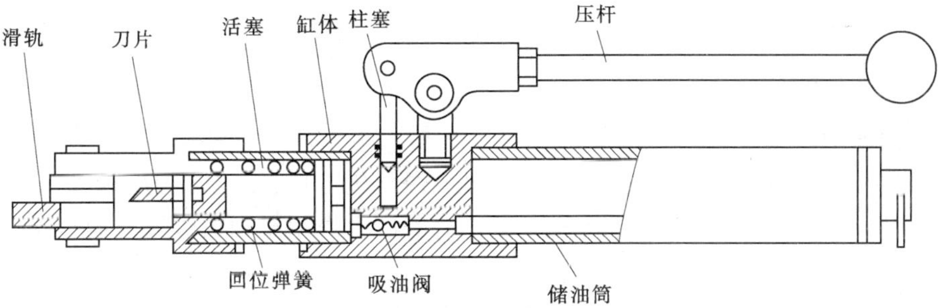

图 4.16　GJ5Y－16 型手动液压切断机

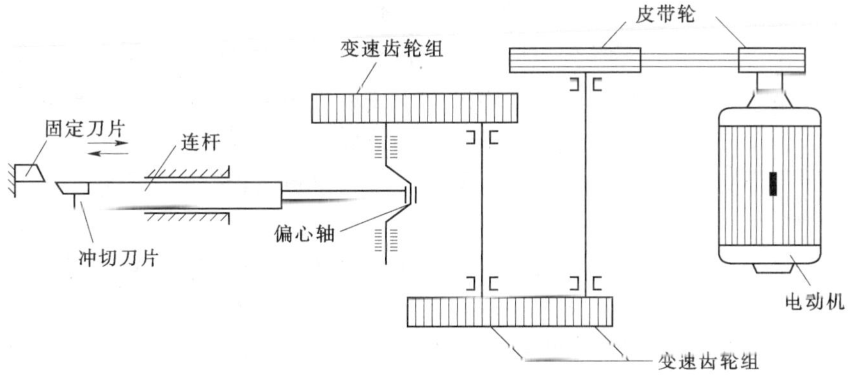

图 4.17　电动钢筋切断机构造示意图

5. 弯曲

将已切断、配好的钢筋，弯曲成所规定的形状尺寸是钢筋加工的一道主要工序。钢筋弯曲成型要求加工的钢筋形状正确，平面上没有翘曲不平的现象，便于绑扎安装。

常用的弯筋工具有手动弯筋工具和电动弯筋机两类。

手动弯筋工具能够弯曲的钢筋最大直径为 25mm，电动弯筋机能够弯曲直径为 10～40mm 的钢筋。CJ7－40 型钢筋弯曲机如图 4.18 所示。

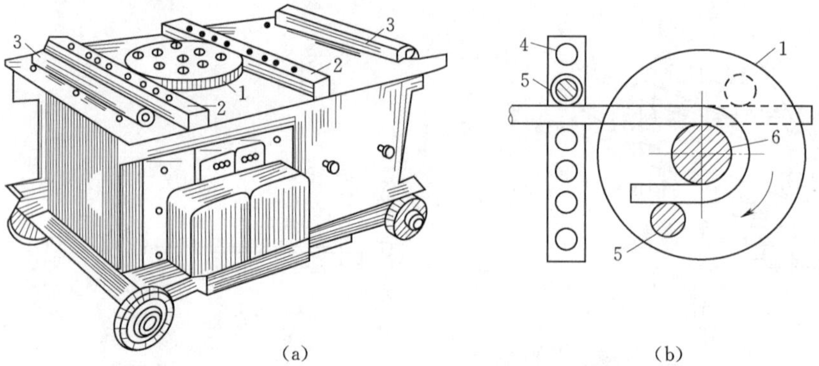

(a)　　　(b)

图 4.18　CJ7-40 型钢筋弯曲机
1—弯曲工作盘；2—板条；3—滚筒轴；4—插孔；5—成型轴；6—心轴

4.3.3　钢筋的连接

4.3.3.1　钢筋的焊接连接

钢筋焊接方式有电阻点焊、闪光对焊、电弧焊、气压焊、电渣压力焊等，电阻点焊用于焊接钢筋网，其中闪光对焊用于接长钢筋，电渣压力焊用于现场焊接竖向钢筋。

1. 电阻点焊

钢筋点焊机是利用电流通过焊件时产生的电阻热作为热源，并施加一定的压力，使交叉连接的钢筋接触处形成一个牢固的焊点，将钢筋焊合起来。点焊机又分电动凸轮式点焊机、气压传动式点焊机及多头点焊机等。

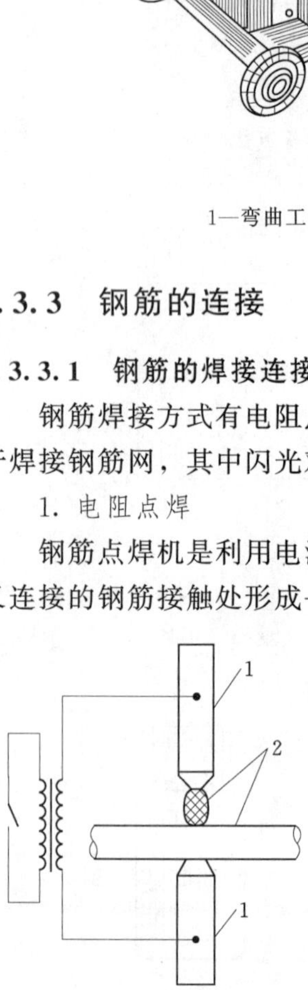

图 4.19　电焊机工作原理
1—电极；2—钢丝

点焊机主要由点焊变压器、时间调节器、电极和加压机构等部分组成，电焊机工作原理如图 4.19 所示。钢筋骨架和钢筋网中交叉钢筋的焊接宜采用电阻电焊，适用的钢筋直径和级别为：直径 6～14 的热轧Ⅰ级、Ⅱ级钢筋，直径 3～5mm 的冷拔低碳钢丝和直径 4～12mm 的冷轧带肋钢筋。

2. 闪光对焊

闪光对焊是利用电流通过对接的钢筋时，产生的电阻热作为热源使金属熔化，产生强烈飞溅，并施加一定压力而使之焊合在一起的焊接方式。对焊不仅能提高工效，节约钢材，还能充分保证焊接质量。

闪光对焊机由机架、导向机构、移动夹具和固定夹具、送料机构、夹紧机构、电气设备、冷却系统及控制开关等组成。闪光对焊机适用于水平钢筋非施工现场连接，直径为 10～40mm 的Ⅰ、Ⅱ、Ⅲ级热轧钢筋、10～25mm 的Ⅳ级钢筋，以及直径为 10～25mm 的余热处理Ⅲ级钢筋的焊接。其工作原理如图 4.20 所示。

3. 电弧焊

电弧焊是以焊条作为一极，钢筋或其他钢件为另一极，利用焊接电流通过产生的电弧热进行焊接的一种熔焊方法。

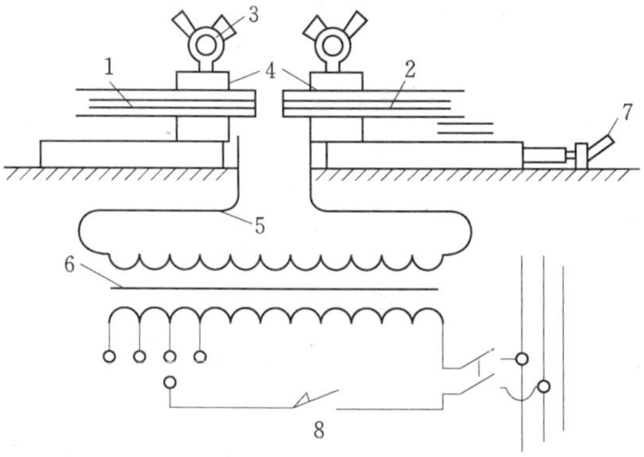

图 4.20 对焊机工作原理

1、2—钢筋；3—夹紧装置；4—夹具；5—线路；6—变压器；7—加压杆；8—开关

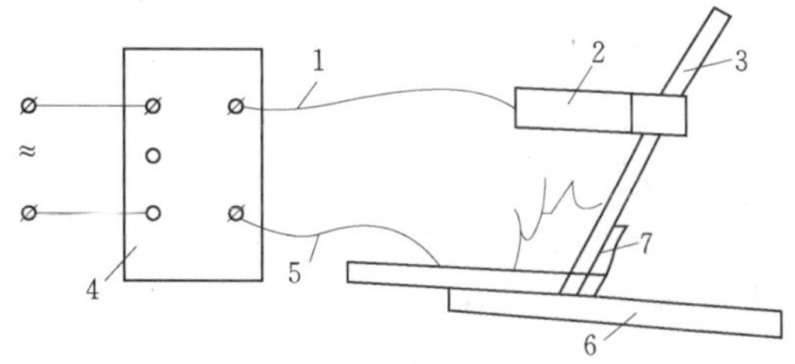

图 4.21 电弧焊的工作原理

1—电缆；2—焊钳；3—焊条；4—焊机；5—地线；6—钢筋；7—电弧

电弧焊具有设备简单、操作灵活、成本低等特点，且焊接性能好，但工作条件差、效率低。适用于构件厂内和施工现场焊接碳素钢、低合金结构钢、不锈钢、耐热钢和对铸铁的补焊，可进行钢筋接长，钢筋骨架、钢筋与钢板等在各种条件各种位置下的焊接。

电弧焊是利用电焊机（交流变压器或直流发电机）的电弧产生的高温（可达6000℃），将焊条末端和钢筋表面熔化，使熔化了的金属焊条流入焊缝，冷凝后形成焊缝接头。电弧焊机的工作原理如图 4.21 所示。

钢筋电弧焊可分为搭接焊、帮条焊、坡口焊、溶槽焊、窄间隙焊五种接头形式。

4. 气压焊

气压焊是利用氧气和乙炔气，按一定的比例混合燃烧的火焰，将被焊钢筋两端加热，使其达到热塑状态，经施加适当压力，使其接合的固相焊接法。钢筋气压焊适用于 14～40mm 热轧Ⅰ～Ⅳ级钢筋，也能进行不同直径钢筋间的焊接，还可用于钢轨焊接。被焊材料有碳素钢、低合金钢、不锈钢和耐热合金等。钢筋气压焊设备轻便，可进行水平、垂直、倾斜等全方位焊接，具有节省钢材、施工费用低廉等优点。

钢筋气压焊接机由供气装置（氧气瓶、溶解乙炔瓶等）、多嘴环管加热器、加压器（油泵、顶压油缸等）、焊接夹具及压接器等组成，如图 4.22 所示。

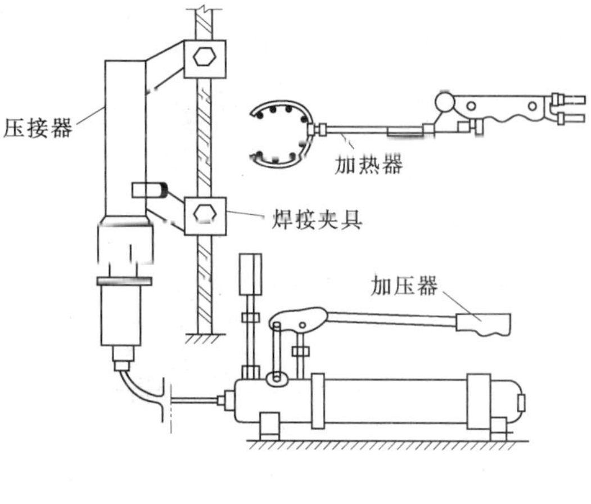

图 4.22 钢筋气压焊机

钢筋气压焊采用氧—乙炔火焰对着钢筋对接处连续加热，淡白色羽状火焰前端要触及钢筋或伸到接缝内，火焰始终不离开接缝，待接缝处钢筋红热时，加足顶锻压力使钢筋端面闭合。钢筋端面闭合后，把加热焰调成乙炔稍多的中性焰，以接合面为中心，多嘴加热器沿钢筋轴向，在两倍钢筋直径范围内均匀摆动加热。摆幅由

小变大，摆速逐渐加快。当钢筋表面变成炽白色、氧化物变成芝麻粒大小的灰白色球状物继而聚集成泡沫，开始随多嘴加热器摆动方向移动时，再加足顶锻压力，并保持压力到使接合处对称均匀变粗，其直径为钢筋直径的1.4～1.6倍，变型长度为钢筋直径的1.2～1.5倍，即可终断火焰，焊接完成。

5. 电渣压力焊

钢筋电渣压力焊是将两根钢筋安放成竖向对接形式，利用焊接电流通过两钢筋端面间隙，在焊剂层下形成电弧过程和电渣过程，产生电弧热和电阻热，熔化钢筋，加压完成的一种焊接方法。钢筋电渣压力焊机操作方便、效率高，适用于竖向或斜向受力钢筋的连接，钢筋级别为Ⅰ级、Ⅱ级，直径为14～40mm。

电渣压力焊机分为自动电渣压力焊机及手工电渣压力焊机两种。主要由焊接电源(BX2-1000型焊接变压器)、焊接夹具、操作控制系统、辅件（焊剂盒、回收工具）等组成。图4.23为电动凸轮式钢筋自动电渣压力焊机基本构造示意图。图4.24为手工电渣压力焊示意图。将上、下两钢筋端部埋于焊剂之中，两端面之间留有一定间隙。电源接通后，采用接触引燃电燃，焊接电弧在两钢筋之间燃烧，电弧热将两钢筋端部熔化，熔化的金属形成熔池，熔融的焊剂形成熔渣（渣池），覆盖于熔池之上。熔池受到熔渣和焊剂蒸气的保护，不与空气接触而发生氧化反应。随着电弧的燃烧，两根钢筋端部熔化量增加，熔池和渣池加深，此时应不断将上钢筋下送。至其端部直接与渣池接触时，电弧熄灭。焊接电流通过液体渣池产生的电阻热，继续对两钢筋端部加热，渣池温度可达1600～2000℃。待上下钢筋端部达到全断面均匀加热的时候，迅速将上钢筋向下顶压，液态金属和熔渣全部挤出；随即切断焊接电源。冷却后，打掉渣壳，露出带金属光泽的焊包。

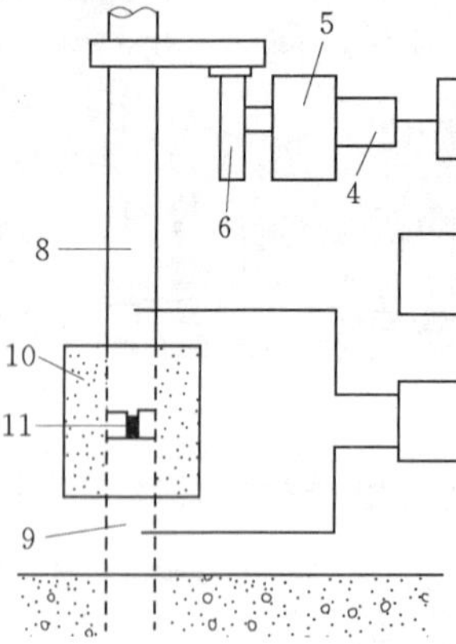

图4.23　自动电渣压力机基本构造

1—电源；2—控制箱；3—操作箱；4—电动机；5—减速箱；6—凸轮；7—焊接变压器；8—上钢筋；9—下钢筋；10—焊剂；11—引弧圆

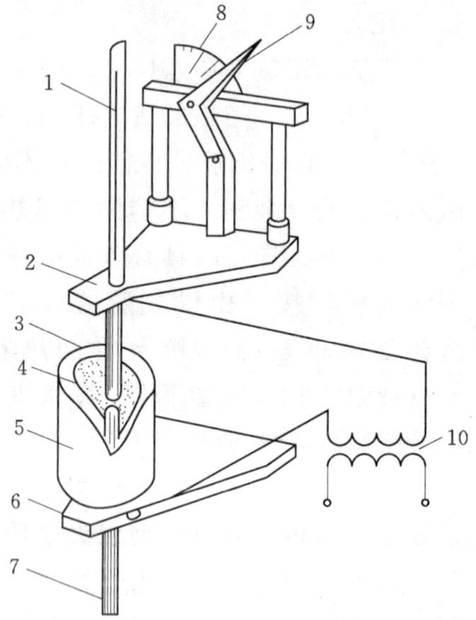

图4.24　手工电渣压力焊示意图

1—钢筋；2—活动电极；3—焊剂 4—导电焊剂；5—焊剂盒；6—固定电极；7—钢筋；8—标尺；9—操作杆；10—变压器

4.3.3.2　钢筋机械连接

钢筋机械连接的种类很多，如钢筋套筒挤压连接、锥螺纹套筒连接、精轧大螺旋钢筋套筒连接、热熔剂充填套筒连接、平面承压对接等。这类连接方式是利用钢筋表面轧制或特制的螺纹（或横肋）和套筒之间的机械咬合作用来传递钢筋所受拉力或压力。

1. 钢筋套筒挤压连接

钢筋套筒挤压连接工艺的基本原理是将两根待接钢筋插入钢连接套筒，采用专用液压压接钳侧向（或侧向和轴向）挤压连接套筒，使套筒产生塑性变形，从而使套筒的内周壁变形而嵌入钢筋螺纹，由此产生抗剪力来传递钢筋连接处的轴向力。

挤压连接有径向挤压和轴向挤压两种方式，宜用于连接直径为20～40mmⅡ级、Ⅲ级变形钢筋。当所用套筒外径相同时，连接钢筋直径相差不宜大于两个级差。钢筋接头处宜采用砂轮切割机断料，端部的扭曲、弯折、斜面等应予校正或切除，钢筋连接部位的飞边或纵肋过高应采用砂轮机修磨，以保证套筒能自由套入钢筋。

（1）径向挤压连接。其主要设备有挤压机、超高压油泵、平衡器、吊挂小车、划标志用工具及检查压痕卡板等。

挤压连接工艺为：钢筋、套筒验收→钢筋断料、划出套筒套入长度定长标志→套筒套入钢筋、安装压接钳→开动液压泵、逐步扣压套筒至接头成型→卸下压接钳→接头外形检查。

（2）轴向挤压连接。其主要设备有超高液压泵站、半挤压机、挤压机、压模、垫块、手拉葫芦、划线尺、量规等。施工时先用半挤压机进行钢筋半接头挤压，再在现场用挤压机进行钢筋连接挤压。

2. 锥螺纹套筒连接

锥螺纹套筒连接是采用锥螺纹连接钢筋的一种机械式钢筋接头。它能在施工现场连接Ⅱ级、Ⅲ级16～40mm的同径或异径的竖向、水平或任何倾角钢筋，不受钢筋有无花纹及含碳量的限制。它连接速度快，对中性好，工艺简单，安全可靠，无明火作业，不污染环境，节约钢材和能源，可全天候施工，有利于工业化文明施工，有明显的技术、经济和社会效益。所连钢筋直径之差不宜超过9mm。

锥螺纹套筒连接的设备主要由钢筋套丝机、量规（牙形规、卡规、锥螺纹塞规）、力矩扳手、砂轮锯、台式砂轮等组成。

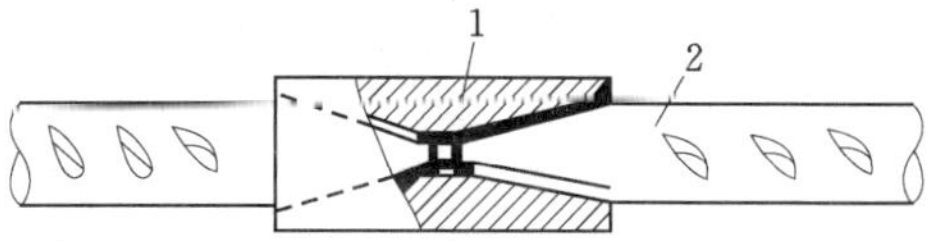

图4.25　锥形螺纹钢筋接头
1—锥形螺纹套筒；2—变形钢筋

钢筋套丝机钢筋连接端锥螺纹，加工钢筋直径为16～50mm。锥形螺纹钢筋接头如图4.25所示。

锥螺纹套筒连接钢筋作业应注意：

（1）锥螺纹钢筋连接，首先将钢筋用钢筋切断机或砂轮锯下料；然后将被连接的钢筋端部在专用钢筋套丝机上套丝，加工成锥形状外螺纹，最后用手和力矩扳手旋入锥形状内螺纹套筒。当听到扳手发出“咔嗒”声响时，表明钢筋接头已拧紧，两根钢筋已连接在一起。

（2）钢筋端部锥形螺纹是在专用套丝机上加工而成，长度约为16d；套丝牙形质量必须与牙形规吻合；钢筋锥螺纹小端直径必须在卡规的容许误差范围。

(3) 连接套筒内的锥形螺纹是在锥形螺纹旋切机上加工而成，套筒材料采用30～40号优质碳素钢，长度约为3.5～4.2d，直径约为1.3～1.5d。连接套规格必须与钢筋规格协调一致。

(4) 连接好的钢筋接头丝扣，不准一个完整丝扣外露；如果发现有这样的钢筋接头，必须查明原因重新拧紧到规定的力矩值，并且无一个完整丝扣外露。

(5) 连接钢筋时，应先回收钢筋连接端的塑料密封盖和塑料保护帽，检查丝扣牙形是否完好无损、清洁，钢筋规格与连接套筒规格是否一致，确认无误后才能开始拧紧。

4.3.3.3 钢筋的安装

1. 绑扎前的准备

(1) 施工图纸的学习与审查。施工图是钢筋绑扎、安装的依据，故必须熟悉施工图上明确规定的钢筋安装位置、标高、形状、各细部尺寸及其他要求，并应仔细审查各图纸之间是否有矛盾，钢筋规格数量是否有误，施工操作有无困难。

(2) 钢筋安装工艺的确定。钢筋安装工艺在一定程度上影响着钢筋绑扎的顺序，故必须根据单位工程已确定的基本施工方案、建筑物构造、施工场地、操作脚手架、起重机械来确定钢筋的安装工艺。

(3) 材料准备。核对钢筋配料单和料牌，并检查已加工好的钢筋型号、直径、形状、尺寸、数量是否符合施工图要求，如发现有错配或漏配钢筋现象，要及时向施工员提出纠正或增补。

检查钢筋绑扎的锈蚀情况，确定是否除锈和采用哪种除锈方法等。

钢筋绑扎用的情况，可采用20～22号铁丝，其中22号铁丝只用于绑扎直径12mm以下的钢筋。铁丝长度可参考表4.14的数值采用。因铁丝是成盘供应的，故习惯上是按每盘铁丝周长的几分之一来切断。

表4.14　　绑扎用扎丝

钢筋直径/cm	<12	12～25	>25
铁丝型号	22	20	18

准备控制混凝土保护层用的水泥砂浆垫块或塑料卡。水泥砂浆垫块的厚度应等于保护层厚度。垫块的平面尺寸，当保护层厚度不大于20mm时为30mm×30mm，大于20mm时为50mm×50mm。当在垂直方向使用垫块中埋入20号铁丝。

(4) 工具准备。

1) 铅丝钩。主要的钢筋绑扎工具，其形状如图4.26所示，用直径为12～16mm、长度为160～200mm圆钢筋制作。根据工程需要，可在其层部加上套管、小板口等形式的钩子。

2) 小撬棒。用在调整钢筋间距，矫直钢筋的部分弯曲，垫保护层水泥垫块等，如图4.27所示。

3) 起拱板子。是在绑扎现浇楼板钢筋时，用来弯制楼板弯起钢筋的工具。楼板的弯起钢筋不是预先弯曲成型好再绑扎，而是待弯起钢筋和分布钢筋绑扎成网片后用起拱板子来操作的，如图 4.28 所示。

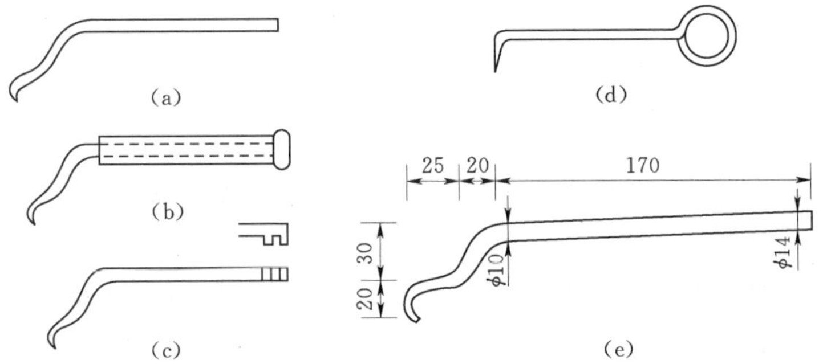

图 4.26　铅丝钩（单位：mm）

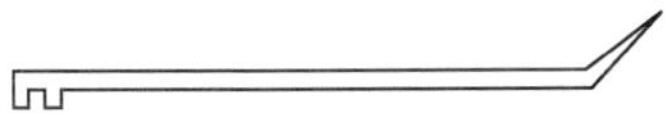

图 4.27　小撬棒

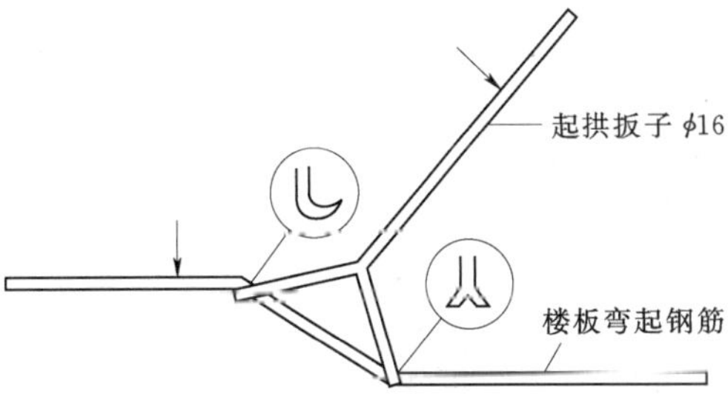

图 4.28　起拱板子及操作（单位：mm）

（5）划出钢筋位置线。放线要从中心点开始向两边量距放点，定出纵向钢筋的位置。水平筋的放线可放在纵向钢筋或模板上。

2. 钢筋的绑扎和安装

建基面终验清理完毕或施工缝处理完毕养护一定时间，混凝土强度达到 2.5MPa 后，即进行钢筋的绑扎与安装作业。钢筋的安设方法有两种：一种是将钢筋骨架在加工厂制好，再运到现场安装，称为整装法；另一种是将加工好的散钢筋运到现场，再逐根安装，称为散装法。

（1）绑扎接头。根据施工规范规定：直径在 25mm 以下的钢筋接头，可采用绑扎接头。轴心受压、小偏心受拉构件和承受振动荷载的构件中，钢筋接头不得采用绑扎接头。

1）钢筋绑扎采用应遵守以下规定。

a. 搭接长度不得小于表 4.9 规定的数值。

b. 受拉区域内的光面钢筋绑扎接头的末端，应做弯钩。

c. 梁、柱钢筋的接头，如采用绑扎接头，则在绑扎接头的搭接长度范围内应加密钢箍。当搭接钢筋为受拉钢筋时，箍筋间距不应大于 $5d$（d 为两搭接钢筋中较小的直径）；当搭接钢筋为受压钢筋时，箍筋间距不应大于 $10d$。

2）钢筋接头应分散布置，配置在同一截面内的受力钢筋，其接头的截面积占受力钢筋总截面积的比例应符合下列要求。

a. 绑扎接头在构件的受拉区中不超过 25%，在受压区中不超过 50%。

b. 焊接与绑扎接头距钢筋弯起点不小于 $10d$，也不位于最大弯矩处。

c. 施工中如分辨不清受拉、受压区时，其接头设置应按受拉区的规定。

d. 两根钢筋相距在 $30d$ 或 50cm 以内，两绑扎接头的中距在绑扎搭接长度以内，均做同一截面。

e. 直径不大于 12mm 的受压Ⅰ级钢筋的末端，以及轴心受压构件中任意直径的受力钢筋的末端，可不做弯钩，但搭接长度不应小于 $30d$。

（2）钢筋绑扎方法。按照既定的安装顺序和放线位置安设钢筋。

钢筋的绑扎应顺直均匀、位置正确。钢筋绑扎的操作方法有一面顺扣法、十字花扣法、反十字扣法、兜扣法、缠扣法、兜扣加缠法、套扣法等，较常用的是一面顺扣法，如图 4.29 所示。

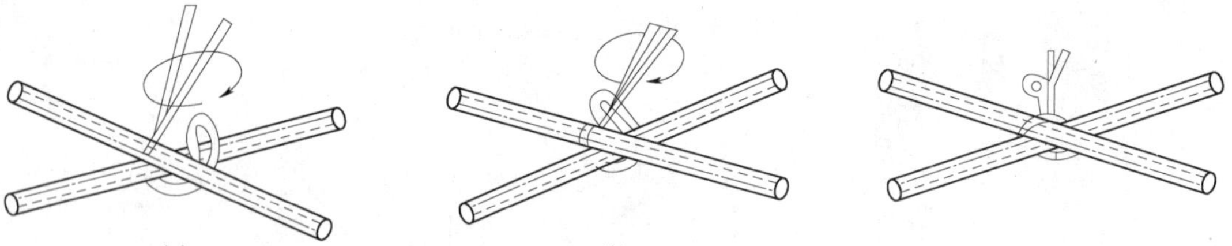

(a) (b) (c)

图 4.29 一面顺扣法绑扎法

一面顺扣法的操作步骤是：首先将已切断的扎丝在中间折合成 180°弯，然后将扎丝清理整齐。绑扎时，执在左手的扎丝应靠近钢筋绑扎点的底部，右手拿住钢筋钩，食指压在钩前部，用钩尖端钩住扎丝底扣处，并紧靠扎丝开口端，绕扎丝拧转两圈套半，在绑扎时扎丝扣伸出钢筋底部要短，并用钩尖将铁丝扣紧。为使绑扎后的钢筋骨架不变形，每个绑扎点进扎丝扣的方向要求交替变换 90°。

（3）钢筋安装。单根钢筋的运输比较简单，但装卸和现场安装麻烦，容易与其他工作互相干扰，而且手工劳动的工作量大，为了简化现场施工，提高工业化施工水平，宜采用工厂预制的钢筋骨架。

在现场上安装单根钢筋或钢筋骨架，其质量首先表现在钢筋排列位置的准确度，而且要考虑到立模和浇筑混凝土时，对其可能产生的变形变位的影响。为此，一般可在钢筋下设置水泥砂浆垫块或混凝土垫块（垫块的质量应与构件混凝土相同），双层钢筋尚需用短筋支撑，以保证不产生变形变位，使钢筋保护层的厚度符合设计要求。

在浇筑混凝土以前，必须按照设计图和规范进行详细的检查，并作检查记录，凡质量不合格者，应加以修正至合乎要求为止。

3. 钢筋施工安全技术

钢筋绑扎安装，尤其是在高空进行作业时，应特别注意安全，除遵守高空作业的安全规程外，还要注意以下几点：

（1）时刻佩带好安全防护用具，加强防范意识。

（2）多人合力传递时起落转停要步调保持一致，防止钢筋掉下伤人。

（3）随时检查安全通道、脚手架平台的可靠性，并防止工具、箍筋或短钢筋等坠落伤人。

(4) 人工抬运安装钢筋时应防止碰触电线，避免触电事故。

(5) 雷雨大风天气应暂停露天作业，预防雷击伤人。

4.3.4 钢筋代换

由于工地现有钢筋的种类、钢号和直径与设计不符，应根据不影响使用的原则进行代换。但代换必须征得工程监理的同意。

1. 钢筋代换的基本原则

(1) 等强度代换。不同种类的钢筋代换，按抗拉设计值相等的原则进行代换。

(2) 等截面代换。相同种类和级别的钢筋代换，按截面相等的原则进行代换。

2. 钢筋代换方法

(1) 等强度代换。如施工图中所用的钢筋设计强度为 f_{y1}，钢筋总面积为 A_{s1}，代换后的钢筋设计强度为 f_{y2}，钢筋总面积为 A_{s2}，则应使

$$A_{s1}f_{y1}\leqslant A_{s2}f_{y2}$$

即

$$\frac{n_1\pi d_1^2 f_{y1}}{4}\leqslant\frac{n_2\pi d_2^2 f_{y2}}{4}$$

$$n_2\geqslant\frac{n_1 d_1^2 f_{y1}}{d_2^2 f_{f2}} \tag{4.2}$$

式中 n_1——施工图钢筋根数；

n_2——代换钢筋根数；

d_1——施工图钢筋直径；

d_2——代换钢筋直径。

(2) 等截面代换。如代换后的钢筋与设计钢筋级别相同，则应使

$$A_{s1}\leqslant A_{s2}$$

即

$$n_2\geqslant\frac{n_1 d_1^2}{d_2^2} \tag{4.3}$$

式中符号意义同上。

3. 钢筋代换注意事项

(1) 以一种钢号钢筋代替施工图中规定钢号的钢筋时，应按设计所用钢筋计算强度和实际使用的钢筋计算强度经计算后，对截面面积作相应的改变。

(2) 某种直径的钢筋以钢号相同的另一种钢筋代替时，其直径变更范围不宜超过4mm，变更后的钢筋总截面积较设计规定的总截面积不得小于2%或超过3%。

(3) 如用冷处理钢筋代替设计中的热轧钢筋时，宜采用改变钢筋直径的方法，而不宜采用改变钢筋根数的方法来减少钢筋截面积。

(4) 以较粗钢筋代替较细钢筋时，部分构件（如预制构件、受挠构件等）应校核钢筋握裹力。

(5) 要遵守钢筋代换的基本原则：①当构件受强度控制时，钢筋可按等强度代换；②当构件按最小配筋率配筋时，钢筋可按等截面代换；③当构件受裂缝宽度或挠度控制时，代换后应进行裂缝宽度或挠度验算。

（6）对一些重要构件，凡不宜用Ⅰ级光面钢筋代替其他钢筋的，不得轻易代用，以免受拉部位的裂缝开展过大。

（7）在钢筋代换中不允许改变构件的有效高度，否则就会降低构件的承载能力。

（8）对于在施工图中明确不能以其他钢筋进行代换的构件和结构的某些部位，均不得擅自进行代换。

（9）钢筋代换后，应满足钢筋构造要求，如钢筋的根数、间距、直径、锚固长度。

任务4.4 模板的选取

4.4.1 模板概述

在混凝土工程中，模板对于混凝土工程的费用、施工的速度、混凝土的质量均有较大影响。据国内外的统计资料分析表明，模板工程费用一般约占混凝土总费用的25%～35%，即使是大体积混凝土也在15%～20%左右。因此，对模板结构形式、使用材料、装拆方法以及拆模时间和周转次数，均应仔细研究，以便节约木材，降低工程造价，加快工程建设速度，提高工程质量。

模板与其支撑体系组成模板系统。模板系统是一个临时架设的结构体系，其中模板是新浇混凝土成型的模具，它与混凝土直接接触保证混凝土构件具有所要求的形状、尺寸和表面质量；支撑体系是指支撑模板，承受模板、构件及施工中各种荷载的作用，并使模板保持所要求的空间位置的临时结构。

4.4.1.1 模板的概念

混凝土在没有凝固硬化以前，是处于一种半流体状态的物质。能够把混凝土做成符合设计图纸要求的各种规定的形状和尺寸的模子，称为模板。

4.4.1.2 模板的作用

1. 成型和支撑

模板是混凝土和钢筋混凝土成型的模子。它不仅有成型的作用，而且还要在浇筑混凝土及混凝土未能受力时，承受各种作用力，如混凝土和钢筋的重量、侧压力、振捣力、浇筑工人的作用力等。

2. 保护和改善混凝土表面质量

为保证混凝土表面不出现蜂窝和麻面等质量缺陷，要求模板之间拼缝严密，不漏浆。

3. 可标准化系列化施工

模板作为周转性材料，应坚固耐用，构造简单，装拆方便，在良好的保养条件时可多次使用。

4.4.1.3 模板的基本要求

（1）应保证混凝土结构和构件浇筑后的各部分形状和尺寸以及相互位置的准确性。

（2）具有足够的稳定性、刚度及强度。

（3）装拆方便，能够多次周转使用，形式要尽量做到标准化、系列化。

（4）接缝应不易漏浆、表面要光洁平整。

（5）所用材料受潮后不易变形。

（6）注意节约木材。

4.4.1.4 模板的分类

（1）按模板形状分有平面模板和曲面模板。平面模板又称为侧面模板，主要用于结构物垂直面。曲面模板用于廊道、隧洞、溢流面和某些形状特殊的部位，如进水口扭曲面、蜗壳、尾水管等。

（2）按模板材料分有木模板、竹模板、钢模板、混凝土预制模板、塑料模板、橡胶模板等。

（3）按模板受力条件分有承重模板和侧面模板。承重模板主要承受混凝土重和施工中的垂直荷载；侧面模板主要承受新浇混凝土的侧压力。侧面模板按其支承受力方式分为简支模板、悬臂模板和半悬臂模板。

（4）按模板使用特点分有固定式、拆移式、移动式和滑动式。固定式用于形状特殊的部位，不能重复使用。后三种模板都能重复使用，或连续使用在形状一致的部位。但其使用方式有所不同：拆移式模板需要拆散移动；移动式模板的车架装有行走轮，可沿专用轨道使模板整体移动（如隧洞施工中的钢模台车）；滑动式模板是以千斤顶或卷扬机为动力，可在混凝土连续浇筑的过程中，使模板面紧贴混凝土面滑动（如闸墩施工中的滑模）。

4.4.1.5 模板体系的设计

1. 模板设计的步骤

模板设计的步骤可分为三个环节。

1）配板设计并绘制配板图和支承系统布置图。

2）据施工条件确定荷载并对模板及支承系统进行验算。

3）编制模板及配件的规格数量汇总表和周转计划，制订模板系统安装与拆除的程序与方法以及施工说明书等。

2. 模板的受力及荷载组合

（1）基本荷载。

1）模板及其支架质量。根据设计图确定。木材质量按 600～800kg/m^3 计。

2）新浇混凝土质量。按 2.4～2.5t/m^3 计。

3）钢筋质量。根据设计图确定：对一般钢筋混凝土，钢筋重量可按 100kg/m^3 计。

4）工作人员及浇筑设备、工具的荷载。计算模板及直接支承模板的楞木（围囹）时，可按均布荷载 2.5kPa 及集中荷载 2.5kN 计算；计算支承楞木的构件时，可按 1.5kPa 计算；计算支架立柱时，按 1kPa 计算。

5）振捣混凝土时产生的荷载。可按照 1kPa 计。

6）新浇混凝土的侧压力。新浇混凝土的侧压力是侧面模板承受的主要荷载。侧压力的大小与混凝土浇筑速度、浇筑温度、坍落度、入仓振捣方式及模板变形性能等因素有关。在无实测资料的情况下，可参考《水工混凝土施工规范》（DL/T 5144—2001）附录中的有关规定选用。

（2）特殊荷载。

1）风荷载。根据现行《建筑结构荷载规范》（GB 50009—2012）确定。

2）其他荷载。可按实际情况计算，如平仓机、非模板工程的脚手架、工作平台、超过规定堆放的材料质量等。

3. 设计荷载组合及稳定校核

（1）荷载组合。在计算模板及支架的强度和刚度时，根据承重模板和侧面模板（竖向模板）受力条件的不同，其荷载组合按表 4.15 进行。表列 6 项基本荷载，除侧压力为水平荷载之外，其余 5 项均为垂直荷载。表列之外的特殊荷载，按可能发生的情况计算，如在振捣混凝土的同时卸料入仓，则应计算卸料对模板的水平冲击力（kPa），可根据入仓工具的容量大小，按 2～6kPa 计。

表 4.15　　模板结构的荷载组合

项次	模板种类	基本荷载组合	
		计算强度用	计算刚度用
1	承重模板 板、薄壳的模板及支架 梁、其他混凝土结构（厚于 0.4m）的底模支架	1）+2）+3）+4）	1）+2）+3）
2	竖向荷载	6）或 5）+6）	6）

注　1. 模板及支架（包括同时安装的钢筋在内）自重产生的稳定力矩，则应乘以 0.8 的折减系数。
2. 承重模板及支架的抗倾稳定系数应大于 1.4。

（2）稳定校核。

1）在计算承重模板及支架的抗倾稳定性时，应分别计算下列三项荷载产生的倾覆力矩，并取其中最大值。三项荷载为：风荷载；实际可能发生的最大水平作用力；作用于承重模板边缘的 1.5kN/m 水平力。

2）竖向模板及内侧模板，必须设置内部支撑或外部拉杆，当其最低处高于地面 10m 时，应考虑各方向风荷载作用的抗倾稳定。

4.4.2　模板的选取

流道内承受高速水流冲刷，混凝土成型面应尽可能平整光滑，故选用较新的定型组合钢模板，确保模板之间接缝严密。

定型组合钢模板系列包括钢模板、连接件、支承件三部分。其中，钢模板包括平面钢模板和拐角模板；连接件有 U 形卡、L 形插销、钩头螺栓、紧固螺栓、蝶形扣件等，如图 4.30 所示。

1. 钢模板

钢模板包括平面模板、阳角模板、阴角模板和连接角模。单块钢模板由面板、边框和加劲肋焊接而成。面板厚为 2.3mm 或 2.5mm，边框和加劲肋上面按一定距离（如 150mm）钻孔，可利用 U 形卡和 L 形插销等拼装成大块模板。

钢模板的宽度以 50mm 进级，长度以 150mm 进级，其规格和型号已做到标准化、系列化。如型号为 P3015 的钢模板，P 表示平面模板，3015 表示宽×长为 300mm×1500mm。又如型号为 Y1015 的钢模板，Y 表示阳角模板，1015 表示宽×长为 100mm×

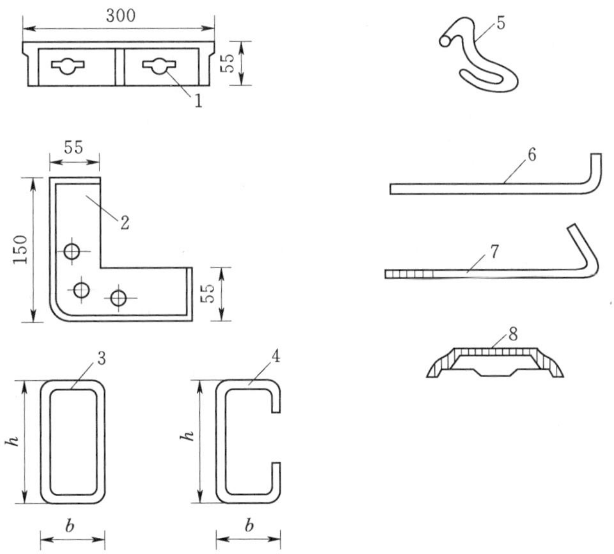

图 4.30　定型组合钢模板系列（单位：cm）

1—平面钢模板；2—拐角钢模板；3—薄壁矩形钢管；4—内卷边槽钢；
5—U形卡；6—L形插销；7—钩头螺栓；8—蝶形扣件

1500mm。如拼装时出现不足模数的空隙时，用镶嵌木条补缺，用钉子或螺栓将木条与板块边框上的孔洞连接。

2. 连接件

(1) U形卡。它用于钢模板之间的连接与锁定，使钢模板拼装密合。U形卡安装间距一般不大于300mm，即每隔一孔卡插一个，安装方向一顺一到相互交错。U形卡如图4.30所示。

(2) L形插销。它插入模板两端边框的插销孔内，用于增强钢模板纵向拼接的刚度和保证接头处板面平整。

(3) 钩头螺栓。用于钢模板与内、外钢楞之间的连接固定，使之成为整体，安装间距一般不大于600mm，长度应与采用的钢楞尺寸相适应。

(4) 对拉螺栓。用来保持模板与模板之间的设计厚度，并承受混凝土侧压力及水平荷载，使模板不致变形。

(5) 紧固螺栓。用于紧固钢模板内外钢楞，增强组合模板的整体刚度，长度与采用的钢楞尺寸相适应。

(6) 扣件。用于将钢模板与钢楞紧固，与其他的配件一起将钢模板拼装成整体。按钢楞的不同形状尺寸，分别采用蝶型扣件和3型扣件，其规格分为大小两种。

3. 支承件

模板的支承件包括钢楞、柱箍、梁卡具、圈梁卡、钢管架、斜撑、组合支柱、钢管脚手支架、平面可调桁架和曲面可变桁架等。

【引例分析】 根据［引例4.1］工程资料进行如下分析。

(1) 每个流道孔基本尺寸宽×高为4.0m×6.7m，流道孔内成型混凝土面呈折线式。

流道承受高速水流，混凝土成型面要求等级较高。

(2) 沉沙池左侧边墙的外部待混凝土浇筑完成一定时间后进行砂砾土回填。

(3) 沉沙池右侧边墙与1号边墩和消力池导流墙相接。

(4) 左副坝和右副坝上游坝面为直立。

(5) 堰闸坝段的墩墙侧面为直立，导流墙的侧面为直立。

参照［引例4.1］中相关工程资料选择模板。

(1) 沉沙池流道内模板选择。流道顶板模板采用直径为48mm的钢管和I22a型钢梁支撑，以沉沙池A段4号流道为例，顶板分两层浇筑，首层浇筑0.5m，具体做法如图4.31所示。

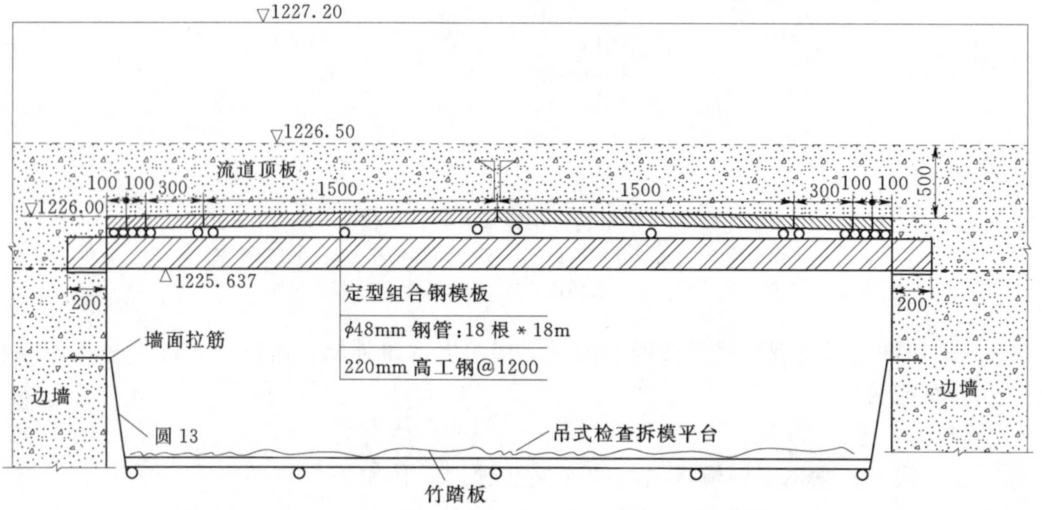

图4.31　沉沙池流道顶板模板支撑图

1) 荷载。模板自重为30kN，钢管自重为13kN，现浇混凝土自重为750kN，钢筋自重为150kN，人员设备荷载取为$2.5kN/m^2$。

$$Q_{面}=\frac{1.2\times(30+13+750+150)}{15\times4}+1.4\times2.5=22.23(kN/m^2)$$

2) 强度计算。假定I22a型钢梁间距为1.2m，钢梁单米重为33kg，钢梁长度为4.4m，共13根。

$$Q_{线}=Q_{面}\times1.8=22.23\times1.2=26.67(kN/m)$$

I22a型钢截面系数$W_{x1}=309cm^3$，惯性矩$I_{x1}=3400cm^4$。

钢梁按简支梁计算，槽钢许可应力为$[\delta]=170N/mm^2$，弹性模量$E=210\times10^3N/mm^2$。

弯矩最大为跨中 $M_{max}=\frac{Q_{线}\times l^2}{8}=\frac{26.67\times4^2}{8}=53.34(kN\cdot m)$

应力 $\delta_2=\frac{M_{max}}{1.05\times W_{x2}}=\frac{53.34\times1000\times1000}{1.05\times309\times1000}=164.41(N/mm^2)<[\delta]$

该型钢梁在假定布置间距下满足强度要求。

3）挠度验算。

$$W=\frac{5}{48}\times\frac{M_{\max}L^2}{EI}=\frac{5}{48}\times\frac{53.34\times10^6\times4000^2}{210\times10^3\times3400\times10^4}=6.2(\text{mm})$$

容许挠度 $$[W]=\frac{L}{250}=\frac{4000}{250}=12(\text{mm})$$

故可判断该型钢梁在假定布置间距下满足挠度要求。

（2）沉沙池右墙右侧模板选择。该右墙右侧为直立面，面积较大，尽管混凝土成型面要求等级不高，为充分发挥门塔机的作用以及大块模板整体快速装拆优势，采用大块悬臂模板，单块模板尺寸为3×3.1m，质量约为2.5t。混凝土施工简单、迅速，且十分经济，混凝土表面光洁，是一种理想的墙体模板体系。

类似的，右副坝上游面和下游面、堰闸坝段墩墙侧面和消力池边墙均采用大块悬臂模板，边角部位采用组合模板补齐。

1）模板组成。主要由面板系统、上平台、主背楞桁架、后调节装置、受力三角架、主平台、吊平台、埋件系统组成，两榀支架作为一个单元块。

2）大块悬臂模板组装顺序。选择木工厂或较空旷地作为组装场，组装工人需经过培训，了解模板的构成配件调节装置等。

a. 在平台上将面板系统拼装好，注意保证其平整度，上好吊钩。

b. 组装主背楞桁架，连接件安装要紧固。

c. 第一次浇筑混凝土、预埋埋件。

d. 先将三角架和后移装置组装起来，插好销子，上好平台立杆，安装埋件支座。

e. 安装三角架及模板，第二次浇筑混凝土。

f. 提升模板及支架，安装吊平台，第三次浇筑混凝土。

g. 重复第三次浇筑。

4.4.3 其他模板

4.4.3.1 滑模

滑动模板（简称为滑模），是在混凝土连续浇注过程中，可使模板面紧贴混凝土面滑动的模板。采用滑模施工要比常规施工节约木材（包括模板和脚手板等）70%左右；采用滑模施工可以节约劳动力约30%～50%左右；采用滑模施工要比常规施工的工期短、速度快，可以缩短施工周期约30%～50%左右；滑模施工的结构整体性好，抗震效果明显，适用于高层或超高层抗震建筑物和高耸构筑物施工；滑模施工的设备便于加工、安装、运输。

1. 滑模系统的组成与构造

（1）滑板系统装置的组成部分。

1）模板系统。包括提升架、围圈、模板及加固、连接配件。

2）施工平台系统。包括工作平台、外圈走道、内外吊脚手架。

3）提升系统（以液压设备为例）。包括千斤顶、油管、分油器、针形阀、控制台、支承杆及测量控制装置。滑模构造如图4.32所示。

（2）主要部件构造及作用。

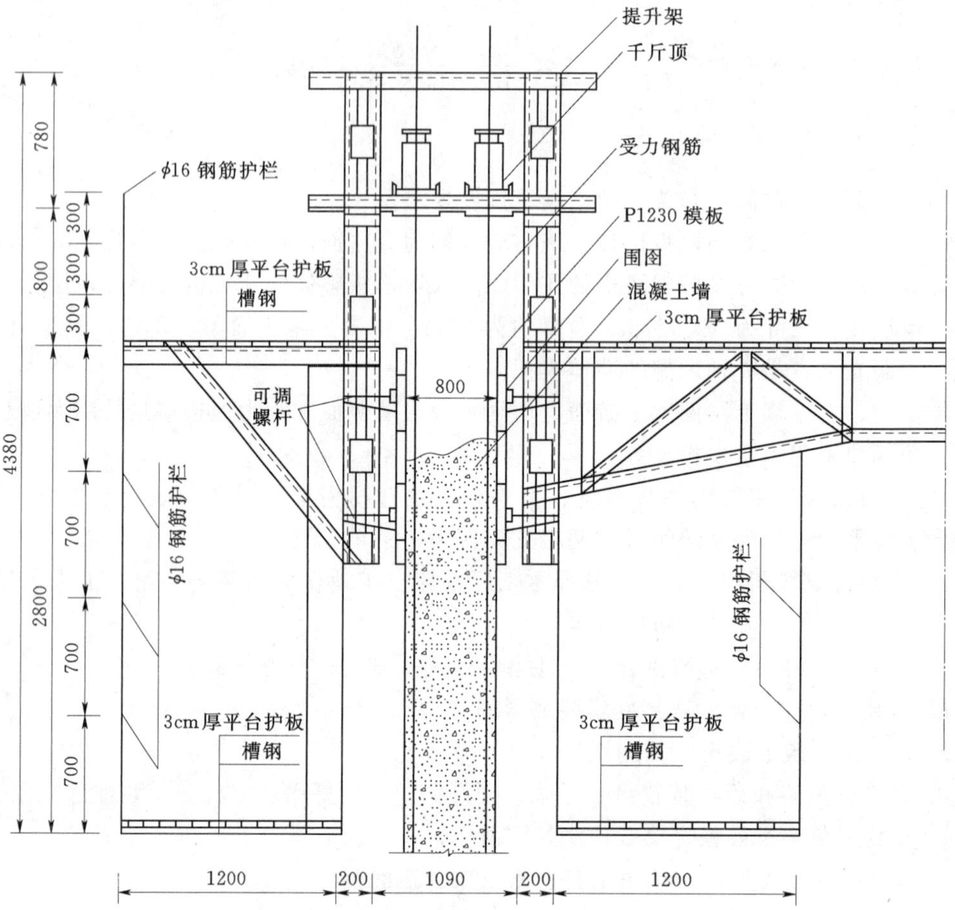

图 4.32　滑模施工安装示意图（单位：mm）

1）提升架。提升架是整个滑模系统的主要受力部分。各项荷载集中传至提升架，最后通过装设在提升架上的千斤顶传至支承杆上。提升架由横梁、立柱、牛腿及外挑架组成。各部分尺寸及杆件断面应通盘考虑经计算确定。

2）围圈。围圈是模板系统的横向连接部分，将模板按工程平面形状组合为整体。围圈也是受力部件，它既承受混凝土侧压力产生的水平推力，又承受模板的重、滑动时产生的摩阻力等竖向力。在有些滑模系统的设计中，也将施工平台支承在围圈上。在这种情况下，围圈还将承受平台传来的各种荷载。围圈架设在提升架的牛腿上，各种荷载将最终传至提升架上。围圈一般用型钢制作，也可用木材制作。为保证围圈的垂直刚度与水平刚度，限制变形，围圈须经过验算。

3）模板。模板是混凝土成型的模具，要求板面平整，尺寸准确，刚度适中。模板高度一般为 90～120cm，宽度为 50cm，但根据需要也可加工成小于 50cm 的异形模板。模板通常用钢材制作，也有用其他材料制作的，如钢木组合模板，用硬质塑料板或玻璃钢等材料做面板的有机材料复合模板。

4）施工平台与吊脚手架。施工平台是滑模施工中各工种的作业面及材料、工具的存放场所。施工平台应视建筑物的平面形状、开门大小、操作要求及荷载情况设计。施工平台必须有可靠的强度及必要的刚度，确保施工安全，防止平台变形导致模板倾斜。如果跨度大时，在平台下应设置承托桁架。

吊脚手架用于对已滑出的混凝土结构进行处理或修补，要求沿结构内外两侧周围布置。吊脚手架的高度一般为1.8m，可以设双层或三层。吊脚手架要有可靠的安全设备及防护设施。

（3）液压设备。

1）液压千斤顶（以HQ-30千斤顶为例）。活塞冲程为30～35mm，工作负荷为1～1.5t，最大负荷为3～3.5t，如图4.33所示。

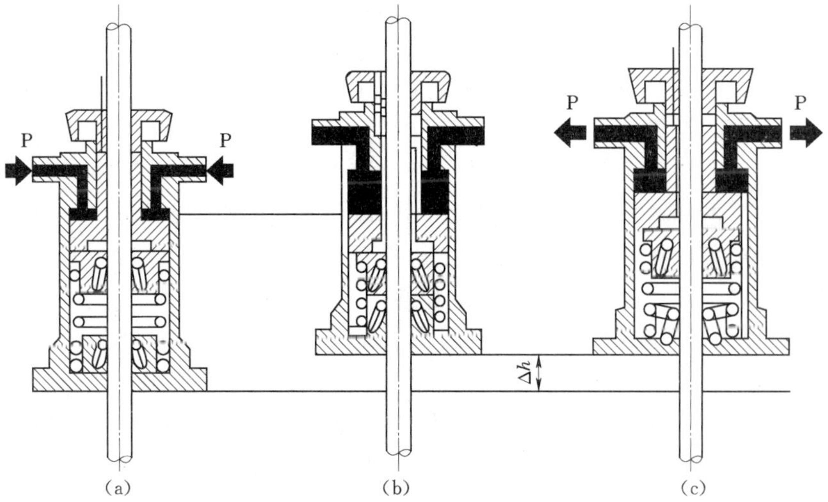

图4.33　液压千斤顶工作原理

2）液压控制台。由液压元件、电动机与电器线路组成。

3）油路。选用耐压为13.72MPa的耐油胶管，干管直径为19mm，支管直径为8mm。油路布置有以下三种方式：串联、并联、混合联接。

4）支承杆。HQ-30千斤顶用直径为25mm的光圆钢筋做支承杆，每根支承杆长度以3.5～5m为宜。支承杆的接头可用螺栓连接（支承杆两头工加工成阴阳螺纹）或现场用小坡口焊接连接。若回收重复使用，则需要在提升架横梁下附设支承杆套管。如有条件并经设计部门同意，则该支承杆钢筋可以直接打在混凝土中以代替部分结构配筋，约可利用50%～60%左右。

2．滑模施工操作工艺

（1）准备工作。在滑模施工前要清理好现场，处理基层混凝土表面，放结构平面线和提升架的位置线，调整好基层的预留钢筋，对模板系统、平台系统进行配套和编号、对液压设备进行配套。

（2）组装顺序和要求。

1）安装提升架。提升架要求安装位置必须准确，并要控制住水平度与垂直度。

2）架设围圈。围圈的架设要求其平面位置准确，内外围圈之间的净距离及围圈的水平高差要符合要求。

3）安装模板。安装模板应按先安装内模板、后安装外模板的顺序进行，并要安排好与钢筋绑扎及预埋件敷设的相互搭接关系。模板组装应平整、拼缝严密，相邻模板用U形卡环连接牢固，并与围圈固定牢靠。安装好的模板必须符合4‰的锥度要求。

模板安装好后，应对其进行检查校正，经验收合格后才能进行下一道工序。

4）铺设施工平台、外圈走道与护身栏。

5）安装液压设备时，一般采用并联油路，个别情况下也采用串联或混合油路。

6）设置动力、照明电器设施及接地、避雷装置，然后进行液压系统试验检查。

7）在正式浇灌混凝土之前，插入支承杆，并要确保支承杆的垂直度。

8）开始滑升后，当升至1～1.5m高时要安装好吊脚手架。

3. 滑模施工工艺要点和要求

（1）施工精度控制系统。施工精度控制系统包括千斤顶同步控制装置，建筑物轴线和垂直度等的控制与观测设施等。

千斤顶同步控制装置可采用限位卡挡、激光控制仪、水杯自动控制装置等。滑动过程中，要求各千斤顶的相对标高之差不得大于40mm，相邻两个提升架上千斤顶的升差不得大于20mm。垂直度观测可用激光铅直仪、经纬仪和线锤等。

（2）滑升工艺。滑模的滑升过程可分为初滑、正常滑升和末滑三个主要阶段。

1）初滑阶段，是指工程开始时进行的初次提升阶段，主要是对滑模装置和混凝土凝结状态进行检查。初滑阶段的基本做法是：混凝土分层浇筑到模板高度的2/3，每层浇筑高度200～300mm，分层间隔时间小于混凝土凝结时间，当第一层混凝土的强度超过出模强度时，进行试探性提升，即将模板提升1～2千斤顶行程（约30～60mm），观察并检查液压系统和模板系统工作情况。试升后，每浇筑200～300mm高度，再提升3～5个千斤顶行程，直至浇筑到距模板上口约50～100m，即转入正常滑升阶段。

2）正常滑升阶段，是指经过初滑阶段后，绑扎钢筋、浇筑混凝土和提升模板这三个主要工序处于有节奏地循环操作中。混凝土浇筑高度保持与滑模的提升高度相等，并始终在模板上口约300mm。在这个阶段，模板滑升速度直接影响混凝土施工质量和工程的进度。原则上滑升速度应与混凝土凝固程度相适应，并应根据滑模结构的支承情况来确定。当支承杆不发生失稳时，滑行速度可按混凝土出模强度来确定。当支承杆受压区可能会发生失稳时，滑升速度一般控制在150～300mm/min范围内。

3）末滑阶段，是配合混凝土的最后浇筑阶段，模板滑升速度比正常滑升的稍慢。混凝土浇完后，尚应继续滑行，直至模板与混凝土脱离不致粘住为止。

4.4.3.2 移动式模板

移动式模板用以浇筑长度很长且断面相同的混凝土结构物，如渠道护面、隧洞衬砌、挡土墙、单层建筑的拱形屋顶等。当在某一段上的混凝土达到拆模强度后，整个模板及模板架沿轨道移动至下一浇筑段再进行混凝土浇筑。

移动式模板主要由模板及车架两部分组成，如隧洞衬砌用的移动式模板。模板通常采用钢板做成弧形面板，面板分为四大块，铰链连接，由车架支撑。车架为具有一定刚度的框架式钢结构。车架装有4个车轮，可沿专用的轨道移动。轨道则铺设于预先浇筑好的钢筋混凝土隧洞底板上。车架上装有2个垂直千斤顶和4个水平千斤顶，立模时用它撑开模板，拆模时用它回缩模板，模板撑至设计位置后垫入撑木，松开千斤顶，荷载由撑木承受。用混凝土泵从模板孔送入混凝土。在常温下浇筑后10～12h。混凝土模板的压力减小，可将车架撤至下一浇筑段，而将这套模板暂时留此段用做支撑。一个车架约可为五套模板服务。

针梁式钢模台车在工程上应用广泛，基本原理和上述类似。针梁式钢模台车和以前的移动式模板相比，具有以下特点：

(1) 自行进退。无需设置地面轨道，台车利用车架和模板互为支点，通过配套的卷扬机收放可自行前进后退。

(2) 只设一套模板，在混凝土待凝时间内进行下一个工作面的钢筋安装等仓面工作。

任务4.5 模板的安装和拆除

4.5.1 模板安装

安装模板之前，应事先熟悉设计图纸，掌握建筑物结构的形状尺寸，并根据现场条件，初步考虑好立模及支撑的程序，以及与钢筋绑扎、混凝土浇捣等工序的配合，尽量避免工种之间的相互干扰。

模板的安装包括放样、立模、支撑加固、吊正找平、尺寸校核、堵设缝隙及清仓去污等工序。在安装过程中，应注意下述事项：

(1) 模板竖立后，须切实校正位置和尺寸，垂直方向用垂球校对，水平长度用钢尺丈量两次以上，务使模板的尺寸合符设计标准。

(2) 模板各结合点与支撑必须坚固紧密，牢固可靠，尤其是采用振捣器捣固的结构部位，更应注意，以免在浇捣过程中发生裂缝、鼓肚等不良情况。但为了增加模板的周转次数，减少模板拆模损耗，模板结构的安装应力求简便，尽量少用圆钉，多用螺栓、木楔、拉条等进行加固联结。

(3) 属承重的梁板结构，跨度大于4m以上时，由于地基的沉陷和支撑结构的压缩变形，跨中应预留起拱高度，每米增高3mm，两边逐渐减少，至两端同原设计高程等高。

(4) 为避免拆模时建筑物受到冲击或振动，安装模板时，撑柱下端应设置硬木楔形垫块，所用支撑不得直接支承于地面，应安装在坚实的桩基或垫板上，使撑木有足够的支承面积，以免沉陷变形。

(5) 模板安装完毕，最好立即浇筑混凝土，以防日晒雨淋导致模板变形。为保证混凝土表面光滑和便于拆卸，宜在模板表面涂抹肥皂水或润滑油。夏季或在气候干燥情况下，为防止模板干缩裂缝漏浆，在浇筑混凝土之前，需洒水养护。如发现模板因干燥产生裂缝，应事先用木条或油灰填塞衬补。

(6) 安装边墙、柱、闸墩等模板时，在浇筑混凝土以前，应将模板内的木屑、刨片、泥块等杂物清除干净，并仔细检查各联结点及接头处的螺栓、拉条、楔木等有无松动滑脱现象。在浇筑混凝土过程中，木工、钢筋、混凝土、架子等工种均应有专人“看仓”，以便发现问题随时加固修理。

(7) 模板安装的偏差应符合设计要求的规定，特别是对于通过高速水流、有金属结构及机电安装等部位，更不应超出规范的容许值。施工中安装模板的容许偏差，可参考表4.16中规定的数值。

表 4.16　大体积混凝土木模板安装的容许偏差　单位：mm

项次	偏差项目	混凝土结构部位	
		外露表面	隐藏内面
1	模板平整度：相邻两面板高差	3	5
2	模板平整度：局部不平（用2m直尺检查）	5	10
3	结构物边线与设计边线	10	15
4	结构物水平截面内部尺寸	±20	
5	承重模板标高	±5	
6	预留孔、洞尺寸及位置	±10	

4.5.2 模板隔离剂

模板安装前或安装后，为防止模板与混凝土黏结在一起，便于拆模，应及时在模板的表面涂刷隔离剂。常用模板隔离剂配比、配置及使用表见表4.17。

表 4.17　常用模板隔离剂配比、配置及使用表

类别	材料及质量配合比	配制和使用方法	优缺点及使用
无机质类隔离剂	肥皂液	用肥皂切片泡水，涂刷模板1～2遍	涂刷方便，易脱模，价廉；但冬雨季不能使用。适于木模，混凝土、砖胎模使用
	洗衣粉：滑石粉＝1：5	按比例用适量温水搅至浆状使用	优缺点同上，适于钢模、各种胎模
	松香：肥皂：柴油：水＝15：12：100：800	松香、肥皂、柴油按比例加好后，冲入水搅拌均匀使用	涂刷干后遇雨仍保持隔离效果，适于长线台座使用
	石灰水	将石灰膏加水拌成糊状，均匀涂刷1～2遍	取材容易，涂刷方便，成本低，但较易脱落。适于土、混凝土脱模使用
	107胶：滑石粉：水＝1：1：1	将建筑胶与水调匀，再将滑石粉加入调匀，涂刷1～2遍	材料易得，操作方便，易于脱模。适于钢模板使用
有机质类隔离剂	机油：滑石粉：汽油＝100：15：10	在容器中按配比搅拌均匀，涂刷1～2遍	便于涂刷，易脱模。适于混凝土胎模使用
	废机油（机油）：柴油＝1：（1～4）	将较稠废机油和柴油稀释搅匀，即可使用	便于涂刷，易脱模，干后下雨仍有效。适于钢、木模、各种胎模使用
	废机油：水泥（滑石粉）：水＝1：1.4（1.2）：0.4	将三种组份拌和至乳状，刷1～2遍	材料易得，便于涂刷，表面光滑；但钢筋和构件较易沾油

续表

类别	材料及质量配合比	配制和使用方法	优缺点及使用
蜡类隔离剂	石蜡	将石蜡均匀涂于模板面，用喷灯熔化，干布均匀涂擦，再均匀喷烤至深入木质内	易脱模，板面光滑；但成本较高，蒸汽养护时不能使用。适于木定型模板使用
	石蜡：煤油＝1：2	将石蜡与2份柴油混合用水浴加热溶化，再加入剩余柴油拌匀	便于涂刷，易脱模，板面光滑；但成本稍高，蒸汽养护时不能使用。适于钢模板、混凝土台座使用
剂类隔离剂	乳化机油：水＝1：5	在容器中按配合比混合搅匀，涂刷1～2遍	有商品供应，使用方便，易脱模。适于木模使用
	高分子有机酸＋矿物油	即金属切削加工使用的润滑冷却剂	有商品供应，使用方便，易于脱模。适于钢模、混凝土胎模使用

4.5.3 模板的拆除

4.5.3.1 拆模期限

（1）不承重的侧模板在混凝土强度能保证混凝土表面和棱角不因拆模而受损害时方可拆模。一般此时混凝土的强度应达到 2.5MPa 以上。

（2）承重模板应在混凝土达到下列强度以后方能拆除（按设计强度的百分率计）：

1）当梁、板、拱的跨度小于 2m 时，要求达到设计强度的 50%。

2）跨度为 2～5m 时，要求达到设计强度的 70%。

3）跨度为 5m 以上. 要求达到设计强度的 100%。

4）悬臂板、梁跨度小于 2m 为 70%；跨度大于 2m 为 100%。

4.5.3.2 拆模注意事项

（1）模板拆除工作应遵守一定的方法与步骤。拆模时要按照模板各结合点构造情况，逐块松卸。首先去掉扒钉、螺栓等连接铁件，然后用撬杠将模板松动或用木楔插入模板与混凝土接触面的缝隙中，以锤击木楔，使模板与混凝土面逐渐分离。拆模时，禁止用重锤直接敲击模板，以免使建筑物受到强烈振动或将模板毁坏。

（2）拆卸拱形模板时，应先将支柱下的木楔缓慢放松，使拱架徐徐下降，避免新拱因模板突然大幅度下沉而担负全部自重，并应从跨中点向两端同时对称拆卸。拆卸跨度较大的拱模时，则需从拱顶中部分段分期向两端对称拆卸。

（3）高空拆卸模板时，不得将模板自高处摔下，而应用绳索吊卸，以防砸坏模板或发生事故。

（4）当模板拆卸完毕后，应将附着在板面上的混凝土砂浆洗凿干净，损坏部分需加修整，板上的圆钉应及时拔除（部分可以回收使用），以免刺脚伤人。卸下的螺栓应与螺帽、垫圈等拧在一起，并加黄油防锈。扒钉、铁丝等物均应收捡归仓，不得丢失。所有模板应按规格分放，妥加保管，以备下次立模周转使用。

（5）对于大体积混凝土，为了防止拆模后混凝土表面温度骤然下降而产生表面裂缝，应考虑外界温度的变化而确定拆模时间，并应避免早、晚或夜间拆模。

项目5　混凝土工程施工

混凝土工程施工，在水利水电建设中占有重要的地位，特别是以混凝土坝为主体的枢纽工程，其施工速度直接影响整个工程的建设工期；施工质量直接关系到工程的安危，关系着国家和人民生命财产的安全。在混凝土坝（闸）枢纽工程中，用于混凝土工程施工的各种费用占工程总投资比例较大，约为60%～70%，明显影响工程投资规模。

用混凝土筑坝（特别是高坝）具有许多优点，是坝工设计人员优先选择的坝型之一。我国20世纪50年代以后修建的大、中型水利水电工程的挡水建筑物中，混凝土坝占有较大比重，特别是重力坝、拱坝应用最普遍。具有世界超大规模的长江三峡水利枢纽工程即采用了混凝土重力坝，坝高183m，坝体混凝土量达1600万m^3，在建的澜沧江小湾水电站，其双曲拱坝坝高292m；红水河龙滩水电站碾压混凝土重力坝高216.5m。

20世纪80年代以来，我国相继修建了一批混凝土高坝，其规模不断突破以往纪录，施工工艺日臻完善，创造出了具有中国特色的施工技术和建设经验。

此外，通航、发电以及当地材料坝枢纽工程中的导流、泄洪、排沙、放空、分流、输水建筑物大多数也采用混凝土建造。由于水利水电建设中的混凝土工程量大，消耗水泥、木材、钢材多，施工各个环节质量要求高，投资消耗大，因此，认真研究混凝土坝工程施工，对加快施工进度，节约“三材”，提高质量，降低工程成本具有重要意义。

目前混凝土坝的施工方法主要为现场浇筑。而现场分仓浇筑又可分为传统的分层分块浇筑和薄层碾压浇筑。到目前为止，前者应用最普遍，后者是一种高效、低成本、具有发展前途的施工方法。

本项目侧重介绍混凝土坝的现场浇筑技术，也对新兴的碾压混凝土施工技术加以介绍。

混凝土坝的施工过程和施工方法基本相同，主要包括准备工作、施工导流、基础开挖与处理、坝体混凝土工程、金属结构安装工程等。

在混凝土坝施工中，大量砂石骨料的采集、加工，水泥和各种掺和料、外加剂的供应是基础，混凝土制备、运输和浇筑是施工的主体，模板、钢筋作业是必要的辅助。混凝土坝的施工工艺流程如图5.1所示。

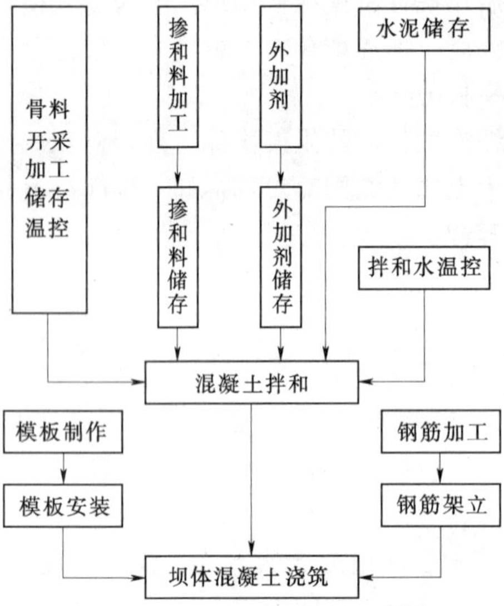

图5.1　混凝土坝的施工工艺流程图

任务 5.1 砂石骨料生产系统的规划

【引例 5.1】 某混凝土坝工程天然砂砾料主要来自上游河流，但储量较少。工程区内人工开采骨料料源丰富，且在厂坝区均有集中分布的料源，分别为坝区石料场和厂区石料场。储量计算：地表除阶地面上分布的砂卵砾石层外，玄武岩大多为弱风化，地表无明显的剥离层。开采高程从 2320.00m 起算，范围面积为 $51574m^2$，经计算其储量约 $170\times10^4m^3$。满足规程的勘察储量要求。

【思考】

(1) 骨料料场规划要考虑哪些因素？

(2) 河流中开采天然砂石料要注意哪些要点？

(3) 开采人工骨料有哪些优缺点？

砂石骨料是混凝土最基本的组成成分。通常每 $1m^3$ 的混凝土需要 $1.3\sim1.5m^3$ 的松散砂石骨料。混凝土用量很大的混凝土坝工程，砂石骨料的需要量也相当大。骨料质量的好坏直接影响混凝土强度、水泥用量和温控的要求，从而影响大坝的质量和造价。为此，在混凝土的设计施工中应统筹规划，认真研究砂石骨料的储量、物理力学指标、杂质含量以及开采、运输、堆存和加工等各个环节。

5.1.1 骨料的料场规划

骨料的料场规划是骨料生产系统设计的基础。伴随设计阶段的深入，料场勘探精度的提高，要提出相应的最佳用料方案。最佳用料方案取决于料场的分布、高程，骨料的质量、储量、天然级配、开采条件、加工要求、弃料多少、运输方式、运距远近、生产成本等因素。骨料料场的规划、优选，应通过全面技术经济论证。

砂石骨料的质量是料场选择的首要前提。骨料的质量要求包括强度、抗冻、化学成分、颗粒形状、级配和杂质含量等。水工现浇混凝土粗骨料多用四级配，即 5～20mm、20～40mm、40～80mm、80～120mm（或 150mm）。砂子为细骨料，通常分为粗砂和细砂两级，其大小级配由细度模数控制，合理取值为 2.4～3.2。增大骨料颗粒尺寸、改善级配，对于减少水泥用量，提高混凝土质量，特别是对大体积混凝土的控温防裂具有积极意义。然而，骨料的天然级配和设计级配要求总有差异，各种级配的储量往往不能同时满足要求。这就需要多采或通过加工来调整级配及其相应的产量。骨料来源有三种：①天然骨料，采集天然砂砾料经筛分分级，将富裕级配的多余部分作为弃料；天然混合料中含砂不足时，可用山砂即风化砂补足；②人工骨料，用爆破开采块石，通过人工破碎筛分成碎石，磨细成砂；③组合骨料，以天然骨料为主，人工骨料为辅。人工骨料可以由天然骨料筛出的超径料加工而得，也可以爆破开采块石经加工而成。

搞好砂石料场规划应遵循如下原则：

(1) 首先要了解砂石料的需求、流域（或地区）的近期规划、料源的状况，以确定是建立流域或地区的砂石生产基地还是建立工程专用的砂石系统。

（2）应充分考虑自然景观、珍稀动植物、文物古迹保护方面的要求，将料场开采后的景观、植被恢复（或美化改造）列入规划之中，应重视料源剥离和弃渣的堆存，应避免水土流失，还应采取恢复环境的措施。在进行经济比较时应计入这方面的投资。当在河滩开采时，还应对河道冲淤、航道影响进行论证。

（3）满足水工混凝土对骨料的各项质量要求，其储量力求满足各设计级配的需要，并有必要的富余量。初查精度的勘探储量，一般不少于设计需要量的3倍，详细精度的勘探储量，一般不少于设计需要量的2倍。

（4）选用的料场，特别是主要料场，应场地开阔，高程适宜，储量大，质量好，开采季节长，主辅料场应能兼顾洪枯季节，互为备用。

（5）选择可采率高，天然级配与设计级配较为接近，用人工骨料调整级配数量少的料场。任何工程应充分考虑利用工程弃渣的可能性和合理性。

（6）料场附近有足够的回车和堆料场地，且占用农田少，不拆迁或少拆迁现有生活、生产设施。

（7）选择开采准备工作量小，施工简便的料场。

如以上要求难以同时满足，应以满足主要要求，即以满足质量、数量为基础，寻求开采、运输、加工成本费用低的方案，确定采用天然骨料、人工骨料还是组合骨料用料方案。若是组合骨料，则需确定天然和人工骨料的最佳搭配方案。通常对天然料场中的超径料，通过加工补充短缺级配，形成生产系统的闭路循环，这是减少弃料、降低成本的好办法。若采用天然骨料方案，为减少弃料应考虑各料场级配的搭配，满足料场的最佳组合。显然，质好、量大、运距短的天然料场应优先采用。只有在天然料运距太远，成本太高时，才考虑采用人工骨料方案。

人工骨料通过机械加工，级配比较容易调整，以满足设计要求。人工破碎的碎石，表面粗糙，与水泥砂浆胶结强度高，可以提高混凝土的抗拉强度，对防止混凝土开裂有利。但在相同水灰比情况下，同等水泥用量的碎石混凝土较卵石混凝土的和易性和工作度要差一些。

有碱活性的骨料会引起混凝土的过量膨胀，一般应避免使用。当采用低碱水泥或掺粉煤灰时，碱骨料反应受到抑制，经试验证明对混凝土不致产生有害影响时，也可选用。当主体工程开挖渣料数量较多，且质量符合要求时，应尽量予以利用。它不仅可以降低人工骨料成本，还可节省运渣费用，减少堆渣用地和环境污染。

5.1.2 天然砂石料开采

20世纪50年代、60年代，混凝土骨料以天然砂石料为主，如三门峡、新安江、丹江口、刘家峡等工程。70年代、80年代兴建的葛洲坝、铜街子、龙羊峡、李家峡等大型水电站和90年代兴建的黄河小浪底水利枢纽，也都采用天然砂石骨料。葛洲坝一期、二期工程砂石骨料生产系统月生产49.5万m^3，年产395万m^3，生产总量达2600万m^3。

按照砂石料场开采条件，可分为水下和陆上开采两类。20世纪50年代到60年代中期，水下开采砂石料多使用$120m^3/h$链斗式采砂船和$50\sim60m^3$容量的砂驳配套采运，也有用窄轨矿车配套采运的。20 世纪 70 年代后，葛洲坝工程先后采用了生产能力更大的 $250m^3/h$ 和 $750m^3/h$ 的链斗式采砂船，250 型采砂船枯水期最大日产 $5220m^3$。750 型采砂船枯水期最大日产达 $13458m^3$，中水期达 $11537m^3$，水面下正常挖深 16m，最大挖深 20m。两艘船平均日产可达 1.5 万～1.6 万 m^3。水口工程砂石料场含砂率偏高，在采砂船链斗转料点装设筛分机，筛除部分砂子，减少毛料运输。

5.1.3 人工骨料采石场

我国西南、中南一些地区缺少天然砂石料资源，20 世纪 50 年代修建的狮子滩、上犹江、流溪河等工程，都曾建人工碎石系统。60 年代，映秀湾工程采用棒磨制砂。70 年代，乌江渡采用规模较大的人工砂石料生产系统，生产的人工砂石骨料质优价廉。借鉴乌江渡的经验，80 年代后，广西岩滩、云南漫湾、贵州东风、湖南五强溪、湖北隔河岩、四川宝珠寺等大型水电站工程相继采用人工砂石骨料，并取得较好的社会经济效益。五强溪工程在采用强磨蚀性石英砂岩生产人工骨料方面有了新的突破。90 年代的二滩水电站建成较先进的人工砂石系统，长江三峡水利枢纽建成了世界上规模最大的月生产成品砂 39 万 t 的下岸溪人工砂系统和月生产成品粗骨料 76 万 t 的古树岭人工碎石加工系统，采用新型液压圆锥破碎机和立式冲击破碎机等先进的砂石生产设备。

工程实践证明，由于新鲜灰岩具有较好的强度和变形性能，且便于开采和加工，被公认为最佳的骨料料源；其次为正长岩、玄武岩、花岗岩和砂岩；流纹岩、石英砂岩和石英岩由于硬度较高，虽也可做料源，但加工困难并加大生产成本。有些工程还利用主体工程开挖料作为骨料料源。

人工骨料料源有时在含泥量上超标，需在加工工艺流程中设法解决。如乌江渡工程，因含泥量偏大，并存在黏土结团颗粒，在加工系统中设置了洗衣机，效果良好，含泥量从 3%降到 1%以下。湖南江垭工程则在一破单元中专设筛子剔除泥块。

少数水电工程由于对料源的勘探深度未达到要求，在开工之后曾发生料场不符合要求的情况。如漫湾水电站的田坝沟流纹岩石料场，在开挖后地发现 1 号和 2 号山头剥离量过大，不得不将其放弃，改以 3 号山头作为采区。

二滩工程混凝土骨料用正长岩生产砂石料，采石场位于大坝上游左岸金龙沟，规划开采总量 470 万 m^3。开采梯段高度 12.5m，用 6 台液压履带钻车钻孔，使用微差挤压爆破技术，使石料块度适宜，1.6m 以上的大块率可控制在 5%～8%左右。平均单位耗药量 $0.5 \sim 0.6kg/m^3$。石料用 2 台推土机和 1 台装载机配合 4 辆 30t 自卸车运至集料平台，向预初碎的颚式破碎机供料；或是用自卸车直接向旋回破碎机供料。采石场开采后形成高 255m 的边坡，按照边坡长期稳定和环保要求，采用钢丝网喷混凝土和预应力锚索等综合支护措施。采石场实际月生产能力可达 20 万 m^3 以上。

随着大型、高效、耐用的骨料加工机械的发展以及管理水平的提高，人工骨料的成本接近甚至低于天然骨料。采用人工骨料尚有许多天然骨料生产不具备的优点，如级配可按需调整，质量稳定，管理相对集中，受自然因素影响小，有利于均衡生产，减少设备用量，减少堆料场地，同时尚可利用有效开挖料。因此，采用人工骨料或用机械加工骨料搭配的工程越来越多，在实践中取得了明显的技术经济效果。

任务 5.2　砂石骨料生产系统开采量的确定

【引例 5.2】

(1) 混凝土坝最高月浇筑强度为 $4\times10^4m^3$。混凝土的粗骨料为二级配，其中 5～20mm 占 45%，20～40mm 占 55%。天然骨料中 5～20mm 的含量为 30%，20～40mm 的含量为 45%。求砂砾石的最高月开采量（每方混凝土用粗骨料量为 1476kg）。

(2) 混凝土浇筑总量为 $4\times10^6m^3$，每方混凝土需碎石 1.476t。利用开采石当做人工碎石，山岩密度 $2.60t/m^3$。石料开采成品率为 80%，求石料开采量。

5.2.1　骨料的加工过程

天然骨料需要通过筛分分级，人工骨料需要通过破碎、筛分加工，其生产流程如图 5.2 所示。

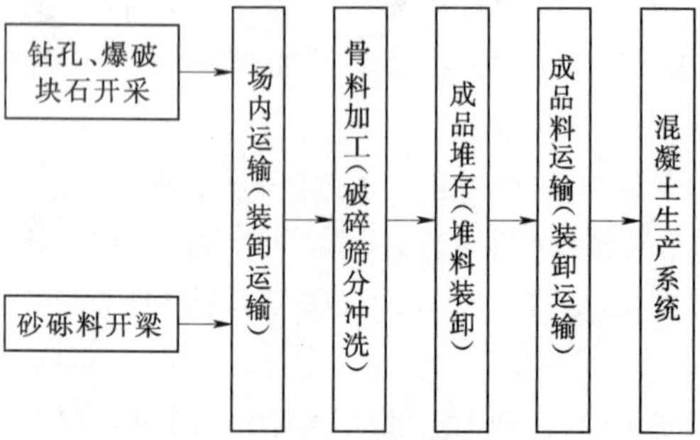

图 5.2　骨料加工的生产流程

骨料生产工艺流程的设计，主要根据骨料来源、级配要求、生产强度、堆料场地以及有无商品用料要求等全面分析比较确定。同时还应根据开采加工条件及机械设备供应情况，确定各生产环节所需要的机械设备种类、数量和型号，按流程组成自动化或半自动化的生产流水线。

按照砂石料开采条件，天然砂砾料有陆地和水下两种开采方式，陆地开采与土料开采类似。水下开采，水深较大时，可采用采砂船或铲扬船，在浅水或河漫滩区多用索铲或液压反铲采挖。与反铲相比，索铲难以准确开采定位，装车不便，常用以卸料至岸边，集成料堆再由反铲或正铲装车，无疑多耗费了人力和机械。为了提高反铲采挖效率，在挖斗下部加钻排水孔，并将挖出的砂石料就地暂存脱水，再用装载机装自卸汽车运至砂石筛分系统。对采砂船和铲扬船在江心采料，可用砂驳装料，由机动船拖至岸边专用码头卸料。

对于人工骨料开采宜采用深孔微差挤压爆破，控制其块度大小。破碎加工块石，不仅应满足设计级配要求，还应以整个砂石系统的运输、加工以及原料和半成品的总费用最低为目标，确定最佳方案。

骨料运输多用大吨位自卸汽车。在骨料用量大且修筑道路投资高的情况下，采用皮带机运料最理想，不仅效率高，运费低，且管理也比较简便。

骨料加工厂的位置应尽可能接近料源，且附近有足够的毛料和净料堆放场地。破碎和筛分设备的基础应稳固，高程设置应根据地形和运输要求通盘考虑确定，尽量减少垂直提升运料，免受洪水威胁。

5.2.2 骨料开采量的确定

骨料开采量取决于混凝土中各种粒径料的需要量。若第 i 组骨料所需的净料量为 q_i，则要求开采天然骨料的总量 Q_i 可按下式计算：

$$Q_i=(1+k)\frac{q_i}{p_i} \tag{5.1}$$

其中 $$k=k_1+k_2+k_3+k_4$$

式中 k——骨料生产过程的损失系数，为各生产环节损失系数的总和；

k_1、k_2、k_3、k_4——各生产环节损失系数，参见表 5.1；

p_i——天然骨料中第 i 种骨料粒径含量的百分数。

表 5.1　　生产过程骨料损失系数表

骨料损失的生产环节		系数	损失系数值		
			砂	小石	大、中石
开挖作业	水上	k_1	0.03	0.02	0.02
	水下		0.07	0.05	0.03
加工过程		k_2	0.07	0.02	0.01
运输堆存		k_3	0.05	0.03	0.02
混凝土生产		k_4	0.03	0.02	0.02

第 i 种骨料净料需要量 q_i 与第 j 种标号混凝土的工程量 V_j 有关，也与该标号混凝土中 i 种粒径骨料的单位用量 e_{ij} 有关。于是，第 i 组骨料的净料需要量 q_i 可表达为

$$q_i=(1+k_c)\sum_{j=1}^{n}e_{ij}V_j \tag{5.2}$$

式中 k_c——混凝土出机后运输、浇筑中的损失系数，约为 1%～2%。

由于天然级配与混凝土的设计级配难以吻合，其中总有一些粒径的骨料含量较多，另一些粒径短缺。若为了满足短缺粒径的需要而增大开采量，将导致其余各粒径的弃料增加，造成浪费。为了避免浪费，减少开采总量，可采取如下措施。

(1) 调整混凝土骨料的设计级配，在允许的情况下，减少短缺骨料的用量，但随之可能会使水泥用量增加，引起水化热温升增高、温度控制困难等一系列问题，故需通过比较才能确定。

(2) 用人工骨料搭配短缺料，天然骨料中大石多于中、小石比较常见，故可将大石破碎一部分去满足短缺的中、小石。采用这种措施，应利用破碎机的排矿特性，调整破碎机的出料口，使出料中短缺骨料达到最多，尽量减少二次破碎和新的弃料，以降低加工费用。总之，骨料设计优化方案，应使生产总费用最小为目标，经系统分析确定。

如需要利用开采石料作为人工骨料料源，则石料开采量 V_r 可按下式计算：

$$V_r=\frac{(1+k)eV_0}{\beta\gamma} \tag{5.3}$$

式中 k——人工骨料损失系数，对碎石，加工损失为 2%～4%，对人工砂，加工损失为 8%～20%，运输储存损失为 2%～6%；

e——每方混凝土的骨料用量，t/m^3；

V_0——混凝土的总需用量，m^3；

β——块石开采成品获得率，取 80%～95%；

γ——块石密度，t/m^3。

在采用或部分采用人工骨料方案时，若有有效开挖石料可供利用时，应将利用部分扣除，确定实际开采石料量。

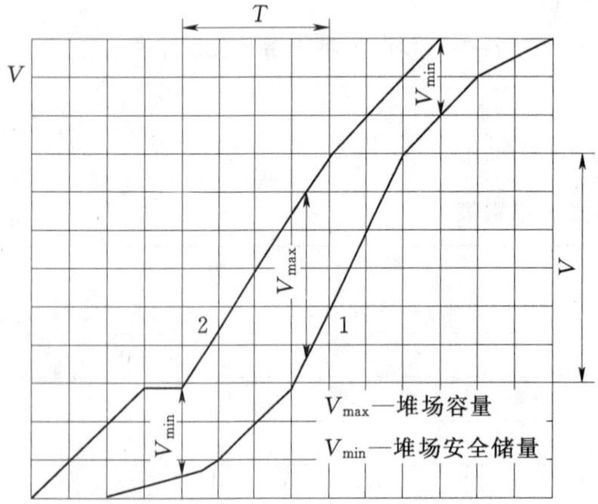

图 5.3　骨料生产量和需要量累计曲线

1—需要量累计曲线；2—生产量累计曲线

5.2.3　骨料生产能力的确定

严格说来，骨料生产能力由其需求量来确定，实际需求量与各阶段混凝土浇筑强度有关，也与上一阶段结束时的储存量有关。若骨料还需销售，则销售量也是供需平衡的一个因素。这里我们仅介绍考虑储存影响，如何确定骨料的生产能力。可根据混凝土浇筑进度对骨料的用料要求，用供需累计过程线确定各阶段要求的骨料生产能力，如图 5.3 所示。先根据混凝土浇筑进度，绘制骨料需用量累计过程线 1，再绘制骨料计划生产累计过程线 2，并使累计过程线 1、2 之间的最大距离，即最大储存量不大于成品料堆的最大容量；但最小储存量又不少于保证连续生产的最小安全储量，通常，此储量应满足 10～15 天的用料要求。另外，还应使产量累计过程线的起点提前 10～15 天，而终点也应相应提前。

骨料产量累计过程线的斜率就是加工厂的生产强度，斜率最大的时段就是骨料的高峰生产时段。据此可确定骨料加工的生产能力 $P(m^3/h)$：

$$P=\frac{K_1V_0}{K_2mnT} \tag{5.4}$$

式中　V_0——骨料生产高峰期的总产量，m^3；

T——骨料生产高峰时段的月数；

K_1——高峰时段骨料生产的不均匀系数，可取 1.0～1.4；

K_2——时间利用系数，可取 0.8～0.9；

m——每日有效工作时数，可取 20h；

n——每月有效工作日数，可取 25～28d。

5.2.4　天然骨料的开采设备

天然骨料开采，在河漫滩多采用索铲，如图 5.4 所示，它是正向铲挖掘机工作机构改装为索具操纵的铲斗。采料时将铲斗抛出，斗齿下切砂砾层，然后由牵引索拉土斗，让土斗装满，卸料时，牵引索放松，土斗垂直向下，土料卸出。整个操作循环要求司机操作技术熟练，否则，其生产能力不能正常发挥。

采砂船是在一定水深中采掘砂砾石的机械。它是将斗链式挖掘机的工作机构装在特制的船上进行工作的，如图5.5所示。其砂斗固定在随主动轮转动的链条上。砂斗接连不断地运转至工作大梁底端进行挖掘，上升至工作大梁顶端，卸料至接砂斗中，再通过由吊杆悬吊的皮带机卸料。皮带机架通过悬索控制其仰俯角度，借助提升索调整工作大梁的位置，以控制其开挖深度。船体内装有平衡水箱，调整箱内的水量以保持船体的平衡。采砂船采挖黏性较大的土时，砂斗易装满，却不易卸尽，挖砂砾料则恰好相反。为此，挖黏性大的土时宜用口大身浅的砂斗，挖砂砾料时，宜用口小身深的砂斗。

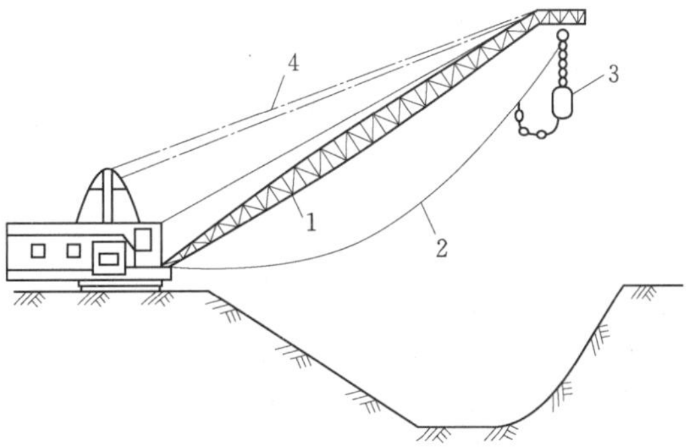

图5.4 索铲挖掘机工作图

1—工作臂杆；2—牵引索；3—土斗；4—操作索

通常由生产能力确定采砂船的型号。国产采砂船的小时生产率有120m³/h和250m³/h两种，但这两种采砂船没有行驶装置，转移时需用拖拉轮牵引。采砂船的开挖方式视采区地形、水流情况、运输方式及运输线路布置而异，有顺水开挖、逆水开挖和静水开挖，后两种方式开挖可减少砂斗内砂料流失。

铲扬式单斗挖泥船是一种大型可在深水中作业的自行式采砂船，它的小时生产率可达750m³/h，能在水深达15m的流水中作业。

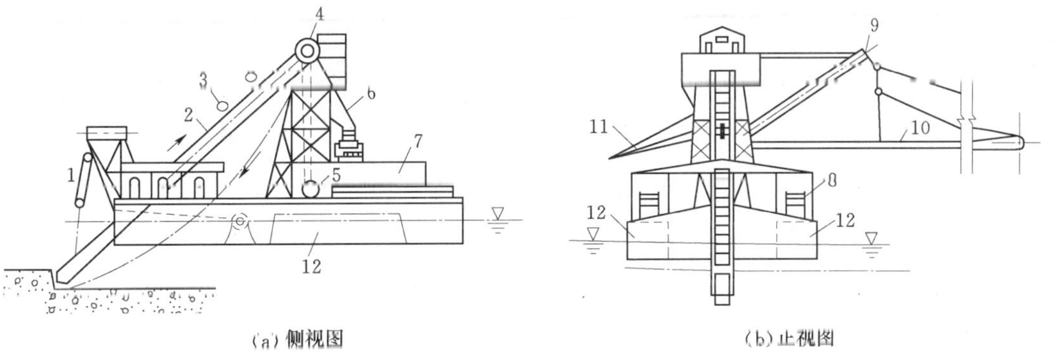

图5.5 多斗式采砂船工作构造图

1—工作大梁提升索；2—工作大梁；3—砂斗；4—从动轮；5—主动轮；6—接砂斗；7—主机房；8—绞车；9—吊杆；10—皮带运输机；11—泄水槽；12—平衡水箱

任务5.3 骨料加工、筛分、储存

【引例5.3】 某山区欲修建一座混凝土拦河坝，以达到蓄水发电的目的。利用公司现有的设备对骨料进行加工、筛分，由于场地有限等原因，采用台阶式堆存方式。为了赶工期，暴雨过后直接将露天的骨料运入拌和机中生产混凝土。

【思考】

(1) 骨料加工主要需要哪些设备，这些设备的特点有哪些?

(2) 骨料的堆存型式有哪些。

(3) 骨料进出料场的注意要点?

5.3.1 骨料加工及加工设备

将采集的毛料加工，一般需通过破碎、筛选和冲洗，制成符合级配，除去杂质的碎石和人工砂。根据骨料加工工艺流程，组成骨料加工厂。

1. 骨料的破碎

使用破碎机械碎石，常用的设备有颚板式、反击式和锥式三种碎石机。

(1) 颚板式破碎机 [图 5.6 (a)]。颚板式破碎机由机架、传动装置和破碎槽组成。破碎槽进口 1 是由固定颚板 3 和活动颚板 4 形成的。颚板是由齿状钢合金板镶嵌而成。在偏心轮 2 和撑杆 5 的作用下，活动颚板左右摆动，破碎槽一开一合。合时，进入装料口的料石受挤压而破碎；开时，使破碎了的碎石经出料口 7 下落。这种碎石机用进料口宽×长的尺寸表示其规格，通常为 250mm×400mm～1200mm×1500mm。可通过楔形滑块 6 调整出料口的宽度，从而调整进出料的平均粒径比——破碎率。破碎率一般为 6～8。一次破碎不合要求，进行二次破碎比弃料更经济时，可进行二次破碎，形成闭路循环的生产工艺。

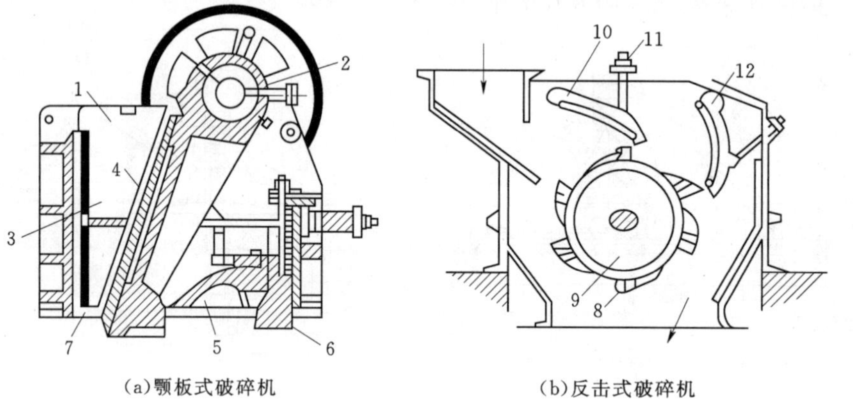

(a)颚板式破碎机　　(b)反击式破碎机

图 5.6　颚板式和反击式破碎机械

1—破碎槽进口；2—偏心轮；3—固定颚板；4—活动颚板；5—撑杆；6—楔形滑块；7—出料口；8—打击板；9—转子；10—第一道反击板；11—悬挂反击板的拉杆；12—第二道反击板

(2) 反击式破碎机 [图 5.6 (b)]。反击式破碎机主要由转子和反击板组成。它是利用马达带动高速回转的转子冲击料物，使物料沿切线以较高的速度抛向反击板进行撞击，而后又反弹回到转子旋转的空间内反复碰撞，从而使石料碎裂。被破碎的小粒径物料由转子和反击板间的间隙中排出。这种破碎机适用于中细碎，其结构简单，安装方便，运行可靠安全。上海重机厂生产的 1250mm×1000mm 反击式破碎机，转子直径 1250mm，转子宽度 1000mm，最大进料粒度 250mm，出料粒度 50mm，小时生产能力为 40～80t/h。

(3) 锥式碎石机（图 5.7）。碎石机由活动的内锥体与固定的锥形机壳构成破碎室，内锥体装在偏心主轴上，此轴顶端为可动的球形铰，通过伞齿传动，使偏心轴带动内锥体做偏心转动，从而使内锥体与外机壳间的距离忽大忽小，大时石料经出料口下落，小时将骨料挤压破碎。这种破碎机破碎的石料扁平状较小，单位产品能耗低，生产率高；但其结构较前两种复杂，体形和自重大，安装和维修也较复杂。

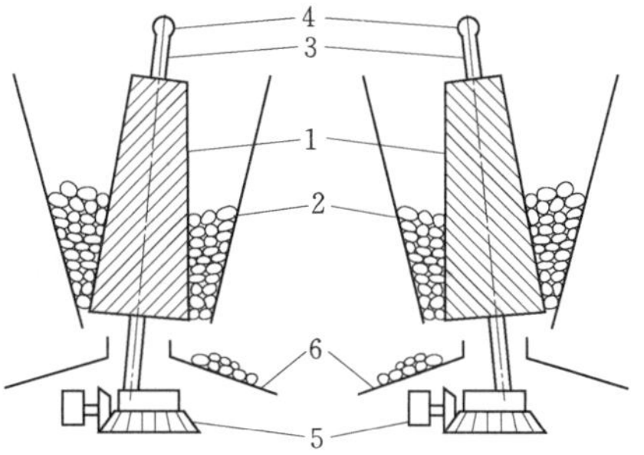

图 5.7 锥式破碎机工作原理图

1—内锥体；2—破碎室机壳；3—偏心主轴；4—球形铰；5—伞齿及传动装置；6—出料滑块

2. 骨料的筛分

为了分级，需将采集的天然毛料或破碎后的混合料筛分，分级的方法有水力筛分和机械筛分两种。前者利用骨料颗粒大小不同，水力粗度各异的特点进行分级，适用于细骨料。后者利用机械力作用经不同孔眼尺寸的筛网对骨料进行分级，适用于粗骨料。

机械筛分的筛网多用高炭钢条焊接成方筛孔，筛孔边长分别为 112mm、75mm、38mm、19mm、5mm，用以筛分 120mm、80mm、40mm、20mm、5mm 的各级粗骨料。当筛网倾斜安装时，为保证筛分粒径，还须将筛分孔尺寸适当加大。

(1) 骨料的机械筛分。大规模筛分多用机械振动筛，有偏心振动和惯性振动筛两种。

1) 偏心振动筛（图 5.8）。固定筛网的筛架装在偏心主轴上，马达驱动偏心轴回转带动筛架做环行运动而产生振动。由于偏心距不变，筛网的振幅也固定不变，不受筛网面上料石多少的影响，其振幅一般为 3～6mm，振动频率为 840～1200 次/s。这种筛适宜于筛分大、中骨料，常用来完成第一道筛分任务。

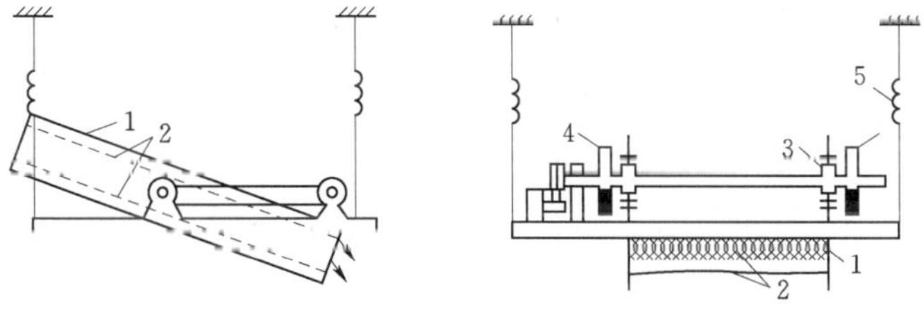

(a)侧视图　　(b)横剖面图

图 5.8 偏心振动筛示意图

1—筛架；2—筛网；3—偏心部位；4—平衡重；5—消振弹簧

2) 惯性振动筛（图 5.9）。这种机械振动筛是利用马达带动旋转主轴上飞轮的偏心重，产生离心力而引起筛网振动。由于筛网上的物料对飞轮偏心重离心力有平衡抵消作用，故其振幅大小随消振弹簧的振幅锐减。容易引起筛孔堵塞，使骨料得不到充分筛分。故这种筛应进料适度、均匀。其振幅变化于 1.6～6mm 之间，频率在 1200～2000 次/min，适用于中、细颗粒骨料的筛分。

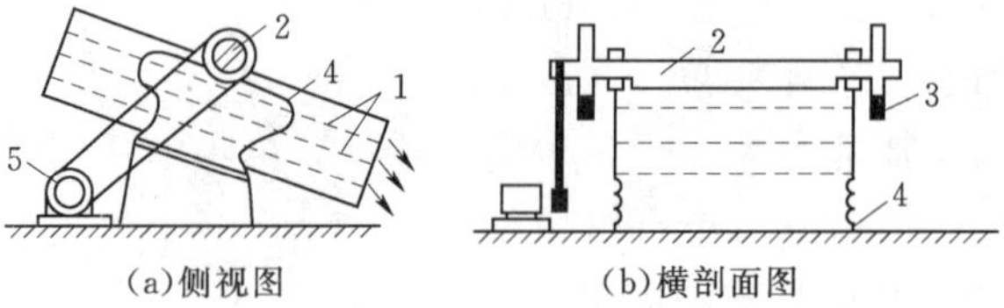

图 5.9 惯性振动筛示意图

1—筛网；2—单轴振动器；3—配盘重；
4—消振弹簧；5—电动机

筛分中的主要质量问题是超径和逊径。当骨料受筛时间太短，筛网网孔偏小，使应过筛的下一级骨料由筛面分入大一级颗粒中称为逊径；反之，若筛网孔眼变形偏大，大一级骨料漏入小一级骨料中称为超径。筛分作业中，常以超径、逊径的重量百分率——筛分精度作为质量控制标准。超径多因筛网磨损、变动、破裂所致；而逊径则多因筛网面上喂料过多，网孔堵塞或网孔偏小，筛网面倾角过大所致。规范要求超径不大于5%，逊径不大于10%方满足质量控制标准。

整个筛分过程也是骨料清洗去污过程。清洗是在筛网面上方正对骨料下滑方向安装具有孔眼的管道喷水冲洗。

(2) 洗砂机。无论天然砂还是人工砂通常多用水力分级，分级和冲洗同时进行。也有用沉砂箱承纳筛分后流出的污水砂浆，经初洗和排污后再送入洗砂机清洗。洗砂机多用螺旋式，其结构如图5.10所示，机身是一倾斜的洗砂槽，由驱动机构带动一个或两个具有固定螺旋叶片的螺旋轴旋转。运行中，螺旋叶片推动砂料在相对流动的水中淘洗，清水由注入口注入，未清洗的砂由加料口加入，由下而上清洗后的砂由出料口卸入运料皮带机上，洗砂后的浑水由下方溢出口排出。

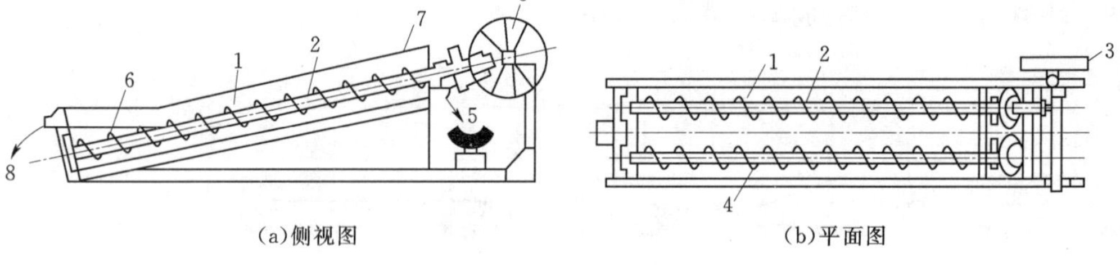

图 5.10 螺旋式洗砂机示意图

1—洗砂槽；2—螺旋轴；3—驱动机构；4—叶片；5—皮带机；6—加料口；
7—清水注入口；8—浑水溢出口

(3) 骨料加工厂。大规模的骨料加工，常将加工机械设备按工艺流程布置成骨料加工工厂。其布置原则是，应充分利用地形，减少基建工程量；有利于及时供料，减少弃料；成品获得率高，通常要求达到85%～90%。当成品获得率低时，应考虑利用弃料二次破碎，构成闭路生产循环。在粗碎时多为开路，在中、细碎时采用闭路循环。骨料加工厂振动音响特别大，减少噪音是改善劳动条件的关键。

以筛分作业为主的加工厂称为筛分楼，如图5.11所示，其布置常用皮带机送料上楼，经两道振动筛筛分出五种级配骨料，砂料则经沉沙箱和洗砂机清洗为成品砂料，各级骨料由皮带机送至成品料堆堆存。骨料加工厂宜尽可能靠近混凝土系统，以便共用成品堆料场。

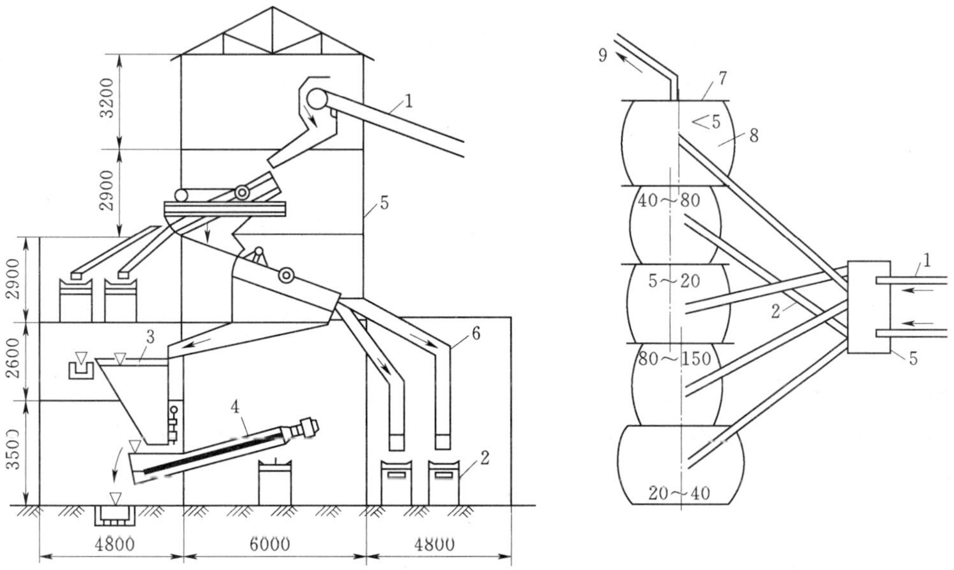

(a)筛分楼分层布置图　　(b)进出料平面布置

图5.11 筛分楼布置示意图（单位：mm）

1—进料皮带机；2—出料皮带机；3—沉沙箱；4—洗砂机；5—筛分楼；6—溜槽；7—隔墙；8—成品料堆；9—成品运出

图5.12为人工骨料制砂的工艺流程图，它是由颚式破碎机或锥式破碎机粗碎，反击或锥式碎石机中碎经筛分后再细碎，用棒磨机制砂，最后送至成品料堆。

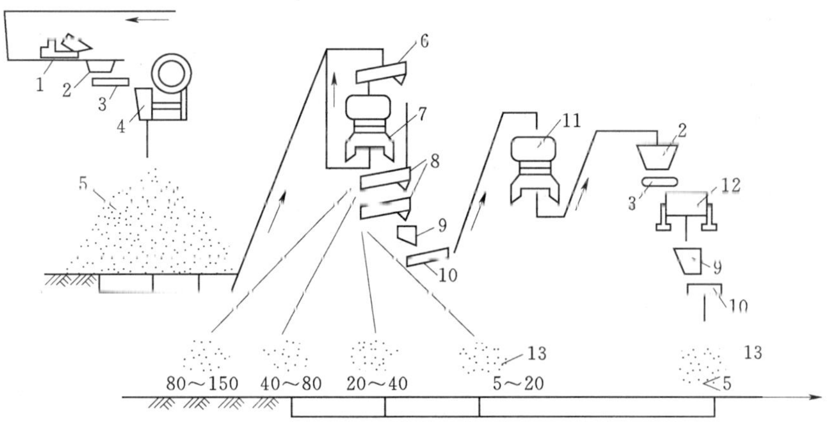

图5.12 人工骨料制砂的加工工艺流程（单位：mm）

1—进料汽车；2—受料斗；3—喂料机；4—颚板式碎石机粗碎；5—半成品料堆；6—预筛分；7—锥式碎石机中碎；8—振动筛筛分；9—沉沙箱；10—螺旋洗砂机；11—锥式碎石机细碎；12—棒磨机制砂；13—成品料堆

筛分天然骨料和破碎超径石的加工系统，是在砂砾料筛分楼的基础上，增加破碎超径石的颚式破碎机或反击式破碎机即可。仍然利用筛分天然料的设备筛分破碎后的混合料。

5.3.2　骨料的堆存

为了适应混凝土生产的不均衡性，可利用堆场储备一定数量的骨料，以解决骨料的供求矛盾。骨料储量多少，主要取决于生产强度和管理水平。通常可按高峰时段月平均值的50%～80%考虑。汛期、冰冻期停采时，须按停采期骨料需用量外加20%的余度考虑。

1. 骨料堆存的质量要求

防止跌碎和分离是骨料堆存质量控制的首要任务。为此应控制卸料的跌落高度，避免转运过多，堆料过高。堆料时应分层堆料，逐层上升，或采用动臂堆料机，使卸料跌差保持在3m以内。跌差过大，应辅以梯式或螺旋式缓降器卸料。

在进入拌和机前，砂料的含水量应控制在5%内，但又保持一定湿度。含水量过高对混凝土质量有一定影响。

堆存中骨料的混级是引起骨料超逊径的重要原因之一，应予防止。堆料场内还应设排污和排水系统，以保持骨料的洁净。砂料堆场的排水尤应良好，应有3d以上的堆存时间，以利脱水。

2. 骨料堆场型式

堆料料仓通常用隔墙划分，隔墙高度可按骨料动摩擦角34°～37°加超高值0.5m确定。大、中型堆料场一般采用地弄取料。地弄进口高出堆料地面，地弄地板设大于5‰的纵坡，以利排水。各级成品料取料口不宜小于3个，且宜采用事故停电时能自动关闭的弧门。骨料堆场的布置主要取决于地形条件、堆料设备及运输进出料方式，其典型布置如下：

（1）台阶式堆料。如图5.13所示，堆料和进料地面有一定高差，由汽车或机车卸料至台阶下，由地弄廊道顶部的弧门控制给料，再由廊道内的皮带机送料。廊道顶部的料仓常用推土机集料或散料以扩大堆存容积。

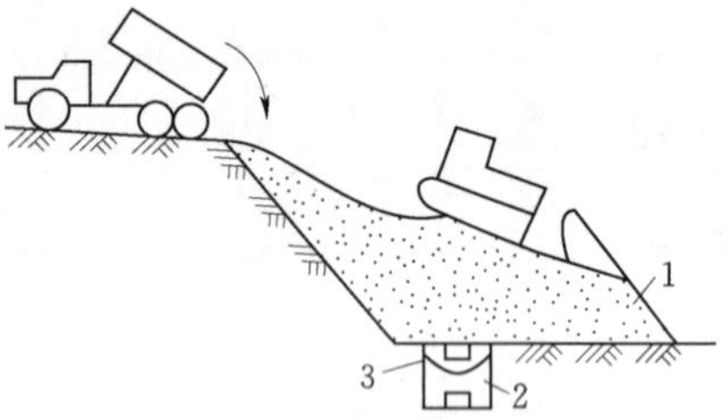

图5.13　台阶式堆料

1—料堆；2—廊道；3—出料皮带机

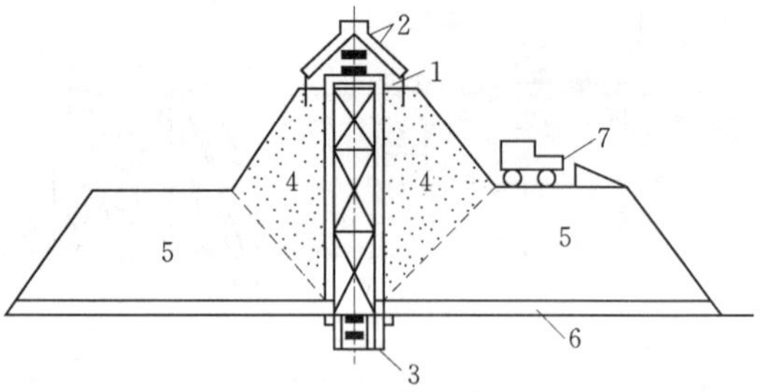

图5.14　栈桥式堆料

1—进料皮带机栈桥；2—卸料小车；3—出料皮带机；4—自卸容积；5—死容积；6—垫层损失容积；7—推土机

（2）栈桥式堆料。如图5.14所示，在平地上堆料可架设栈桥，在栈桥桥面上安装皮带机，经卸料小车向两侧卸料，料堆呈棱柱体，由廊道内的皮带机出料。这种堆料方式，堆料跌落高度大，在自然休止角外的骨料自卸容积小，必须借助推土机扩大堆料和卸料容积。

(3) 堆料机堆料。如图5.15所示，堆料机是机身可以沿轨道移动，有悬臂皮带机送料扩大堆料范围的装置。该装置又分双悬臂和动臂式。后者的卸料皮带机可随动臂旋转仰俯，随堆料的高度和位置而变化，使卸料高度始终保持在允许跌落高度的范围内，避免跌碎骨料产生逊径。为了增大堆料容积，可在堆料机轨道下修筑路堤。

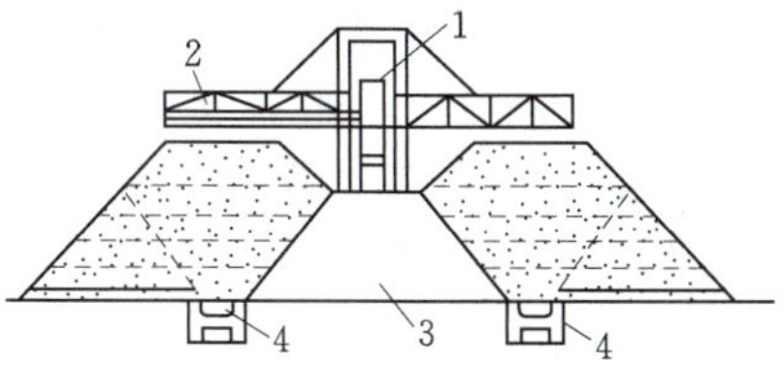

(a)双悬臂式

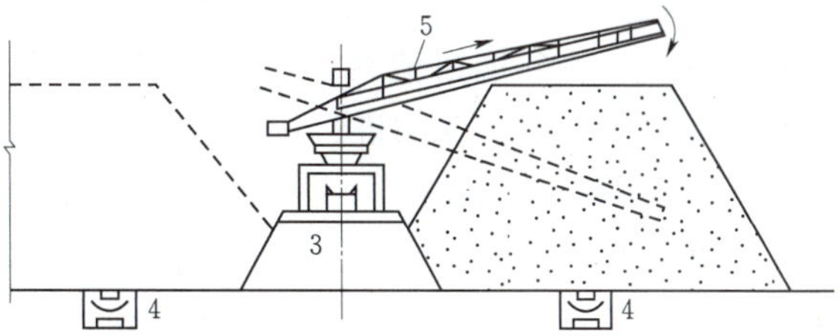

(b)动臂式

图5.15 堆料机堆料

1—进料皮带机；2—可两侧移动的梭式皮带机；3—路堤；4—出料皮带机廊道；5 动臂式皮带机

通常，充分利用地形，采用台阶式堆料最经济（三门峡、新安江等工程采用）。美国德沃歇克坝，由于地处陡峻河谷，将碎石厂布置在采石场地下，开凿容积4000m³的竖井作为临时料仓，从而节约了占地和堆料的能源。而国内丹江口和葛洲坝工程地形开阔，则采用动臂堆料机堆料。堆料场布置的重要原则是应尽量增大自卸容积，减少死容积，从而尽量减少辅助集料措施，不仅可节省费用，而且也有利于保证出料的级配和避免污染。

任务5.4 混凝土生产制备系统的确定

【引例5.4】 某工程某工地所用混凝土的实验室配合比（骨料以饱和面干状态为标准）为：水泥280kg，水150kg，砂704kg，碎石1512kg。已知工地砂的表面含水率为4%，碎石的表面含水率为1.5%。试求该混凝土的施工配合比。若施工现场采用的搅拌机型号为JZ2250，其出料体积为0.25m³，试求每搅拌一次的拌和用量。

混凝土制备是按照混凝土配合比设计要求，将其各组成材料拌合成均匀的混凝土料，以满足浇筑的需要。混凝土的制备主要包括配料和拌和两个生产环节。混凝土的制备除满足混凝土浇筑强度要求外，还应确保混凝土标号无误、配料准确、拌合充分、出机温度适当。

5.4.1 混凝土的配料

配料是按设计要求，称量每次拌和混凝土的材料用量。配料有体积配料法和重量配料法两种。因体积配料法难以满足配料精度的要求，所以水利工程广泛采用重量配料法，即混凝土组成材料的配料量均以质量计。称量的允许偏差（按质量百分比）为：水泥、掺合料、水、外加剂溶液为±1%，骨料为±2%。

1. 混凝土的施工配合比换算

设计配合比中的加水量根据水灰比计算确定，并以饱和面干状态的砂子为标准。在配料时采用的加水量，应扣除砂子表面含水量及外加剂溶液中的水量。所以，施工时应及时测定现场砂、石骨料的含水量，并将混凝土的实验室配合比换算成在实际含水量情况下的施工配合比。

2. 常用称量设备

混凝土配料称量的设备有台秤、地磅、配料器。

(1) 台秤和地磅。当混凝土制备量不大时，多采用台秤或地磅进行称量。其中，地磅称量法最简便，但称量速度较慢。台秤称量，需配置称料斗、储料斗等辅助设备。称料斗安装在台秤上，骨料能由储料斗迅速落入，故称量时间较快，但储料斗承受骨料的重量大，结构较复杂。储料斗的进料可采用皮带机、卷扬机等提升设备。

(2) 配料器。配料器是用于称量混凝土原材料的专门设备，其基本原理是悬挂式的质量秤。按所称物料的不同，可分为骨料配料器、水泥配料器和量水器等。按配料称量的操作方式不同，可分为手动的、半自动化的和自动化的配料器。

在自动化配料器中，装料、称量和卸料的全部过程都是自动控制的。配料时仅需定出所需材料的质量和分量，然后启动自动控制系统，配料器便开始自动配料，并将每次配好的材料分批卸入拌和机中。自动化配料器动作迅速，称量精度高，在混凝土拌和楼中应用很广泛。

5.4.2 混凝土拌和设备及其生产能力的确定

混凝土制备是保证混凝土工程质量的关键作业，而拌和设备又是保证混凝土拌制质量的主要手段。

拌和机是制备混凝土的主要设备。拌和机拌制混凝土有两种方式：一种是利用可旋转的拌和筒上的固定叶片，将混凝土带至筒顶自由跌落拌制；另一种是装料鼓筒不旋转，固定在轴上的叶片旋转带动混凝土料进行强制拌和。前者应用较广泛，多用来拌制具有一定坍落度的混凝土；后者用来拌制干硬性混凝土。

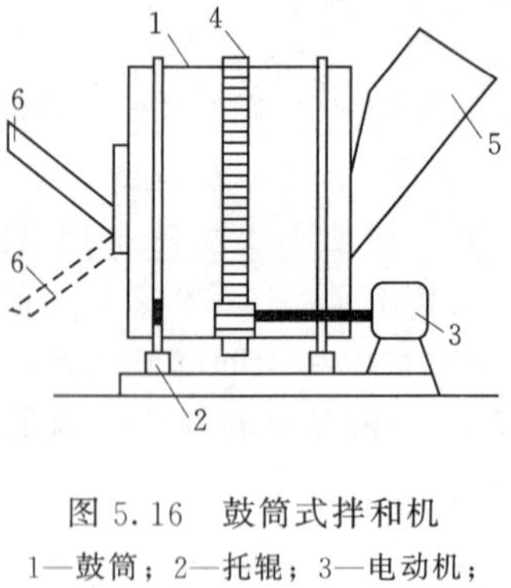

图 5.16 鼓筒式拌和机

1—鼓筒；2—托辊；3—电动机；4—齿环；5—进料斗；6—出料槽

自由跌落式拌和机有鼓筒式和双锥式两种。前者为圆柱形鼓筒，两端开口，一端进料，一端出料。由主动齿轮带动在托辊上的鼓筒旋转。筒内壁装有固定叶片，随筒旋转将混凝土料带上，而后自由跌落，如此循环拌和，最后由可倾出料槽出料，如图 5.16 所示。

双锥式拌和机，鼓筒为双锥形。筒内壁固定叶片，拌和混凝土的原理与鼓筒式相同。由于叶片固定在两个锥形体内壁，能使拌和料交叉翻动，增强了拌和效果。出料时由汽缸活塞推动拌和筒倾斜出料，如图 5.17 所示。

拌和机的主要性能指标是其工作容量，以升或立方米计。如 800L 的拌和机，每一个工作循环出料 0.8m^3，相应要求进料约 1.2m^3，为了有足够的拌制空间，鼓筒容积应为进料体积的 2.5～3 倍。有些国家拌和机的铭牌容量是指进料体积，在计算出料体积时应乘以出料系数，即乘以出料和进料的比值，通常为 0.6～0.7。

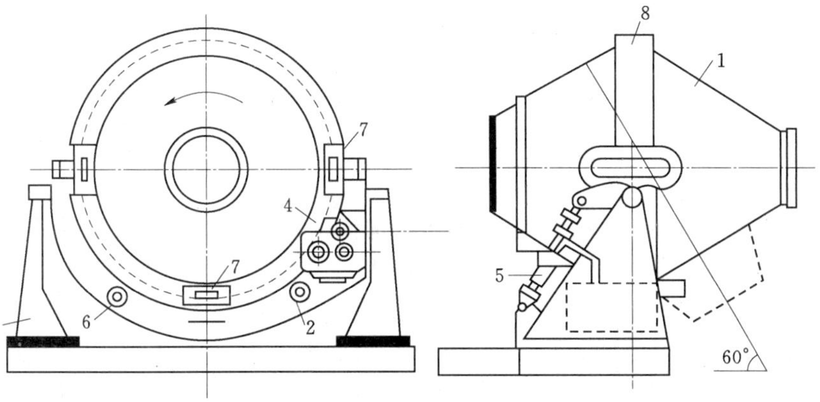

图 5.17 双锥式拌和机

1—拌和鼓筒；2—曲梁；3—机架；4—电动机和减速装置；
5—气缸；6—支承滚轮；7—夹持滚轮；8—齿轮及轮箍

拌和机容量越大，拌和机内叶片耐撞击力越强，故拌和混凝土最大粒径的允许值随拌和机容量加大而加大。

鼓筒式拌和机构造简单，装拆方便，铭牌容量一般为400～800L，生产效率不高，可装在车架上做成移动式，多用于分散、工程量不大的工程；双锥式拌和机容量较大，有800L、1000L、1600L、3000L等。铭牌容量1000L以上者，常用于固定的自动化拌和系统，具有气动、进出料快、技术间歇时间短、生产效率高等优点。每台拌和机的小时生产率 P 可按式（5.5）计算。

$$P=NV=K_t\frac{3600V}{t_1+t_2+t_3+t_4} \tag{5.5}$$

式中 N——每台拌和机每小时平均拌和次数；

V——拌和机出料容量，m^3；

t_1——进料时间，自动化配料为10～15s，半自动化配料为15～30s；

t_2——拌和时间，随拌和机容量、坍落度、气温而异（表5.2），表列数值是常温取值，在冬季应增大50%；

t_3——出料时间，一般倾翻式为15s，非倾翻式为25～30s；

t_4——必要的技术间歇时间，对双锥式为3～5s；

K_t——时间利用系数。

表 5.2 拌和机容量与骨料最大粒径和拌和时间（min）关系

拌和机的进料容量/m^3	最大骨料粒径/mm	坍落度/cm		
		2～5	5～8	>8
1	80		2.5	2
1.6	150或120	2.5	2	2
2.4	150	2.5	2	2
5	150	3.5	3	2.5

5.4.3 拌和站、拌和楼及其设备容量

混凝土生产系统应根据浇筑强度确定生产规模，按用料分散或集中情况设拌和站和或拌和楼。

1. 拌和站、拌和楼的布置

中、小工程，分散工程或大型工程的零星部位，通常设置拌和站，而对于用料集中的大、中型工程，则多设置拌和楼。混凝土系统中，拌和站或拌和楼应尽量靠近浇筑地点，并满足防爆安全距离的要求；拌和站、拌和楼应充分利用地形，减少工程量；其主要建筑物的基础应稳固，承载力满足要求；在使用期内应避免中途搬迁，不与永久性建筑物干扰，与变电、输电设施保持足够的安全距离。

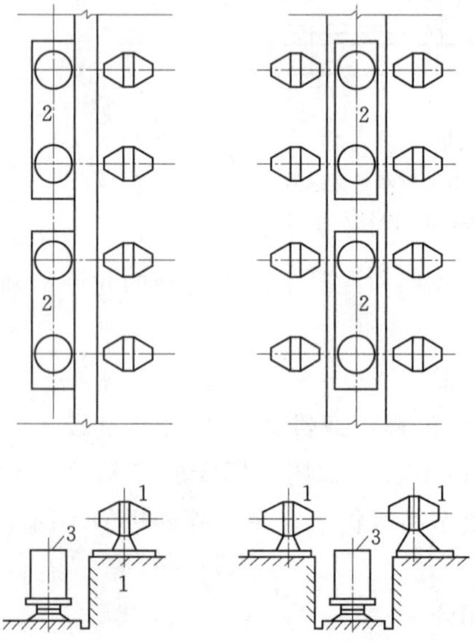

(a)一字型排列布置　(b)双排相向布置

图 5.18　拌和站布置图
1—拌和机；2—运输平车；3—装料立罐

混凝土系统应尽可能集中布置，只有在建筑物分散，高程相差太大，集中布置运距过远，两岸交通联系不便或因砂石料场分散，混凝土系统集中，导致骨料运距太远或不方便的情况，才采用分散布置拌和楼、拌和站。

混凝土系统内部布置应利用地形高差呈台阶形布置，减少物料提升能量消耗。水泥、粉煤灰和掺和料储料设施应尽量靠近拌和楼以缩短运距。制冷、供热也应尽量缩短管线以减少能量损失。进出料应分设在不同高程，并使进料和出料方向错开。出料高程一方面应与混凝土运输线路相适应，同时应使运输车辆或所载料罐上方有足够的净空。出料能力应能满足多品种、多强度混凝土的发运，保证连续供料。出料线路应顺直、畅通，设置必要的避车线，避免进出车辆相互干扰。

对于台阶地形，拌和机数量不多时，可一字形排列；对于沟槽路堑地形，拌和机数量多时，可采用双排相向布置，如图 5.18 所示。拌和站的配料可由人工，也可由机械完成，供料配料设施的布置应考虑进出料方向、堆料场地、运输线路布置。

拌和楼是集中布置的混凝土工厂，常按工艺流程分层布置，分为进料、储料、配料、拌和及出料共五层，其中配料层是全楼的控制中心，设有主操纵台，如图 5.19 所示。

骨料和水泥，用皮带机和提升机分别送到储料层的分格料仓内，料仓有 5～6 格装骨料，有 2～3 格装水泥和掺和料。每格料仓下装有配料斗和自动秤，称好的各种材料汇入集料斗内，再用回转式给料器送入待料的拌和机内。拌和用水则由自动量水器量好后，直接注入拌和机。拌好的混凝土卸入出料层的料斗，待运输车辆就位后，开启气动弧门出料。各层设备可由电子传动系统操作。

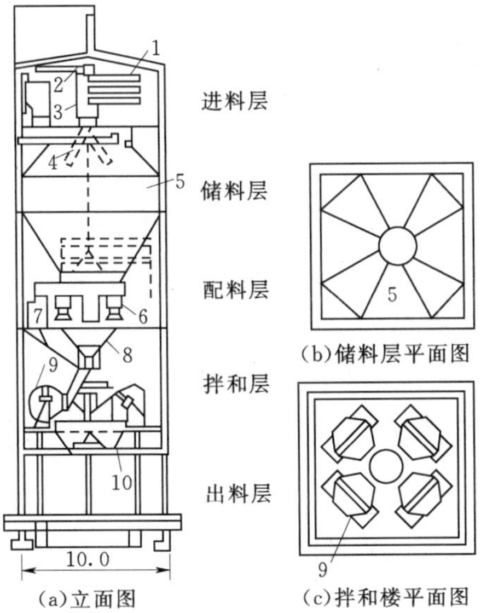

图 5.19 混凝土拌和楼（单位：m）

1—进料皮带机；2—水泥螺旋运输机；3—受料斗；4—分料器；5—储料仓；6—配料斗；7—量水器；8—集料斗；9—拌和机；10—混凝土出料

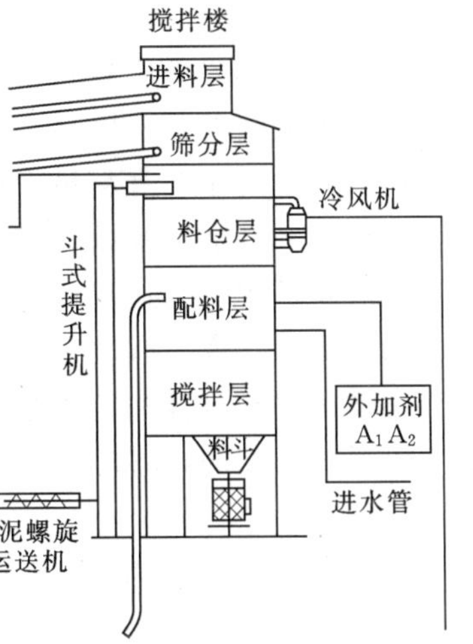

图 5.20 东风电站楼顶二次筛分拌和楼示意图

一座拌和楼通常装 2～4 台 1000L 以上的锥形拌和机，呈巢形布置。拌和楼的生产容量有 4×3000L、2×1600L、3×1000L 等，国内外均有成套设备可供选用，其典型布置如图 5.19 所示。一般拌和楼顶储料仓的容量可储存 1.5～2.0h 骨料量，3～6h 水泥量。沉重的料仓及其配料、拌和设备，除了要求有钢筋混凝土的基础和支承柱外，楼身多用型钢搭建装配而成，以便完工后拆移到其他地方使用。

由于拌和楼的生产效率高，设备配套，管理方便，运行可靠，占地少，故在大、中型混凝土工程中应用较普遍。

为了控制骨料超逊径引起的质量问题，可以采用运送混合骨料至拌和楼顶进行二次筛分。图 5.20 是贵州省乌江东风电站楼顶二次筛分拌和楼示意图。它是在传统拌和楼料仓层上加了一层筛分层。采用这种生产工艺，能在切实控制骨料超逊径的同时，解决远距离、分级轮换供料不能保证生产需要等方面的许多问题。它的主要缺点是：①增加顶层二次筛分以后噪音加剧，工作环境恶化；②拌和楼的动静荷载均有增加，对楼身和基础结构、电子称量系统等提出了更高的要求。

2. 拌和设备容量的确定

拌和设备的生产能力应能满足混凝土质量品种和浇筑强度的要求。规范规定，其小时生产能力可按混凝土月高峰强度计算。混凝土拌和设备需要满足的小时生产能力 P_0 可按下式计算。

$$P_0=K\frac{Q_{\max}}{nm} \tag{5.6}$$

式中 n——高峰月每日平均工作时数，一般取 20h；

m——高峰月有效工作日数，一般取25d；

K——小时生产不均匀系数，可按1.5考虑；

Q_{max}——混凝土月高峰浇筑强度。

确定混凝土拌和设备容量和台数，还应满足如下要求。

（1）能满足同时拌制不同强度的混凝土。

（2）拌和机的容量与骨料最大粒径相适应。

（3）考虑拌和、加冰和掺合料以及生产干硬性或低坍落度混凝土对生产能力的影响。

（4）拌和机的容量与运载重量、装料容器的大小相匹配。

（5）适应施工进度，有利于分批安装，分批投产，分批拆除转移。

大、中型工程确定拌和机的容量，主要考虑满足主体工程浇筑的需要，其他分散零星的用料，可另选小型的或移动式拌和机来满足。

任务5.5　混凝土运输方案的确定

【引例5.5】

（1）混凝土坝的高峰月浇筑强度为$4\times10^4m^3$/月。用进料容量为$2.4m^3$的拌和机。进料时间为15s，拌和时间为150s，出料时间为15s，技术间歇时间为5s。求所需拌和机台数。

（2）混凝土坝施工，高峰月浇筑强度为$4\times10^4m^3$/月。用20t缆机吊运$6m^3$吊罐运送混凝土。吊运循环时间为6min。时间利用系数取0.75，吊罐有效容积利用系数取0.98，综合作业影响系数取0.85，求缆机台数。

混凝土运输是连接拌和与浇筑的中间环节。运输过程包括水平运输和垂直运输，其设备应配合协调；在运输过程中要求混凝土不初凝、不分离、不漏浆、无严重泌水、无过大的温度变化，能保证混凝土入仓温度的要求。所以，装、运、卸不仅应合理安排，而且应满足生产流程各环节的质量要求。运输中每转运一次，增加一次分离的机会，故应尽量减少转运次数，并使转运自由跌落高度不大于2m，否则，应加设缓降器以防止骨料分离。水平运输道路要平顺，盛料容器和车厢应严密不漏，从装料到入仓卸料过程宜控制在30～60min以内，以防止浇筑时混凝土发生初凝。显然，夏季作业运输时间应更短，以控制混凝土温度回升，冬季作业运输时间也不应太长，防止混凝土热量损失过多。

5.5.1　混凝土的运输设备

从混凝土出机到浇筑仓前主要应完成水平运输，从浇筑仓前至仓里主要完成垂直运输，二者采用的运输、提升设备分别介绍如下。

5.5.1.1　混凝土的水平运输设备

通常混凝土的水平运输有有轨运输和无轨运输两种，前者一般用轨距为762mm或1000mm的窄轨机车拖运平台车完成，平台车上除放3～4个盛料的混凝土罐外，还应留一放空罐的位置，以得卸料后起吊设备可以放置空罐。大型平板车载运混凝土立罐如图5.21所示。

放置在平车上的混凝土盛料容器常用立罐。罐壳为钢制品，装料口大，出料口小，并设弧门控制，用人力或压气启闭，如图5.22所示。立罐容积有1 m^3、3m^3、6m^3、9m^3几种，容量大小应与拌和机及起重机的能力相匹配。如3m^3罐为1.7t，盛料3m^3约8t，共约10t，可与1000L、1500L、3000L的拌和机和10t的起重机匹配。6m^3罐则与20t起重机匹配。

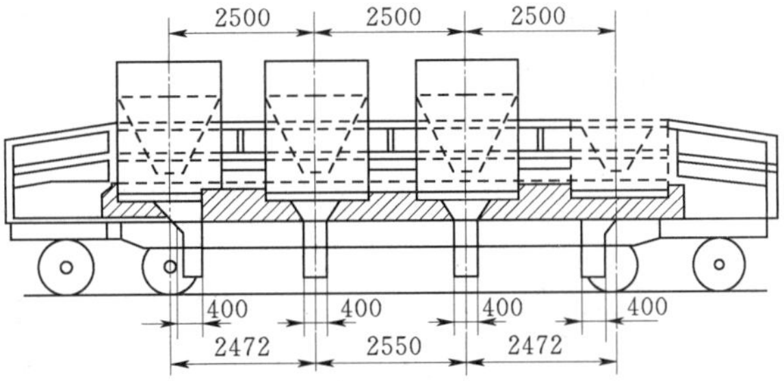

图5.21 大型平板车载运混凝土立罐（单位：mm）

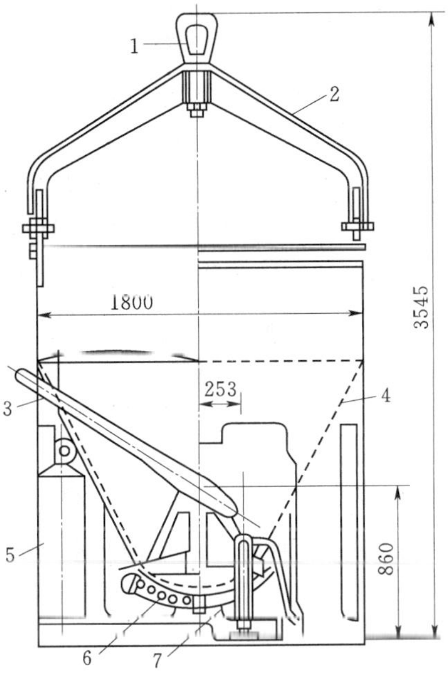

图5.22 混凝土立罐结构图（单位：mm）

1—吊环；2—吊梁；3—操作杆；4—罐壁；5—贮气罐；6—斗门；7—支架

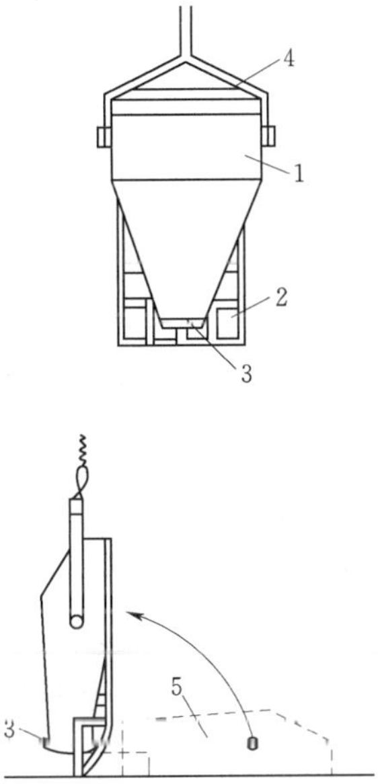

图5.23 混凝土卧罐

1—盛料斗；2—滑架；3—斗门；4—吊梁；5—平卧状态

为了方便卸料，可在罐的底部附设振动器，利用振动作用使塑性混凝土料顺利下落。立罐多用平台车运输，也有将汽车改装后载运立罐的，这样运输较为机动灵活。

汽车运输有用自卸车直接盛混凝土，运送并卸入与起重机不脱钩的卧罐内，再将卧罐吊运入仓卸料；也有将卧罐直接放在车厢内到拌和楼装料后运至浇筑仓前，再由起重机吊入仓内，混凝土卧罐如图5.23所示。

尽管汽车运输比较机动灵活，但成本较高，混凝土容易漏浆和分离，特别是当道路不平整时，其质量难以保证。故通常仅用于建筑物基础部位，分散工程，或机车运输难于达到的部位，作为一种辅助运输方式。

综上可见，大量混凝土的水平运输以有轨机车拖运装载料罐的平板车更普遍。若地形陡峭，拌和楼布置于一岸，则轨路一般按进退式铺设，即列车往返采用进退出入；若运输量较大，则采用双轨，以保证运输畅通无阻；若地形较开阔，可铺设环行线路，效率较高；若拌和楼两岸布置，采用穿梭式轨路，则运输效率更高。有轨运输，当运距1～1.5km，列车正常循环时间约1h，包括料罐脱钩、挂钩、吊运、卸料、空回多次往复时间。视运距长短，每台起重机可配置2～4辆列车。铁路应经常检查维修，保持行驶平稳、安全，有利于减轻运送混凝土的泌水和分离。

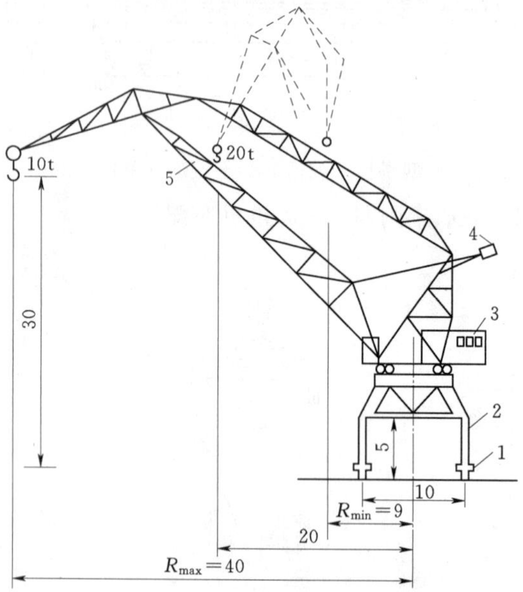

图5.24　10/20t门式起重机（单位：m）

1—行驶装置；2—门架；3—机房；4—活动平衡重；5—起重臂

5.5.1.2　混凝土的垂直运输设备

1. 门式起重机（图5.24）

门式起重机又称门机，它的机身下部有一门架，可供运输车辆通行，这样便可使起重机和运输车辆在同一高程上行驶。它运行灵活，操纵方便，可起吊物料作径向和环向移动，定位准确，工作效率较高。门机的起重臂可上扬收拢，便于在较拥挤狭窄的工作面上与相邻门机共浇一仓，有利于提高浇筑速度。国内常用的10/20t门机，最大起重幅度40/20m，轨上起重高度30m，轨下下放深度35m。为了增大起重机的工作空间，国内新产20/60t和10/30t的高架门机，其轨上高度可达70m，既有利于高坝施工，减少栈桥层次和高度，也适宜于中、低坝降低或取消起重机行驶的工作栈桥。图5.25是10/30t高架门机外形图。

2. 塔式起重机

塔式起重机又称塔机或塔吊。为了增加起吊高度，可在移动的门架上加设高达数十米的钢塔。其起重臂可铰接于钢塔顶，能仰俯，也有臂固定，由起重小车在臂的轨道上行驶，完成水平运动，以改变其起重幅度。10/25t塔式起重机如图5.26所示。塔机的工作空间比门机大，由于机身高，其稳定灵活性较门机差。在行驶轮旁设有夹具，工作时夹具夹住钢轨保持稳定。当有6级以上大风，必须停止行驶工作。因塔顶是借助钢丝绳的索引旋转，所以它只能向一个方向旋转180°或360°后再反向旋转，而门机却可随意旋转，故相邻塔机运行的安全距离要求较严。对10/25t塔机而言，起重机相向运行，相邻的中心距不小于85～87m；当起重臂与平衡重相向时，不小于58～62m；当平衡重相向时，不小于34m。若分高程布置塔机，则可使相近塔机在近距离同时运行。由于塔机运行的灵活性较门机差，其起重能力、生产率都较门机低。

为了扩大工作范围，门机和塔机多安设在栈桥上。栈桥桥墩可以是与坝体结合的钢筋混凝土结构，也可以是下部为与坝体结合的钢筋混凝土，上部是可拆除回收的钢架结构。桥面结构多用工具式钢架，跨度20～40m，上铺枕木、轨道和桥面板。桥面中部为运输轨道，两侧为起重机轨道，如图5.27所示。

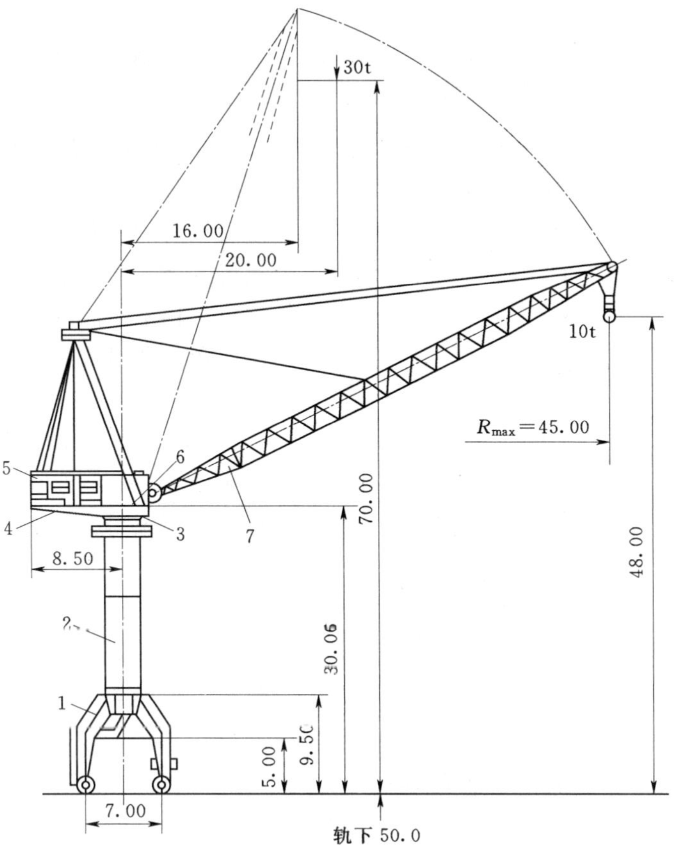

图 5.25　10/30t 高架门机（单位：m）

1—门架；2—高架塔身；3—回转盘；4—机房；5—平衡重；6—操纵台；7—起重臂

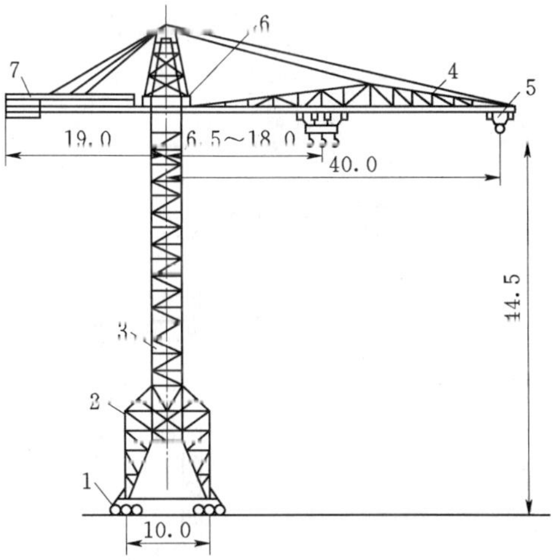

图 5.26　10/25t 塔式起重机（单位：m）

1—行驶装置；2—门架；3—塔身；4—起重臂；5—起重小车；6—回转塔架；7—平衡重

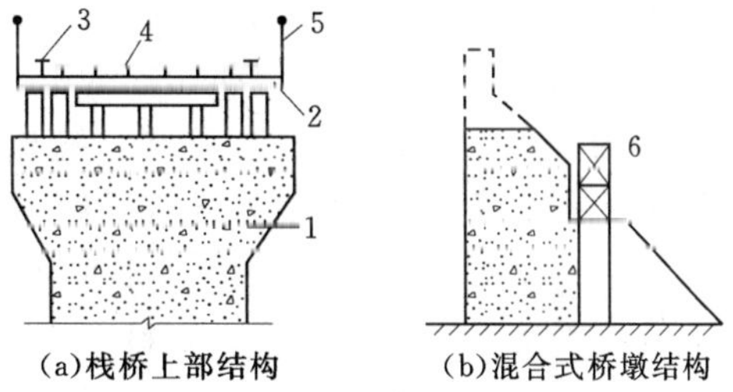

图 5.27　门机和塔机的工作栈桥示意图

1—钢筋混凝土桥墩；2—桥面；3—起重机轨道；4—运输轨道；5—栏杆；6—可拆除的钢架

3. 缆式起重机

平移式缆索起重机有首尾两个可移动的钢塔架。在首尾塔架顶部凌空架设承重缆索。行驶于承重索上的起重小车靠牵引索牵引移动，另用起重索起吊重物。机房和操纵室均设在首塔内，用工业电视监控操纵。尾塔固定，首塔沿弧形轨道移动者，称为辐射式缆机；两端固定者，称为固定式缆机，俗称“走线”。固定式缆机工作控制面积为一矩形；辐射式缆机控制面积为一扇形。固定式缆机运行灵活，控制面积大，但设备投资、基建工程量、能源消耗和运行费用都大于后者。辐射式缆机的优缺点恰好与之相反。

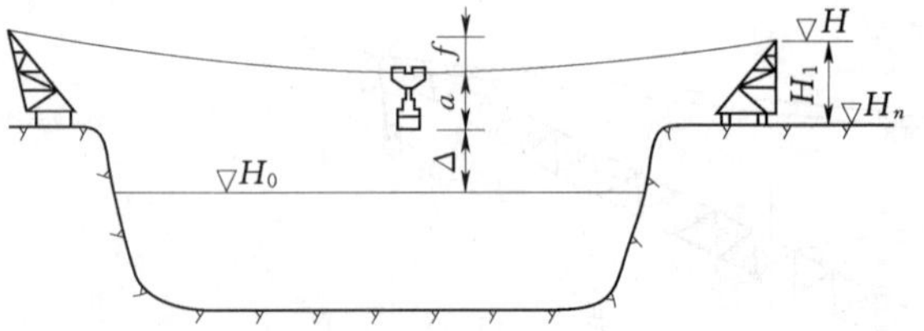

图 5.28 缆机控制高程计算图

缆机的起重量通常为 10～20t，最高达 50t。其跨度和塔架高度视建筑物的外形尺寸和缆机所在位置的地形情况经专门设计而定。经确定塔架高度 H_t 就应选确定塔顶控制高程 H，其关系如图 5.28 所示。

塔架高度 H_t 的计算公式为

$$H_t = H - H_n \tag{5.7}$$

塔顶控制高程 H 的计算公式为

$$H = H_0 + \Delta + a + f \tag{5.8}$$

式中 H_0——缆机浇筑部位的最大高程，m；

Δ——吊物最低安全裕度，不小于 1m；

a——吊罐底至承重索的最小距离，可取 6～10m；

f——满载时承重索的垂度，一般取跨度 L 的 5%；

H_n——轨道顶面高程，m。

缆机质量要求最高的部件是承受载重小车移动的承重索，它要求用光滑、耐磨、抗拉强度很高的高强钢丝制成，价格高昂，其制造工艺仅为世界少数国家掌握。缆机的跨度一般为 600～1000m，跨度太大不仅垂度大，且承重索和塔架承受的拉力过大。缆机起重小车的行驶速度可达 360～670m/min，起重提升速度一般为 100～290m/min。通常，缆机吊运混凝土每小时 8～12 罐。20t 缆机月浇筑强度可达 5 万～8 万 m^3/月。为提高其生产率，当今多采用高速缆机，仓面无线控制操作，定位准确，卸料迅速。为缩短吊运循环时间，尽可能将混凝土拌和楼布置靠近缆机，以便料罐不脱钩，直接从拌和楼接料；如拌和楼不在缆机控制范围内，可采用特制的运料小车，向不脱钩的料罐供料。运料小车从拌和楼接混凝土料后，由机

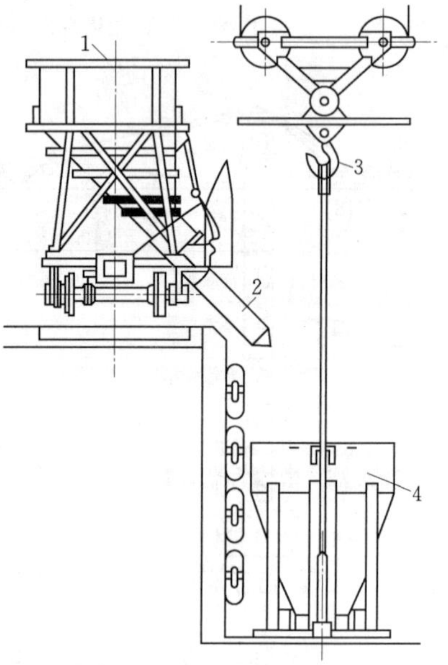

图 5.29 东风电站卸料小车

1—运料小车；2—卸料滑槽；3—起重钩；4—装料料罐

车拖运至缆机控制范围内，对准不脱钩的料罐，将混凝土经倾斜滑槽卸入料罐。这样就省去了装料的脱钩和挂钩时间，如图5.29所示。

4. 履带式起重机

将履带式挖掘机的工作机构改装，即成为履带式起重机。若将$3m^3$挖掘机改装，当起重20t，起重幅度18m时，相应起吊高度23m；当要求起重幅度达28m时，起重高度13m，相应起重量为12t。这种起重机起吊高度不大，但机动灵活，常与自卸汽车配合浇筑混凝土墩、墙或基础、护坦、护坡等。

5. 塔带机

早在20世纪20年代塔带机就曾用于混凝土运输，由于用塔带机输送，混凝土易产生分离和砂浆损失，因而影响了它的推广应用。

近些年来，国外一些厂商研制开发了各种专用的混凝土塔带机，从以下三方面来满足运输混凝土的要求。

(1) 提高整机和零部件的可靠性。

(2) 力求设备轻型化，整套设备组装方便、移动灵活、适应性强。

(3) 配置保证混凝土质量的专用设备。

墨西哥惠特斯（Huites）大坝第一次成功地用3台罗泰克（ROTEC）塔带机为主要设备浇筑混凝土，用2年多时间浇筑了280万m^3混凝土，高峰年浇筑混凝土达210万m^3，高峰月浇筑强度达24.8万m^3，创造了混凝土筑坝技术的新纪录。长江三峡工程用6台塔（顶）带机，1999—2000年共浇筑了330万m^3混凝土，单台最高月产量5.1万m^3，最高日产量3270 m^3。三峡工程采用的美国罗泰克公司制造的TC2400型塔带机如图5.30所示。

塔带机是集水平运输和垂直运输于一体，将塔机和皮带运输机有机结合的专用皮带机，要求混凝土拌和、水平供料、垂直运输及仓面作业一条龙配套，以提高效率。塔带机布置在坝内，要求人坝坝基开挖完成后快速进行塔带机系统的安装、调试和运行，使其尽早投入正常生产。输送系统直接从拌和厂受料，拌和机兼做给料机，全线自动连续作业。机身可沿立柱自升，施工中无需搬迁，不必修建多层、多条上坝公路，汽车可不出仓面。在简化施工设施、节省运输费用、提高浇筑速度、保证仓面清洁等方面，充分反映了这种浇筑方式的优越性。

塔带机一般为固定式，专用皮带机也有移动式的，移动式又有轮胎式和履带式两种，以轮胎式应用较广，最大皮带长度为32～61m，以CC200型胎带机为目前最大规格，布料幅度达61m，浇筑范围50～60m，一般较大的浇筑块可用一台胎带机控制整个浇筑仓面。

塔带机是一种新型混凝土浇筑运输设备，它具有连续浇筑、生产率高、运行灵活等明显优势。随着胶带机运输浇筑系统的不断完善，在未来大坝混凝土施工中将会获得更加广泛的应用。

6. 混凝土泵

混凝土泵可进行水平运输和垂直运输，能将混凝土输送到难以浇筑的部位，运输过程中混凝土拌和物受周围环境因素的影响较小，运输浇筑的辅助设施及劳力消耗较少，是具

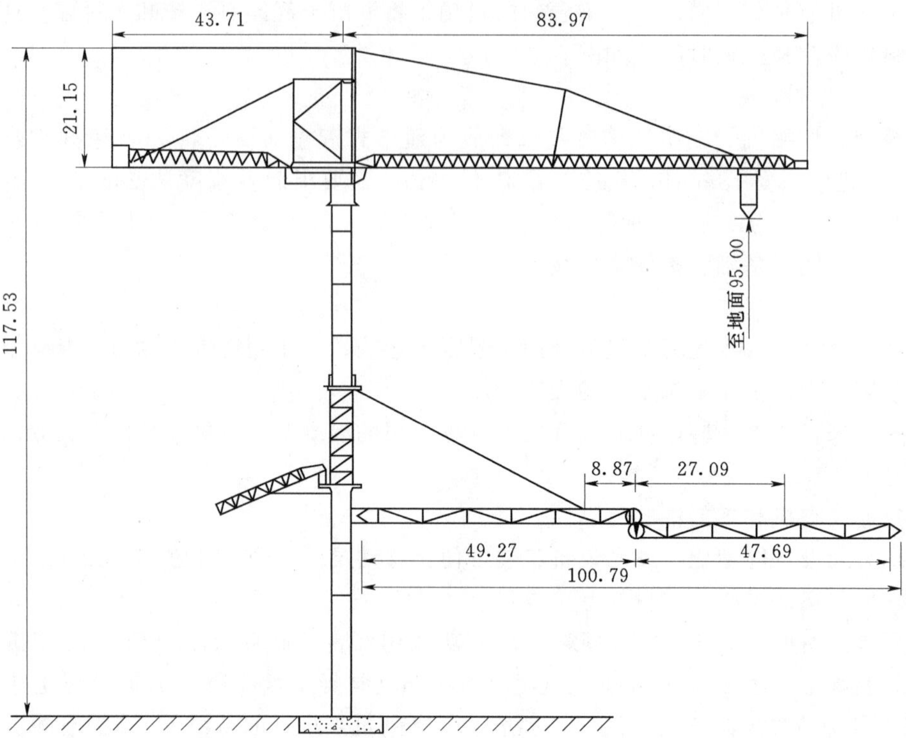

图 5.30　罗泰克公司 TC2400 型塔带机（单位：m）

有相当优越性的运输浇筑设备。然而，由于它对于混凝土坍落度和最大骨料粒径有比较严格的要求，限制了它在大坝施工中的应用。

5.5.2　混凝土运输浇筑方案

1. 门、塔机运输浇筑方案

采用门、塔机浇筑混凝土可分为有栈桥和无栈桥方案。所谓栈桥就是行驶起重运输机械，直接为施工服务的临时桥梁。

（1）门、塔机栈桥运输浇筑方案。设栈桥的目的在于扩大起重机的工作范围，增加浇筑高度，为起重、运输机械提供行驶线路，避免干扰，以利安全高效施工。根据建筑物的外形、断面尺寸，栈桥可以平行坝轴线布置一条、二条或三条，可设于同一高程，也可分设于不同高程；栈桥墩可设于坝内，也可设在坝外；可以是贯通两岸的全线栈桥，也可以是只通一岸的局部栈桥。

栈桥和起重机的布置方案，实质上就是如何使起重机在平面和高程上控制整个建筑物的浇筑部位，使起重机械不仅完成更多混凝土浇筑任务，而且也完成模板、钢筋以及金属结构吊装等辅助工作，最大限度地提高整个工程的施工机械化程度。对于兼有运输任务的栈桥，还应与拌和楼的出料高程协调一致，实现重车下坡。

栈桥布置有如下几种方式：

1）单线栈桥。对宽度不太大的建筑物，将栈桥布置在建筑物轮廓中部，控制大部分浇筑部位，边角部位由辅助浇筑机械完成。单线栈桥可一次到顶，也可分层加高。后者有利于简化栈桥墩结构，使栈桥及早投入运行，避免料罐下放过深，有利于提高趣重机的生产率。但分层加高时，要移动运输路线，对施工进度有一定影响。单线栈桥布置如图 5.31 所示。

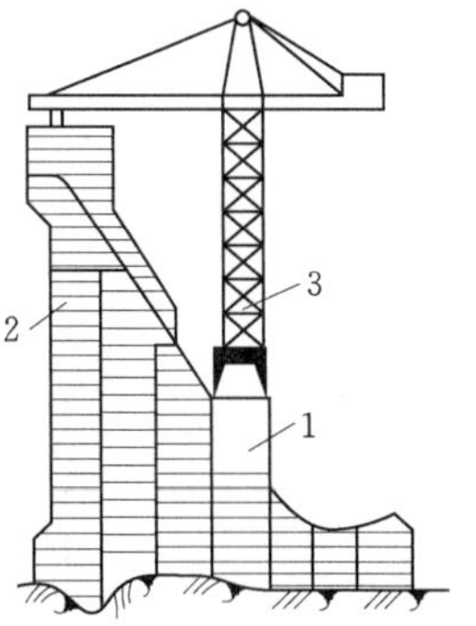

图 5.31 单线栈桥布置图
1—栈桥墩；2—浇筑坝体；3—塔机

2）双线栈桥。通常是一主一辅，主栈桥承担主要的浇筑任务，辅助栈桥主要承担水平运输任务，故应与拌和楼的出料高程协调一致。辅助栈桥也可布置少量起重机，配合主栈桥全面控制较宽的浇筑部位。图 5.32 是重力坝坝后式厂房双线栈桥布置。

3）多线多高程栈桥。对于高坝，轮廓尺寸特大的建筑物，采用门、塔机浇筑方案时，常需设多线多高程栈桥才能完成任务，其布置如图 5.33 所示。显然，这样布置栈桥工作量很大，必然会对运输浇筑造成一定影响，利用高架门机和巨型塔机可减少栈桥的层次和条数。

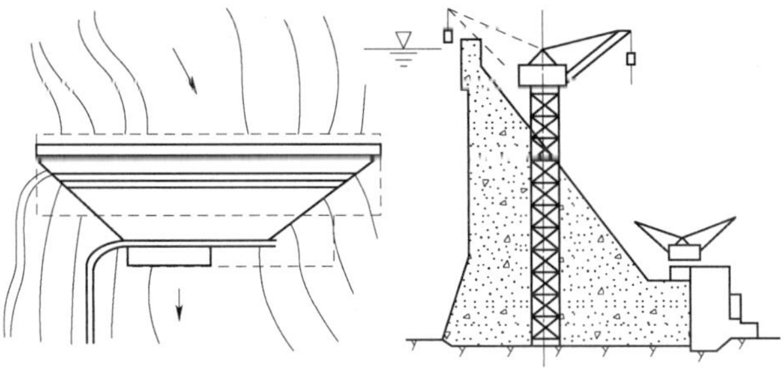
图 5.32 双线栈桥布置图

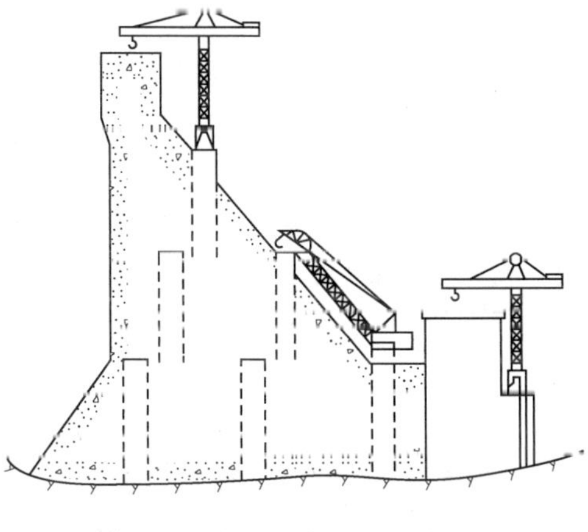
图 5.33 多线多高程栈桥布置图

(2) 门、塔机无栈桥运输浇筑方案。这种方案不仅可以节约栈桥，而且可使门塔机及早投产，及早浇筑混凝土。对于中、低水头工程，其布置情况有：放在围堰顶上［图 5.34 (a)］，放在基坑内的地面上［图 5.34 (b)］，放在已浇好部分建筑物上［图 5.34 (c)、(d)］，放在已浇好的浇筑块上［图 5.34 (e) 和图 5.35］。这种布置的特点是省去了栈桥，机械随浇筑块的上升而上升，故增多了设备搬迁次数，机械的拆迁可借正在运行的机械吊装。门机拆迁一次至少要花 3 天时间，塔机则更长。下层起重机所压浇筑块，可由上层起重机浇筑。

2. 缆机运输浇筑方案

缆机的塔架常安设于河谷两岸，通常布置在所浇建筑物外，还可提前安装，一次架

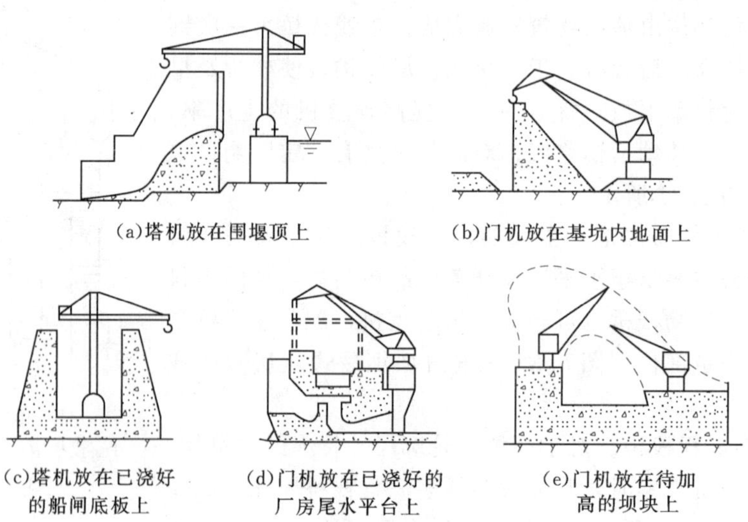

(a)塔机放在围堰顶上　(b)门机放在基坑内地面上

(c)塔机放在已浇好的船闸底板上　(d)门机放在已浇好的厂房尾水平台上　(e)门机放在待加高的坝块上

图 5.34　无栈桥门、塔机布置图

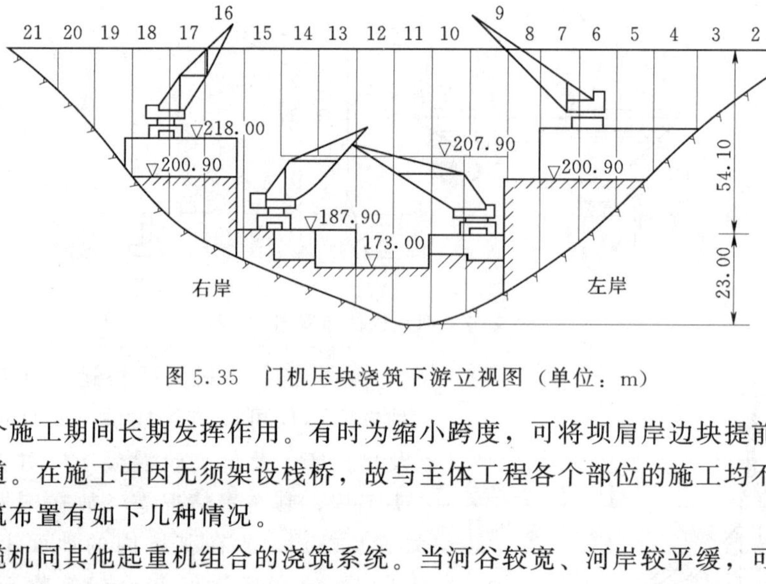

图 5.35　门机压块浇筑下游立视图（单位：m）

设，在整个施工期间长期发挥作用。有时为缩小跨度，可将坝肩岸边块提前浇好，然后敷设缆机轨道。在施工中因无须架设栈桥，故与主体工程各个部位的施工均不发生干扰。缆机运输浇筑布置有如下几种情况。

(1) 缆机同其他起重机组合的浇筑系统。当河谷较宽、河岸较平缓，可让缆机控制建筑物的主要部位，用辅助机械浇筑坝顶和边角地带。如巴西和巴拉圭联合修建的伊泰普水电站，坝高 180m，采用 7 台跨度 1300 余米起质量为 20t 的快速缆机，完成坝体 2/3 高度以下的浇筑任务。上部则用 12 台 20t 的塔机浇筑，其布置如图 5.36 所示。

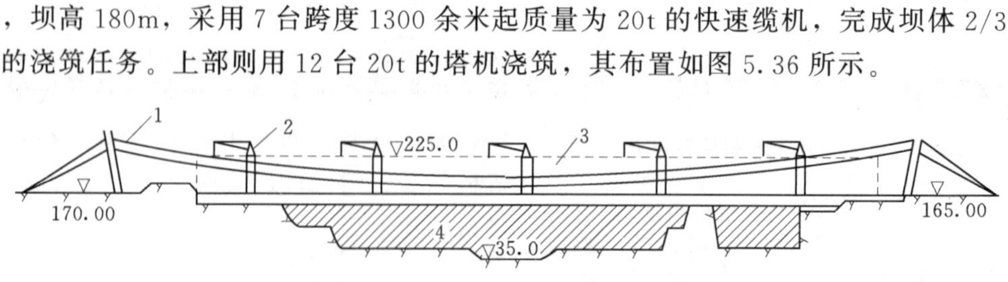

图 5.36　伊泰普水电站缆机和塔机组合浇筑方案（单位：m）

1—快速缆机；2—塔机；3—塔机浇筑部位；4—缆机浇筑部位

(2) 立体交叉缆机浇筑系统。在深山峡谷筑高坝，且要求兼顾枢纽的其他工程，则可分高程设置缆机轨道，组成立体交叉浇筑系统，根据枢纽布置设置不同类型的缆机。如图5.37所示为美国鲍尔德坝综合缆机方案布置。该坝高226m，两岸有进水塔、岸边式厂房，在不同高程分设了4台平移式、2台辐射式和1台固定式缆机，组成一个立体交叉缆机浇筑系统。

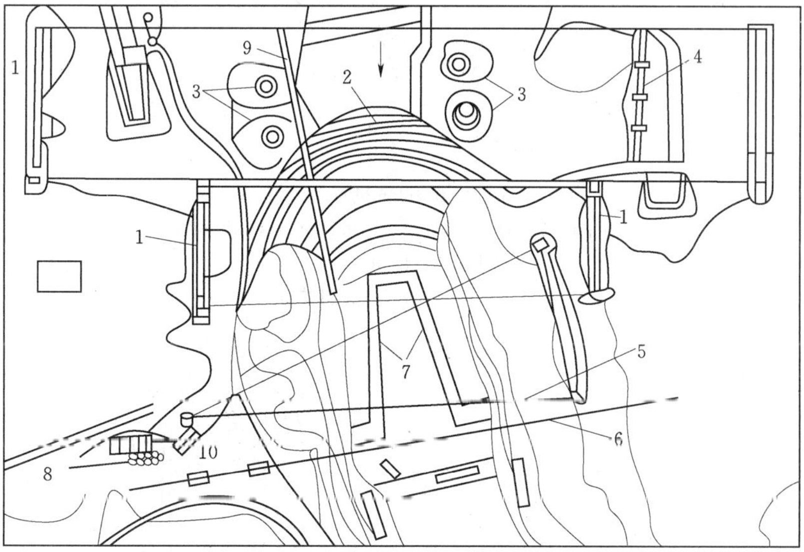

图5.37 鲍尔德坝综合缆机方案布置图

1—平移式缆机轨道；2—重力拱坝；3—进水塔；4—溢流堰；5—辐射式缆机；6—固定式缆机；7—水电站厂房；8—水泥仓库；9—供料栈桥；10—混凝土拌和楼

(3) 辐射式缆机浇筑系统。据国外50个采用缆机浇筑的工程统计，采用辐射式缆机约占60%。国内也有不少工程采用辐射式缆机，特别是修筑拱坝。图5.38是乌江东风水电站拱坝的辐射式缆机布置图，它的固定端锚固在岩壁上，供料系统布置在尾塔一侧。在地形合适的情况下，也有采用辐射式缆机进行重力坝的浇筑，如图5.39所示，它的固定端是首塔，供料系统则布置在首塔一侧。

也有共用一固定首塔，尾塔则布置在不同高程的轨道上，如图5.40所示。国内贵州省乌江渡浇筑拱型重力坝有两台辐射缆机也采用了类似的布置。

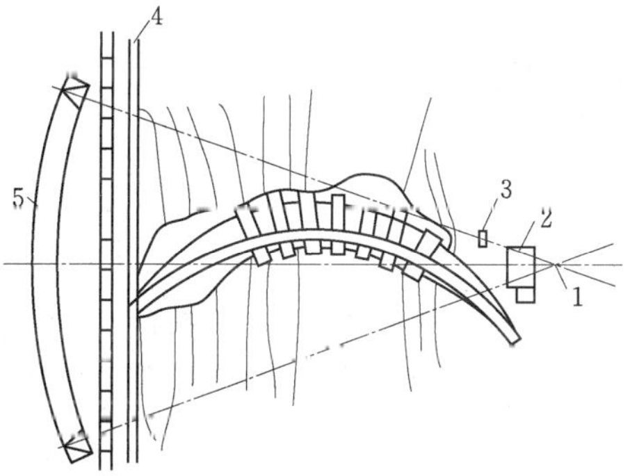

图5.38 东风水电站拱坝的辐射式缆机布置图

1—岩壁锚固；2—机房；3—操作房；4—动料轨道；5—缆机轨道

3. 辅助运输浇筑方案

通常一个混凝土坝枢纽工程，很难用单一的运输浇筑方案完成，总要辅以其他运输浇筑方案配合施工。有主有辅，相互协调，更为理想，常用的辅助浇筑方案有如下几种。

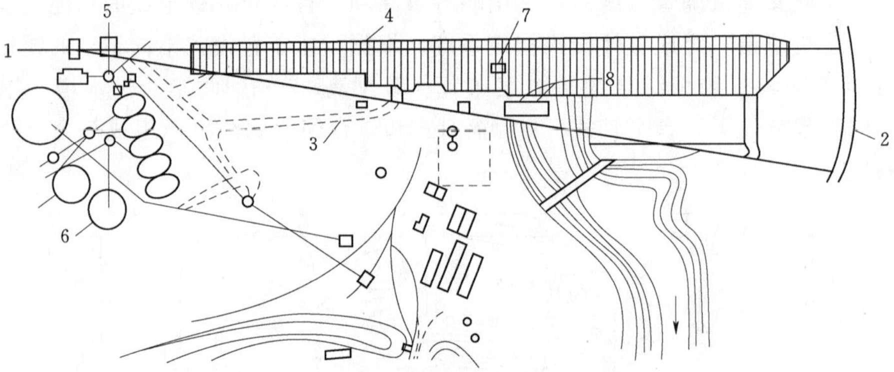

图 5.39　辐射式缆机浇筑重力坝的布置图

1—固定首塔式起重机架；2—尾塔轨道；3—运输线路；
4—重力坝；5—拌和楼；6—料堆；
7—移动料斗；8—分料装置

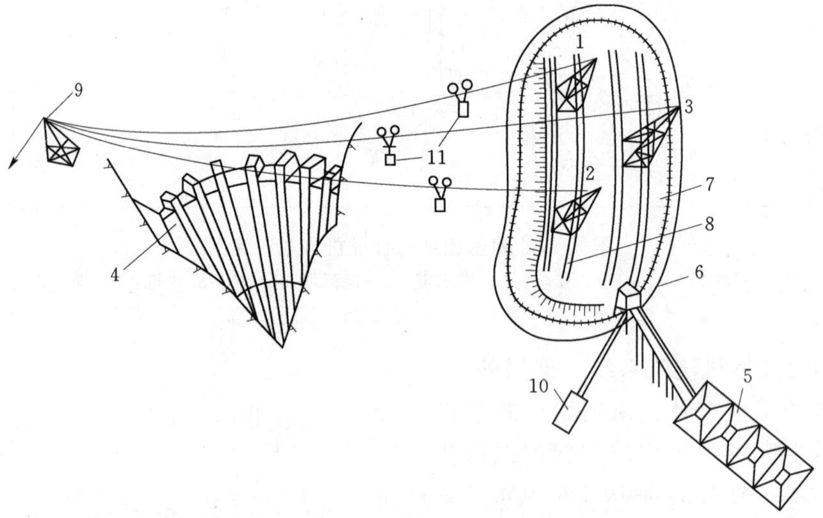

图 5.40　共用一塔架的多台辐射式缆机布置图

1～3—辐射式缆机及其编号；4—拱坝；5—骨料堆；6—拌和楼；7—混凝土运输环形线路；
8—缆机轨道；9—共用一固定端塔架；10—水泥料仓；11—移动起重小车和料罐

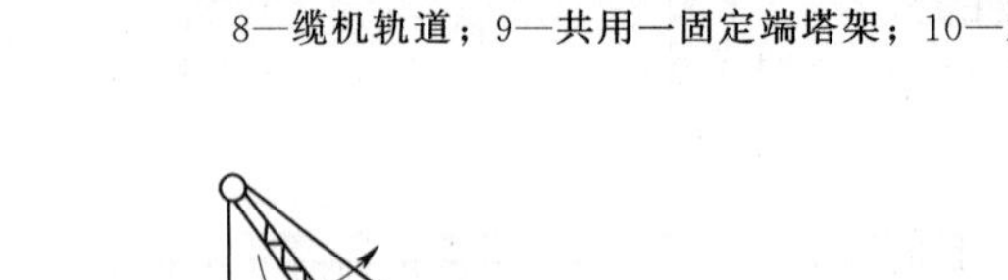

图 5.41　履带式起重机浇筑主体工程基础部分布置图

1—自卸汽车；2—卧槽；3—履带式起重机；4—浇筑仓位

(1) 履带式起重机浇筑方案。用自卸汽车装料运至仓前，卸入由履带起重机起吊的不脱钩的卧罐里，再吊运入仓。一般用于浇筑较低的建筑物，如水闸、厂房、船闸、护坦和消能工等。图 5.41 表示履带起重机浇筑主体工程的基础，这样，可以使主体工程在主要运输浇筑系统形成以前及早进行浇筑。这种浇筑方案准备工作量少，方便灵活。

(2) 汽车运输浇筑方案。装料后的自卸汽车直接入仓卸料，避免了中途转运。为使自卸汽车直接进入浇筑部位，常架设轻便栈桥，汽车倒退上桥卸料，必要时经溜筒入仓。支承桥面的钢筋柱埋入混凝土中不再拆除，桥面可拆除再次利用。汽车栈桥浇筑混凝土如图5.42所示。为节省栈桥，国内外有的工程采用自卸汽车由已浇混凝土面上倒退入仓卸料。此时，要求行驶汽车的混凝土，龄期在12h以上，在覆盖上层混凝土前需冲毛，每层铺厚0.7m。汽车入仓前应用冲洗设备将车轮上的污泥洗净。

汽车入仓浇筑，施工简便。取样证明，车轮的碾压并不影响混凝土质量，由于薄层铺筑，有利于散热。但应注意卸料过高引起混凝土分离及对模板、钢筋的冲击，故不宜用于结构复杂多筋的部位。福建省池潭水电站和葛洲坝工程都试用过这种浇筑方案。采用这种浇筑方案如何提高混凝土质量，还有待进一步研究解决。

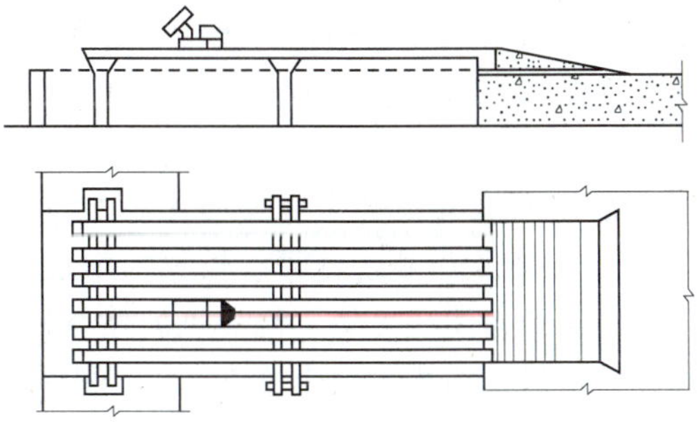

图5.42 汽车栈桥浇筑混凝土

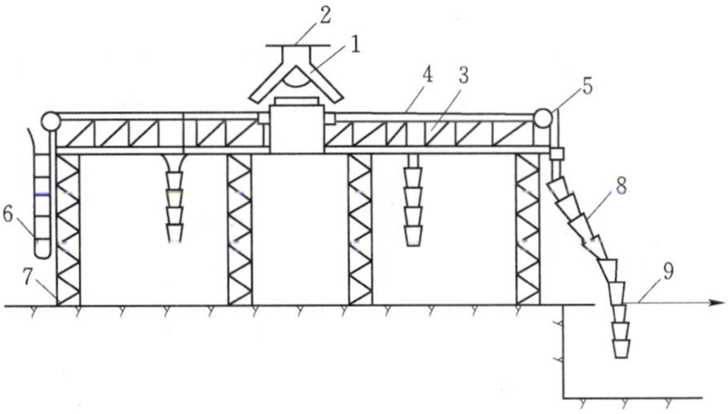

图5.43 皮带运输机浇筑方案

1—进料皮带；2—分料小车；3—横向分料皮带机；4—卸料刮板；5—挡板；6—卸料溜筒；7—钢筋骨架柱；8—流管；9—拉绳

(3) 皮带运输机浇筑方案。当浇筑部位距拌和楼（站）不远，地形平缓时，可用皮带运输混凝土直接入仓。皮带机架设在轻便栈桥上，其支柱可用钢筋或钢筋混凝土，浇后不再拆除。散料的横向皮带机可设在栈桥上，也可以置于分料小车两侧，形成双悬臂式，如图5.43所示。为避免卸料时混凝土产生分离，皮带机的卸料口应悬挂缓降筒或溜管。溜管由铁皮制成锥台状的管节套串悬挂，其出口距浇筑面应不大于1.5m。卸料时可用绳牵拉溜管使之均匀卸料，且始终让溜管出口段与浇筑面保持正交，尽量减少分离。溜管的卸料高度一般不大于10m，当卸料高度过大，可在溜管内设缓降装置，外部加振动器，成为振动溜管。

皮带机运输浇筑混凝土，设备简单，管理方便，能耗较小，浇筑强度高，但运输中容易漏浆、分离，且受气温影响大。为此，应控制皮带机倾角，向上不大于20°，向下不大于10°，运行速度不大于1.2m/s。机架上应加盖，防雨、防晒、防风、保温。皮带行驶途中设弧形卸料刮刀，并与皮带运行方向呈45°的夹角。机头卸料处加橡皮挡板刮浆，防止黏结皮带表面。

5.5.3 混凝土运输浇筑方案的选择及起重机械数量的确定

1. 混凝土运输浇筑方案的选择

混凝土运输浇筑方案的选择通常应考虑如下原则：

(1) 运输效率高，成本低，转运次数少，不易分离，质量容易保证。

(2) 起重设备能够控制整个建筑物的浇筑部位。

(3) 主要设备型号单一，性能良好，配套设备能使主要设备的生产能力充分发挥。

(4) 在保证工程质量前提下能满足高峰浇筑强度的要求。

(5) 除满足混凝土浇筑要求外，同时能最大限度地承担模板、钢筋、金属结构及仓面小型机具的吊运工作。

(6) 在工作范围内能连续工作，设备利用率高，不压浇筑块，或不因压块而延误浇筑工期。

尚应指出，在整个施工过程中，运输浇筑方案通常不是一成不变的，而是随工程形象进度的变化而变化。导流方案及施工的分期均对浇筑运输方案有影响，但建筑物尺寸、工程规模往往起主导作用。

对于高大建筑物，垂直运输应以门、塔机栈桥方案和缆机方案作为主要的比较方案；而以履带式起重机、汽车、皮带机运输为辅助方案。门、塔机方案适合河谷较宽的坝址；中偏低或低坝可不设栈桥；高坝则设栈桥。狭窄河谷首先考虑缆机方案；当顺流向建筑物尺寸大或有多个建筑物，则应考虑平移式缆机或平移、辐射式缆机的组合方案；对结构物尺寸单薄，如拱坝，则多采用以辐射缆机为主的方案；浇筑强度较大时，可采用一固定塔架、多台辐射式缆机方案；对中等高度、结构单薄的坝，如薄拱坝、支墩坝，在缺乏大型起重机械时，可采用固定式缆机（走线）或固定钢塔配合小车转运的方案，起重钢塔可竖直架立，也可沿支墩斜面倾斜布置。对高度较低的建筑物，如低坝、厂房、水闸、船闸、护坦及各种墩、墙零星分散的小型建筑物，则常以履带式起重机、汽车、皮带机为主要浇筑手段。

对大、中型建筑物，应根据不同的部位，不同的施工时段，采用不同的运输浇筑方案。一座建筑物沿高度方向可分为底部、中部和顶部，沿轴线方向可分为河槽部位和岸边部位。从施工阶段划分又有初期、中期和后期。不同时期工程的形象也在发生变化。现以分期导流为例，研究不同时期的浇筑方案选择。

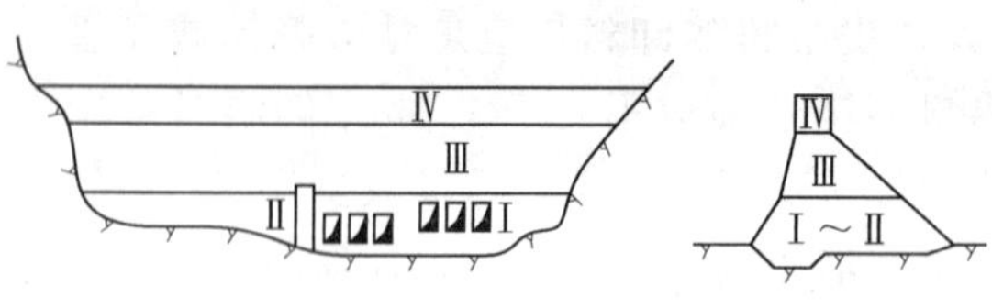

图 5.44 分期导流混凝土坝浇筑时段划分

图 5.44 将坝体浇筑划分为Ⅰ、Ⅱ、Ⅲ、Ⅳ四个阶段，Ⅰ、Ⅱ阶段为浇筑前期，Ⅲ阶段为浇筑中期，Ⅳ阶段为浇筑后期。

前期施工高程较低，主要浇筑系统一般尚未形成或未完全形成，工作面比较狭窄。此时，尽管浇筑总量不是很大，但由于度汛要求，浇筑强度仍然较高，但多以水平运输为主，故可采用皮带机运输、履带起重机配合汽车运输或汽车直接入仓浇筑，并以部分形成或刚刚形成的门塔机浇筑系统组成综合运输浇筑方案。

中期浇筑的主要特点是施工高度较高、工程量大、工作面已全面铺开，可以充分布置机械，浇筑强度较高，高峰强度多出现在这个时期，垂直运输占主导地位。这时，多以门、塔机栈桥或缆机浇筑方案为主，辅以其他运输浇筑方式，或采用门、塔机栈桥与缆机的组合方案。

后期的特点是工作前沿长，提升高度大，但施工工作量和强度均较小。通常只需部分利用中期的设备，并辅以少量轻便灵活的设备便能完成，后期常要考虑部分大型设备的搬迁和撤退。

2. 起重机械数量的确定

(1) 月实用生产率。任何一台起重机的月实用生产率 P_m（m^3/台月）可按下式计算：

$$P_m = P_t mnK_1K_2K_3 \tag{5.9}$$

其中

$$P_t = N_0 q$$

式中 P_t——起重机的技术生产率；

N_0——每小时吊运罐数；

q——每罐的有效容积，m^3；

m——每月有效工作天数，可取 $m=25$d；

n——每天有效工作时数，可取 $n=20$h；

K_1——吊罐有效容积利用系数，考虑混凝土损耗，取 0.98；

K_2——时间利用系数，与起重机台数、供料方式、班内时间利用情况有关，在 0.62～0.80 范围内；

K_3——综合利用系数，视完成吊运钢筋构架、大型模板、金属结构等辅助工作量而定，可取 0.60～0.85，对于缆机若只浇混凝土则取 1。

(2) 小时浇筑强度 Q_h（m^3/h）。按下式计算：

$$Q_h = \frac{\overline{Q}_m}{nm} K_m K_d K_h \tag{5.10}$$

式中 $\overline{Q}_m$——浇筑高峰年或高峰时段的月平均强度，m^3/月；

K_m——月不均匀系数，按高峰年计算时参照表 5.3 取值，按高峰时段计算时则一般取 1.1～1.2；

K_d——浇筑的日不均匀系数，按表 5.3 取值；

K_h——浇筑的小时不均匀系数，视工程规模、施工组织、机械配套等情况而定，一般取 1.2～1.6。

表 5.3 **混凝土浇筑高峰年的月、日不均匀系数**

坝　　型	重力坝	轻型坝	河床式闸坝
月不均匀系数 K_m	1.2～1.5	1.3～1.7	1.5～1.8
日不均匀系数 K_d	1.1～1.3	1.2～1.4	1.3～1.5

(3) 起重机需用数量。起重机需用数量 N 按式 (5.11) 计算后取整。

$$N=\frac{Q_m}{P_m}K_0 \tag{5.11}$$

式中 Q_m——施工进度要求的月浇筑强度，可据式（5.10）的 $\overline{Q}_m$ 并考虑相应不均匀系数而定，m^3/月；

P_m——起重机实际台月生产率，m^3/台月，见式（5.9）；

K_0——备用系数，对大型专用机械，因时间利用系数或年工作台班定额中已考虑了多种影响因素，故取 $K_0=1.0$。

由式（5.9）可见：应改善供料条件，加强起重机械的管理和维修，尽量提高时间利用系数；另一方面宜搭配必要的辅助机械，用以完成辅助作业，最大限度地提高综合利用系数，让主导起重机械充分用来浇筑混凝土。

任务 5.6　混凝土的浇筑、温控及养护

【引例 5.6】 某混凝土重力坝工程包括左岸非溢流坝段、溢流坝段、右岸非溢流坝段、右岸坝肩混凝土刺墙段。最大坝高 43m，坝顶全长 322m，共 17 个坝段。该工程采用明渠导流施工。坝址以上流域面积 610.5km^2，属于亚热带暖湿气候区，雨量充沛，湿润温和。平均气温比较高，需要采取温控措施。施工组织设计主要内容包括：

（1）大坝混凝土施工方案的选择。

（2）坝体的分缝分块。根据混凝土坝型、地质情况、结构布置、施工方法、浇筑能力、温控水平等因素进行综合考虑。

（3）坝体混凝土浇筑强度的确定。应满足该坝体在施工期的历年度汛高程与工程面貌。在安排坝体混凝土浇筑工程进度时，应估算施工有效工作日，分析气象因素造成的停工或影响天数，扣除法定节假日，然后再根据阶段混凝土浇筑方量拟定混凝土的月浇筑强度和日平均浇筑强度。

（4）混凝土拌合系统的位置与容量选择。

（5）混凝土运输方式与运输机械选择。

（6）运输线路与起重机轨道布置。门、塔机栈桥高程必须在导流规划确定的洪水位以上，宜稍高于坝体重心，并与供料线布置高程相协调，栈桥一般平行于坝轴线布置，栈桥墩宜部分埋入坝内。

（7）混凝土温控要求及主要温控措施。

【思考】

（1）为防止混凝土坝出现裂缝，可采取哪些温控措施？

（2）混凝土浇筑的工艺流程包括哪些？

（3）对于 17 个独立坝段，每个坝段的纵缝分块形式可以分为几种？

（4）大坝混凝土浇筑的水平运输包括哪些方式？垂直运输设备主要有哪些？

（5）大坝混凝土浇筑的运输方案有哪些？本工程采用哪种运输方案？

（6）混凝土拌和设备生产能力主要取决于哪些因素？

（7）混凝土的正常养护时间至少约为多长？

5.6.1 混凝土的浇筑

5.6.1.1 混凝土坝的浇筑方式

由于多种条件的限制，不可能将整个坝体连续不断地一次浇筑完毕，需要采取分缝分块的方式，将坝体划分成许多浇筑块进行混凝土浇筑。

混凝土坝的分缝分块，首先沿坝轴线方向，将坝的全长划分为15～20m左右的若干坝段。坝段之间的缝统称为横缝。重力坝的横缝一般与伸缩沉降缝结合，是不需要接缝灌浆处理的结构缝，又称为永久缝。拱坝的横缝由于有传递应力的要求，需要进行接缝灌浆处理，称为临时缝。其次，每个坝段又常用纵缝划分成若干坝块，也有整个坝段不再设缝而进行通仓浇筑的。在坝体高度方向，常因不可能一次从基础浇筑到坝顶，需要分块上升，上下块之间就形成了水平施工缝。非结构性的横缝、坝段纵缝、浇筑块之间的垂直缝和水平缝都是临时缝，又称施工缝，都需要进行处理，否则会影响坝的整体性。常见的坝段分缝分块类型如图5.45所示。

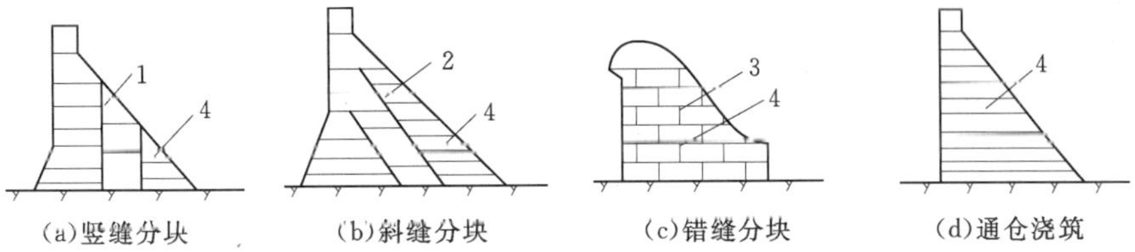

图5.45 分缝分块类型

1—竖缝；2—斜缝；3—错缝；4—水平施工缝

1. 竖缝分块

竖缝分块是用平行于坝轴线的铅直缝把坝段分成若干柱状体，所以又称为柱状分块。在施工中习惯于将一个坝段的几个柱状体从上游到下游依次编号为1仓、2仓、……这种分缝分块型式始于20世纪30年代末美国胡佛坝的施工，因而被称为传统的分缝分块型式，也是我国使用最广泛的一种分缝分块型式。

为了恢复因竖缝而破坏的坝体整体性，需进行接缝灌浆处理，或用膨胀混凝土回填宽缝。预留的宽缝又称预留宽槽，槽宽一般1m左右。宽槽两侧的柱状体可各自单独上升而不必限制相邻块高差。宽槽的缝面处理及混凝土回填的劳动条件差，从而限制了这种分缝方式的应用。普遍应用的是灌浆竖缝。

沿竖缝方向存在着剪应力，而灌浆形成的接缝面的抗剪强度较低，需设置键槽以增强缝面抗剪能力。键槽的两个斜面应尽可能分别与坝体的两组主应力相垂直，从而使两个斜面上的剪应力接近于零，如图5.46所示。键槽的形式有两种：不等边直角三角形和不等边梯形。为了施工方便；各条竖缝的键槽往往做成统一的形式。

如图5.47所示，为了便于键槽模板安装，并使先浇块拆模后不形成易受损的突出尖角，三角形键槽模板总是安装在先浇块的铅直模板内侧面上，直角的对边是铅直的。为了使键槽面与主应力垂直，若上游块先浇，则应使键槽直角的短边在上、长边在下。反之，下游块先浇，则应长边在上、短边在下。施工中应注意这种键槽长短边随浇筑顺序而变的关系。

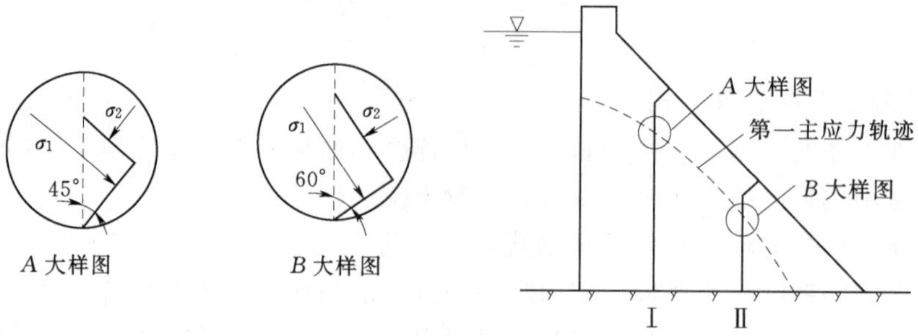

图 5.46 坝体主应力与竖缝键槽

σ_1、σ_2—第一、第二主应力；Ⅰ、Ⅱ—竖缝编号

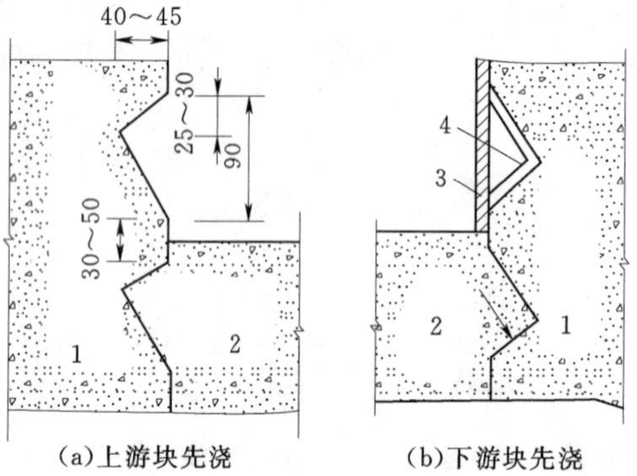

图 5.47 键槽模板（单位：cm）

1—先浇块；2—后浇块；3—铅直模板；4—键槽模板

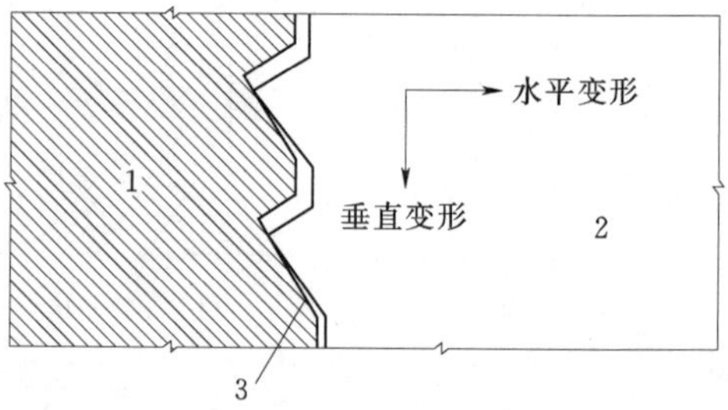

图 5.48 键槽面的挤压

1—先浇块；2—后浇块；3—键槽挤压面

在施工中由于各种原因常出现相邻块高差。混凝土浇筑后会发生冷却收缩和压缩沉降导致的变形。如果相邻块高差过大，当后浇块浇筑后，因为先浇块的变形已大部分完成而后浇块的变形才刚刚开始发生，于是在相邻块之间出现了较大的变形差，使得键槽的突缘及上斜边拉开，下斜边挤压，如图 5.48 所示。

键槽面挤压可能引起两种恶果：一是接缝灌浆时管路不通，影响灌浆质量；二是键槽被剪断。所以，相邻块高差要作适当控制。我国相关规范规定，相邻坝块的高差一般不超过 10～12m。高差控制多少，除了与坝块温度及分缝间距等有关以外，还与先浇块键槽下斜边的坡度密切相关。当长边在下，坡度较陡，对避免挤压有利；当短边在下，坡度较缓，容易形成挤压。所以，有些工程施工时，把相邻块高差区分为正高差和反高差两种。上游块先浇（键槽长边在下）形成的高差称为正高差，一般按 10～12m 控制。下游块先浇（键槽短边在下）形成的高差称为反高差，从严控制为 5～6m。

采用竖缝分块时，分缝间距越大，块体水平断面积越大，竖缝数目和缝的总面积越小，接缝灌浆及模板作业工作量越少；但温度控制要求越严。如何处理它们之间的关系，要视具体条件而定。从混凝土坝施工发展趋势看，明显地朝着尽量减少竖缝数目，直至取消纵缝进行通仓浇筑的方向发展。

关于浇筑块的高度，我国和加拿大曾经采用过高块浇筑，块高达到 10m 甚至 20m 以上。高块浇筑的优点是减少了水平施工缝及其处理工作量。但立模困难，对温控不利，所以没有推广应用。目前浇筑块高度多在3m以下。

2. 斜缝分块

斜缝分块是大致沿两组主应力之一的轨迹面设置斜缝，缝是向上游或下游倾斜的。斜缝分块的主要优点是缝面上的剪应力很小，使坝体能保持较好的整体性。按理说，斜缝可以不进行接缝灌浆。如柘溪大头坝倾向上游的斜缝只做了键槽，加插筋和凿毛处理；但也有灌浆的，如桓仁大头坝的斜缝。

斜缝不能直接通到坝的上游面，以避免库水渗入缝内。在斜缝终止处应采取并缝措施，布置骑缝钢筋或设置并缝廊道，以免因应力集中导致斜缝沿缝端向上发展。

斜缝分块同样要注意均匀上升和控制相邻块高差。高差过大则两块温差过大，容易在后浇块上出现温度裂缝。

斜缝分块的主要缺点是坝块浇筑的先后顺序受到限制，如倾向上游的斜缝就必须是上游块先浇、下游块后浇，不如竖缝分块那样灵活。

3. 错缝分块

错缝分块，是用沿高度错开的竖缝进行分块，又叫砌砖法。浇筑块不大（通常块长200m左右，块高1.5～4m），对浇筑设备及温控的要求相应较低。因竖缝不贯通，也不需接缝灌浆。然而施工时各块相互干扰，影响施工速度；浇筑块之间相互约束，容易产生负温度裂缝，尤其容易使原来错开的竖缝变为相互贯通。20世纪50年代以前，苏联在低坝中采用较多。目前这种分块方式已很少采用。

4. 通仓浇筑

通仓浇筑是不设纵缝，一个坝段只有一个仓。由于不设纵缝，纵缝模板、纵缝灌浆系统以及为达到灌浆温度而设置的坝体冷却设施都可以取消，是一种先进的分缝分块方式。由于浇筑尺寸大，对浇筑设备能力，尤其是对温度控调的水平提出了更高的要求。第一个通仓浇筑坝是美国的布尔肖斯坝，该坝高度为87m，建成于1952年，它首次采用骨料预冷技术来降低混凝土浇筑温度。迄今采用此种方法建成的规模最大的是美国德沃歇克坝（1972年建成），该坝高219m，最大坝底宽153m。它进行通仓浇筑的主要做法是：

（1）基础部位从最高温度下降到稳定温度不允许超过16.7℃，为此要求基础混凝土最高温度不超过24℃。

（2）对不同高程提出不同的设计强度，从基础部位的90d龄期19.9MPa变化到顶部10.3MPa，严格控制水泥用量，掺粉煤灰41～54kg/m^3。

（3）混凝土浇筑温度限制在4.4～7.2℃之间，为此采用以预冷骨料为主的混凝土降温措施。

（4）浇筑块厚度1.5m，最大间歇期短于14d。

（5）基础部位埋水管进行初期通水冷却。

（6）严格限制相邻坝段高差：3月1日至11月30日，不超过6m；其余各月不超过4.5m。

（7）十分注意表面保护。

我国已有铜街子坝（高82m）和五强溪坝（高87.5m）采用了通仓浇筑。随着施工水平的提高，今后会有更多的通仓浇筑坝出现。

5.6.1.2 混凝土浇筑的施工过程

混凝土浇筑的施工过程包括浇筑前的准备作业，浇筑时的入仓铺料、平仓与振捣和浇筑后的养护。

1. 浇筑前的准备作业

浇筑前的准备作业包括基础面的处理，施工缝处理，模板、钢筋及预埋件的安设，开仓前全面检查等。

（1）基础面的处理。对于砂砾石地基，应清除杂物，整平建基面，再浇 10～20cm 低强度混凝土做垫层，以防漏浆；对于土基应先铺碎石，盖上湿砂，压实后，再浇混凝土；对于岩基，在爆破后，用人工清除表面松软岩石、棱角和反坡，并用高压水枪冲洗，若粘有油污和杂物，可用金属丝刷刷洗，直至洁净为止，最后，再用压风吹至岩面无积水，经质检合格，才能开仓浇筑。

（2）施工缝处理。施工缝是指浇筑块间临时的水平和垂直结合缝，也是新老混凝土的结合面。在新混凝土浇筑前，必须采用高压水枪或风砂枪将老混凝土表面含游离石灰的水泥膜（乳皮）清除，并使表层石子半露，形成有利于层间结合的麻面。对纵缝表面可不凿毛，但应冲洗干净，以利灌浆。采用高压水冲毛，视气温高低，可在浇筑后 5～20h 进行；当用风砂枪冲毛时，一般应在浇后一两天进行。施工缝凿毛或冲毛后，应用压力水冲洗干净，使其表面无渣、无尘，才能浇筑混凝土。

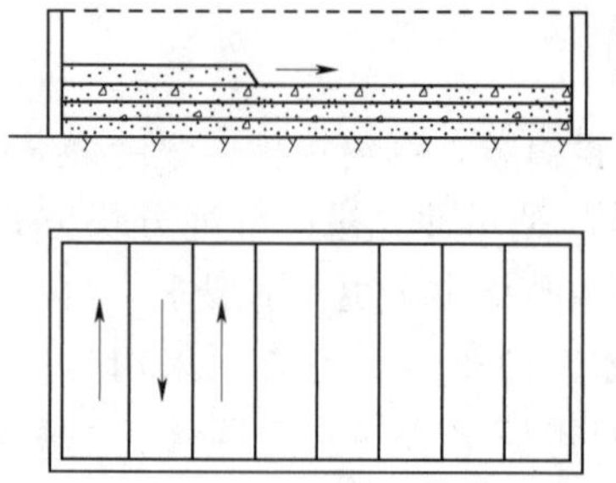

图 5.49　平浇法示意图

（3）模板、钢筋和预埋件的安设。这道工序应做到规格、数量无误，定位准确，连接牢靠。前面钢筋、模板作业中已有讨论、不再赘述。

（4）开仓前全面检查。仓面准备就绪，风、水、电及照明布置妥当后，经质检部门全面检查，发给准浇证后，才允许开仓浇筑。一经开仓则应连续浇筑，避免因中断而出现冷缝。

2. 入仓铺料

混凝土入仓铺料多用平浇法，沿仓面某一边逐条逐层有序连续铺填，如图 5.49 所示。铺料层厚与振动设备性能、混凝土稠度、来料强度和气温高低有关。为保证浇筑层间不出现冷缝，且有利于迅速振捣密实，层厚一般为 30～60cm，当采用振捣器组振捣时，层厚可达 70～80cm。

层间间歇超过混凝土初凝时间，会出现冷缝，使层间的抗渗、抗剪和抗拉能力明显降低。如气温一定，仓面尺寸和浇筑铺层厚度应与混凝土运输浇筑能力相适应。换言之，当允许层间间隔时间 t（h）已定后，为不出现冷缝，应满足以下条件：

$$KP(t-t_1) \geqslant BLh$$

或

$$P \geqslant \frac{BLh}{K(t-t_1)} \tag{5.12}$$

式中　K——混凝土运输延误系数，取 0.8～0.85；

P——浇筑仓要求的混凝土运浇能力；

t_1——混凝土从出机到入仓的时间，h；

B、L——浇筑块的宽度和长度，m；

h——铺料层厚度，m。

显然，分块尺寸和铺层厚度受混凝土运浇能力的限制。若分块尺寸和铺层厚度一定，要使层间不出现冷缝，应采取措施增大运浇能力。如设备能力难以增加，则应考虑改变浇筑方法，将平浇法改变为斜层浇筑或阶梯浇筑，如图5.50所示，以避免出现冷缝。阶梯浇筑法的前提是薄层浇筑；根据吊运混凝土设备能力和散热的需要，浇筑块高宜在1.5m以内，阶梯宽度不小于1.0m，斜面坡度不小于1：2；当采用$3m^3$吊罐卸料时，在浇筑前进方向卸料宽不小于2.8m。对斜层浇筑，层面坡度不宜大于10°。以上两种浇筑法，为避免砂浆流失，骨料分离，宜采用低坍落度混凝土。

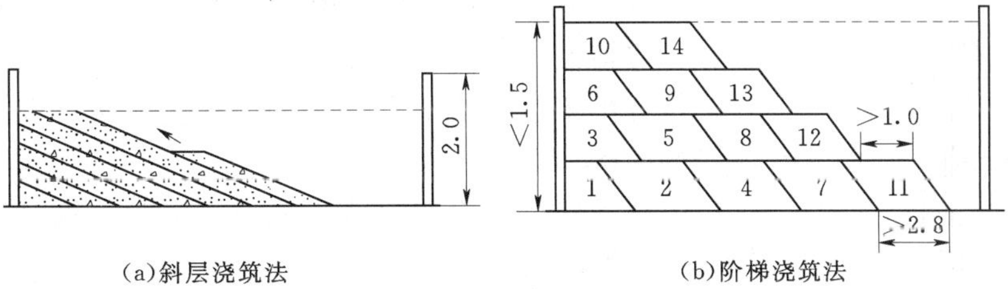

(a)斜层浇筑法　　(b)阶梯浇筑法

图5.50　斜层浇筑法和阶梯浇筑法（单位：m）

1、2、3、…—阶梯浇筑顺序

3. 平仓与振捣

卸入仓内成堆的混凝土料，按规定要求均匀铺平称为平仓。平仓可用插入式振捣器插入料堆顶部振动，使混凝土液化后自行摊平，也可用平仓振捣机进行，平仓振捣机类似小型推土机，其推土刀片用于平仓，尾部尚有3～6个振捣器用于振捣，如图5.51所示。它适用于仓面大，钢筋和埋件少的仓内，振捣干硬性混凝土效率更高。振捣是保证混凝土密实的关键。由于振捣器能够产生高频低振幅的振动，使塑性混凝土液化，骨料相互滑移，砂浆充填骨料间的空隙，排出其中的空气，使混凝土达到密实。

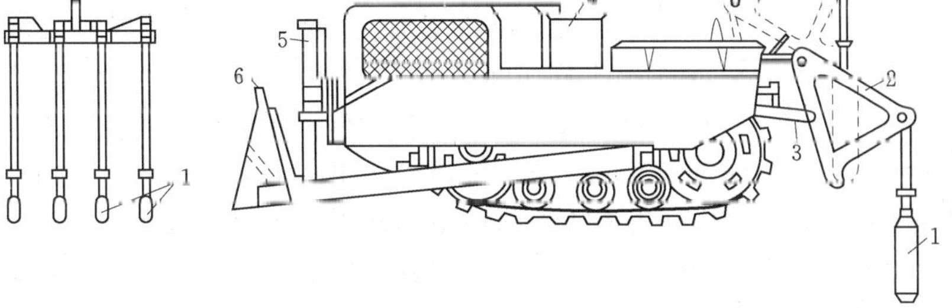

图5.51　平仓振捣机

1—振捣器；2—起吊架；3—臂杆；4—司机台；

5—活塞缸；6—推土刀片

插入式振捣器应用最广泛，而又以电动硬轴式在大体积混凝土振捣中应用较普遍，其振动影响半径大，捣实质量好，使用较方便；软轴式应用在钢筋密集，结构单薄的部位，有B－50型、ϕ63型等，频率分别为6000次/min和11560次/min两种。风动式是借助高压风驱动带有偏心块的主轴旋转而产生偏心振动，国产HZ5X－80、CFZ－10型，其振动频率为8400～17400次/min，耗风量为1.1～1.3m^3/min，风压6×10^5Pa。由0.8～1.2kW的电动机驱动的电动硬轴插入式振捣器，国产HZ6P－80D、HZ6X－30型，质量分别为11kg和26.4kg，前者使用电压42V，安全灵活，其结构如图5.52所示。

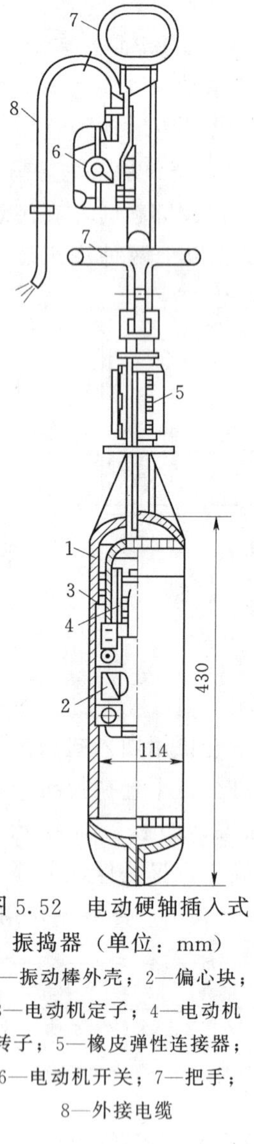

图5.52 电动硬轴插入式振捣器（单位：mm）
1—振动棒外壳；2—偏心块；3—电动机定子；4—电动机转子；5—橡皮弹性连接器；6—电动机开关；7—把手；8—外接电缆

振动影响半径与振动力大小和混凝土的坍落度有关，一般为30～50cm，须通过试振确定。为了避免漏振，应使振点均匀排列，有序进行振捣。振点间距约为影响半径的1～1.5倍，并应使振捣器插入下层混凝土约5cm，以利上下层结合。振动过程中不应使振捣器碰钢筋，还应与模板保持1/2影响半径的距离。

为了减轻振动作业的体力消耗，可采用机械手或平仓振捣机操作振捣器组。

5.6.1.3 浇筑质量要求

（1）在浇筑工序中，应控制混凝土的均匀性和密实性。混凝土拌和物运至浇筑地点后，应立即浇筑入模。在浇筑过程中，如发现混凝土拌和物的均匀性和稠度发生较大的变化，应及时处理。

（2）浇筑混凝土时，应注意防止混凝土的分层离析。混凝土由料斗、漏斗内卸出进行浇筑时，其自由倾落高度一般不宜超过2m，在竖向结构中浇筑混凝土的高度不得超过3m，否则应采用串筒、斜槽、溜管等下料。

（3）浇筑竖向结构混凝土前，底部应先填以50～100mm厚与混凝土成分相同的水泥砂浆。

（4）浇筑混凝土时，应经常观察模板、支架、钢筋、预埋件和预留孔洞的情况，当发现有变形、移位时，应立即停止浇筑，并应在已浇筑的混凝土凝结前修整完好。

（5）混凝土在浇筑及静置过程中，应采取措施防止产生裂缝。混凝土因沉降及干缩产生的非结构性的表面裂缝，应在混凝土终凝前予以修整。在浇筑与柱和墙连成整体的梁和板时，应在柱和墙浇筑完毕后停歇1～1.51使混凝土获得初步沉实后，再继续浇筑，以防止接缝处出现裂缝。

（6）梁和板应同时浇筑混凝土。较大尺寸的梁（梁的高度大于1m）、拱和类似的结构，可单独浇筑。但施工缝的设置应符合有关规定。

5.6.2 混凝土的温控

5.6.2.1 混凝土温度控制的基本任务

为了明确混凝土温度控制的基本任务，应首先弄清混凝土的温度变化过程及与温度变化密切相关的温度裂缝问题。

1. 混凝土的温度变化过程

混凝土在凝固过程中，由于水泥水化，释放大量水化热，使混凝土内部温度逐步上升。对尺寸小的结构，由于散热较快，温升不高，不致引起严重后果；但对大体积混凝土，最小尺寸也常在3～5m以上，而混凝土导热性能随热传导距离呈非线性衰减，大部分水化热将积蓄在浇筑块内，使块内温度达30～50℃，甚至更高。由于内外温差的存在，随着时间的推移，坝内温度逐渐下降而趋于稳定，与多年平均气温接近。大体积混凝土的温度变化过程，可分为如图5.53所示的三个阶段，即温升期、冷却期（或降温期）和稳定期。显然，混凝土内的最高温度 T_{max} 等于混凝土浇筑入仓温度 T_p 与水化热温升值 T_r 之和。由 T_p 到 T_{max} 是温升期，由 T_{max} 到稳定温度 T_f 是降温期，之后混凝土体内温度围绕稳定温度随外界气温略有起伏。

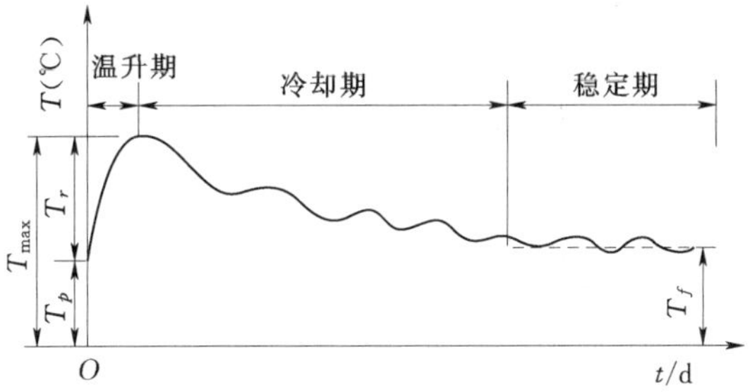

图5.53 大体积混凝土的温度变化过程线

2. 混凝土温度裂缝

大体积混凝土的温度变化必然引起温度变形，温度变形若受到约束，势必产生温度应力。由于混凝土的抗压强度远高于抗拉强度，在温度压应力作用下不致破坏的混凝土，当受到温度拉应力作用时，常因抗拉强度不足而产生裂缝。随着约束情况的不同，大体积混凝土温度裂缝有如下两种。

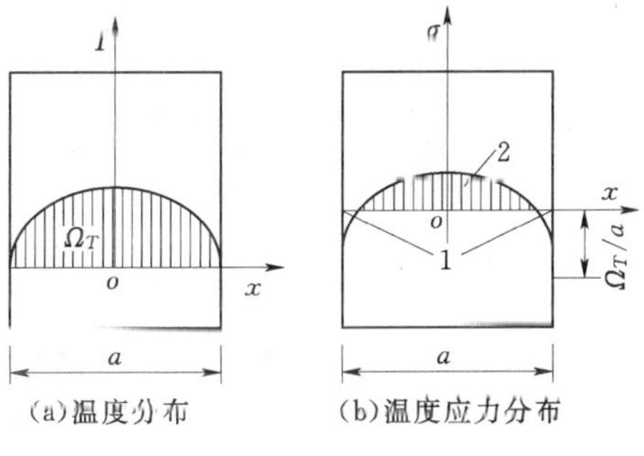

图5.54 混凝土浇筑块自身约束的温度应力

1—拉力区；2—压力区

（1）表面裂缝。混凝土浇筑后，由于水化热温升，体积膨胀，如遇寒潮，气温骤降，表层降温收缩。内胀外缩，在混凝土内部产生压应力，表层产生拉应力。各点温度应力的大小，取决于该点温度梯度的大小。在混凝土内处于内外温度平均值的点应力为零，高于平均值的点承受压应力，低于平均值的点为拉应力，如图5.54所示。

混凝土的抗拉强度远小于抗压强度。当表层温度拉应力超过混凝土的容许抗拉强度时，将产生裂缝。这种裂缝多发生在块体侧壁，方向不定，数量较多。由于初浇的混凝土塑性大，弹模小，限制了拉应力的增长，故这种裂缝短而浅，称为表面裂缝，随着混凝土内部温度下降，外部气温回升，有重新闭合的可能。

（2）贯穿裂缝和深层裂缝。变形和约束是产生应力的两个必要条件。由温度变化引起温度变形是普遍存在的，有无温度应力出现的关键在于有无约束。人们不仅把基岩视为刚性基础，也把已凝固、弹模较大的下部老混凝土视为刚性基础。这种基础对新浇不久的混凝土产生温度变形所施加的约束作用，称为基础约束（图 5.55）。这种约束在混凝土升温膨胀期引起压应力，在降温收缩时引起拉应力。当此拉应力超过混凝土的容许抗拉强度时，就会产生裂缝，称为基础约束裂缝。由于这种裂缝自基础面向上开展，严重时可能贯穿整个坝段，故又称为贯穿裂缝，如图 5.56 所示。此种裂缝切割的深度可达 3～5m 以上，故又称为深层裂缝。裂缝的宽度可达 1～3mm，且多垂直基面向上延伸，既可能平行纵缝贯穿，也可能沿流向贯穿。

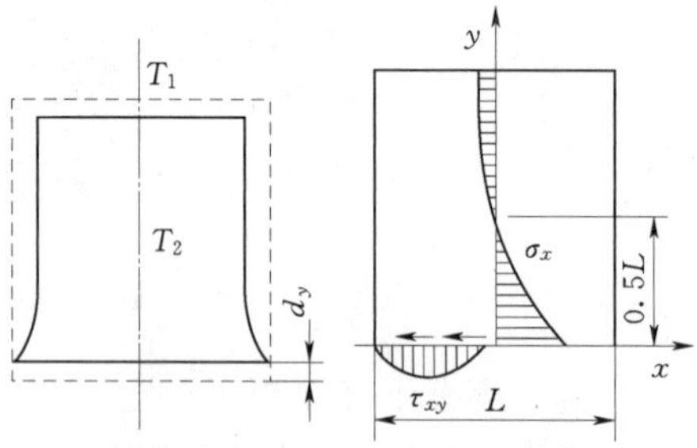

(a)基础约束变形　(b)基础约束应力

图 5.55　混凝土浇筑块的温度变形和基础约束应力

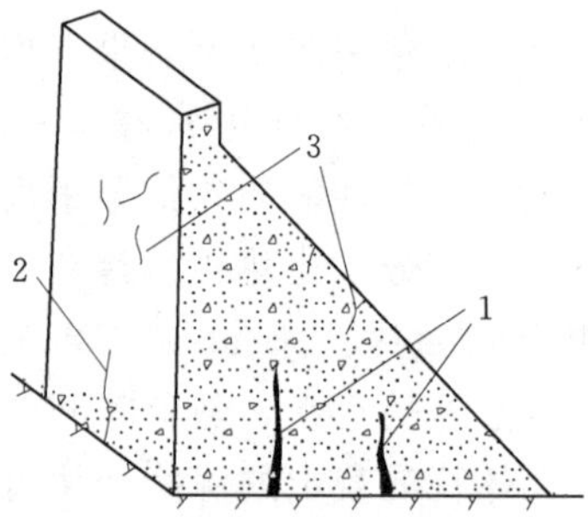

图 5.56　混凝土坝裂缝

1—贯穿裂缝；2—深层裂缝；3—表面裂缝

3. 大体积混凝土温度控制的任务

综上可见，大体积混凝土紧靠基础产生贯穿裂缝，无论对坝的整体受力还是防渗效果的影响比之浅层表面裂缝的危害都大得多。表面裂缝虽然可能成为深层裂缝的诱发因素，对坝的抗风化能力和耐久性有一定影响，但毕竟其深度浅、长度短，如图 5.56 所示，一般不至于形成危害坝体安全的决定因素。

大体积混凝土温度控制的首要任务是通过控制混凝土的拌和温度来控制混凝土的入仓温度；再通过一期冷却来降低混凝土内部的水化热温升，从而降低混凝土内部的最高温升，使温差控制在允许范围之内。

大体积混凝土温控的另一任务是通过二期冷却，使坝体温度从最高温度降到接近稳定温度，以便在达到灌浆温度后及时进行纵缝灌浆。众所周知，为了施工方便和温控散热要求坝体所设的纵缝，在坝体完建时应通过接缝灌浆使之结合成为整体，方能蓄水安全运行。若坝体内部的温度未达到稳定温度就进行灌浆，灌浆后坝体温度进一步下降，又会将胶结的缝重新拉开。因此，将坝体温度迅速降低到接近稳定温度的灌浆温度，是坝体进行接缝灌浆的重要前提。

需要采取人工冷却降低坝体混凝土温度的另一个重要原因，是由于大体积混凝土散热条件差，单靠自然冷却使混凝土内部温度降低到稳定温度需要的时间太长，少则十几年，多则几十年、上百年，从工程及时受益的要求来看，也必须采取人工冷却措施。

5.6.2.2　大体积混凝土的温度控制措施

温度控制的具体措施常从混凝土的减热和散热两方面着手。所谓减热就是减少混凝土内部的发热量，如减少水泥用量、采用低热水泥、降低混凝土的拌和出机温度，以降低入仓浇筑温度 T_p 等。所谓散热就是采取各种措施，加速热量的散发，在混凝土温升期采取人工冷却降低其最高温升，当到达最高温度后，采取人工冷却措施，缩短降温冷却期，将混凝土块内的温度尽快地降到灌浆温度，以便进行接缝灌浆。

1. 减少混凝土的发热量

(1) 减少每立方米混凝土的水泥用量。其主要措施包括：

1) 根据坝体的应力场对坝体进行分区，对于不同分区采用不同强度的混凝土。

2) 采用低流态或无坍落度干硬性贫混凝土。

3) 改善骨料级配，增大骨料粒径，对少筋混凝土坝可埋放大块石，以减少水泥用量。

4) 大量掺粉煤灰，掺合料的用量可达水泥用量的25%～40%。

5) 采用高效外加减水剂不仅能节约水泥用量约20%，使28d龄期混凝土的发热量减少25%～30%，且能提高混凝土早期强度和极限拉伸值。常用的减水剂有酪木素、糖蜜、MF复合剂等。

(2) 采用低发热量的水泥。过去采用的低热硅酸盐水泥，因早期强度低，成本高，已逐步被淘汰。当前多用中热水泥。近年已开始生产低热微膨胀水泥，它不仅水化热低，且有微膨胀作用，对降温收缩还可以起到补偿作用，减小收缩引起的拉应力，有利于防止裂缝的发生。吉林省白山水电站采用低热水泥防止裂缝发生，效果显著。

2. 降低混凝土的入仓温度

(1) 合理安排浇筑时间。在施工组织上安排春、秋季多浇，夏季早晚浇，正午不浇，这是最经济有效降低入仓温度的措施。

(2) 采用加冰或加冰水拌和。混凝土拌和时，将部分拌和水改为冰屑，利用冰的低温和冰融解时吸收潜热的作用，可将混凝土温度降低。规范规定加冰量不大于拌和水量的80%。加冰拌和，冰与拌和材料直接作用，冷量利用率高，降温效果显著。但加冰后，拌和时间有所增长，相应会影响生产能力。若采用冰水拌和或地下低温水拌和，则可避免这一弊端。

(3) 对骨料进行预冷。当加冰拌和不能满足要求时，通常采取骨料预冷的办法。骨料预冷的方法有以下几种。

1) 水冷。使粗骨料浸入循环冷却水中30～45min，或在通入拌和楼料仓的皮带机廊道、地弄或隧洞中装设喷洒冷却水的水管。喷洒冷却水皮带段的长度，由降温要求和皮带机运行速度而定。

2) 风冷。可在拌和楼料仓下部通入冷气，冷风经粗料的空隙，由风管返回制冷厂再冷。细骨料砂难以采用水冷，若用风冷，又由于砂的空隙小，效果不显著，故只有采用专门的风冷装置吹冷。

3) 真空气化冷却。利用真空气化吸热原理，将放入密闭容器的骨料，利用真空装置抽气并保持真空状态约半小时，使骨料通过气化降温冷却。

以上预冷措施，需要设备多，费用高。不具备预冷设备的工地，宜采用一些简易的预冷措施，如在浇筑仓面上搭凉棚，料堆顶上搭凉棚，限制堆料高度，由底层经地垅取低温料，采用地下水拌和，北方地区尚可用冰窖储冰，以备夏季混凝土拌和使用等。

3. 加速混凝土散热

(1) 采用自然散热冷却降温。采用低块薄层浇筑可增加散热面，并适当延长散热时间，即适当增长间歇时间。在高温季节已采用预冷措施时，则应采用厚块浇筑，缩短间歇时间，防止因气温过高而热量倒流，以保持预冷效果。

(2) 在混凝土内预埋水管通水冷却。在混凝土内预埋蛇形冷却水管，通循环冷水进行降温冷却。水管通常采用直径为20～25mm薄钢管或薄铝管，每盘管长约200m。为了节约金属材料，可用塑料软管充气埋入混凝土内，待混凝土初凝后再放气拔出，清洗后以备重复利用。冷却水管布置，平面上呈蛇形，断面上呈梅花形，见图5.57，也可布置成棋盘形。蛇形管弯头由硬质材料制作，当塑料软管放气拔出后，弯头仍留于混凝土内。

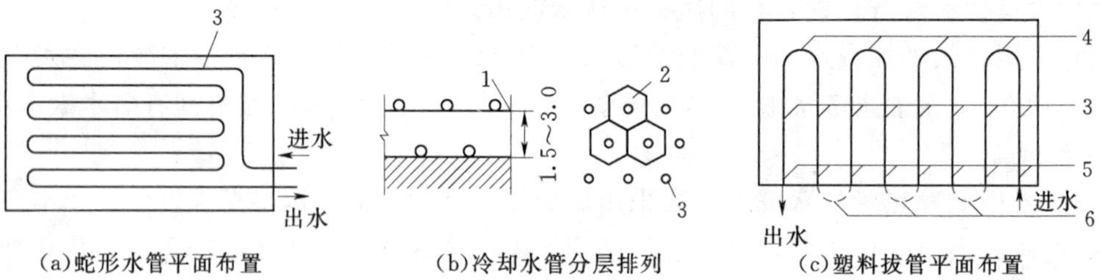

图5.57 冷却水管平面布置图（单位：m）
1—模板；2—每一根冷却水管冷却的范围；3—冷却水管；4—钢弯管；
5—钢管（l=20～30cm）；6—胶皮管

一期通水冷却目的在于削减温升高峰，减小最大温差，防止贯穿裂缝发生。一期通水冷却通常在混凝土浇后几小时便开始，持续十天半月，达到预定降温值方停止。

二期通水冷却可以充分利用一期冷却系统。二期冷却时间的长短，一方面取决于实际最大温差，又受到降温速率不应大于1.5℃/d的影响，且与通水流量大小、冷却水温高低密切相关。通常二期冷却应保证至少有10～15℃的温度降，使接缝张开度有0.5mm，以满足接缝灌浆对灌缝宽度的要求。冷却用水尽量利用低温地下水和库内低温水，只有当采用天然水不敷要求时，才辅以人工冷却水。通水冷却应自下而上分区进行，通水方向可以一昼夜调换一次，以使坝体均匀降温。通水的进出口一般设于廊道内、坝面上、宽缝坝的宽缝中或空腹坝的空腹中。

5.6.3 混凝土的养护

为保证已浇筑好的混凝土在规定龄期内达到设计要求的强度和耐久性，并防止产生收缩和温度裂缝，必须认真做好养护工作。

5.6.3.1 自然养护

1. 养护工艺

(1) 覆盖浇水养护。利用平均气温高于+5℃的自然条件，用适当的材料对混凝土表面加以覆盖并浇水，使混凝土在一定的时间内保持水泥水化作用所需要的适当温度和湿度条件。

覆盖浇水养护应符合下列规定：

1）覆盖浇水养护应在混凝土浇筑完毕后的12h内进行。

2）混凝土的浇水养护时间，对采用硅酸盐水泥、普通硅酸盐水泥或矿渣硅酸盐水泥拌制的混凝土，不得少于7d，对掺用缓凝型外加剂、矿物掺合料或有抗渗性要求的混凝土，不得少于14d。

当采用其他品种水泥时，混凝土的养护应根据所采用水泥的技术性能确定。

3）浇水次数应根据能保持混凝土处于湿润的状态来决定。

4）混凝土的养护用水宜与拌制水相同。

5）当日平均气温低于5℃时，不得浇水。

大面积结构如地坪、楼板、屋面等可采用蓄水养护。储水池类工程可于拆除内模混凝土达到一定强度后注水养护。

（2）薄膜布养护。在有条件的情况下，可采用不透水、气的薄膜布（如塑料薄膜布）养护。用薄膜布把混凝土表面敞露的部分全部严密地覆盖起来，保证混凝土在不失水的情况下得到充足的养护。这种养护方法的优点是不必浇水，操作方便，能重复使用，能提高混凝土的早期强度，加速模具的周转。但应该保持薄膜布内有凝结水。

（3）薄膜养生液养护。混凝土的表面不便浇水或使用塑料薄膜布养护时，可采用涂刷薄膜养生液，防止混凝土内部水分蒸发的方法进行养护。

薄膜养生液养护是将可成膜的溶液喷洒在混凝土表面上，溶液挥发后在混凝土表面凝结成一层薄膜，使混凝土表面与空气隔绝，封闭混凝土中的水分不再被蒸发，而完成水化作用。这种养护方法一般适用于表面积大的混凝土施工和缺水地区。但应注意薄膜的保护。

2. 养护条件

在自然气温条件下（高于+5℃），对于一般塑性混凝土应在浇筑后10～12h内（炎夏时可缩短至2～3h，对高强混凝土应在浇筑后1～2h内，即用麻袋、草帘、锯末或砂进行覆盖，并及时浇水养护，以保持混凝土具有足够润湿状态。混凝土浇水养护时间可参照表5.4。

表5.4　　混凝土浇水养护时间参考表

分类		浇水养护时间/d
拌制混凝土的水泥品种	硅酸盐水泥、普通硅酸盐水泥、矿渣硅酸盐水泥	不小于7
	火山灰质硅酸盐水泥	不小于14
	矾土水泥	不小于3
	抗渗混凝土、混凝土中掺缓凝型外加剂	不小于14

注　1. 如平均气温低于5℃时，不得浇水。
　　2. 采用其他品种水泥时，混凝土的养护应根据水泥技术性能确定。

混凝土在养护过程中，如发现遮盖不好，浇水不足，以致表面泛白或出现干缩细小裂缝时，要立即仔细加以遮盖，加强养护工作，充分浇水，并延长浇水日期，加以补救。

在已浇筑的混凝土强度达到1.2N/mm^{2}以后，始准在其上来往行人和安装模板及支架等。荷重超过时应通过计算，并采取相宜的措施。

5.6.3.2 加热养护

1. 蒸汽养护

蒸汽养护是缩短养护时间的方法之一，一般宜用65℃左右的温度蒸养。混凝土在较高湿度和温度条件下，可迅速达到要求的强度。施工现场由于条件限制，现浇预制构件一般可采用临时性地面或地下的养护坑，上盖养护罩或用简易的帆布、油布覆盖。蒸汽养护分四个阶段。

(1) 静停阶段。混凝土浇筑完毕至升温前在室温下先放置一段时间，这主要是为了增强混凝土对升温阶段结构破坏作用的抵抗能力，一般需2～6h。

(2) 升温阶段。升温阶段是指混凝土从原始温度上升到恒温的阶段。温度急速上升，会使混凝土表面因体积膨胀太快而产生裂缝。因而必须控制升温速度，一般为10～25℃/h。

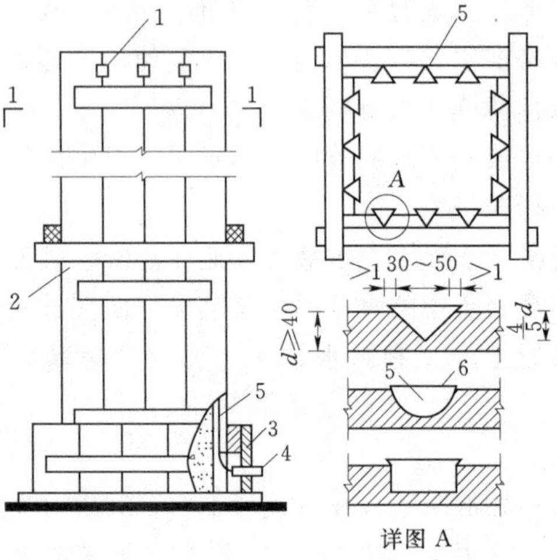

图 5.58 柱子用热模法养护

1—出汽孔；2—模板；3—分汽箱；4—进气管；5—蒸汽管；6—薄铁皮

(3) 恒温阶段。恒温阶段是混凝土强度增长最快的阶段。恒温的温度应随水泥品种不同而异，普通水泥的养护温度不得超过80℃，矿渣水泥、火山灰水泥可提高到85～90℃。恒温加热阶段应保持90%～100%的相对湿度。

(4) 降温阶段。在降温阶段内，混凝土已经硬化，如降温过快，混凝土会产生表面裂缝，因此降温速度应加控制。一般情况下，构件厚度为10cm左右时，降温速度每小时不大于20～30h。

为了避免由于蒸汽温度骤然升降而引起混凝土构件产生裂缝变形，必须严格控制升温和降温的速度。出槽的构件温度与室外温度相差不得大于40℃，当室外为负温度时，不得大于20℃。

2. 其他热养护

(1) 热模养护。将蒸汽通在模板内进行养护。此法用汽少，加热均匀，既可用于预制构件，又可用于现浇墙体，现浇框架结构柱的养护。柱子用热模法养护见图5.58。

(2) 棚罩式养护。棚罩式养护是在混凝土构件上加盖养护棚罩。棚罩的材料有玻璃、透明玻璃钢、聚酯薄膜、聚乙烯薄膜等。其中以透明玻璃钢和透明塑料薄膜为佳，棚式的形式有单坡、双坡、拱形等，一般多用单坡或双坡。棚罩内的空腔不宜过大，一般略大于混凝土构件即可。棚罩内的温度，夏季可达60～75℃，春秋季可达35～45℃，冬季约为20℃左右。

(3) 覆盖式养护。在混凝土成型、表面略平后，其上覆盖塑料薄膜进行封闭养护，有两种做法：

1) 在构件上覆盖一层黑色塑料薄膜（厚0.12～0.14mm），在冬季再盖一层气被薄膜。

2）在混凝土构件上先覆盖一层透明的或黑色塑料薄膜，再盖一层气垫薄膜（气泡朝下）。

塑料薄膜应采用耐老化的，接缝应采用热粘合。覆盖时应紧贴四周，用砂袋或其他重物压紧盖严，防止被风吹开，影响养护效果。塑料薄膜采用搭接时，其搭接长度应大于30cm。据试验，气温在20℃以上，只盖一层塑料薄膜，养护最高温度达65℃，混凝土构件在1.5～3d内达到设计强度的70%，缩短养护周期40%以上。

项目6 砌体工程施工

任务6.1 砖砌体砌筑

【引例6.1】 某单位职工宿舍楼为6层砖混结构，墙体采用“三一砌法”。

【思考】

(1) 砖砌体工程所使用的材料有哪些？

(2) 砖基础砌体工程对技术有哪些要求？

(3) 何为“三一”砌砖法？

(4) 砖墙砌体的砌筑工艺？

(5) 砖墙砌体的质量要求有哪些？

(6) 试述砖砌体的砌筑工艺。

6.1.1 砖砌体的准备工作

1. 砖的准备

砖的品种、强度等级必须符合设计要求，并应规格一致。用于清水墙、柱表面的砖，还应边角整齐、色泽均匀。在常温下施工时，砌砖前一天应将砖浇水湿润。施工中可将砖砍断，检查吸水深度，如达到10～20mm，即认为合格。砖不应在脚手架上浇水，若砌筑时砖块干燥，可用喷壶适当补充浇水。

2. 砂浆的准备

砂浆的品种、强度等级必须符合设计要求，砂浆的稠度应符合砌体种类的规定。拌制中保证砂架的配合比和稠度，运输中不漏浆、不离析，以保证施工质量。

3. 施工工具的准备

(1) 大铲。用于铲灰和刮灰。

(2) 瓦刀。用于打砖、打灰条、披满口灰等。

(3) 刨锛。用于打砖。

(4) 靠尺板和线锤。用于检查墙面垂直度。

(5) 皮数杆。砌筑时用于标志砖层、门窗、过梁、开洞及埋件标高的工具。

此外，还应准备小线、米尺、水平尺和小喷壶。

4. 砌体工作段划分

(1) 相邻工作段的分段位置，宜设在伸缩缝、沉降缝、防震缝构造柱或门窗洞口处。

(2) 相邻工作段的高度差，不得超过一个楼层的高度，且不得大于4m。

(3) 砌体临时间断处的高度差，不得超过一步脚手架的高度。

(4) 砌体施工时，楼面堆载不得超过楼板容许荷载值。

(5) 尚未安装楼板或屋面的墙和柱，当可能遇到大风时，其容许自由高度不得超过有关规定。如超过规定，必须采取临时支撑等有效措施以保证墙或柱在施工中的稳定性。

(6) 雨天施工应防止雨水冲刷砂浆（或基槽灌水），砂浆的稠度应适当减小，每日砌筑高度不宜超过 1.2m，收工时应遮盖砌体表面。

(7) 设有钢筋混凝土抗风柱的房屋，在柱顶与屋架以及屋架间的支撑均已连接固定后，方可砌筑山墙。

6.1.2 砌筑工艺

6.1.2.1 砖基础砌体工程

1. 砖的加工与摆放

在砌筑时根据需要打砍加工的砖，按其尺寸不同可分为七分头、半砖、二寸条、二寸头，如图 6.1 所示。

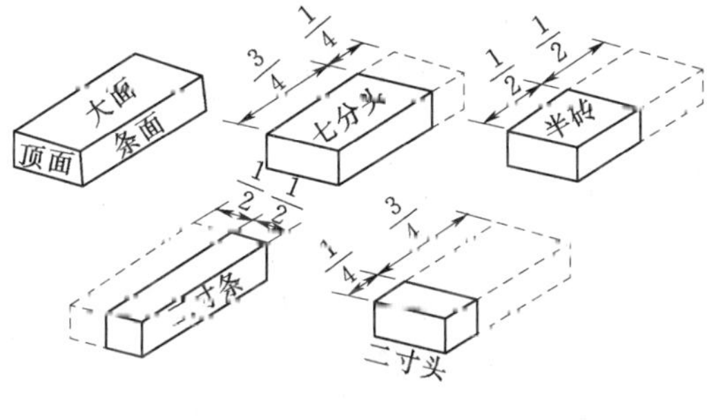

图 6.1 打砍砖

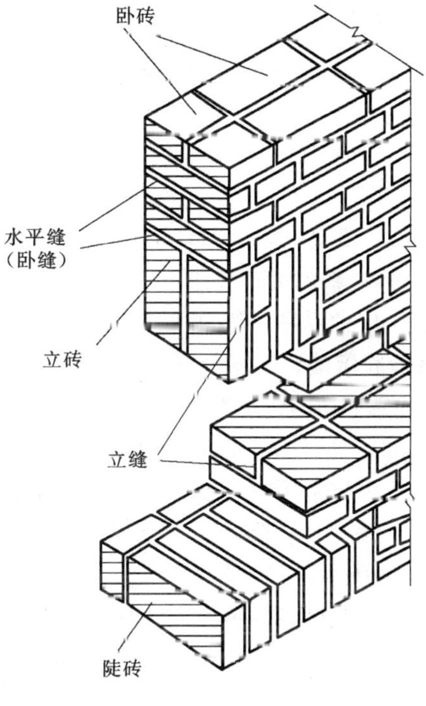

图 6.2 卧砖、陡砖、立砖图

砌入墙内的砖，由于摆放位置不同，又分为卧砖（也称顺砖或眠砖）、陡砖（也称侧砖）、立砖以及顶砖，如图 6.2 所示。

2. 施工准备

(1) 技术准备。

1) 根据施工图纸（已会审）及标准规范，编制砌体的施工方案并经相关单位批准通过。

2）根据现场条件，完成工程测量控制点的定位、移交、复核工作。

3）编制工程材料、机具、劳动力的需求计划。

4）完成进场材料的见证取样复检及砌筑砂浆的试配工作。

5）组织施工人员进行技术、质量、安全、环境交底。

（2）材料要求。

1）砌筑砂浆强度等级必须符合以下设计要求。

a. 水泥。一般采用32.5级或42.5级普通硅酸盐水泥或矿渣硅酸盐水泥。

b. 砂。一般宜用中砂，并不得含有有害物质，勾缝宜用细砂。

c. 水。使用自来水或天然洁净可供饮用的水。

2）砖的品种、强度等级必须符合设计要求，并应规格一致，有出厂合格证及试验报告。

a. 用于基础的砖宜用烧结普通砖。

b. 蒸压灰砂砖和蒸压粉煤灰砖也可用于基础，但不得用于长期受热200℃上、受急冷急热和有酸性介质侵蚀的部位。

（3）主要机具。

1）机械设备：砂浆搅拌机、水平运输机械等。

2）主赛工具：瓦力、大铁锹、刨锛、手锤、钢凿、筛子、铁锹、手推车等。

3）检测工具：水准仪、经纬仪、钢卷尺、卷尺、锤线球、水平尺、磅秤、砂浆试模等。

（4）质量、安全与环境保护控制要点。

1）材料的关键要求。

a. 碎的品种、强度等级必须符合设计要求，并应规格一致，有出厂合格证及试验单，严格检验手续，对不合格品坚决退场。

b. 砂浆用砂不得含有有害物质及草根等杂物，配制M5以上砂浆，砂的含泥量不应超过5%。M5以下砂浆，砂的含泥量不应超过10%，并应通过5mm筛孔进行筛选。

c. 水质必须符合要求，严禁使用基坑积水。

d. 预埋件：如木砖、金属件必须进行防腐处理。

2）技术的关键要求。

a. 拌制砂浆。砂浆配合比应采用重量比，并由实验室确定，水泥计量精度为±2%，砂、掺合料为±5%。宜用机械搅拌，投料顺序为砂—水泥—掺合料—水，搅拌时间不少于2min。砂浆应随拌随用，一般水泥砂浆须在拌成后3～4h内使用完，不允许使用过夜砂浆。

b. 基础。基础按一个楼层每250m砌体，各种砂浆每台搅拌机至少抽检一次，做一组试块（一组6块）；如砂浆强度等级或配合比变更，还应制作试块。

3. 砖基础的构造形式

砖基础一般做成阶梯形，俗称大放脚，有等高式（两皮一收）和间隔式（两皮一收与一收相间）两种，每一种收退台宽度均为1/4砖（60mm）。砖基础大放脚形式如图6.3所示。

(1) 砌筑方法。

1) 组砌方法应正确，一般采用满丁满条。

2) 里外咬槎，上下层错缝，采用“三一砌法”(即一铁锹灰、一块砖、一挤揉)，严禁用水冲砂浆灌浆的方法。

(2) 排砖撂底。

1) 基础大放脚的撂底尺寸及收退方法必须符合设计图纸规定，如一层一退，里外均应砌丁砖；如两层一退，第一层为条砖，第二层为砌丁砖。

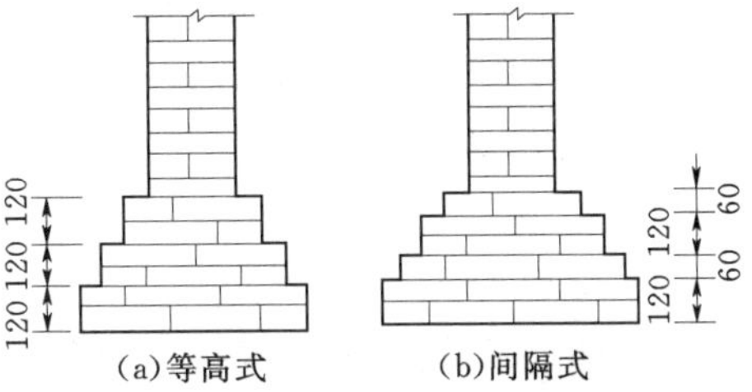

图 6.3 砖基础大放脚形式

2) 大放脚的转角处，应按规定放七分头，其数量为一砖半厚墙放三块，两砖墙放四块，以此类推。

3) 常见撂底排砖方法有六皮三收等高式大放脚。

4. 砖基础施工工艺

(1) 砖基础施工工艺流程，如图 6.4 所示。

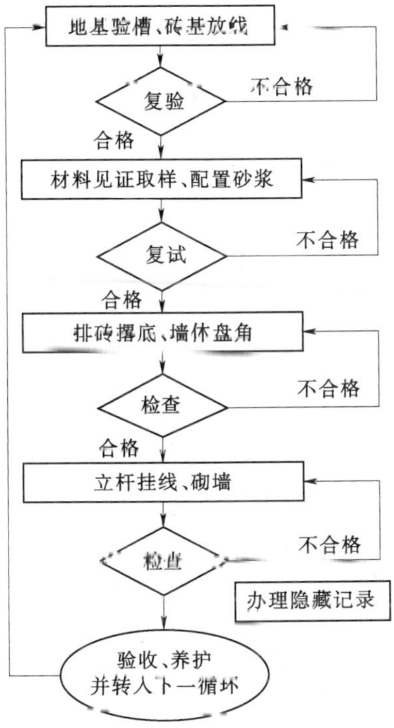

图 6.4 砖基础施工工艺流程

(2) 操作工艺。

1) 砖基础砌筑前，基础垫层表面应清扫干净，洒水湿润。先盘墙角，每次盘角高度不应超过五层砖，随盘随靠平、吊直。

2) 砌基础墙应挂线，240mm 墙反手挂线，370mm 及以上墙应双面挂线。

3) 基础标高不一致或有局部加深部位，应从最低处往上砌筑，应经常拉线检查，以保持砌体通顺、平直，防止砌成“螺丝”墙。

4) 基础大放脚砌至基础上部时，要拉线检查轴线及边线，保证基础墙身位置正确。同时还要对照皮数杆的皮数及标高，如有偏差时，应在水平灰缝中逐渐调整，使砖墙的皮数与皮数杆一致。

5) 暖气沟挑檐砖及上一层压砖，均应用砖砌筑，灰缝要严实，挑檐砖标高必须正确。

6) 各种预留洞、预埋件、拉结筋按设计要求留置，避免后剔凿，影响砌体质量。

7) 变形缝的墙角应按直角要求砌筑，先砌的墙要把舌头灰刮尽，后砌的墙可采用缩口灰，掉入缝内的杂物随时清理。

8) 安装管沟和洞口过梁，其型号、标高必须正确，底灰饱满，如坐灰超过 20mm 厚，用细石混凝土铺垫，两端搭墙长度应一致。

9) 防潮层施工，将墙顶活动砖重新砌好，清扫干净，浇水湿润，随即抹防水砂浆。设计无规定时，一般厚度为 15～20mm，防水粉掺量为水泥质量的 3%～5%。

10）完工清场，作好成品保护，准备基础工程验收。

11）工程验收后，应及时进行回填。

6.1.2.2 砖墙砌体工程

1. 施工准备

（1）技术准备。

1）根据设计施工图纸及标准规范编制砖墙砌体专项的施工方案，并经相关单位批准通过。

2）根据现场条件，完成工程测量控制点的定位、移交、复核工作。

3）编制工程材料、机具、劳动力的需求计划。

4）完成进场材料的见证取样检验及砌筑砂浆的试配工作。

5）组织施工人员进行技术，质量、安全、环境交底。

（2）材料要求。

1）砂浆强度等级必须符合设计要求，砖墙砌筑宜用混合砂浆。

a. 水泥。一般采用 32.5 级或 42.5 级普通硅酸盐水泥或矿渣硅酸盐水泥。

b. 砂。一般宜用中砂并不得含有害物质，勾缝宜用细砂。

c. 水。使用自来水或天然洁净可供饮用的水。

d. 塑化材料。有石灰膏、磨细石灰粉、电石膏和粉煤灰等，石灰膏的熟化时间不少于 7d，严禁使用冻结和脱水硬化的石灰膏。

2）砖的品种、强度等级必须符合设计要求，并应规格一致，有出厂合格证及试验单，用于砖墙常有烧结普通砖、烧结多孔砖、蒸压灰砂砖、蒸压粉煤灰砖等。

（3）主要机具。砖墙砌体工程施工时使用的主要机具与砖基础砌体工程一样。

2. 墙体组砌方式

（1）组砌形式。砖墙根据其厚度不同，可采用全顺、两平一侧、全丁、一顺一丁、梅花丁或三顺一丁的砌筑形式，如图 6.5 所示。

(a)全顺　(b)两平一侧　(c)全丁　(d)一顺一丁　(e)梅花丁　(f)三顺一丁

图 6.5　砖墙砌筑形式

1）全顺。各皮砖均顺砌，上下皮垂直灰缝相互错开半砖长（120mm），适合砌半砖厚（115mm）墙。

2）两平一侧。两皮顺砖与一皮侧砖相间，上下皮垂直灰缝相互错开 1/4 砖长（60mm）以上，适合砌 3/4 砖厚（178mm）墙。

3）全丁。各皮砖均丁砌，上下皮垂直灰缝相互错开 1/4 砖长，适合砌一砖厚（240mm）墙。

4）一顺一丁。一皮顺砖与一皮丁砖相间，上下皮垂直灰缝相互错开 1/4 砖长，适合砌一砖及一砖以上厚墙。

5）梅花丁。同皮中顺砖与丁砖相间，丁砖的上下均为顺砖，并位于顺砖中间，上下皮垂直灰缝相互错开 1/4 砖长，适合砌一砖厚墙。

6）三顺一丁。三皮顺砖与一皮丁砖相间，顺砖与顺砖上下皮垂直灰缝相互错开 1/2 砖长；顺砖与丁砖上下皮垂直灰缝相互错开 1/4 砖长。适合砌一砖及一砖以上厚墙。

一砖厚承重墙的每层墙的最上一皮砖、砖墙的阶台水平面上及挑出层，应整砖丁砌。砖墙的转角处、交接处为错缝时，需要加砌配砖。

（2）质量关键要求。

1）原材料必须逐车过磅，计量准确，搅拌时间要达到规定的要求，砂浆试块应有专人负责制作与养护。

2）排砖时必须把立缝排匀，砌完一步架高度，每隔两皮砖在丁砖立棱处用托线板吊直弹线，二步架往上继续吊直弹粉线，由底往上所有卡分头的长度应保持一致，留设上层窗口必须同下层窗口保持垂直。

3）立皮数杆时要保持标高一致，盘角时灰缝要掌握均匀，排砖时准线要拉紧，防止一层线松，一层线紧。

4）排砖时，为了使窗间墙、垛排成好活，把破活排在中间或不明显位置，在砌过梁上第一行砖时，不得随意变活。

5）舌头灰刮尽，保持墙面整洁，正确排砖，半头砖分开使用，避免造成通缝，标高及平直度应准确，防止墙背面偏差过大，水平灰缝不平直、不均匀。

6）构造柱砖墙应砌成大马牙槎，设置好拉结筋，从柱脚开始两侧都应先退后进，当凿深 120mm 时，宜上口一皮进 60mm，再上一皮进 120mm，以保证混凝土浇筑时上角密实，构造柱内的落地灰、砖渣杂物必须清理干净，防止混凝土内夹渣。

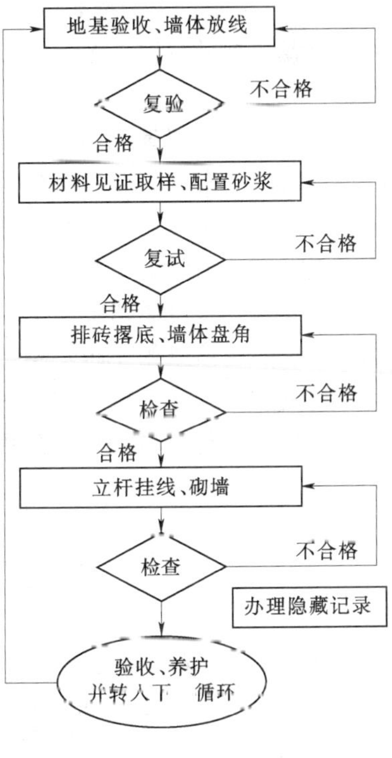

图 6.6 砖墙施工工艺流程

3. 砖墙施工工艺流程

砖墙施工工艺流程如图 6.6 所示。

4. 操作工艺

（1）组砌方法。砌体一般采用一顺一丁（满丁、满条）、梅花丁或三顺一丁砌法。

（2）排砖撂底（干摆砖）。一般外墙第一层砖撂底时，两墙排丁转，前后檐纵墙排条砖。

（3）选砖。砌清水墙应选择棱角整齐，无弯曲、裂纹、颜色均匀，规格基本一致的砖。敲击时声音响亮，焙烧过火变色、变形的砖可用在基础及不影响外观的内墙上。

（4）盘角。砌砖前应先盘角，每次盘角不要超过五层，对于新盘的大角，及时进行吊、靠。如有偏差要及时修整。盘角时要仔细对照皮数杆的砖层和标高，控制好灰缝大小，使水平灰缝均匀一致。大角盘好后再复查一次，平整度和垂直度完全符合要求后，再挂线砌墙。

（5）挂线。砌筑一砖半墙必须双面挂线，如果长墙几个人均使用一根通线，中间应设几个支线点，小线要拉紧，每层砖都要穿线看平，使水平缝均匀一致，平直通顺；砌一砖厚混水墙时宜采用外手挂线，可照顾砖墙两面平整，为下道工序控制抹灰厚度奠定基础。

（6）砌砖。砌砖宜采用一铁锹灰、一块砖、一挤揉的“三一砌法”，即满铺、满挤操作法。砌砖时砖要放平。里手高，墙面就要张；里手低，墙面就要背。砌砖一定要跟线，“上跟线，下跟棱，左右相邻要对平”。水平灰缝厚度和竖向灰缝宽度一般为10mm，但不应小于8mm，也不应大于12mm。为保证清水墙面主缝垂直，不游丁走缝，当砌完一步架高时，宜每隔2m水平间距，在丁砖立棱位置弹两道垂直立线，可以分段控制游丁走缝。在操作过程中，要认真进行自检，如出现偏差，应随时纠正，严禁事后砸墙。清水墙不允许有三分头，不得在上部任意变活、乱缝。砌筑砂浆应随搅拌随使用，一般水泥砂浆必须在3h内用完，水泥混合砂浆必须在4h内用完，不得使用过夜砂浆。砌清水墙应随砌、随划缝，划缝深度为8～10mm，深浅一致，墙面清扫干净。混水墙应随砌随将舌头灰刮尽。

（7）留槎。相邻砌体不能同时砌筑而设置的临时间断处即为“槎”。外墙转角处应同时砌筑。内外墙交接处必须留斜槎，槎子长度不应小于墙体高度的2/3，槎子必须平直、通顺。分段位置应在变形缝或门窗口角处，隔墙与墙或柱不同时砌筑时，可留阳槎加预埋拉结筋。沿墙高按设计要求每500mm预埋2根直径为6mm的钢筋，其埋入长度从墙的留槎处算起，一般每边均不小于50cm，末端应加90°弯钩。施工洞口也应按以上要求留水平拉结筋。隔墙顶应用立砖斜砌挤紧。

（8）安装过梁、梁垫。安装过梁、梁垫时，其标高、位置及型号必须准确，坐浆饱满。如坐浆厚度超过20mm，要用细石混凝土铺垫，过梁安装时，两端支撑点的长度应一致。

任务6.2　砌　石　工　程

【引例6.2】 某市治理河段，规划为防护堤河段，防护堤型式采用浆砌石挡墙加护坡复式防护堤，景观水位加0.3m高程以下采用M7.5浆砌石挡墙，以上至岸顶为草皮护坡，岸顶设2m宽的工程管理维护道路。

【思考】

（1）砌筑前的准备工作有哪些？

（2）干砌石与浆砌石的区别？

（3）试述浆砌石砌筑工艺。

6.2.1　干砌石施工

所谓干砌，是指不用胶结材料而将砌体砌筑起来的一种砌筑方法。干砌石包括干砌块

（片）石和干砌卵石。干砌石不宜用于砌筑墩、台、桥、涵或其他主要受力的部位，一般仅用于护坡（土坝的临水面护坡、渠系建筑物进出口护坡及渠道衬砌）、护底（水闸的上、下游护坦等）以及河道防冲部分的护岸等工程。

6.2.1.1 砌筑前的准备工作

1. 备料

在砌石施工中为缩短场内运距，避免停工待料，砌筑前应尽量按照工程部位及需要数量分片备料，并提前将石块的水锈、游泥洗刷干净。

2. 清理地基

砌石前应将地基开挖至设计高程，淤泥、腐殖土以及混杂的建筑残渣应清除干净，必要时将坡面或底面夯实，然后才能进行铺砌。

3. 铺设反滤层

在干砌石砌筑前应铺设砂砾反滤层，其作用是将块石垫平，不致使砌体表面凹凸不平，减少其对水流的摩阻力，减少水流或降水对砌体地基土壤的冲刷，防止地下渗水逸出时带走地基土粒，避免砌筑面下陷变形。

反滤层的各层厚度、铺设位置、材料级配和粒径以及含泥量均应满足规范要求，铺设时应与砌石施工配合，自下而上，随铺随砌，接头处各层之间的连接要层次清楚，防止层间挪动或混淆。

6.2.1.2 干砌石施工方法

常采用的干砌块石的施工方法有两种，即花缝砌筑法和平缝砌筑法。

1. 花缝砌筑法

花缝砌筑法多用于干砌片（毛）石。砌筑时，依石块原有形状，使尖对拐、拐对尖，相互联系砌成。砌石不分层，一般多将大面向上，如图6.7所示。这种砌法的缺点是底部空虚，容易被水流淘刷变形，稳定性较差，且不能避免重缝、叠缝、翘口等毛病。但此法的优点是表面比较平整，故可用于流速不大、不承受风浪淘刷的渠道护坡工程。

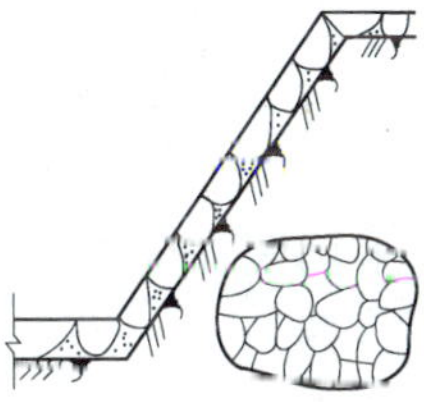

图6.7 花缝砌筑

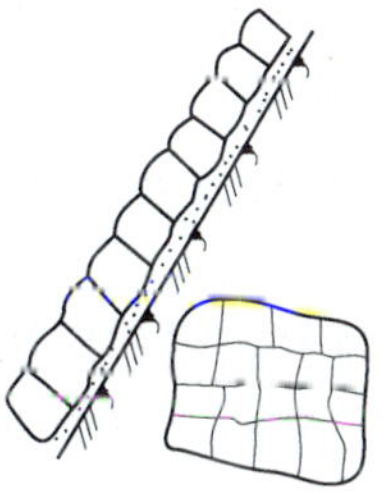

图6.8 平缝砌筑

2. 平缝砌筑法

平缝砌筑法一般多适用于干砌块石的施工。砌筑时，将石块宽面与坡面竖向垂直，与横向平行，如图6.8所示。砌筑前，安放每一块石块必须先进行试放，不合适处应用小锤修整，达到石缝紧密，最好不塞或少塞石子。这种砌法横向均有通缝，但竖直缝必须错开，如砌缝底部或块石拐角处有空隙，则应选用适当的片石塞满填紧，以防止底部砂砾垫层由缝隙淘出，造成坍塌。

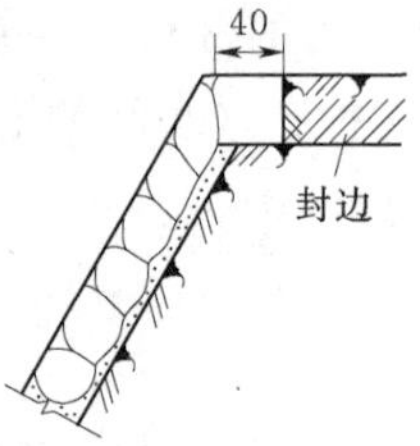

图 6.9 干砌石封边
（单位：cm）

6.2.1.3 干砌石封边

干砌石是依靠石块之间的摩擦力来维持其整体稳定的。若砌体发生局部移动或变形，将会导致整体破坏。边口部位是最易损坏的地方，所以封边工作十分重要。

一般工程中，对护坡水下部分，常采用深度均为 0.8m 左右的大块石单层或双层干砌封边，然后将边外部分用黏土回填夯实。有时，也可采用深宽均为 0.4m 左右的浆砌石埂进行封边。对护坡水上部分的顶部封边，则常采用比较大的方正块石砌成 0.4m 左右宽的平台，台后所留的空隙用黏土回填夯实，如图 6.9 所示。对于挡墙、闸翼墙等重力式墙身顶部，一般用厚度 5mm 左右的混凝土封闭。

6.2.1.4 干砌石砌筑要点

干砌石工程缺陷的原因，主要是砌筑技术不良、工作马虎、施工管理不善以及测量放样错漏等。缺陷主要表现为缝口不紧、鼓心凹肚、重缝、飞口（即石块很薄的边口未经砸掉便砌在坡上）、翘口（上下两块都是一边厚一边薄石料的薄口部分互相搭接）、悬石（两石相接不是面的接触，而是点的接触）、浮塞叠砌、严重蜂窝以及底部空虚、轮廓尺寸走样等，如图 6.10 所示。

无论是毛石还是河卵石铺砌的护坡或护底，下面都应设置垫层。垫层的作用是使石块能通过垫层均匀地压在土层上，使其表面保持平整和减少下沉；同时，有了垫层可减少水流对土层的冲刷力，保护了土层，不致使石块下的土被水流淘空。

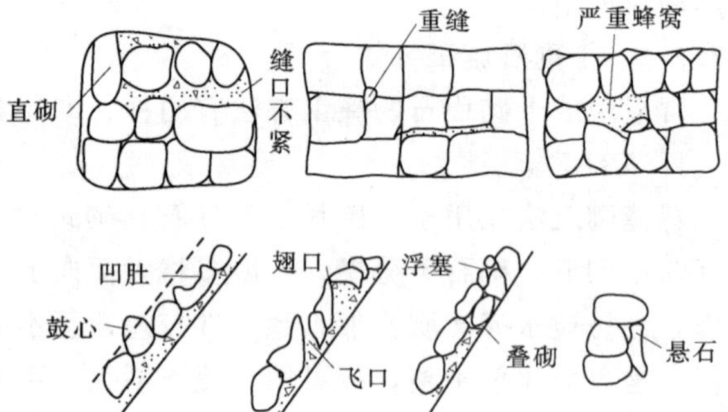

图 6.10 干砌石缺陷

干砌石施工必须注意以下几个方面：

（1）干砌石工程在施工前，应进行基础清理工作，其具体要求与浆砌石基础清理基本相同。

（2）凡受水流冲刷和浪击作用的干砌石工程，应采用竖立砌法（即石块的长边与水平面或斜面呈垂直方向）砌筑，以期空隙达到最小。

（3）重力式墙身或坝体施工，严禁采用先砌好里外砌石面，中间用乱石充填并留下空隙和蜂窝等错误施工方法。

（4）干砌块石的墙体露出面必须设丁石（拉结石），丁石要均匀分布。同一层的丁石长度，如墙厚不大于 400mm，丁石长度应等于墙厚；如墙厚大于 400mm，则要求同一层内外的丁石相互交错搭接，搭接长度不小于 150mm，其中一块的长度不小于墙厚的 2/3。

（5）如用料石砌墙，则两层顺砌后应有一层丁砌，同一层采用丁顺组砌时，丁石间距不宜大于 2m。

（6）用干砌块石做基础，一般下大上少，虽阶梯状，底层应选择比较方正的大块石，上层阶梯块石至少压住下层阶梯块石宽度的1/3。

(7) 大体积的干砌块石挡墙或其他建筑物，在砌体每层转角和分段部位，应先采用大而平整的块石砌筑。

(8) 回填在干砌块石基础前后和挡墙后部的土石料，应分层回填并夯实。用于砌块石砌筑的单层斜面护坡或护岸，在砌筑块石前要先按设计要求平整坡面。如块石砌筑在土质坡面上，要先夯实土层，并按设计规定铺放碎石和细砾石。

(9) 护坡干砌工程，应自坡脚开始自下而上进行。

(10) 砌体缝口要砌紧，空隙应用小石填塞紧密，防止砌体在受到水流的冲刷或外力撞击时滑脱沉陷，以保持砌体的坚固性。一般规定，干砌石砌体空隙率不超过30%～35%。

(11) 干砌石护坡的每块石面一般不应低于设计位置50mm，不高出设计位置150mm。

(12) 干砌石在砌筑时，要防止出现各种缺陷。

6.2.2 浆砌石施工

浆砌石是用胶结材料把单个的石块连接接在一起，使石块依靠胶结材料的黏结力、摩擦力和块石自重结合成为新的整体，以保持建筑物的稳固。同时，充填了石块间的空隙，堵塞了一切可能产生的漏水通道。浆砌石具有良好的整体性、密实性和较高的强度，使用寿命更长，还具有较好的防止渗水和抵抗水流冲刷的能力。

浆砌石施工的砌筑要领可概括为“平、稳、满、错”四个字。平，同一层面大致砌平，相邻石块的高差宜小于20～30mm；稳，单块石料的安砌务求自身稳定；满，灰缝饱满密实，严禁石块间直接接触；错，相邻石块应错缝砌筑，尤其不允许有顺水流方向的通缝。

6.2.2.1 砌筑工艺

浆砌石工程砌筑的工艺流程如图6.11所示。

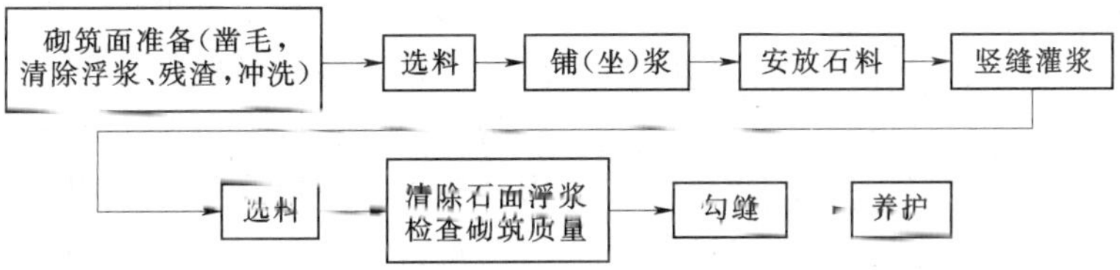

图6.11 浆砌石砌筑工艺流程

1. 砌筑面准备

对于开挖成形的岩基面，在砌石开始之前应将表面已松散的岩块剔除，具有光滑表面的岩石须人工凿毛，并清除所有岩屑、碎片、泥沙等杂物。土壤地基按设计要求处理。

对于水平施工缝，一般要求在新一层块石砌筑前凿去已凝固的浮浆，并进行清扫、冲洗，使新旧砌体紧密结合。对于临时施工缝，在恢复砌筑时，必须进行凿毛、冲洗处理。

2. 选料

砌筑所用石料，应是质地均匀，没有裂缝，没有明显风化迹象，不含杂质的坚硬石料。严寒地区使用的石料，还要求具有一定的抗冻性。

3. 铺（坐）浆

对于块石砌体，由于砌筑面参差不齐，必须逐块坐浆、逐块安砌，在操作时还须认真调整，务必使坐浆密实，以免形成空洞。

坐浆一般只宜比砌石超前0.5～1m，坐浆应与砌筑相配合。

4. 安放石料

把洗净的湿润石料安放在坐浆面上，用铁锤轻击石面，以使坐浆开始溢出为度。石料之间的砌缝宽度应严格控制，采用水泥砂浆砌筑时，块石的灰缝厚度一般为20～40mm，料石的灰缝厚度为5～20mm，采用小石混凝土砌筑时，一般为所用骨料最大粒径的2～2.5倍。安放石料时应注意，不能产生细石架空现象。

5. 竖缝灌浆

安放石料后，应及时进行竖缝灌浆。一般灌浆与右面齐平，水泥砂浆用捣插棒捣实，小混凝土用插入式振捣器振捣，振实后缝面下沉，待上层摊铺坐浆时一并填满。

6. 捣实

水泥砂浆常用捣棒人工插捣，小石混凝土一般采用插入式振捣器振捣。应注意对角缝的振捣，防止重振或漏振。

每一层铺砌完24～36 h后（视气温及水泥种类、胶结材料强度等级而定），即可冲洗，准备上一层的铺砌。

6.2.2.2 毛石砌体

1. 毛石砌体砌筑要点

毛石砌体应采用铺浆法砌筑。砂浆必须饱满，叠砌面的粘灰面积（即砂浆饱满度）应大于80%。

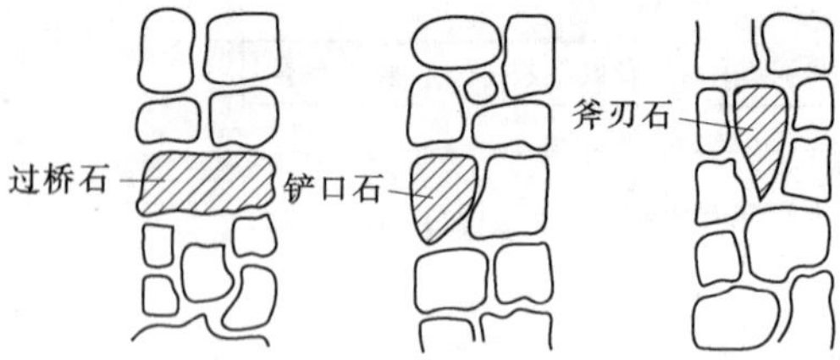

图6.12 过桥石、铲口石、斧刃石

毛石砌体宜分皮卧砌，各皮石块间应利用毛石自然形状经敲打修整，使能与先砌毛石基本吻合、搭砌紧密；毛石应上下错缝，内外搭砌，不得采用外面侧立毛石中间填心的砌筑方法；中间不得有过桥石（仅在两端搭砌的石块）、铲口石（尖石倾斜向外的石块）和斧刃石（尖石向下的石块），见图6.12。

毛石砌体的灰缝厚度宜为20～30mm，石块间不得有相互接触现象。石块间较大的空隙应先填塞砂浆后用碎石块嵌实，不得采用先摆碎石块后塞砂浆或干填碎石块的方法。

2. 毛石基础

砌筑毛石基础的第一皮石块坐浆，并将石块的大面向下。毛石基础的转角处、交接处应用较大的平毛石砌筑。

毛石基础的扩大部分，如做成阶梯形，上级阶梯的石块应至少压砌下级阶梯石块的 1/2，相邻阶梯的毛石应相互错缝搭砌，如图 6.13 所示。

毛石基础必须设置拉结石，拉结石应均匀分布。毛石基础同皮内每隔 2m 左右设置一块。如基础宽度不大于 400mm，拉结石长度：应与基础宽度相等；如基础宽度大于 400mm，可用两块拉结石内外搭接，搭接长度不应小于 150mm，且其中一块拉结石长度不应小于基础宽度的 2/3。

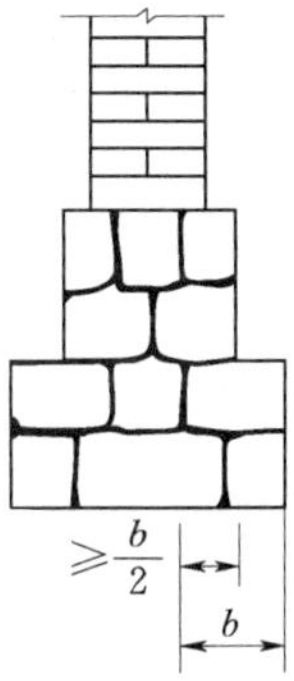

图 6.13 阶梯形毛石基础

3. 毛石墙

毛石墙的第一皮及转角处、交接处和洞口处，应用较大的平毛石砌筑。

每个楼层墙体的最上一皮，宜用较大的毛石砌筑。

毛石墙必须设置拉结石。拉结石应均匀分布，相互错开。一般每 0.7m^2 墙面至少设置一块毛石墙，且同皮内拉结石的中距不应大于 2m。如墙厚不大于 400mm，拉结石的长度：应与墙厚相等，如墙厚大于 400mm，可用两块拉结石内外搭接，搭接长度不应小于 150mm，且其中一块拉结石长度不应小于墙厚的 2/3。

毛石墙每日约砌筑高度，不应超过 1.2m。

在毛石和烧结普通砖的组合墙中，毛石砌体与砖砌体应同时砌筑，并每隔 4～6 皮砖用 2～3 皮丁砖与毛石砌体拉结砌合，两种砌体间的空隙应用砂浆填满（图 6.14）。

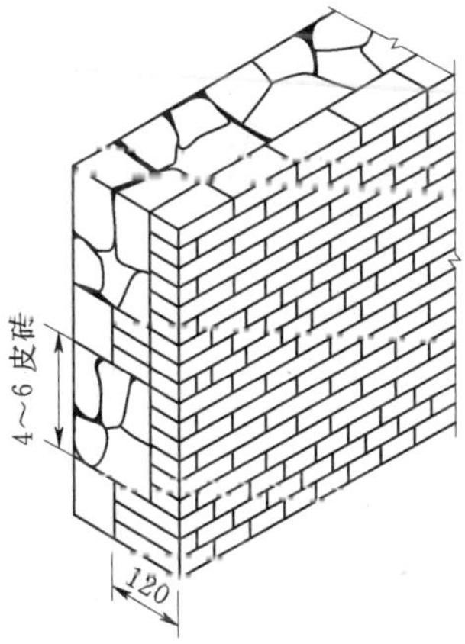

图 6.14 毛石和砖组合墙

毛石墙和砖墙相接的转角处和交接处应同时砌筑。

转角处应自纵墙（或横墙）每隔 4～6 皮砖高度引出不小于 120mm 与横墙（或纵墙）相接（图 6.15）。

交接处应自纵墙每隔 4～6 皮砖高度引出不小于 120mm 与砖墙相接（图 6.16）。

毛石墙的转角处和交接处应同时砌筑。对不能同时砌筑而又必须留置的临时间断处，应砌成踏步槎。

6.2.2.3 料石砌体

1. 料石砌体砌筑要点

料石砌体应采用铺浆法砌筑，料石应放置平稳，砂浆必须饱满。砂浆铺设厚度应略高于规定灰缝厚度，其高出厚度：细料石宜为 3～5mm；粗料石、毛料石宜为 6～8mm。

料石砌体的灰缝厚度：细料石砌体不宜大于 5mm，粗料石和毛料石砌体不宜大于 20mm。

料石砌体的水平灰缝和竖向灰缝的砂浆饱满度均应大于 80%。

料石砌体上下皮料石的竖向灰缝应相互错开，错开长度应不小于料石宽度的 1/2。

2. 料石基础

料石基础的第一皮料石应坐浆丁砌，以上各层料石可按一顺一丁进行砌筑。阶梯形料石基础，上级阶梯的料石至少压砌下级阶梯料石的 1/3（图 6.17）。

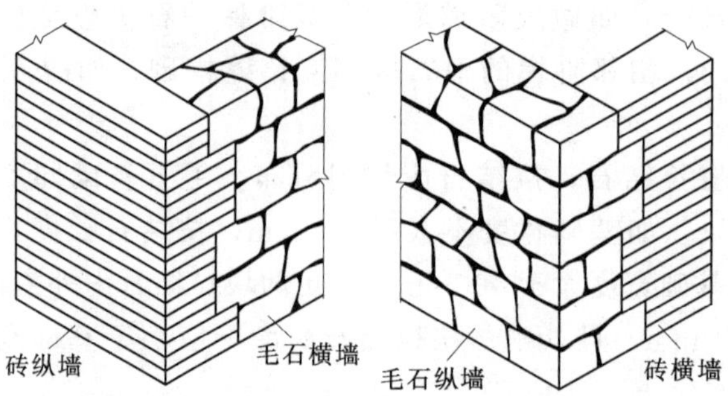

图 6.15　转角处毛石墙和砖墙相接

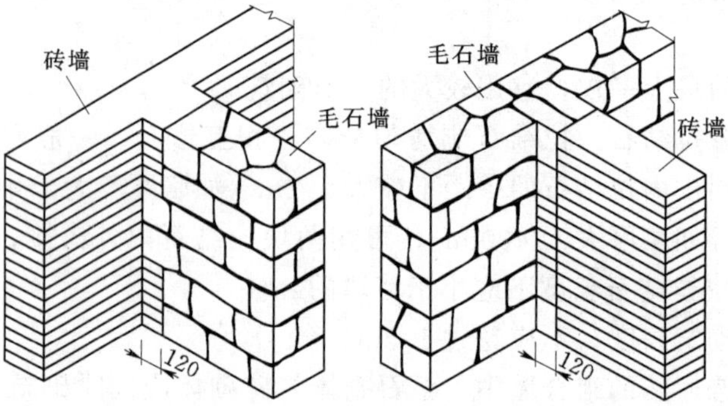

图 6.16　交接处毛石墙和砖墙相接（单位：mm）

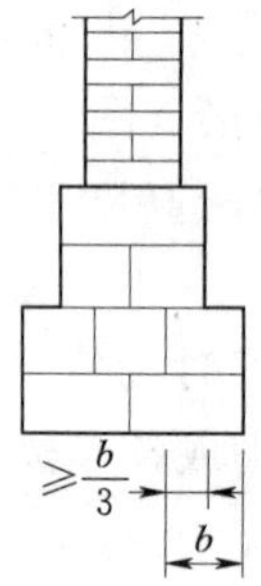

图 6.17　阶梯形料石基础

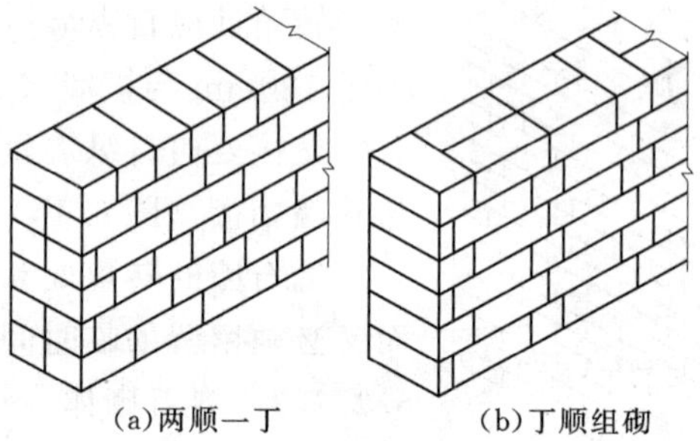

图 6.18　料石墙砌筑形式

3. 料石墙

料石墙厚度等于一块料石宽度时，可采用全顺砌筑形式。

料石墙厚度等于两块料石宽度时，可采用两顺一丁或丁顺组砌的砌筑形式（图6.18）。

两顺一丁是两皮顺石与一皮丁石相间。

丁顺组砌是同皮内顺石与丁石相间，可一块顺石与丁石相间或两块顺石与一块丁石相间。

在料石和毛石或砖的组合墙中，料石砌体和毛石砌体或砖砌体应同时砌筑，并每隔2～3皮料石层用丁砌层与毛石砌体或砖砌体拉结砌合。丁砌料石的长度宜与组合墙厚度相同（图 6.19）。

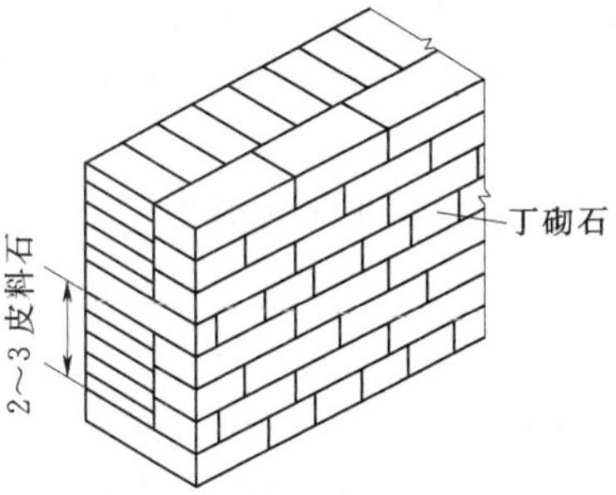

图 6.19 料石和砖的组合墙

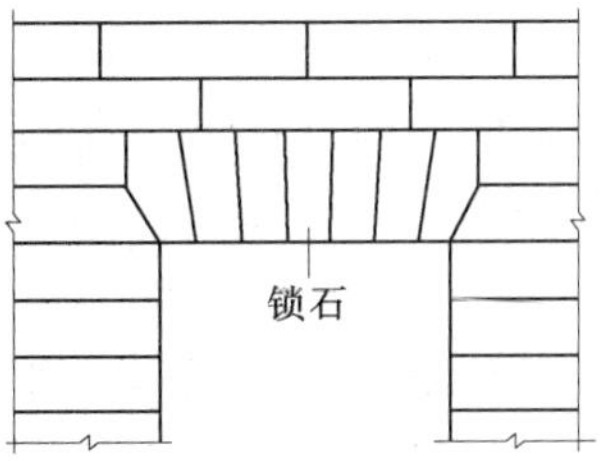

图 6.20 料石平拱示例

4. 料石平拱

用料石做平拱，应按设计要求加工。如设计无规定，则料石应加工成楔形，斜度应预先设计，拱两端部的石块，在拱脚处坡度以60°为宜。平拱石块数应为单数，厚度与墙厚相等，高度为二皮料石高。拱脚处斜面应修整加工，使拱石相吻合（图 6.20）。

砌筑时，应先支设模板，并以两边对称地向中间砌，正中一块锁石要挤紧。所用砂浆强度等级不应低于M10，灰缝厚度宜为5mm。

养护到砂浆强度达到其设计强度的70%以上时，才可拆除模板。

5. 料石过梁

用料石做过梁，如设计无规定时，过梁的高度应为200～450mm，过梁宽度与墙厚相同。过梁净跨度不宜大于1.2m，两端各伸入墙内长度不应小于250mm。

过梁上续砌墙时，其正中石块长度不应小于过梁净跨度的1/3，其两旁应砌不小于2/3过梁净跨度的料石（图 6.21）。

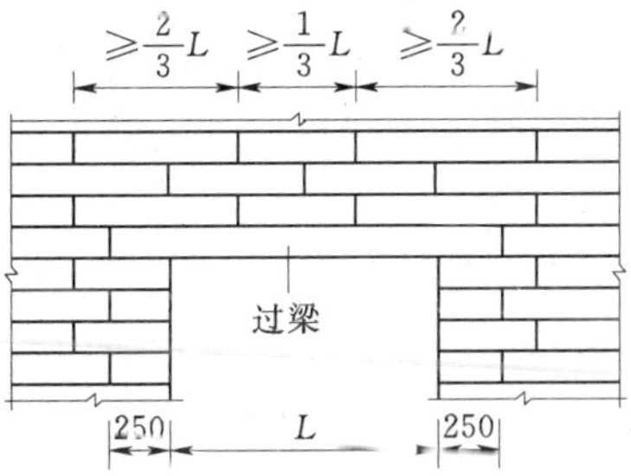

图 6.21 料石过梁

6.2.2.4 勾缝与分缝

1. 墙面勾缝

石砌体表面进行勾缝的目的，主要是加强砌体整体性，同时还可增加砌体的抗渗能力，另外也美化外观。

勾缝按其形式可分为凹缝、平缝、凸缝等。凹缝又可分为半圆凹缝、平凹缝；凸缝可分为平凸缝、半圆凸缝、三角凸缝等。

勾缝的程序是在砌体砂浆未凝固以前，先沿砌缝将灰缝剔深20～30mm形成缝槽，待砌体完成砂浆凝固以后再进行勾缝。勾缝前，应将缝槽冲洗干净，自上而下，不整齐处应修整。勾缝的砂浆宜用水泥砂浆，砂用细砂。砂浆稠度要掌握好，过稠勾出缝来表面粗糙不光滑，过稀容易坍落走样。最好不使用火山灰质水泥，因为这种水泥干缩性大，勾缝容易开裂。砂浆强度等级应符合设计规定，一般应高于原砌体的砂浆强度等级。

勾凹缝时，先用铁钎子将缝修凿整齐，再在墙面上浇水湿润，然后将浆勾入缝内，再用板条或绳子压成凹缝，用灰抿赶压光平。凹缝多用于石料方正、砌得整齐的墙面。勾平缝时，先在墙面洒水，使缝槽湿润后，将砂浆勾于缝中赶光压平，使砂浆压住石边，即成平缝。勾凸缝时，先浇水润湿缝槽，用砂浆打底与石面相平，而后用扫把扫出麻面，待砂浆初凝后抹第二层，其厚度约为10mm，然后用灰抿拉出凸缝形状。凸缝多用于不平整石料。砌缝不平时，把凸缝移动一点，可使表面美观。

砌体的隐蔽回填部分，可不专门做勾缝处理，但有时为了加强防渗，应事先在砌筑过程中，用原浆将砌缝填实抹平。

2. 伸缩缝

浆砌体常因地基不均匀沉陷或砌体热胀冷缩而产生裂缝。为避免砌体发生裂缝，一般在设计中均要在建筑物某些接头处设置伸缩缝（沉陷缝）。施工时，可按照设计规定的厚度、尺寸及不同材料做成缝板。缝板有油毛毡（一般常用三层油毛毡刷沥青制成）、沥青杉板（杉板两面刷沥青）等，其厚度为设计缝宽，一般均砌在缝中。如采用油毛毡，则需先立样架，将伸缩缝一边的砌体砌筑平整，然后贴上油毡，再砌另一边；如采用沥青杉板做缝板，最好是架好缝板，两面同时等高砌筑，不需再立样架。

6.2.2.5 砌体养护

为使水泥得到充分的水化反应，提高胶结材料的早期强度，防止胶结材料干裂，应在砌体胶结材料终凝后（一般砌完6～8h）及时洒水养护14～21d，最低限度不得少于7d。养护方法是配专人洒水，经常保持砌体湿润，也可在砌体上加盖湿草袋，以减少水分的蒸发。夏季的洒水养护还可起降温的作用。由于日照长、气温高、蒸发快，一般在砌体表面覆盖草袋、草帘等，白天洒水7～10次，夜间蒸发少且有露水，只需洒水2～3次即可满足养护需要。

冬季当气温降至0℃以下时，要增加覆盖草袋、麻袋的厚度，加强保温效果。冰冻期间不得洒水养护。砌体在养护期内应保持正温。砌筑面的积水、积雪应及时清除，防止结冰。冬季水泥初凝时间较长，砌体一般不宜采用洒水养护。

养护期间不能在砌体上堆放材料、修凿石料、碰动块石，否则会引起胶结面的松动脱离。隐蔽工程的回填，在常温下一般要在砌后28d方可进行，小型砌体可在砌后10～12d进行回填。

项目7 隧洞工程施工

【引例 7.1】 某电站为是一座高水头、隧洞引水式水电站。大坝区主要建筑物有大坝、进水口、沉沙池、引水压力隧洞，厂房区主要建筑物为电站厂房及开关站等。导流隧洞设在右岸，为马蹄形断面，洞径约为 8.0m，洞长为 260m，采用 10 年一遇洪水标准，设计施工导流流量为 570m^3/s。引水压力隧洞洞长约 2366m，洞内采用钢衬砌，衬砌后洞径为 2.2m，底板坡度为 38.27%，隧洞开挖洞径为 2.8～3.1m。引水压力隧洞净水头 687m，不设调压井，引水流量 21 m^3/s，洞内流速 5.5 m/s。电站厂房长约 33m，跨度约 14m，装机容量为 2×60.5MW，水轮机组为 2 台立轴冲击式水轮机。

大坝由左副坝段、进水口坝段、堰闸坝段和右副坝组成，坝高 32.5m，坝轴线长 120m，顶宽 10m、底宽 42m，左右副坝段和墩墙的上游坝坡均为直立，下游坝坡 1∶0.8。堰闸坝段设 3 个泄流底孔，每孔 7.0m 宽；共 4 个闸墩，边墩墩头为四分之一圆，半径 2.5m，中墩墩头为二分之一圆，圆半径与边墩相同。堰闸坝段 1 号和 4 号边墩后接消力池导流墙，导流墙长×高为 55m×16m，墙厚 3.0m。所有的垂直施工缝均设键槽和插筋。

引水压力洞全长 2394.611m，包括上平段，上平段与 10.0%斜井的连接段（称为 1 号连接段），10.0%斜坡段，10.0%斜坡与 38.27%斜坡的连接段（称为 2 号连接段），38.27%斜坡段，38.27%斜坡与下平段的连接段（称为 3 号连接段），下平段及岔管段，主要参数见下表 7.1，纵剖面图参见图 7.1。

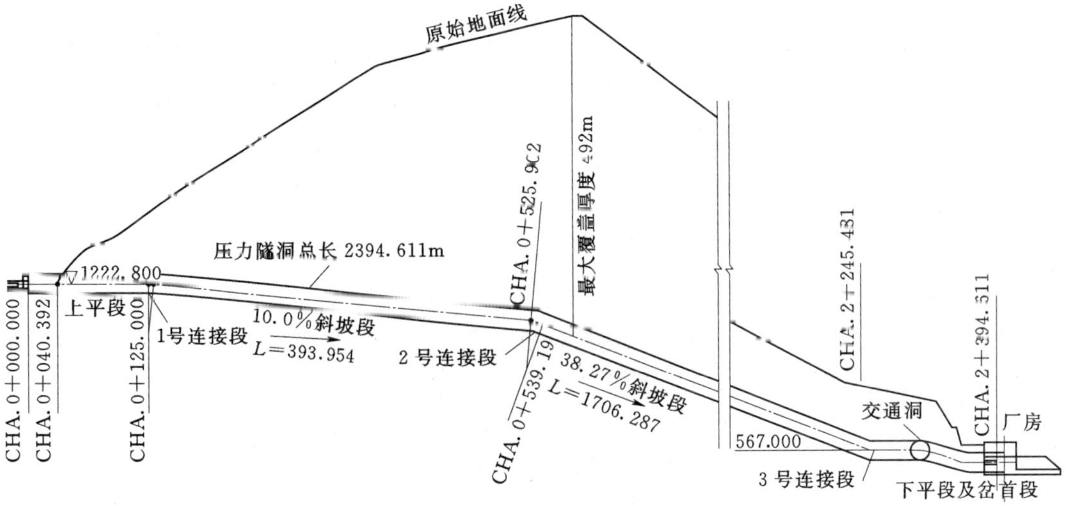

图 7.1 引水压力洞纵剖面示意图（单位：m）

表 7.1　　引水压力洞主要参数表

段别	转弯半径或坡比	长度/m	起止桩号	衬后半径	备　注
上平段	$i=0.33\%$	125	0+0.000 0+125.000	3m	钢筋混凝土砌
1号连接段	$R=50$m	4.983	0+125.000 0+126.036		
10%斜井段	$i=10\%$	395.919	0+126.036 0+525.902		
2号连接段	$R=50$m	13.292	0+525.902 0+539.194	渐变	
38.27%斜井段	$i=38.27\%$	1706.265	0+539.194 2+245.481	2.2m	钢衬+回填混凝土
3号连接段	$R=50$m	18.275	2+245.481 2+263.756		钢衬+回填混凝土
下平段及岔管段		123.586	2+263.756 2+394.611		

压力引水隧洞进水中心高程1222.800m，出水口中心高程为560.500m，高程差为662.300m。其中38.23%斜坡段顶中心线高程为1166.500m，底中心线高程为560.500m，高程差为606.000m。在下游CHA.2+298.756桩号处设有一交通洞。压力洞钢衬段和混凝土衬段断面图分别如图7.2和图7.3所示。

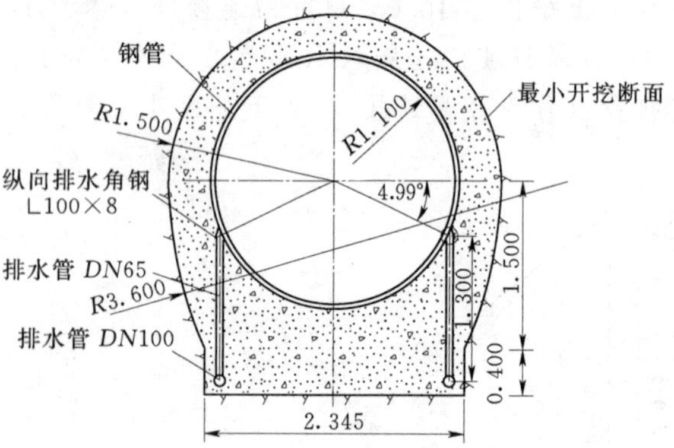

图7.2　引水压力洞钢衬段断面图（单位：m）

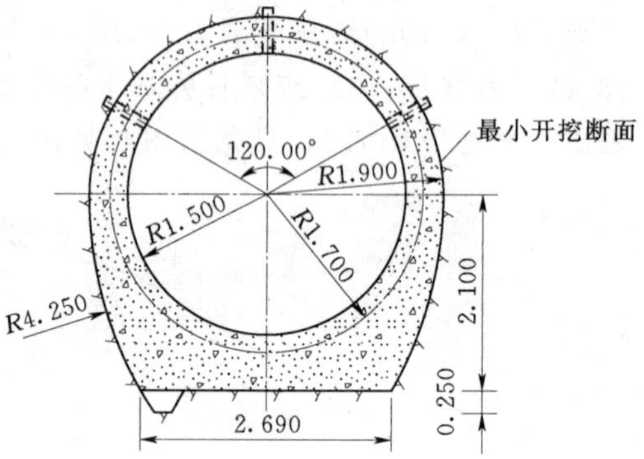

图7.3　引水压力洞混凝土衬段断面图（单位：m）

【思考】

(1) 隧洞的平洞及竖井、斜洞的开挖程序有哪些？如何进行开挖？有何区别？

(2) 本例选择哪种开挖方式，为什么？

(3) 隧洞的开挖方法有哪些？

(4) 钻孔爆破开挖需要注意哪些参数的设计？

(5) 掘进机开挖隧洞的工作原理是什么？有哪些优缺点？

(6) 隧洞的支护工艺有哪些各有什么特点？

(7) 隧洞的衬砌与灌浆是如何进行的？

任务7.1 隧洞的施工程序

开挖和衬砌（支护）是隧洞施工的两个主要施工过程。平洞施工程序的选择，主要取决于地质条件、断面尺寸、平洞轴线长短以及施工机械化水平等因素；同时要处理好开挖与临时支撑、平洞开挖与衬砌或支护的关系，以便各项工作在相对狭小的工作面上有条不紊地进行。

隧洞开挖作业基本循环为钻孔、装药、爆破、通风排烟、撬顶排险、出渣等工序，循环交替，循序渐进。

7.1.1 平洞的开挖程序

平洞开挖有全断面开挖、台阶开挖和导洞掘进等方法。

7.1.1.1 全断面开挖法

如图7.4所示，全断面开挖是将平洞整个断面一次开挖成洞，在一个开挖循环内完成，当每完成一个作业循环时，就使隧洞全断面推进了一段距离。衬砌或支护，需待全洞贯通以后或者待掘进相当距离以后修筑，并视围岩容许暴露时间和总的施工安排而定。

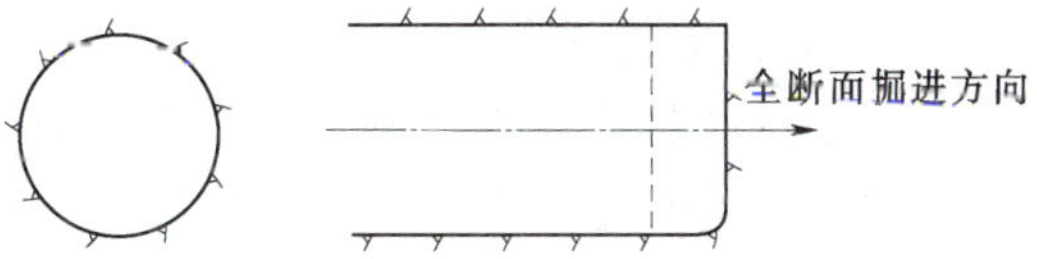

图7.4 全断面开挖法

全断面开挖一般适用于围岩坚固稳定，对应岩石坚固系数为 $f \geqslant 8 \sim 10$ 的岩石，断面较小的情况下使用，或大断面有大型开挖衬砌设备的情况。目前国内外的全断面开挖高度一般为8～10m，主要由使用的多臂钻机或全断面掘进机的工作高度（直径）控制。采用全断面开挖方法，洞内工作场面比较大，施工组织因工作面宽而比较容易安排，施工干扰也较易解决，有利于提高平洞施工速度。

全断面掘进法的优点是工作面大、工序集中、便于管理；能充分发挥机械效能，开挖进度快。缺点是只有一个爆破临空面，单位耗药量较大；对于大断面隧道，全断面掘进时需要机械化施工，并要求机械生产率配套，否则影响掘进效率；在松软岩层中开挖大断面隧道时，全断面掘进不安全。此外，如隧洞测量的贯通误差过大，采用全断面掘进则不易修正。

7.1.1.2 台阶开挖法

全断面开挖法会受到开挖设备、技术安全等方面的限制。当隧道断面大于135m²，高度大于12m时，所用钻车高达4层以上。由于钻车质量增加，移动不便而影响工效。因此，当隧道断面特别大时，从技术、安全、经济合理的观点，全断面掘进就不是最优方案，而往往采用台阶掘进法。

台阶掘进法可分为水平台阶和垂直行阶的形式，如图7.5所示。

（1）下台阶掘进法是先开挖上部断面，再开挖下部台阶。对于断面高度较大的隧道，上部断面采用钻车掘进，下部台阶采用轻型风钻钻眼。为防止顶部塌方，在上部断面挖成

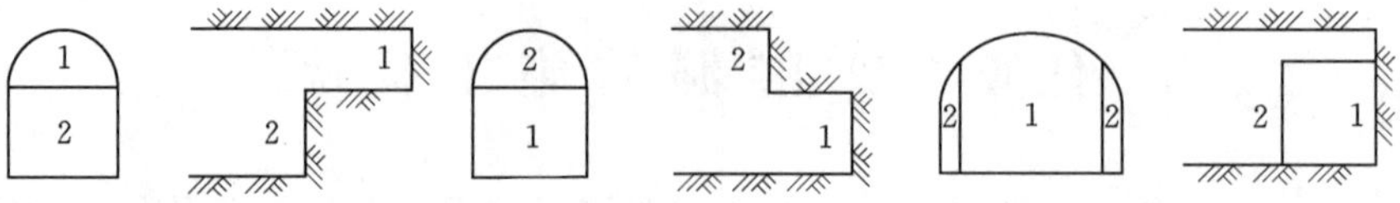

(a)下台阶掘进　(b)上台阶掘进　(c)垂直台阶掘进

图 7.5　台阶开挖法

后，可及时进行拱部衬砌，在衬砌保护下开挖下部岩层。

(2) 上台阶掘进法与下台阶掘进法相反，即先掘进下部断面，后开挖上部台阶。上部台阶爆落的石渣可利用自重下落通过漏斗栅架装车，因此，仅需在隧道底部布置出渣线。

上部台阶钻眼时，可以采用蹬渣作业或在工作平台上操作。但用该法开挖不良地质段时，易造成塌方，支撑较复杂，以及需进行两次拱顶排险工作。

(3) 垂直台阶掘进法用于跨度较大的隧洞。先用钻车掘进中部，然后两侧台阶使用轻型风钻开挖。该法的主要优点是一次开挖断面的跨度较小，顶部不易坍塌。

7.1.1.3　导洞掘进法

导洞掘进法是比较古老的方法。只需使用简单的机具设备，因此，该法得到广泛应用。目前对于大断面隧道，地质条件又较差的情况下，为了防止塌方，导洞掘进法仍被广泛采用。

导洞掘进法是在隧道断面上选择某一部位，首先开挖一个导洞。导洞断面根据出渣线的布置、装渣、运输设备的工作条件确定。对于双车道，导洞断面一般为 3m×4m。

在导洞超前开挖相当长的距离之后，再向导洞四周扩大开挖到全断面。有时为了创造良好的自然通风条件，便于精确掌握隧道轴线和了解隧道沿线的地质情况，也可将隧道全线打通，然后进行扩大开挖。

按导洞的布置不同，可分为下导洞掘进、上导洞掘进、上下导洞掘进、中央导洞掘进、品字导洞掘进等类型，如图 7.6 所示。

1. 下导洞掘进

在隧道底部中央先挖导洞，然后向上扩大到达拱顶后，再由两侧向底部扩挖完成全断面，最后按先墙后拱顺序衬砌。

下导洞掘进的主要优点是扩大部分的石渣利用自重下落在漏斗棚架上进行装车。这样大大减轻了装渣作业，提高了出渣工效。同时漏斗棚架起着支护作用，扩大开挖崩落的石渣不会打坏轨道。

2. 上导洞掘进

在拱部中央先开挖上导洞，再扩大开挖拱部，并及时进行拱部衬砌。在拱部衬砌的保护下，进行挖底工作。为了保证拱部衬砌的安全，侧墙开挖顺序必须错开布置（马口开挖布置），并及时衬砌。该法适用于松软岩层中的隧道开挖。

由于上导洞和下部扩大需分别敷设出渣线，拱部开挖和衬砌工作相互干扰，往往影响施工进度。

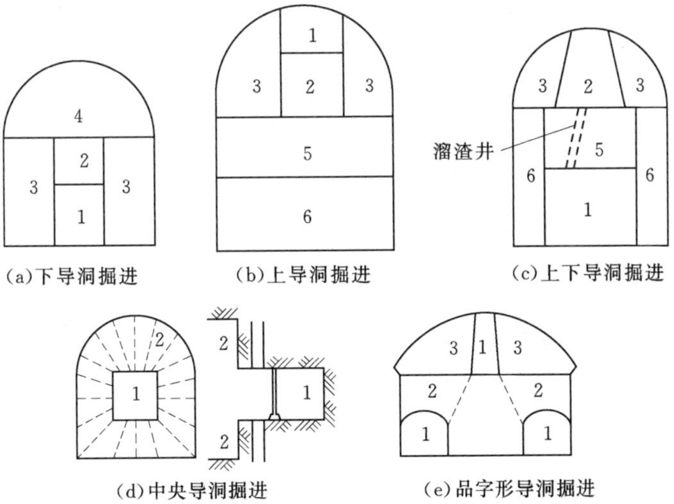

(a)下导洞掘进 (b)上导洞掘进 (c)上下导洞掘进

(d)中央导洞掘进 (e)品字形导洞掘进

图 7.6 导洞掘进法

1～6—开挖顺序

3. 上下导洞掘进

上下导洞掘进是先开挖上导洞和下导洞，再扩大拱部进行拱部衬砌，然后开挖中层、边墙和进行边墙衬砌。

上下导洞掘进综合了下导洞掘进和上导洞掘进的优点，像下导洞掘进一样，利用岩石自重下落通过漏渣孔装车，像上导洞那样在拱部衬砌的保护下开挖下部，达到安全施工。为避免出渣和运输混凝土的干扰，可以在上、下导洞内分别敷设轨槽，上导洞运输混凝土，下导洞出渣。

4. 中央导洞掘进

中央导洞掘进是在导洞中部先开挖中央导洞，待中央导洞全线打通后，再进行扩大开挖。扩大开挖时采用辐射式布眼，爆破后即可达到全断面。该法的优点是钻眼，出渣互不干扰，扩大开挖一次完成，施工进度快。缺点是辐射式钻眼需用螺旋式支架，钻眼深度不易精确控制，容易造成超挖或欠挖。

5. 品字导洞掘进

品字导洞掘进是沿隧道拱部先开挖 3 个导洞，构成一个品字形。当隧道跨度很大时，可沿拱部开挖 5 个或 7 个导洞，然后分段间隔开挖拱部，并及时衬砌。

扩挖时一般 6m，左右一段，将纵向导洞挖通，并保留核心岩层，以便于支撑和防止坍塌。然后在拱部衬砌的保护下进行侧墙开挖，核心岩体开挖和侧墙衬砌。为了保正拱部施工质量，一般在结构上采用拱墙分离的形式。

品字导洞掘进用于大跨度隧道的施工，其优点是施工安全，不致坍塌。利用核心岩体以节省支撑材料。各导洞由横向扩挖沟通，通风排烟条件好。缺点是开挖和衬砌交叉作业，相互干扰。故一般由顶部导洞运输混凝土，下部导洞出渣。选择隧洞掘进方案时，除应考虑断面尺寸，工程地质条件、施工条件等因素外，还必须考虑所用方法的生产效率和施工进度。

近年来，随着大型钻车的发展，导洞掘进法的使用范围不断缩小。导洞掘进法只是对隧道必须详细了解地质资料或缺乏机械设备的情况下不得已的方案，所以全断面掘进法和用钻车先钻爆上层由轻型风钻扩大下层的分层开挖方法得到推广。

根据国外一些经验统计资料，当隧道断面小于85～110m²、高度小于10m者，最好采用全断面开挖；隧道断面大于85～110m²、高度大于10m者，最好采用上层先挖的分层开挖法。

7.1.2 斜洞、竖井和斜井的开挖程序

7.1.2.1 斜洞、竖井和斜井的定义

以水平夹角区分，洞线与水平的夹角大于75°为竖井，75°～48°为斜井，6°～48°为斜洞。

7.1.2.2 斜洞的开挖程序

对于斜洞，一般采用自上而下的全断面开挖法，用卷扬机提升出渣，开挖完成后衬砌。

7.1.2.3 竖井和斜井的开挖程序

水利水电工程中的竖井和斜井包括调压井、闸门井、出线井、通风井、压力管道和运输井等。竖井的高度较大，而断面相对较小；竖井、斜井在施工程序上都有各自的特点。

1. 竖井

竖井施工的主要特点是竖向作业，进行竖向开挖、出渣和衬砌。

一般水工建筑物的竖井均有水平通道相连，先挖通这些水平通道，可以为竖井施工的出渣和衬砌材料运输等创造有利条件。竖井施工有全断面法和导井法。

（1）全断面法。竖井的全断面施工方法一般按照自上而下的程序进行，该法施工程序简单，但施工时要注意：①做好竖井锁口，确保井口稳定；②起重提升设备应有专门设计，确保人员、设备和石渣等的安全提升；③涌水和淋水地段要做好井内外排水设施；④围岩稳定性较差或在不良地层中修筑竖井，宜开挖一段衬砌一段，或采用预灌浆方法加固以后再进行开挖、衬砌；⑤井壁有不利的节理裂隙组合时，要及时进行锚固。

（2）导井法。导井法施工是在竖井的中部先开挖导井，其断面一般为4～5m²，然后再扩大开挖。扩大开挖时的石渣，经导井落入井底，由井底水平通道运出洞外，以减轻出渣运输的工作量。

导井开挖也可采用自上而下或自下而上作业。前者，常采用普通钻爆法、一次钻爆分段爆破法或大钻机钻进法；大钻机钻进法常需要用钻机钻出一个贯通的小口径导孔，然后再用爬罐法、反井钻机法或吊罐法开挖出断面面积满足溜渣需要的导井，如图7.7所示。

钻爆法、大钻机钻进法和吊罐法由于工作条件较差、钻孔偏差大，一般只适用于深度不大的井。爬罐法所需劳动力少，开挖进度快，是目前开挖导井的主要方法。反井钻机法具有精度高、施工质量高等优点，较适合于中等硬度岩石。扩大开挖可以自上而下逐层下挖，也可以自下而上采用溜渣作业，逐层上挖。前者，竖井周边至导井口，应留有适当的坡度，以便出渣，但要控制渣面高于导井井口，保证井内人员的安全；后者，多用于围岩稳定性较好的小断面竖井。

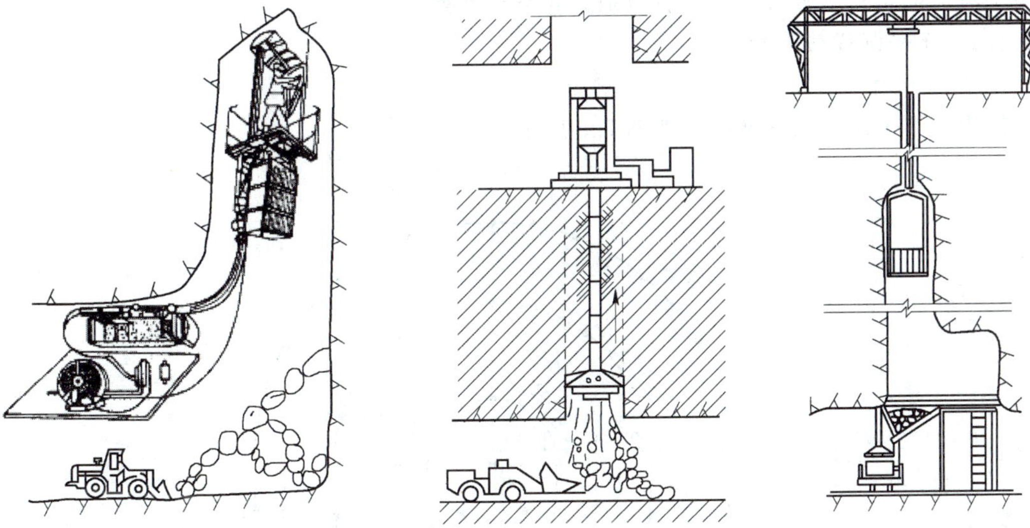

(a)爬罐法 (b)反井钻机法 (c)吊罐法

图 7.7 自下而上的导井开挖方法

2. 斜井

其施工条件与竖井相近，可按竖井的方法施工。

任务 7.2 隧洞的开挖方法

7.2.1 钻孔爆破法

钻孔爆破法一直是地下建筑物岩石开挖的主要施工方法。这种方法对岩层地质条件适应性强、开挖成本低，尤其适合岩石坚硬的洞室施工。钻孔爆破法开挖地下建筑物，应根据设计要求、地质情况、爆破材料及钻孔设备等条件作好爆破设计。

钻爆设计的主要任务是：①确定开挖断面的炮孔布置，包括各类炮孔的位置、深度及方向；②确定各类炮孔的装药量、装药结构及堵孔方式；③确定各类炮孔的起爆方法和起爆顺序。

与露天开挖爆破比较，地下洞室岩石开挖爆破施工有如下主要特点：

(1) 因照明、通风、噪声及渗水等影响，钻爆作业条件差，钻爆工作与支护、出渣运输等工序交叉进行，施工场面受到限制，增加了施工难度。

(2) 爆破自由面少，岩石的夹制作用大，增大了破碎岩石的难度，使岩石爆破的单位耗药量提高。

(3) 爆破质量要求高。对洞室断面的轮廓形成一般均有严格的标准，控制超挖、不允许欠挖；必须防止飞石、空气冲击波对洞室内有关设施及结构的损坏；应尽量控制爆破对围岩及附近支护结构的扰动与质量影响，确保洞室的安全稳定。

地下建筑物中各类洞室的钻爆设计与施工，其基本原理和方法相通，本任务介绍压力洞下平洞段的钻孔爆破方法，岩石级别为Ⅱ类、Ⅲ类。

7.2.1.1 下平洞段钻爆设计

1. 钻爆网络图

压力洞下平洞段钻爆网络图如图7.8所示。

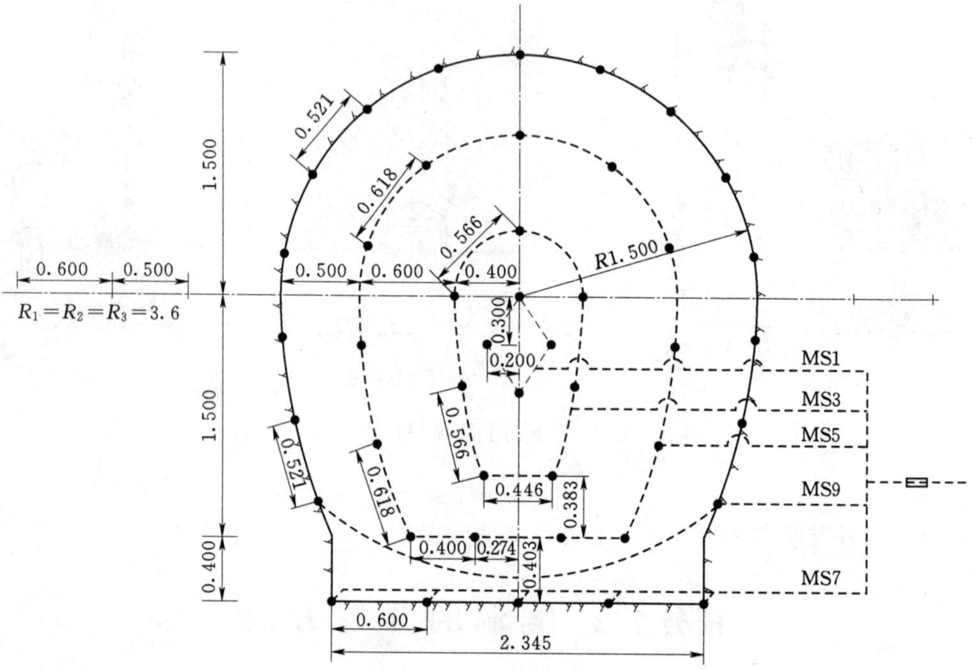

图7.8 压力洞下平洞段钻爆网络图（单位：m）

2. 钻爆参数

压力洞下平洞段钻爆参数见表7.2。

表7.2 压力洞下平洞段钻爆参数（Ⅱ类、Ⅲ类岩石钻爆参数）

名　称	段位	孔深 /m	单耗 /(kg·个$^{-1}$)	孔径 /mm	孔数/个	装药量 /kg
掏槽孔	MS1	1.3	0.7	ϕ32	4	2.8
崩落孔1	MS3	1.0	0.6	ϕ32	7	4.2
崩落孔2	MS5	1.0	0.6	ϕ32	13	7.8
底孔	MS7	1.0	0.6	ϕ32	5	3.0
周边孔	MS9	1.0	0.18	ϕ25	15	2.7
小计					44	20.5

注 断面面积：8.65m^3；单耗：2.37kg/m^3。

7.2.1.2 炮孔类型及作用

为了克服围岩的夹制作用、改善岩石破碎条件、控制隧洞开挖轮廓以及提高掘进效率，在进行地下洞室的爆破开挖时，按作用原理、布置方式及有关参数的不同，开挖断面上布置的炮孔往往分成掏槽孔、崩落孔、周边孔。

(1) 掏槽孔通常布置在开挖断面的中下部。掏槽孔是整个断面炮孔中必须首先起爆的炮孔，由于其密集的布孔和装药，先在开挖面（只有一个自由面）上炸出一个槽腔，为后续炮孔的爆破创造新的自由面。

(2) 崩落孔布置在掏槽孔与周边孔之间。在掏槽孔起爆后，崩落孔由中心往周边逐层顺序起爆。其作用是扩大掏槽孔炸出的槽腔，崩落开挖面上的大部分岩石，同时也为周边孔创造自由面。

(3) 周边孔是沿断面设计边线布置的炮孔，一般在断面炮孔中最后起爆。其作用是爆出较为平整的洞室开挖轮廓。

这三类炮孔可以通过微差网路实现毫秒延迟间隔的顺序起爆，先起爆的炮孔为后起爆的炮孔减小岩石的夹制作用，并增大自由面。

7.2.1.3 掏槽形式

掏槽孔的爆破效果是影响隧洞开挖循环进尺的关键。按布孔形式，一般可分为楔形掏槽、锥形掏槽和直孔掏槽三类。楔形掏槽与锥形掏槽的钻孔方向与开挖断面是斜交的，故又称为斜孔掏槽；直孔掏槽的钻孔方向则与开挖断面正交。

1. 楔形掏槽

由 2～4 对对称的相向倾斜的掏槽炮孔组成，爆破后能形成楔形槽。楔形掏槽孔的孔底夹角一般在 60°左右。对于层理大致垂直或倾斜的岩层，往往采用垂直楔形掏槽。水平楔形掏槽比较适用于岩层层理接近于水平的围岩或整体均匀的围岩，但因向上倾斜钻孔作业较困难，运用较少，如图 7.9 (a) 所示。

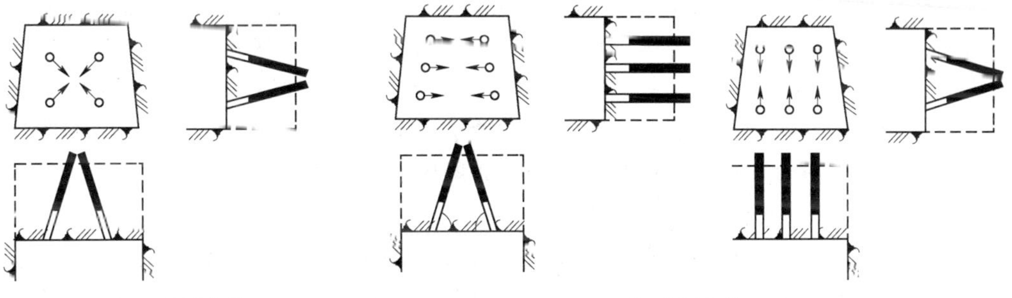
(a)锥形掏槽　　(b)楔形掏槽

图 7.9　斜眼掏槽布置

2. 锥形掏槽

由数个掏槽炮孔呈角锥形布置，各孔以大体相同角度向中心轴线倾斜，孔底趋于集中，但不贯通，爆破后形成锥形槽。炮孔倾斜角度（与开挖断面的最小夹角）一般为 60°～70°，岩质越硬，倾角越小。按炮孔数目的不同，分三角锥、四角锥、五角锥等。楔形与锥形掏槽均具有所需掏槽炮孔较少、掏槽体积大、容易将爆渣抛出、炸药耗量低等优点。但由于掏槽有效深度受到开挖断面尺寸大小和岩层硬度的限制，难以提高每一循环的实际进尺，同时钻孔倾斜角度的精度对掏槽效果有较大的影响，如图 7.9 (b) 所示。

3. 直孔掏槽

由若干个垂直于开挖面的彼此距离很近的炮孔组成，有时其中有一个或几个不装药的空孔。由于直孔掏槽的深度不受开挖断面尺寸的限制，较之斜孔掏槽可以获得更深的槽腔，可提高单循环的开挖进尺；同时，在钻直孔时多台凿岩机可同时作业而相互干扰小，有利于提高钻机效率。因此直孔掏槽爆破已成为当前广泛采用的掏槽方式。自20世纪60年代以来，许多国家发展了形式多样的直孔掏槽技术，并形成了一套较成熟的直孔掏槽爆破设计理论与技术。

直孔掏槽的形式较多，常用的有桶形掏槽和螺旋掏槽等。桶形掏槽是充分利用大直径（75～100mm）空孔或数个与装药孔直径相同的空孔作为岩石爆破后的膨胀空间，爆破后形成桶状槽腔。

由桶形掏槽发展而来的螺旋掏槽，其特点是各装药孔至中心空孔的距离依次递增，其装药孔连线呈螺旋状，并按螺旋线顺序微差起爆，这种方法能够充分利用临空面，提高掏槽效果，如图7.10所示。后来，又发展了按螺旋装药孔成对布置，至空孔距离逐渐加大的双螺旋掏槽法，许多工程实践表明，采用双螺旋掏槽法，由于掏槽效果好，对于提高炮孔利用率及洞室循环掘进的有效进尺具有明显效果。

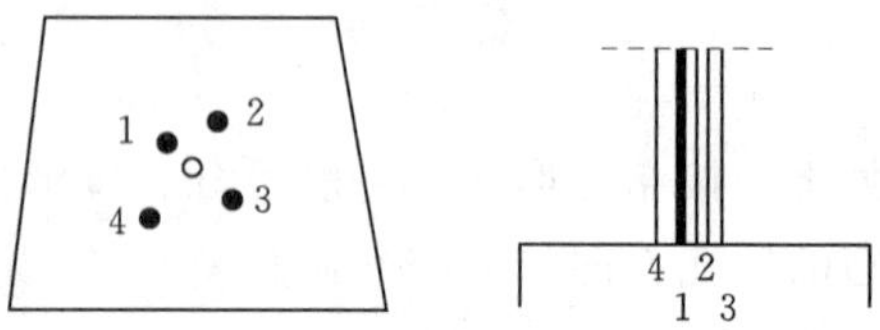

图7.10　空孔螺旋掏槽示意图
1～4—起爆顺序

直孔掏槽适用于各种岩层的隧洞爆破开挖，一般来说，直孔掏槽法所需的炮孔数量及装药消耗量更多，而且对钻孔的位置与方向要求更精确。

7.2.1.4　周边光面爆破

采用钻孔爆破法开挖，洞室的轮廓控制主要取决于周边孔的布置及其爆破参数的选择。当周边轮廓控制质量差时，出现严重的超、欠挖量，洞壁起伏差也大。其后果是对有衬砌的地下洞室，增加了混凝土的回填量和修整时的二次爆破量；对无衬砌的过流隧洞，因糙率增高，将大大降低泄流能力；对围岩的稳定也极为不利。因此，对于开挖断面上的周边孔，要加强采用轮廓控制爆破技术，即光面爆破或预裂爆破。

1. 光面爆破的原理与特点

光面爆破是一种能够有效控制洞室开挖轮廓的爆破技术。其基本原理是：在断面设计开挖线上布置间距较小的周边孔，采用特定的减弱装药结构（不耦合装药与间隔装药）等一系列施工工艺，在崩落孔爆破后起爆周边孔内的装药，炸除沿洞周留下的厚度为周边孔爆破最小抵抗线的岩体（光爆层），从而获得较为平整的开挖轮廓。

由于光面爆破的运用，不仅可以实现洞室断面轮廓成型规整、减少围岩应力集中和局部落石现象、减少超挖和回填混凝土量，而且能够最大限度地减轻爆破对围岩的扰动和破坏，尽可能保存围岩自身原有的承载能力，改善支护结构的受力状况。光面爆破与锚喷支护相结合，能节省大量混凝土，降低工程造价，加快施工进度。光面爆破已成为“新奥法”施工的三大支柱之一。

评价光面爆破效果的主要标准为：开挖轮廓成型规则，岩面平整；围岩壁上的半孔壁保存率不低于50%，且孔壁上无明显的爆破裂隙；超欠挖符合规定要求，围岩上无危石等。

2. 光面爆破的主要参数

光面爆破的主要参数包括周边炮孔的间距 a、光爆层厚度（或最小抵抗线）W、周边孔密集系数 m、炮孔线装药密度 Q_x、炮孔装药不耦合系数 k 等。

影响光面爆破参数选择有因素很多，主要包括地质条件、岩石特性、炸药品种、一次爆破的断面大小、断面形状、凿岩钻孔机具配置等。光面爆破设计参数通常是采取简单的计算并结合工程类比初步确定后，再通过施工生产性试验加以调整和完善。表7.3为国内部分水工隧洞开挖的光面爆破参数。表7.4给出了隧洞光面爆破参数的设计参考值。

表 7.3　国内部分水工隧洞开挖的光面爆破参数

工程名称	岩性	不耦合系数 k	线装药密度 $Q_x/(g\cdot m^{-1})$	炮孔间距 a /cm	最小抵抗线 W /cm	密集系数 m
隔河岩引水隧洞	石灰岩 页岩	2.25	150～200 50～100	40～50	60～70	0.65～0.75
天生桥一级引水隧洞	泥岩 砂岩	1.56	250～300	40～50	50～60	0.67～0.83
广东抽水蓄能引水隧洞	花岗岩 片麻岩	1.92	289	60	70	0.86
鲁布革水电站引水洞	石灰岩 白云岩	2	425	60	100	0.6
东江水电站导流洞	花岗岩	2	485	56	70	0.8
太平驿水电站引水洞	中硬岩		360	50～60	50～60	1
察尔森水库输水洞	软岩		300	40～50	50～60	0.8～1.0

表 7.4　隧洞光面爆破参数的设计参考值

钻爆参数和围岩条件	炮孔间距 a /cm	最小抵抗线 /cm	线装药密度 Q_x /$(g\cdot m^{-1})$	适用条件
坚硬岩	55～70	60～80	300～350	炮孔直径 D 为 40～50cm，药直径为 20～25m，炮孔深为 1.0～3.5m
中硬岩	45～65	60～80	200～300	
软岩	35～50	40～60	80～120	

光面爆破装药量以线装药密度 Q_x(g/m) 表示。恰当的装药量应是既具有破岩所需的能量，又不造成围岩的过度破坏。施工中应根据孔距、光爆层厚度、岩质及炸药种类等综合考虑确定装药量。光爆层厚度是由断面最外圈的崩落孔（通常称二圈孔）决定的。因为二圈孔邻近光爆炮孔，所受夹制作用较大，在爆破中如果装药量过大，这些孔爆破所产生

的裂缝，可能会扩展到最终形成的断面以外，因此需要进行减弱装药，实际施工中装药一般控制在其他崩落孔的1/2～1/3。

3. 光面爆破的技术措施

(1) 钻孔精度对获得良好的光面爆破效果具有关键作用。在施工中，要采取适当措施确保周边孔达到准、正、直、齐的设计要求。

(2) 采用不耦合装药结构。光面爆破的不耦合系数 k 一般为 1.25～2.50。水工隧洞光面爆破的不耦合系数在 2.0 左右比较合适。

(3) 严格控制装药集中度。装药过于集中或炮孔全长均匀装药都将影响光爆质量。在有条件时，应优先考虑选用光爆专用炸药卷进行连续装药，并在孔底部位适当加强装药；或者选用导爆索加自制小药卷，用竹片加工成串状装药结构。

(4) 在不耦合系数较大并用光爆专用炸药连续装药情况下，应在炮孔内装入一根导爆索，以免由于管道效应而引起熄爆现象。同时，周边孔应尽量同时起爆；若同时起爆引起的爆破地震效应过大，可适当分段起爆。

7.2.1.5 隧洞的钻爆参数设计

隧洞开挖中的爆破参数设计与多种因素有关，如围岩条件、断面尺寸大小、爆破器材质量、凿岩爆破的技术水平等。要根据客观要求，选取适宜的爆破参数，取得最佳爆破效果。

1. 炮孔直径

炮孔直径对凿岩生产率、炮孔数目、单位体积耗药量和洞壁的平整程度均有影响。必须根据岩性、凿岩设备和工具、炸药性能等综合分析，合理选用孔径。一般隧洞掘进开挖爆破的炮孔直径为32～50mm。

2. 炮孔深度

炮孔深度是指炮孔底至开挖面的垂直距离。合适的炮孔深度有助于提高掘进速度和炮孔利用率。随着凿岩、装渣运输设备的改进，目前普遍有加长炮孔深度以减少循环次数的趋势。炮孔深度一般根据下列因素确定：①围岩的岩性；②凿岩机的容许钻孔长度、操作技术条件和钻孔技术水平；③掘进循环的作业安排。

一般可根据经验和工程类比确定钻孔深度。对于大、中断面水工隧洞的开挖，Ⅰ～Ⅱ类围岩的钻孔深度为3～4.5m，Ⅲ～Ⅳ类围岩的钻孔深度为2～3m；对于小断面隧洞，钻孔深度一般为1.2～2.0m。

炮孔深度的确定，主要与开挖断面的尺寸、掏槽型式、岩层性质、钻机型式、自由面数目和循环作业时间的分配等因素有关。合理的炮孔深度能提高爆破效果，降低开挖费用和加快掘进速度。

实践证明，加大炮孔深度可以提高掘进速度。因为深度增加后，相应的装药、放炮出渣、通风等工序所占的时间将相对减少，进尺即可加快。同时，由于炮孔的加深，一次爆落的岩石数量增加，装岩机械的使用效率可以提高。但是炮孔深度增加，钻孔速度与炮孔利用率将有所降低，炸药耗量也随之增加。因此，合理的炮孔深度，应综合分析确定。

压力隧洞下平段的炮孔深度除上述提到的因素外，还考虑厂房后边坡的安全，严格控制单次起爆药量，使保护对象的爆破震动速度在可控范围内，最终取值为 1.0m，爆破震动爆破诱导振动限值见表 7.5。

表 7.5 爆破诱导振动限值

施工型式	峰荷粒子速度/(mm·s^{-1})
建基在泥土上的普通建筑物	30
建基在岩石上的普通建筑物	50
建基在岩石上的大型混凝土建筑物	100
永久地下明挖工程附近的建筑物	130mm/s，或由工程师确定

3. 单位体积耗药量

单位体积耗药量 K 取决于岩性、断面大小、炮孔直径和炮孔深度等多种因素，目前尚无完善的理论计算方法。一般可根据工程类比进行初步估算。表 7.6 给出了隧洞开挖爆破单位耗药量一般参考值。压力隧洞下平段的单耗经试验后取值为 2.37kg/m^3。

表 7.6 隧洞开挖爆破所需的单位耗药量 K 参考值

开挖断面面积/m^2	围岩类别/(kg·m^{-3})			
	Ⅰ	Ⅱ～Ⅲ	Ⅲ～Ⅳ	Ⅳ～Ⅴ
4～6	2.9	2.3	1.7	1.6
7～9	2.5	2	1.6	1.3
10～12	2.25	1.8	1.5	1.2
13～15	2.1	1.7	1.4	1.2
16～20	2	1.6	1.3	1.1
40～43	1.4	1.1		

4. 每一循环总装药量的计算

目前多采用体积公式算出一个循环的总装药量：

$$Q=qLS \tag{7.1}$$

式中 Q——一个循环的总装药量，kg；

q——爆破每立方米岩石所需的炸药量，kg/m^3；

L——炮孔深度或设计循环进尺，m；

S——开挖断面面积，m^2。

5. 炮孔数目

炮孔数目与岩层性质、炸药性能、爆破时自由面的数目、炮孔大小、装药方式、开挖断面形状和大小等因素有关。精确的理论计算比较困难。在实际工作中往往采用类比的方法，参考已往工程经验进行初步计算，然后再在爆破开挖过程中加以检验和修正。

初步计算时，可以按照装药平衡原理进行计算，即一次爆破的炸药用量刚好能合理地装入该次爆破的全部炮孔中。常用的公式为

$$N=\frac{Q}{\gamma\alpha W}=\frac{KSW}{\gamma\alpha W}=\frac{KS}{\gamma\alpha} \tag{7.2}$$

其中
$$\gamma=100\ \frac{\pi}{4}d^2\Delta k$$

式中 N——一次掘进循环中开挖面上的炮孔总数；

Q——一次爆破的炸药用量，kg；

γ——单个炮孔每米装药量，kg/m；

d——药卷直径，cm；

Δ——炸药密度，kg/m^3；

k——装药压紧系数，通常对硝铵炸药 $k=1.0$，对硝化甘油炸药 $k=1.2$；

α——炮孔装药系数，见表 7.7；

W——炮孔深度，m；

K——单位耗药量，kg/m^3，见表 7.6；

S——开挖断面面积，m^2。

6. 总装药量的分配

根据类比法或工程经验，及各类炮孔的不同要求，初步确定各类炮孔数目，然后根据按用药平衡的原则，将上述每一循环总的装药量 Q 分配到各个炮孔中去，并在爆破开挖过程中加以检验和修正。由于各类型炮孔的作用目的及受到岩石的夹制情况不同，单孔的装药量会有较大的不同。各类炮孔的装药量可根据表 7.7 炮孔装药系数 α（装药长度与炮孔全长的比值）进行分配。当采用直孔掏槽时，掏槽孔可适当增加 10%～20%，以保证掏槽效果。

表 7.7　炮孔装药系数 α 值

炮孔名称	围岩类别			
	Ⅰ	Ⅱ	Ⅲ	Ⅳ，Ⅴ
掏槽孔	0.65～0.8	0.6	0.55	0.5
崩落孔	0.55～0.7	0.5	0.45	0.4
周边孔	0.60～0.75	0.55	0.45	0.4

7.2.1.6　隧洞的钻隧洞开挖爆破施工

采用钻孔爆破法进行地下洞室的开挖，其施工工序包括钻孔、装药、堵塞、起爆、通风散烟、安全检查与处理、初期支护、出渣运输等。这通常称为地下洞室掘进的一次循环作业，按此工序，洞室施工一个循环接一个循环，周而复始，直至开挖完成。

1. 钻孔

钻孔是隧洞爆破开挖中的主要工序，工作强度较大，所花时间约占循环时间的 1/4～1/2。目前广泛采用的钻孔设备为凿岩机和钻孔台车。为保证达到良好的爆破效果，施钻前应由专门人员标出掏槽孔、崩落孔和周边孔的设计位置，最好采用激光系统定位，严格按照标定的炮孔位置及设计钻孔深度、角度和孔径进行钻孔。国外在钻凿掏槽孔时，通常使用带轻便金属模板的掏槽钻孔夹具来保证掏槽孔钻孔的准确性。本项目采用 YT—28 型气腿式钻机。

2．装药

装药前应对炮孔参数进行检查验收，测量炮孔位置、炮孔深度是否符合设计要求。然后对钻好的炮孔进行清孔，可用风管通入孔底，利用风压将孔内的岩渣和水分吹出。确认炮孔合格后，即可进行装药及起爆网路联线工作。应严格按照预先计算好的每孔装药量和装药结构进行装药，如炮孔中有水或潮湿时，应采取防水措施或改用防水炸药。

3．堵塞

炮孔装药后孔口未装药部分必须用堵塞物进行堵塞。良好的堵塞能阻止爆轰气体产物过早地从孔口冲出，提高爆炸能量的利用率。

常用堵塞材料有砂子、黏土、岩粉等。而小直径炮孔则常用炮泥，它是用砂子和黏土混合配制而成的，其质量比是3：1，再加上20%的水，混合均匀后再揉成直径稍小于炮孔直径的炮泥段。堵塞时将炮泥段送入炮孔，用炮棍适当挤压捣实。堵塞长度与抵抗线有关，一般来说，堵塞长度不能小于最小抵抗线。

4．起爆

爆破指挥人员要确认周围安全警戒工作完成，并发布放炮信号后，方可发出起爆命令；警戒人员应按规定警戒点进行警戒，在未确认撤除警戒前不得擅离职守；要有专人核对装药、起爆炮孔数，并检查起爆网路、起爆电源开关及起爆主线；起爆后，确认炮孔全部起爆，经检查后方可发出解除警戒信号，撤除警戒人员。如发现盲炮，要采取安全防范措施后，才能解除警戒信号。

5．通风散烟

通风的目的一是为了把爆破后产生的有毒气体在较短的时间内（15～20min）排出工作面；二是为了经常供给作业面新鲜空气，排除掘进时产生的粉尘，降低工作面温度，使作业人员有良好的工作条件。为此，隧道工程在各个施工阶段都必须进行通风。通风效果应保证空气成分和温度符合国家规定的标准。

隧洞通风方式如图7.11所示。

6．安全检查与处理

在通风散烟后，应检查隧洞周围特别是拱顶是否有粘连在围岩母体上的危石。对这些危石常采用长撬棍处理，但不安全。条件许可时，可以采用轻型的长臂挖掘机进行危石的安全处理。

7．初期支护

当围岩质量或自稳性较差时，为预防塌方或松动掉块，产生安全事故，必须对暴露围岩进行临时的支撑或支护。

临时支撑的形式很多，有木支撑、钢支撑、预制混凝土或钢筋混凝土支撑、喷混凝土和锚杆支撑等，可根据地质条件、材料来源及安全经济等要求来选择。

喷混凝土和锚杆是一种临时性和永久性结合起来的支护形式，在有条件时，应优先采用。这对于有效控制围岩的松弛变形，发挥围岩的自承能力，具有很好的效果，具体参见项目7任务7.3。

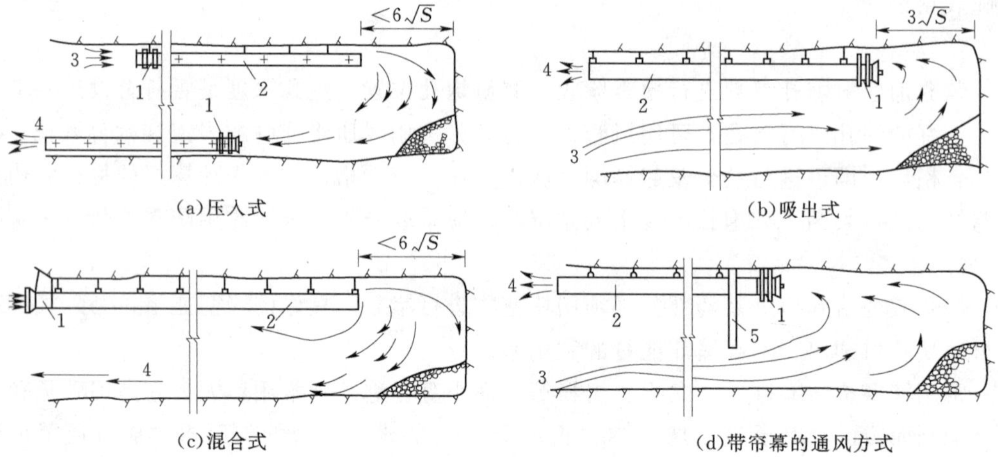

图 7.11 隧洞通风方式

S—隧洞挖断面面积

8. 出渣运输

出渣运输是隧洞开挖中费力费时的工作，所花时间约占循环时间的 1/3～1/2。它是控制掘进速度的关键工序，在大断面洞室中尤其突出。因此，必须制订切实可行的施工组织措施，规划好洞内外运输线路和弃渣场地，通过计算选择配套的运输设备，拟定装渣运输设备的调度运行方式和安全运行措施。

7.2.2 掘进机开挖法

全断面隧道掘进机（Tunnel Boring Machine，TBM）是一种专用的开挖设备。它利用机械破碎岩石的原理，完成开挖、出渣及混凝土（钢）管片安装的联合作业，连续不断地进行掘进。

掘进机从 20 世纪 50 年代开始在世界范围内得到应用，我国从 60 年代开始，曾先后在西洱河一级电站、引滦工程新王庄隧洞、天生桥二级引水隧洞、甘肃引大入秦 30A 隧洞、山西引黄入晋隧洞、万家寨引水工程和秦岭铁道Ⅱ线等工程中应用，为我国 TBM 施工积累了宝贵的经验。

7.2.2.1 掘进机的类型和工作原理

掘进机根据破碎岩石的方法，大致可分为挤压式和切削式两种类型。挤压式主要是通过水平推进油缸，使刀盘上的滚刀强行压入岩体，并在刀片盘旋转推进过程中，用挤压和剪切的联合作用破碎岩体。切削式利用岩石抗弯、抗剪强度低的特点（仅为抗压强度的 1/10～1/20），靠铣削（即剪切）加弯断破碎岩体。

按照掘进机的作业面是否封闭可分为开敞式、单护盾和双护盾掘进机。开敞式掘进机适用于围岩稳定性好的场合，护盾式掘进机适合于围岩较软弱、需进行混凝土（钢）管片安装的场合。

掘进机一般由刀盘、机架、推进缸、套架、支撑缸、皮带机及动力间等部分组成。掘进时，通过推进缸给刀盘施加压力，滚刀旋转切碎岩体，由装在刀盘上的集料斗转至顶部通过皮带机将石渣运至机尾，卸入其他运输设备运走。为了避免粉尘危害，掘进机头部装有喷水及吸尘设备，在掘进过程中连续喷水、吸尘。图7.12为掘进机的工作循环图，图(a)为机器用支撑板撑住，前后下支架回缩，推进缸推压刀盘钻掘开始；图(b)为掘进一个行程，钻掘终止；图(c)为前后下支撑伸出到洞底部、支撑板回缩；图(d)为外机体前移，用后下支撑调整机器方位；图(e)为支撑板撑住洞壁，前后下支撑回缩，为下一个循环做好准备。

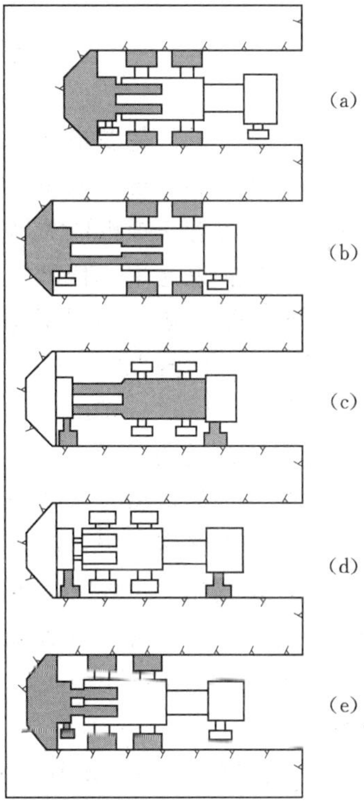

图7.12 掘进机的工作循环图

掘进机开挖方向的控制，多采用激光导向。

7.2.2.2 掘进机的应用及其优缺点

目前已生产的掘进机大多适用于开挖圆形断面，地质条件良好、岩石硬度适中(抗压强度为78.4～156.8N/mm^2)、岩性变化不大的隧洞。对于非圆形断面隧洞的开挖，通常通过调整刀盘倾角来实现。掘进机一般多用于平洞的全断面开挖。对大型隧洞的开挖，也可先采用掘进机开挖导洞，而后采用传统的钻爆方法开挖。

(1) 掘进机开挖与传统钻爆法比较，具有许多优点。

1) 它利用机械切割、挤压破碎，能使掘进、出渣、衬砌支护等作业平行连续地进行，工作条件比较安全，节省劳力，整个施工过程能较好地实现机械化和自动控制。

2) 在地质条件单一、岩石硬度适宜的情况下，可以提高掘进速度；掘进机挖掘的洞壁比较平整，断面均匀，超欠挖量少，围岩扰动少，对衬砌支护有利。

(2) 掘进机开挖的主要缺点。

1) 设备复杂昂贵，安装费工费时。当隧洞长度较短时，采用掘进机并不经济。实践经验表明，当洞径为3～4m时，使用掘进机的洞长不宜短于2～3km；洞径若为4～7m时，洞长不宜短于4～5km。

2) 掘进机不能灵活适应洞径、洞轴线走向、地质条件与岩性等方面的变化。对于选定的掘进机，其允许有洞径变化不能超过±10%。由于掘进机机身长度的限制，隧洞的转弯半径不能小于150～450m。对于断层、破碎带等不良地质条件，掘进机的掘进速度将大大降低。对坚硬岩石，刀具磨损很快。

3) 刀具更换、风管送进、电缆延伸、机器调整等辅助工作占用时间较长。若掘进机发生故障，会影响全部工程的施工。

4) 掘进机掘进时释放大量热量，工作面上环境温度较高，因此要求有较大的通风设备。如天生桥二级水电站引水隧洞的开挖，采用两台55kW轴流风机并联，总风量为2000m^3/min。

由此可见，选择掘进机掘进方案，必须结合工程具体条件，通过技术经济比较确定。

任务7.3 隧洞的支护

地下洞室的开挖及形成，改变了围岩的原有应力场及受力条件，并在一定程度上影响围岩的力学性能，导致洞室变形，严重时出现掉块甚至坍塌等现象。因此，围岩的稳定是决定地下工程施工成败的关键。

锚喷支护是地下工程施工中对围岩进行保护与加固的主要技术措施。对于不同地层条件，不同断面大小、不同用途的地下洞室都表现出较好的适应性。在《水工建筑物地下开挖工程施工技术规范》（SL 378—2007）中，明确规定了要优先采用锚喷支护。实际上，我国在水电、铁道、矿山、军工及城市建设等行业不同类型的地下洞室施工中，锚喷支护已经得到了广泛的运用。

锚喷支护的类型有素喷混凝土，锚杆支护；喷混凝土，锚杆、钢筋网、钢拱架等联合支护；预应力锚索支护；高强锚杆支护等。锚喷支护具有显著的技术经济优势，根据大量工程统计，锚喷支护较之传统的模注混凝土衬砌，混凝土用量减少50%，用于支撑及模板的木材可全部节省，出渣量减少15%～25%，劳动力节省50%左右，造价降低50%左右，施工速度加快一倍以上，同时因其良好的力学性能与工作特性，对围岩的支护更合理更有效。

20世纪50年代奥地利学者L. V. 拉布采维兹等人创建了新奥地利隧道工程法（简称新奥法），特别强调锚喷支护措施的应用。现代意义的锚喷支护技术就是建立在新奥法核心思想或理论基础上的，以此为基础，开展支护方案的选择、支护结构的设计、支护顺序的安排、支护工艺的实施，特别是支护时机的确定，将有利于全面发挥锚喷支护的作用，确保地下洞室围岩的安全稳定。

7.3.1 新奥法与锚喷支护的原理

新奥法的核心思想是“在充分考虑围岩自身承载能力的基础上，因地制宜地搞好地下洞室的开挖与支护”。作为一个完整的概念，它强调运用光面爆破（或其他破坏围岩最小的开挖方法）、锚喷支护和施工过程中的围岩稳定状况监测，此也称为新奥法的三大支柱。

新奥法运用锚喷支护，是基于如下支护原理：把围岩视为具有弹性、塑性及黏性的连续介质，利用岩体开挖中洞室变形的时间效应与空间效应，适时采用既有一定刚度又有一定柔性的支护结构主动加固近壁围岩，使围岩的变形受到抑制，同时与围岩共同形成具有抵抗外力作用的承载拱圈或称广义的复合支护系统，从而有效增加洞室围岩的稳定性。

锚喷支护特别强调合适的支护时机。过早了，支护结构要承担围岩向着洞室变形而产生的形变压力，这样不仅不经济，而且可能导致支护结构破坏；过迟了，围岩会因过度松弛而使岩体强度大幅度下降，甚至导致洞室破坏。正确的做法是：在洞室开挖后，先让其产生一定的变形，再做一定的柔性支护，使围岩与支护在加以限制的情况下共同变形，不致发展到有害的程度。

根据《水工建筑物地下开挖工程施工技术规范》（SL 378—2007），水工隧洞围岩类别及支护方式见表7.8。

表 7.8　　水工隧洞围岩类别及支护方式

围岩类别	围岩稳定性	围岩总评分 T	围岩强度应力比 S	支护类型
Ⅰ	稳定，围岩可长期稳定，一般无不稳定块体	$T>85$	>4	不支护或局部锚杆或喷薄层混凝土。大跨度时，喷混凝土、系统锚杆加钢筋网
Ⅱ	基本稳定。围岩整体稳定，不会产生塑性变形，局部可能产生掉块	$85\geqslant T>65$	>4	
Ⅲ	稳定性差。围岩强度不足，局部会产生塑性变形，不支护可能产生塌方或变形破坏。完整的较软岩，可能暂时稳定	$65\geqslant T>45$	>2	喷混凝土、系统锚杆加钢筋网。跨度为 20～25m 时，浇筑混凝土衬砌
Ⅳ	不稳定。围岩自稳时间很短，规模较大的各种变形和破坏都可能发生	$45\geqslant T>25$	>2	喷混凝土、系统锚杆加钢筋网，并浇筑混凝土衬砌。Ⅴ类围岩还应布置拱架支撑
Ⅴ	极不稳定。围岩不能自稳，变形破坏严重	$T\leqslant 25$	—	

注　Ⅱ、Ⅲ、Ⅳ类围岩，当其强度应力比小于本表规定时，围岩类别宜相应降低一级。

7.3.2　锚喷支护及施工工艺

7.3.2.1　压力洞喷锚支护方式

一般来说，Ⅰ类、Ⅱ类围岩开挖半孔率较好，仅极个别位置需要支护；Ⅲ类、Ⅳ类、Ⅴ类围岩则需要进行支护。

以Ⅴ类围岩为例，采用预先固结、超前锚杆、挂网喷锚、格栅构架或型钢拱架联合支护方式，如图 7.13 所示。

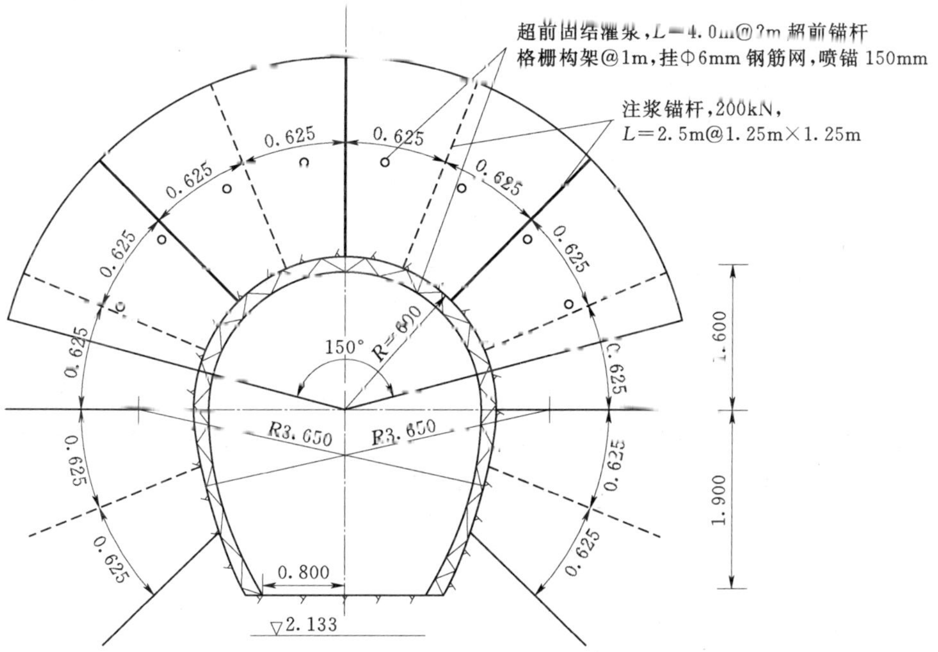

图 7.13　Ⅴ类围岩支护方式（单位：m）

7.3.2.2 锚杆支护及施工工艺

锚杆是用金属（主要是钢材）或其他高抗拉性能材料制作的杆状构件，配合使用某些机械装置、胶凝介质，按一定施工工艺，将其锚固于地下洞室围岩的钻孔中，起到加固围岩、承受荷载、阻止围岩变形的目的。

在工程中，常用的锚杆有金属锚杆和砂浆锚杆。按锚杆与围岩的锚固方式，基本上可分为集中锚固和全长锚固两类。

楔缝式锚杆和胀壳式锚杆是属于集中锚固的两种锚杆［图 7.14（a）、（b）］。它们是由锚杆端部的楔瓣或胀圈扩开以后所提供的嵌固力而得到锚固的。

全长锚固的锚杆有砂浆锚杆和树脂锚杆等［图 7.14（c）～（g）］。它们是由水泥砂浆或树脂在杆体和锚孔间所提供的摩擦力和黏结力而得到锚固的。全长锚固的锚杆由于锚固可靠耐久（这在松软岩体中效果尤为显著），工程建设运用较多。其中，由水泥砂浆胶结的螺纹钢筋锚杆，由于施工简便、经济可靠，使用更为普遍。

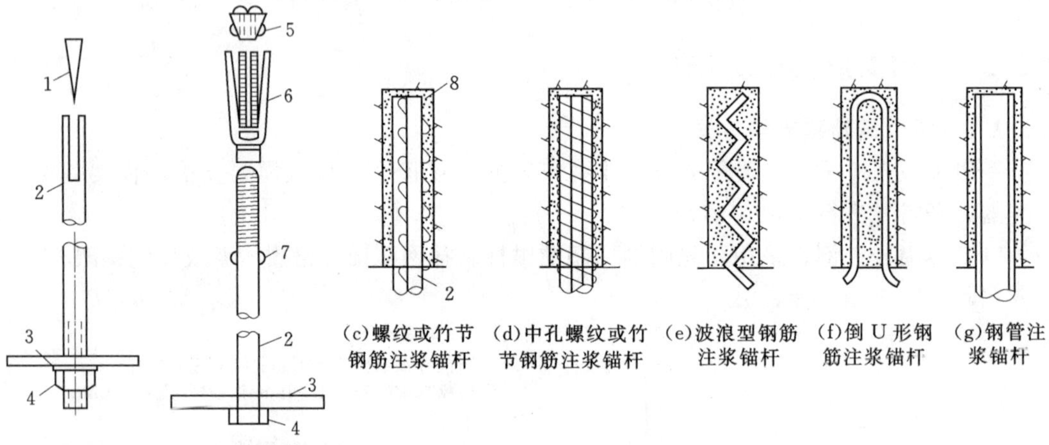

(a)楔缝式　(b)胀壳式

图 7.14　锚杆的类型

1—楔块；2—锚杆；3—垫块；4—螺帽；5—锥形螺帽；6—胀圈；7—突头；8—砂浆或树脂

根据围岩变形与破坏的特性，从发挥锚杆不同作用考虑，锚杆在洞室的布置有局部（随机）锚杆和系统锚杆。

1. 局部（随机）锚杆

洞室中锚杆的布置和锚杆参数的选择，应根据围岩特性和洞室跨度，通过试验确定。

局部锚杆，主要用来加固危石，防止掉块。锚杆参数按悬吊理论计算。悬吊理论认为不稳定岩体重（或滑动力）应全部由锚杆承担，即

$$n\frac{\pi d^2}{4}R_g \geqslant \gamma V \tag{7.3}$$

式中　n——锚杆根数；

d——锚杆的计算直径，cm；

R_g——锚杆的设计抗拉强度，N/cm^2；

γ——危岩重度，kN/m^3；

V——危岩的体积，m^3。

对于洞室侧壁有滑动倾向的危岩，式（7.3）右边项应为滑动力和抗滑力的代数和。

为了保证危岩的有效锚固，锚杆应锚入稳定岩体，锚入深度应满足下式要求：

$$\pi d L_1 \tau > \frac{1}{4}\pi I^2 R_g$$

即

$$L_1 \geqslant \frac{dR_g}{4\tau} \tag{7.4}$$

式中 L_1——锚杆锚入稳定岩体的深度，cm；

τ——砂浆与锚杆的黏结强度，N/cm^2；

其余符号意义同前。

因此，加固危岩的锚杆总长度应为

$$L = L_1 + L_2 + L_3 \tag{7.5}$$

式中 L——锚杆的总长度，cm；

L_2——锚杆穿过危岩的长度，cm；

L_3——锚杆外露的长度，一般取 5～15cm。

2. 系统锚杆

一般按梅花形排列，连续锚固在洞壁内。它们将被结构面切割的岩块串联起来，保持和加强岩块的联锁、咬合和嵌固效应，使分割的围岩组成一体，形成一连续加固拱，提高围岩的承载能力。

系统锚杆不一定要锚入稳定岩层。当围岩破碎时，用短而密的系统锚杆，同样可以取得较好的锚固效果。

锚杆长度视洞室跨度、围岩特性和锚固部位而定，跨度大、岩体不稳定时，应加长锚杆；顶拱部位的锚杆比两边的锚杆宜稍长；高边墙自上而下，锚杆长度可递减。锚杆间距可根据岩体稳定程度和锚杆长度来考虑，并注意岩体节理裂隙的间距。据试验，锚杆间距宜为裂隙平均间距的 3 倍左右。通常，系统锚杆的锚入深度为 1.5～3.5m，间距约为锚入深度的 1/2。

3. 锚杆施工工艺

锚杆施工应按施工工艺严格控制各工序的施工质量。下面主要介绍水泥砂浆锚杆的施工方法。

水泥砂浆锚杆的施工，可以先压注砂浆后安设锚杆，也可以先安设锚杆后压入砂浆。其施工顺序主要包括钻孔、钻孔清洗、压注砂浆和安设锚杆等。

（1）钻孔时要控制孔位、孔向、孔径、孔深符合设计要求。一般要求孔位误差不大于 20cm，孔向尽可能垂直岩层的结构面，孔径比锚杆直径大 10mm 左右，孔深误差不大于 5cm。

（2）钻孔清洗要彻底，可用高压风将孔内岩粉积水冲洗干净，以保证砂浆与孔壁的黏结强度。

（3）压注砂浆要密实饱满，不允许有气泡残留。先注砂浆后设锚杆时，注浆管宜插入孔底，随砂浆的注入徐徐匀速拔出，拔管过快会使砂浆脱节。砂浆应拌和均匀，随拌随用，砂浆配合比应符合设计要求，一般水泥和砂的质量比为 1：1～1：2，水灰比 0.38～0.45。砂子要洁净过筛，控制粒径不大于 3mm，以防堵管。

(4) 安设锚杆应徐徐插入，插至孔底后，立即在孔口楔紧，待砂浆凝固再拆除楔块。

先安设锚杆后注砂浆的施工工艺，基本要求同上。

7.3.2.3 喷混凝土施工

喷混凝土是将水泥、砂、石和外加剂（速凝剂）等材料，按一定配比拌和后，装入喷射机中，用压缩空气将混合料压送到喷头处，与水混合后高速喷到作业上，快速凝固在被支护的洞室壁面，形成一种薄层支护结构。

这种支护结构在凝固初期，有一定强度和柔性，能适应围岩的松弛变形，减少围岩的变形压力。喷混凝土不但与围岩表面有一定黏结力，而且能充填围岩的缝隙，将分离的岩面黏结成整体，提高围岩的自身强度，增强围岩抵抗位移和松动的能力；喷混凝土还能封闭围岩，防止风化，缓和应力集中，是一种高效、早强、经济的轻型支护结构。

1. 喷混凝土材料

喷混凝土的原材料与普通混凝土基本相同，但在技术要求上有一些差别。

(1) 水泥。喷混凝土的水泥以选用普通硅酸盐水泥为好，强度等级应不低于 45，以使喷射混凝土在速凝剂的作用下，早期强度增长快，干硬收缩小，保水性能好。

(2) 砂子。一般采用坚硬洁净的中、粗砂，平均粒径为 0.35～0.5cm。砂子过粗，容易产生回弹；过细，不仅会增加水泥用量，而且会增加混凝土的收缩，降低混凝土的强度。砂子的含水率对喷射工艺有很大影响。含水率过低，混合料在管路中容易分离，造成堵管，喷射时粉尘较大；含水率过高，集料有可能发生胶结。工程实践证明中砂或中粗砂的含水率以 4%～6%为宜。

(3) 石料。碎石、卵石都可以用做喷混凝土的粗骨料。石料粒径为 5～20mm，其中大于 15mm 的颗粒宜控制在 20%以下，以减少回弹，保证输料管路的畅通。石料使用前应经过筛洗。

(4) 水。喷混凝土用水与一般混凝土对水的要求相同。地下洞室中的混浊水和一切含酸、碱的侵蚀水不能使用。

(5) 速凝剂。为加快喷混凝土凝结硬化过程，提高早期强度，增加一次喷射的厚度，提高喷混凝土在潮湿含水地段的适应能力，宜在喷混凝土中掺加速凝剂。速凝剂应符合国家标准，其初凝时间不大于 5min，终凝时间不大于 10min。

喷混凝土的配合比应满足混凝土强度和喷射工艺的要求，可按类比法选择后通过试验确定。一般为：水泥与砂石的质量比为 1：4～1：4.5；砂率 45%～55%；水灰比 0.4～0.5；速凝剂掺量 2%～4%。

2. 主要施工工艺

喷混凝土的施工方法主要有干喷法、湿喷法及水泥裹砂法三种，主要区别是投料的程序不同，尤其是水和速凝剂的时机不同。

(1) 干喷法。将水泥、砂、石和速凝剂加微量水干拌后，用压缩空气输送到喷嘴处，再与适量水混合，喷射到岩石表面。也可以将干混合料压送到喷嘴处，再加液体速凝剂和水进行喷射。这种施工方法，便于调节加水量，控制水灰比，但喷射粉尘较大。

(2) 湿喷法。将集料和水拌匀后送到喷嘴处，再添加液体速凝剂，并用压缩空气补给能量进行喷射。湿喷法主要改善了喷射时粉尘较大的缺点。

(3) 水泥裹砂法。将部分砂子加上适量的水拌湿，再投入全部水泥预制搅拌，使水泥颗粒黏结在砂子表面，形成低水灰比的净浆薄壳，用以提高混凝土或砂浆强度的方法，称为 SEC 施工法。该法多用于隧洞、地下厂房的喷混凝土衬砌或与锚杆支护联合用以加固洞室围岩。水泥裹砂喷混凝土的工艺流程是将砂子调湿到一定含水率，加入全部用量的水泥，经裹砂机搅拌，使砂粒外面包裹一层低水灰比的水泥浆壳，继而加入拌和用水与减水剂，形成 SEC 砂浆。此种砂浆易于泵送，水灰比稳定，与干式骨料混合时在喷嘴处无需另加水，因此喷射混凝土的质量稳定。

这种施工方法与干喷混凝土相比，具有回弹率小、粉尘含量低、工效高、混凝土强度高、表面光滑平整、均匀性好等优点，可以节约大量水泥，降低成本约 20%以上，还可改善工作环境，对工人的劳动保护起到良好的作用。但用到的机械数量多，工艺较复杂，机械清洗和故障处理困难，尤其是水泥裹砂造壳技术的质量直接影响到喷射混凝土的质量，施工技术要求高。

图 7.15 为干喷法、湿喷法及水泥裹砂法的喷射工艺流程。

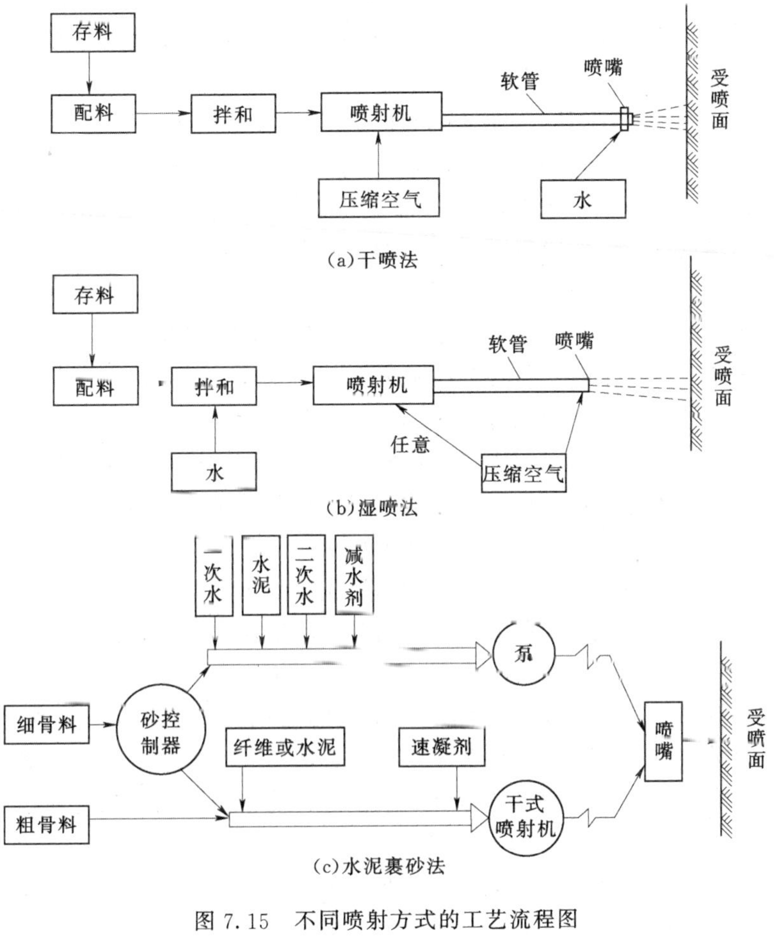

图 7.15　不同喷射方式的工艺流程图

3. 喷射混凝土机械设备

主要有干式喷射机和湿式喷射机。

4. 施工技术要点

为了保证喷混凝土的质量，必须严格控制有关的施工参数，注意以下施工技术要求。

(1) 风压。正常作业时喷射机工作室内的风压，一般为0.2MPa。风压过大，喷射速度高，混凝土回弹量大，粉尘多，水泥耗量大；风压小，则混凝土不密实。

(2) 水压。喷头处的水压必须大于该处风压 (1.0～1.5) $\times10^5$Pa，并要求水压稳定，保证射水具有较强的穿透集料的能力。水压不足时，可设专用水箱 [能承受 (6～8) $\times10^5$Pa 的压力]，用压缩空气加压，以保证集料能充分湿润。

(3) 喷射方向和喷射距离。喷头与受喷面应尽量垂直，偏角宜控制在20°以内，利用喷射料束抑阻集料的回弹，以减少回弹量。喷头与受喷面的距离，与风压和喷射速度有关，据试验，当喷射距离为1.0m左右时，对于提高喷射质量、减少集料回弹都比较理想。

(4) 喷射区段和喷射程序。喷射作业应分区段进行，区段长度一般为4～6m。喷射时，通常先墙后拱，自下而上，先凹后凸，顺序进行，以防溅落的灰浆粘附于未喷面，影响混凝土的黏结强度。

(5) 喷射分层和间歇时间。当喷混凝土设计厚度大于10cm时，一般应分层喷射。一次喷射厚度，边墙控制在6～10cm，顶拱3～6cm，局部超挖处可稍厚2～3cm；掺速凝剂时可厚些，不掺时应薄些。一次喷射太厚，容易因自重而引起分层脱落或与岩面脱开；太薄，当一次喷射厚度小于最大骨料粒径时，回弹率会迅速提高。

分层喷射时，后一层喷射应在前一层混凝土终凝后进行，但也不宜间隔过久，若终凝1～2h后再进行喷射，应用风水清洗混凝土表面，以利层间结合。

当喷混凝土紧跟开挖面时，从混凝土喷完到下一次循环放炮的时间间隔，一般不小于4h，以保证喷混凝土强度有一定增长，避免引起爆振裂缝。

(6) 喷混凝土的养护。喷混凝土单位体积的水泥用量比较大，凝结硬化快，为使混凝土强度均匀增长，减少或防止不正常的收缩，必须加强养护。一般喷完后2～4h开始洒水养护，并保持混凝土的湿润状态，养护时间不少于14d。

必须指出，采用干喷混凝土时，水灰比的控制主要依靠操作人员喷射时对进水量的调节，在很大程度上取决于操作人员的经验。因此，喷射混凝土时，必须加强现场观察。如果进水量太大，喷混凝土面发亮，呈蜂窝状；进水量再大时，喷层会产生滑移，以致流淌坍落。如果进水量过小，喷混凝土表面出现松散的灰色干斑和砂窝，黏结不牢，回弹增多，粉尘变大，并夹有干灰层，在自重作用下，会造成大片塌落。当进水量合适时，喷混凝土表面呈暗灰色，有光泽；喷出的熟料黏塑性好，能一团一团地贴附在喷射面上，回弹量也少，据实测，此时的水灰比在0.45左右。

为了控制好水灰比，除了依靠操作人员调节掌握以外，必须维持供水压力的稳定，并使喷嘴处的出水流速有足够的贯穿力。

任务7.4 隧洞的衬砌与灌浆

7.4.1 隧洞衬砌部位

地下洞室开挖后，为了防止围岩风化和坍落，保证围岩稳定，减小糙率，往往要对洞壁进行衬砌。衬砌的类型有现浇混凝土或钢筋混凝土衬砌、钢管衬砌、混凝土预制块或条石衬砌、预填骨料压浆衬砌等，本节仅介绍钢筋混凝土衬砌。

7.4.2 隧洞钢筋混凝土衬砌

7.4.2.1 隧洞衬砌的分段分块及浇筑顺序

水工隧洞较长，纵向需要分段进行浇筑。分段长度根据围岩条件、隧洞断面尺寸、施工浇筑能力与混凝土冷却收缩等因素而定，一般分段长度以9～15m为宜。当结构上设永久伸缩缝时，可利用结构永久缝分段；当结构永久缝间距过大或无永久缝时，可设施工缝分段，并做好施工缝的处理。平洞衬砌施工中的分缝分块如图7.16所示。

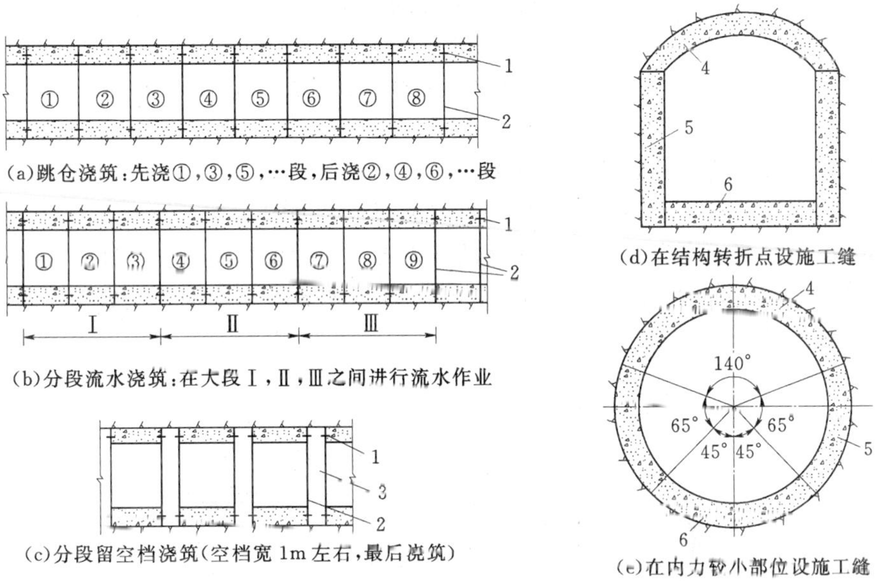

(a)跳仓浇筑：先浇①，③，⑤，…段，后浇②，④，⑥，…段

(b)分段流水浇筑：在大段Ⅰ，Ⅱ，Ⅲ之间进行流水作业

(c)分段留空档浇筑（空档宽1m左右，最后浇筑）

(d)在结构转折点设施工缝

(e)在内力较小部位设施工缝

图7.16 平洞衬砌施工中的分缝分块

①～⑨—分段序号；Ⅰ、Ⅱ、Ⅲ 流水段号；

1—止水；2—分缝；3—空档；4—顶拱；5—边拱（边墙）；6—底拱（底板）

分段浇筑的顺序有跳仓浇筑、分段流水浇筑和分段留空档浇筑等不同方式。当地质条件较差时，采用肋拱肋墙法施工，这是一种开挖与衬砌交替进行的跳仓浇筑法。对于无压平洞，结构上按允许开裂设计时，也可采用滑动模板连续施工的浇筑方式，以加快衬砌施工，但施工工艺必须严格控制。

衬砌施工在横断面上也常分块进行。一般分成底拱（底板）、边拱（边墙）和顶拱三块。横断面上的浇筑顺序，正常情况是先底拱（底板）、后边拱（边墙）和顶拱，其中边拱（边墙）和顶拱，可以连续浇筑，也可以分开浇筑，由浇筑能力或模板型式而定。地质条件较差时，可以先浇筑顶拱，后边拱（边墙）和底拱（底板）。当采用开挖和衬砌平行作业时，由于底板清渣无法完成，可采用先边拱（边墙）和顶拱，最后浇筑底拱（底板）的浇筑顺序。

7.4.2.2 隧洞衬砌模板

隧洞衬砌用的模板，按浇筑部位不同，可分为底拱模板、边拱（边墙）和顶拱模板。不同部位的模板，其构造和使用特点各不相同。

对底拱而言，当中心角较小时，可以像平底板浇筑那样，只立端部挡板，不用表面模板，在混凝土浇捣中，用弧形样板将表面刮成弧形。对于中心角较大的底拱，一般采用悬挂式弧形模板，见图7.17。浇筑前，先立端部挡板和弧形模板的桁架，悬挂式弧形模板是随着混凝土的浇筑升高的，从中间向两旁逐步安装。安装时，应将运输系统的支撑与模板架支撑分开，避免引起模板位移走样。对洞径一致的中、大型隧洞的底拱浇筑，也可采用拖模法施工，但必须严格控制施工工艺。

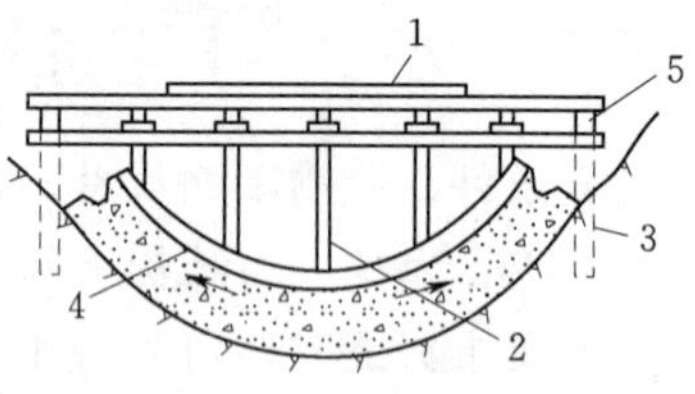

图 7.17　底拱模板
1—仓面板；2—模板桁架；3—桁架支柱
4—弧形模板；5—纵梁

边拱（边墙）和顶拱的模板，常用的有桁架式和移动式两种。

桁架式模板又称为拆移式模板，主要由面板、桁架、支撑及拉条等组成，通常是在洞外先将桁架拼装好，运入洞内安装就位，再安装面板，如图7.18所示。

移动式模板主要由车架、可绕铰转动的模板支架和钢模板组成。车架和支架用型钢构成，车架可通过行走机构移动，故又称为钢模台车，它具有全断面一次成型、施工进度块及成本低等优点，如图7.19所示。

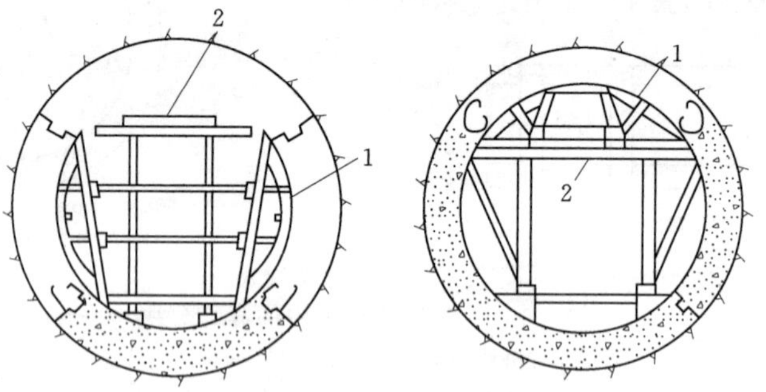

(a)边拱桁架式模板　(b)顶拱桁架式模板

图 7.18　桁架式模板
1—桁架式模板；2—工作平台或脚手架

7.4.2.3 隧洞衬砌混凝土的浇筑和封拱

由于隧洞衬砌的工作面狭窄，混凝土的运输和浇筑以及浇筑前钢筋的绑扎安装等工作都较困难，采用合理的施工方案、先进的施工技术和组织设计尤为重要。隧洞衬砌内的钢筋，在洞外制作，运入洞内安装绑扎。绑扎钢筋工作常在立好模板并预留端部挡板的时候进行。钢筋靠预先插入岩壁的锚筋固定。如采用钢筋台车绑扎钢筋，则应先绑扎钢筋后立模板。

隧洞衬砌多采用二级配混凝土。对中、小型隧洞，混凝土一般采用斗车或轨式混凝土搅拌运输车，由电瓶车或卷扬机牵引运至浇筑部位；对大、中型隧洞，则多采用3～6m^3的轮式混凝土搅拌运输车运输。在浇筑部位，常用混凝土泵将混凝土压送并浇入仓内。泵送混凝土的配合比，应保证有良好的和易性和流动性，其坍落度一般为8～16cm。

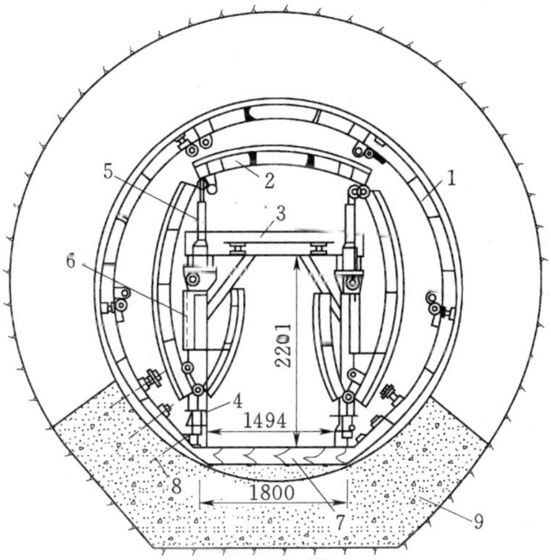

图7.19 钢模台车安装简图（单位：mm）
1—架好的钢模；2—移动时的钢模；3—工作平台；4—台车底梁；5—垂直千斤顶；6—台车车架；7—枕木；8—拉筋；9—已浇底拱

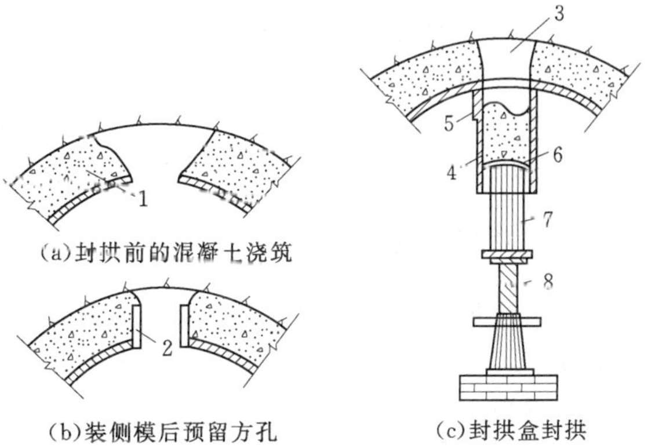

图7.20 封拱盒封拱示意图
1—已浇混凝土；2—模框；3—封拱部位；4—封拱盒；5—进料盒门；6—活动封拱板；7—顶架；8—千斤顶

在浇筑顶拱时，对浇筑段的最后一个预留窗口的封堵称为封拱。由于受仓内工作条件限制，使混凝土形成完整拱圈的封拱工作，常采取以下两种措施。

1. 封拱盒封拱

当最后一个顶拱预留窗口，工人无法操作时，退出窗口，并在窗口四固装上模框，将窗口浇筑成长方形，待混凝土强度达到1MPa后，拆除模框，洞口凿毛．装上封拱盒封拱，如图7.20所示。

2. 混凝土泵封拱

使用混凝土泵浇筑顶拱混凝土时，封拱布置如图7.21所示，即将导管的末端接上冲天尾管，垂直穿过模板伸

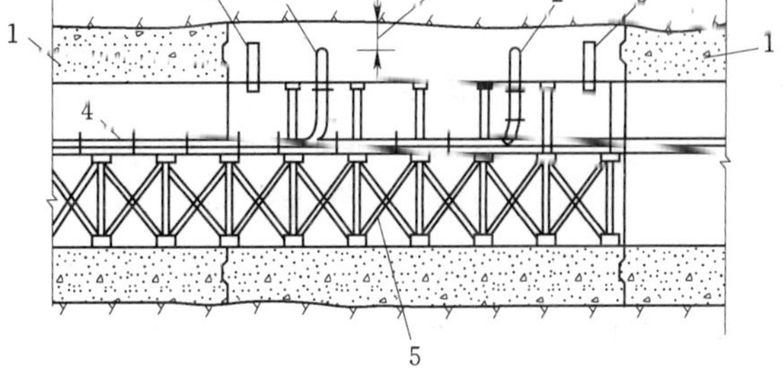

图7.21 混凝土泵封拱示意图
1—已浇段；2—冲天尾管；3—通气管；4—导管；5—脚手架；6—尾管出口与岩面距离

入仓内，冲天尾管的位置应用钢筋固定，尾管之间的间距根据混凝土扩散半径确定，一般为 4～6 m，离端部约 1.5 m，尾管出口与岩面的距离一般为 20cm 左右，其原则是在保证压出的混凝土能自由扩散的前提下，越贴近岩面，封拱效果越好。为了排除仓内空气和检查拱顶混凝土充填情况，在仓内最高处设置通气孔。为了便于人进仓工作，在仓的中央设置进人孔。

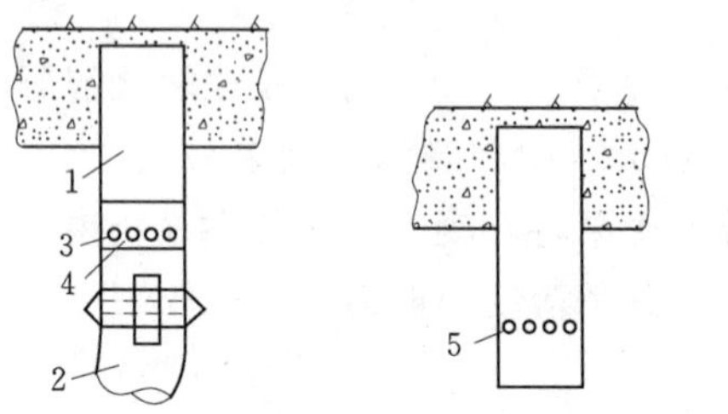

(a)浇筑时的情况　(b)导管拆除后的情况

图 7.22　垂直尾管上的孔眼
1—尾管；2—导管；3—直径 2～3cm 的孔眼；4—铁皮箍；5—插入孔眼中的钢筋

混凝土泵封拱的步骤如下：当混凝土浇筑至顶拱仓面时，撤出仓内各种器材，并尽量填高；当混凝土浇筑至与进人孔齐平时，撤出仓内人员，封闭进人孔，增大混凝土坍落度（达 14 ～16cm），并加快泵送深度，直至通气管开始漏浆或压入混凝土超过预计量时停止压送混凝土后，拆除尾管上包住预留孔眼的铁箍，从孔眼中插入钢筋，防止混凝土下落，并拆除尾管；待混凝土凝固后，将外伸的尾管割除，用灰浆抹平。垂直尾管上的孔眼在浇筑时和导管拆除后的情况如图 7.22 所示。

7.4.3　隧洞灌浆

隧洞灌浆有回填灌浆和固结灌浆。前者的作用是填塞围岩与衬砌间的空隙，所以只限于拱顶一定范围内；后者的作用是加固围岩，提高围岩的整体性和强度，其范围包括断面四周的围岩。

灌浆孔可在衬砌时预留，孔径为 38～50mm。灌浆孔沿洞轴线 2～4m 布置一排，各排孔位交叉排列。同时还需布置一定数量的检查孔，用以检查灌浆质量，如图 7.23 所示。

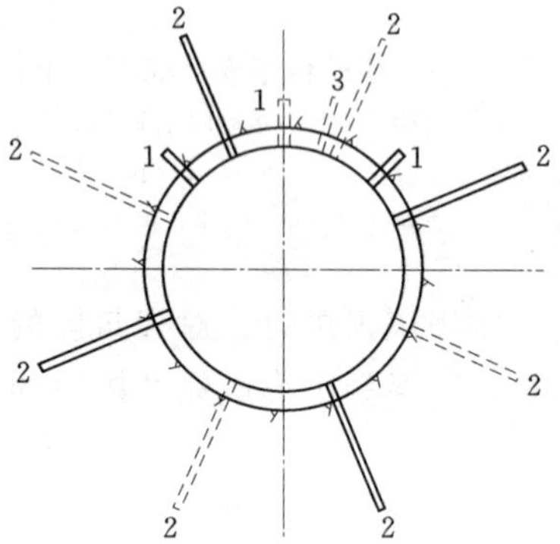

图 7.23　灌浆孔的布置
1—回填灌浆孔；2—固结灌浆孔；3—检查孔

水工隧洞灌浆应按先回填后固结的顺序进行，回填灌浆应在衬砌混凝土达到 70%设计强度后尽早进行；回填灌浆结束 7d 后再进行固结灌浆。灌浆前应对灌浆孔进行冲洗，冲洗压力不宜大于本段灌浆压力的 80%。回填灌浆须按分序加密原则进行，固结灌浆应按环间分序、环内加密的原则进行，灌浆压力、浆液浓度、升压顺序和结束灌浆标准应符合设计要求。

【引例分析】　根据［引例 7.1］相关工程资料，该隧洞工程施工技术和施工方法选择如下。

（1）选择隧洞断面形式。该工程引水隧洞开挖断面均为马蹄形，钢筋混凝土衬段开挖半径为 1.9m，断面面积为 12.97m^2；钢衬段开挖半径为 1.5m，断面面积为 8.65m^2。

（2）确定断面开挖方法。该工程隧洞的最大断面积为 12.97m^2，属于小型隧洞，故采用全断面开挖法。

（3）斜洞的开挖。该工程隧洞最大水平夹角为 20.94°，属于斜洞。由于隧洞断面小，单循环出渣量不多，考虑到外部条件如施工支洞布设难度，长度为2394m的隧洞未设施工支洞，仅在桩号为下游CHA2+298.756桩号处设有一交通洞。由于洞线较长，隧洞开挖采用自上而下和自下而上两头并进方式，底面铺设轨道，扒渣机装渣，多台卷扬机接力运输斗车出渣，挖通后进行衬砌。

（4）选择爆破方法。该工程也是采用钻孔爆破法。

（5）压力洞布置。

1）对于上游压力洞，主要采用压入式供风，在上游洞口安装一台2×11kW轴流式通风机，随后在洞身1/4处安装另一台2×11kW轴流式通风机进行接力。

2）对于下游压力洞，在交通洞洞口安装一台2×11kW轴流式通风机压入式供风。由于是大坡度（38.27%）上坡隧洞，当掘进到一定深度之后，掌子面的底面比洞口顶高出许多，这时压入式供风排烟效果很差，油烟废气根本挤不出来。因此，需采用吸出式供风，在洞内距离掌子面约20m处安装一台2×11kW轴流式通风机吸出式供风，随着开挖的进行往前移动通风机。随后，在洞身3/4处各安装另一台2×11kW轴流式压入式和吸出式通风机进行接力。为了避免形成循环风，压入式供风的风筒口应与吸出式供风的风筒口相距至少15m。

压力洞风水电布置见图7.24。

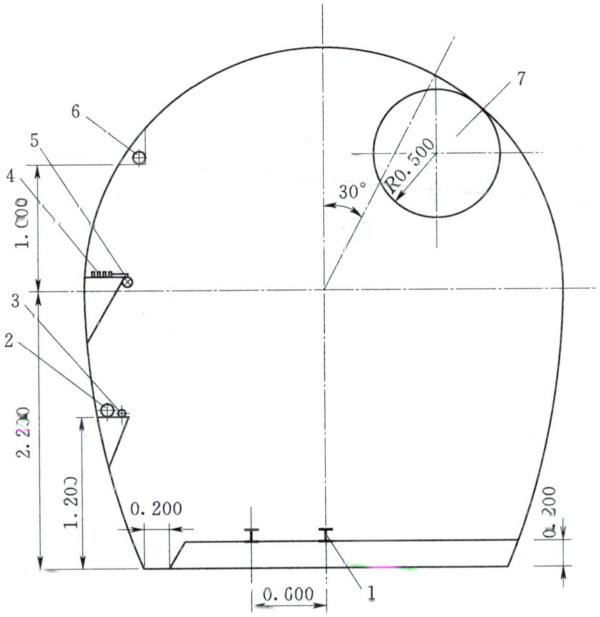

图7.24　洞风水电布置（单位：m）

1—轨迹18kg轻轨；2—风管ϕ108无缝钢管；3—水管ϕ60无缝钢管；
4—低压线路380V；5—灯；6—高压线路10000V；
7—风管ϕ1000风袋

（6）压力洞出渣运输及设备。压力洞出渣运输设备布置参见图7.25和图7.26。

（7）隧洞衬砌的分段长度。该工程分段长度为12m。

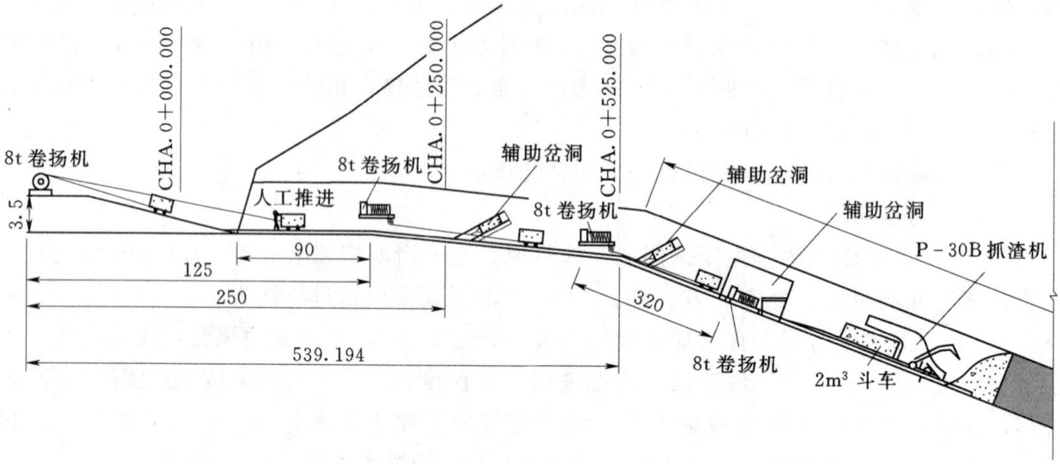

图 7.25 压力洞上游段出渣设备布置示意图（单位：m）

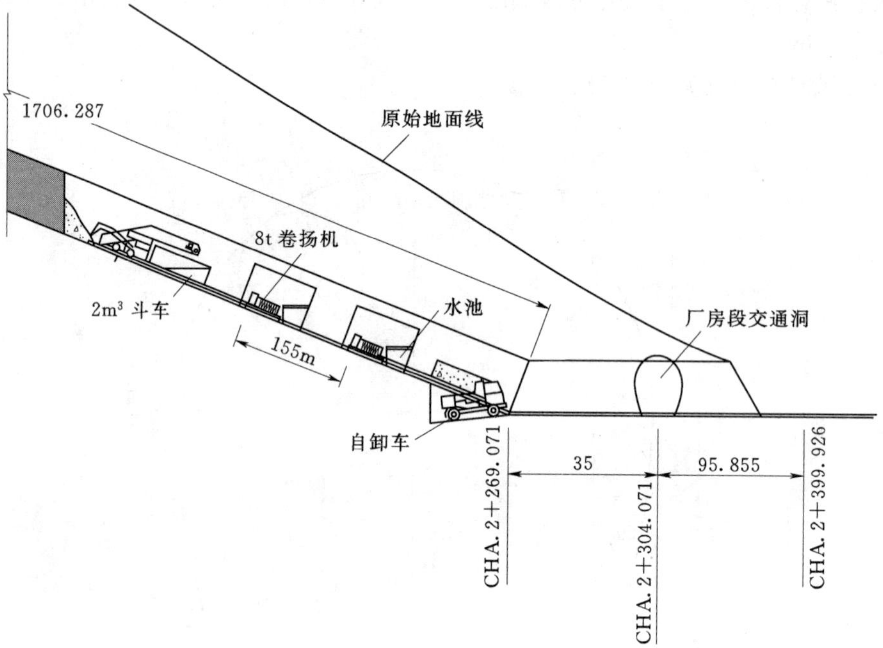

图 7.26 压力洞下游段出渣设备布置示意图（单位：m）

参 考 文 献

[1] 毛建平，金文良．水利水电工程施工．郑州：黄河水利出版社，2004.
[2] 边喜龙．给水排水工程施工技术．北京：中国建筑工业出版社，2011.
[3] 杨康宁．水利水电施工技术．北京：中国水利水电出版社，1994.
[4] 吴安良．水利工程施工．北京：水利电力出版社，1991.
[5] 祈庆和．水工建筑物．3版．北京：中国水利水电出版社，2001.
[6] 白继中．水工建筑物．郑州：黄河水利出版社，2009.
[7] SL 223—1999 水利水电建筑工程验收规程．北京：中国水利水电出版社，1999.
[8] SL 399—2007 水利水电工程土建施工安全技术规程．北京：中国水利水电出版社，2007.
[9] SL 303—2004 水利水电工程施工组织设计规范．北京：中国水利水电出版社，2004.
[10] SL 62—94 水工建筑物水泥灌浆施工技术规范．北京：中国水利水电出版社，1994.
[11] SL 174—96 水利水电工程混凝土防渗墙施工规范．北京：中国水利水电出版社，1996.
[12] SL 47—94 水工建筑物岩石基础开挖工程施工技术规范．北京：中国水利水电出版社，1994.
[13] SL 32—92 水工建筑物滑动模板施工技术规范．北京：中国水利水电出版社，1992.
[14] SL 53—94 水工碾压混凝土施工规范．北京：中国水利水电出版社，1994.
[15] SL 46—94 水工预应力锚固施工规范．北京：中国水利水电出版社，1994.
[16] SL 378—2007 水工建筑物地下开挖工程施工技术规范．北京：中国水利水电出版社，2007.
[17] SL 53—94 水工碾压混凝土施工规范．北京：中国水利水电出版社，1994.